J. K. Hasskarl

Neuer Schlüssel zu Rumph's Herbarium amboinense

J. K. Hasskarl

Neuer Schlüssel zu Rumph's Herbarium amboinense

ISBN/EAN: 9783741172663

Hergestellt in Europa, USA, Kanada, Australien, Japan

Cover: Foto ©Klaus-Uwe Gerhardt /pixelio.de

Manufactured and distributed by brebook publishing software (www.brebook.com)

J. K. Hasskarl

Neuer Schlüssel zu Rumph's Herbarium amboinense

Neuer Schlüssel

zu

Rumph's Herbarium amboinense

von

Dr. J. K. Hasskarl.

Besonders abgedruckt aus den Abhandlungen der Naturf. Gesellschaft Bd. IX. Heft 2.

Halle,

Druck und Verlag von H. W. Schmidt.

1866.

Schon bei meiner ersten Anwesenheit auf Java, als ich damit beschäftigt war, die reichen Schätze des bot. Gartens zu Buitenzorg zu untersuchen, war es mir aufgefallen, dass die mit Recht auch gegenwärtig noch in hohem Ansehen stehenden Werke der alten niederländischen Botaniker — ich meine RHEEDE's *hortus malabaricus* und RUMPH's *Herbarium amboinense* — bei weitem nicht genügend gekannt waren, wenn auch nicht unbedeutende Versuche zu deren Erklärung an das Licht getreten. Zu beiden Werken waren zwar sogenannte Schlüssel erschienen, in beiden aber blieben viele Lücken und hatte die Bearbeiter derselben stets der Gedanke geleitet, nur den zur Zeit der Herausgabe des betreffenden Schlüssels grade als richtig beschauten neusten botanischen Namen für die einzelnen Pflanzen der beiden Werke anzugeben, ohne auf Verschiedenheit der Ansichten der Botaniker allzuviel Rücksicht zu nehmen. In den letzten 3 — 4 Decennien haben sich nun die Bestrebungen, genannte Werke zu beleuchten und Aufklärung darüber zu geben, ansehnlich gemehrt und bietet eine Zusammenstellung der verschiedenen nach und nach bekannt werdenden Ansichten von den frühesten bis zu den neusten Zeiten ein mannichfaches Interesse dar. Es kann daher mit einem Schlüssel, der nur die neusten Ansichten der Botaniker in Betreff der Pflanzen beider Werke vertritt, der Wissenschaft nicht gedient sein und habe ich deshalb schon bei der Herausgabe des neuen Schlüssels zu RHEEDE's *Hortus malabaricus* in der Flora *) während der Arbeit selbst den früher eingeschlagenen Weg verlassen, wodurch leider eine bedauernswürdige Ungleichförmigkeit und Zersplitterung entstand, die nur durch eine neue vermehrte Ausgabe gehoben werden kann, die gleichsam aus einem Gusse erscheinen würde. Ich lege hier den Schlüssel zu RUMPH's *Herbarium amboinense* vor und hoffe ebenso bald zur erneuerten Ausgabe von erwähntem RHEEDE'schen Schlüssel schreiten zu können. Zu beiden sind die nachfolgend angeführten Werke sorgfältig benutzt und deren Angabe

*) Flora (Bot. Zeitung) 1861. No. 26. etc.; 1862 No. 3. etc.

stets nach chronologischer Ordnung aneinander gereiht; dabei habe ich mich nur darauf beschränkt, die Bücher und deren Stellen anzuführen, die ich selbst nachschlagen und vergleichen konnte; dadurch konnte ich manche hergebrachte durch Schreib- oder Druckfehler vermehrte Irrungen vermeiden und verbessern; ich habe aber auch einige sonst wichtige Anführungen auslassen müssen, da ich mich nicht von deren Richtigkeit überzeugen konnte. Ein flüchtiger Blick auf diesen neuen Schlüssel im Vergleiche mit seinen Vorgängern wird bald bemerken lassen, dass hier ungleich mehr Pflanzen von Rumphius besprochen werden, als in jenen früheren Schlüsseln. Der Hauptgrund davon ist wohl darin zu suchen, dass die Bearbeiter der früheren Schlüssels sich zumeist nur an die als Titel der einzelnen Hauptstücke genannten Pflanzen hielten und nur diese berücksichtigten. Die verschiedenen im Laufe des Zusammenhanges näher erörterten und beschriebenen Pflanzen wurden früher meist gänzlich übergangen, wenn nicht Abbildungen dabei vorhanden waren. Soviel als möglich habe ich mich zugleich bestrebt, schlagende Irrthümer zu berichtigen und zu manchen früher unbestimmt gelassenen Pflanzen mehr oder weniger sichere Vermuthungen aufzustellen. Ja es kommt mitunter vor, dass Rumphius Pflanzen erwähnt, die von keinem Systematiker seitdem gekannt zu sein scheinen und deshalb vergeblich in ihren Werken gesucht werden, wie dies z. B. bei der länglichen Wassermelone der Fall ist, ungeachtet sie schon Paludanus in Linschoten's Reise nach Ostindien beschrieben hatte und die beiden Bauhine sie kannten. Ein dreifaches genaues Register wird das Aufsuchen der einzelnen Rumph'schen Pflanzen sehr erleichtern; das I. enthält die lateinischen, das II. die indischen Namen von Rumphius, das III. die botanischen Namen, welche in diesem Schlüssel erwähnt werden, alle nach alphabetischer Reihenfolge geordnet.

Dieser Schlüssel wird hoffentlich erst recht deutlich machen, wie manche Lücke darin noch besteht und wieviel Gelegenheit für die Botaniker in Indien gegeben ist, Aufklärung über so manche bis jetzt unbekannt gebliebene Pflanze von Rumphius zu verschaffen und diese Lücken nach und nach verschwinden zu machen. Möge der Zweck dieses Schlüssels, zu erneuertem Studium der Väter Indischer Botanik anzuregen, mehr und mehr erfüllt werden!

Cleve, den 15. October 1864. Dr. J. K. Hasskarl.

Verzeichniss der angeführten Werke und ihrer Abkürzungen.

Ag. Sp. Alg.	*Agardh, J. G.*, Species Algarum I. 1848. II. 1851/3.
Arn. Pug.	*Walker Arnott, G. A.*, Pugillus plantarum Ind. or. 1836.
Baill. Euph.	*Baillon, M. H.*, Euphorbiacées 1858.
Baill. Rec.	„ Recueil d'observ. bot. I. 1860/61.
Bel. Bory	*Belanger, Ch.*, Bory voyage: Cryptogamie.
Bl. Bijdr.	*Blume, C. L.*, Bijdragen tot de Flora v. Nederl. Ind. 1825/6.
Bl. En.	„ Enumeratio plnt. Jav. 1827/8.
Bl. Fl. Jav.	„ Flora Javae 1828 9.
Bl. Mus.	„ Museum Lugd. Bat. I. 1849/51; II. 1852/6.
Bl. Nov. fam.	„ de novis plant. familiis 1833.
Bl. Rmph.	„ Rumphia I. 1835. II. 1836. III. 1838. IV. 1839.
Blco. Fl.	*Blanco, M.*, Flora de las filipinas (ed. I.) 1837.
Bnnt. pl. Jav.	*Bennet, J. J.*, in Horsfield plantae Javan. 1838—44.
Bnth. Hook. Gen.	*Bentham, G. & Hooker, W. J.*, Genera plantar. I. i. 1862.
Brg. Linn.	*Berg, O.*, in Linnaea 1854. (XXVII).
Brm. Ind.	*Burmann*, N. L., Flora Indica 1768.
Brm. Indx. alt.	„ „ Index alter ad Rumphii herb. amb. 1755.
„ Obs.	„ „ Observationes in Rmph. Hrb. amb.
Brm. Zeyl.	„ J., Thesaurus zeylanicus. 1737.
Brnh. Linn. Litt.	*Bernhardi, J. J.*, in Litteraturbericht der Linnaea 1833. (VIII).
DC. Prdr.	*De Candolle*, Prodromus Syst. vegat. I. 1824; II. 25. III. 28; IV. 30; V. 36; VI. 37; VII. i. 38; n. 39. VIII. 44; IX. 45; X. 46; XI. 47; XII. 48; XIII. i. 52.; n. 49; XIV. 57.; XV. i. 64; n. 63. XVI. n. 64.
DC. Syst.	*De Candolle, A. P.*, Systema vegetabilium I. 1818. II. 1821.
Don Dichl.	*G. Don* Dichlamideous plants (Gen. Syst. of Gard.) I. 1831. II. 32. III. 34. IV. 38.
Don Nep.	*D. Don* florae nepalensis prodrom. 1825.
Drap. Herb.	*Drapiez, M.*, Herbier de l'amateur des fleurs I. 1828. II. 29. III. 29. IV. 30.
Dtr. Spec.	*Dietrich, A.*, Willdenowii Species plantar. I. 1831/3. II. 1833.

Dtr. Syn. *Dietrich*, D., Synopsis plantar. I. 1839. II. 40. III. 43. IV. 47. V. 52.

Endl. Conif. *Endlicher*, *Steph.*, Synopsis Coniferarum 1847.

Endl. Gen. „ „ Genera plantar. 1836—40. Sppl. II. 1842. III. 43. IV. n. 44.

Fngrh. Cps. *Fingerhuth*, *K. A.*, Monograph. gen. Capsici 1832.

Frbs. Fibr. *Forbes Royle*, *J.*, fibrous plants 1855.

Fries Syst. *Fries*, *E.*, Systema mycologic. I. 1821. II. 23. III. 29. Sppl. 30.

Frst. Cedr. *Forsten E.* de Cedrela febrifuga 1836.

Griff. Icon. *Griffith*, *W.*, Icones plantarum asiat. I. 1847. II. 49; III. 51; IV. 54.

Griff. Plm. „ Indian palms 1845.

Griff. posth. pap. „ posthumous papers I. 1851; II. 49; III. 51.

Hll. Zingb. *Hall*, *van*, *H.*, de Zingibere 1858.

Hmlt. Mem. *Hamilton*, in Memoirs Wern. Societ. VI. 1826.

„ Linn. „ „ „ „ Anm. z. Linnaea Littber. III. 1828.

Hnschl. Clav. *Henschel*, G. E. Th., Clavis Rumphiana 1833.

Hook. Sec. Cent. *Hooker*, *W. J.*, Second Century of ferns 1864.

Horan. Scit. *Horaninow*, *P.*, Prodr. Monogr. Scitaminearum 1862.

Hrm. Parad. *Hermannus*, *P.* Paradisus batavus 1705.

Hsskrl. Cat. *Hasskarl*, *J. K.*, Catalogus horti bogoriensis 1844.

Hsskrl. Flor. „ „ Flora (Bot. Ztg. Regensb.) 1842. 44. 48. 56.

Hsskrl. Hort. „ „ Hortus bogoriensis I. 1858. II. (in Bonplandia) 1859.

Hsskrl. Krd. Arch. „ „ Kruidkundig Archief. VI. 1865.

Hsskrl. Retz. „ „ Retzia I. 1855. II. 56.

Hsskrl. Tijdsch. „ „ Tijdsch. natuurkund. Wetensch. X. 1840.

Jngh. Jav. *Junghuhn*, Frnz., Java (deutsch) 1851/2.

Jss. Mel. *Jussieu*, *A. de*, Memoire sur les Meliacees. 1817.

Kch. App. *Koch*, *C.*, Appendix ad Cat. semin. berol. 1853.4.

Kch. Wochschr. „ „ Wochenschrift für Gärtn. & Bot. I—VII. 1858—64.

Klf. Fil. *Kaulfuss*, *G. F.*, Enumeratio Filicum 1824.

Kltz. Arist. *Klotzsch*, *J. F.*, Aristolochieae 1857.

Kltz. Beg. „ „ Begoniaceae 1855.

Kltz. Pist. „ „ de Pistia 1850.

Kltz. Tricocc. „ „ Tricoccae 1860.

Köng. Retz. *König*, *J. G.*, in Retzii observation. III. 1783. VI. 91.

Knth. Enum. *Kunth*, *S.*, Enumeratio plantarum I. 1833. II. 37. III. 41. IV. 43. V. 50.

Kütz. Alg. *Kützing*, *F. T.*, Species Algarum 1849.

L. ( ) *Linné*, *C. de*, Codex Linneanus ed. Richter (no. indic. specierum).

Lam. Enc. *Lamarck*, *J. B.*, Encyclopedie method. I. 1783; II. 86; III. 89. IV. 96.

Lndl. Orch. *Lindley*, *J.*, Genera et spec. Orchidear. 1830—40.

Lour. Coch. *Loureiro*, *J. de*, Flora Cochinchin. (ed. Willdenow 1793 cit.) 1790.

Mett. Anal. *Mettenius*, *G.*, in Annal. Mus. bot. Lugd. Bat. I. 1864.

Mett. Fil.	*Mettenius, G.*, Filices horti Lips. 1856.
Mett. Polyp. Asp. &c.	„ „ Farngattungen, Polypodium, Aspidium etc. 1857—59.
Miq. Anal.	*Miquel, F. A. G.*, Analecta botan. 1850—52.
Miq. Annal.	„ „ Annales Mus. bot. Lugd. Bat. I. 1863—64.
Miq. Cas.	„ „ Casuarinae. 1848.
„ „ Syn.	„ „ „ Synopsis in Flor. (B. Z.) 1845.
Miq. Comm.	„ „ Commentationes botanicae. 1839.
Miq. Cyc.	„ „ Monograph. Cycadear. 1842.
Miq. Flor.	„ „ Flora Indiae batav. I—III. 1855—59; Sppl. 1860.
Miq. Pip.	„ „ Systema Piperacearum 1843—44.
Miq. Prodr.	„ „ Prodromus Monogr. Cycad. 1861.
Murr. Syst.	*Murray, J. A.*, Linnaei Syst. Vegetab. ed. XIV. 1784.
Mrr. Prs. Syst.	*Murray, J. A. et Persoon, C. H.*, Linnaei Syst. Veget. ed. XV. 1797.
Mrt. Plm.	*Martius*, C. F. Ph. von, Genera & Spec. palmarum 1823—45.
Msn. Gen.	*Meisner, C. F.*, Genera plantarum 1836—43.
Nees Laur.	*Nees, C. G.*, Systema Laurinearum. 1836.
Plnt. Jngh.	*auctor. divers.* in „plantae Junghuhnianae" 1851—53.
Poir. Enc.	*Poiret, J. L. M.*, Encycloped. IV. 1796; V. VI. 1804; VII. 6; VIII. 8. Sppl. I. 10; II. 11; III. 13; IV. 16; V. 17.
Prs. Syn.	*Persoon, C. H.*, Synopsis plantarum I. 1805, II. 7.
Prsl. Rprt.	*Presl, C. B.*, Repertorium botan. system. 1834.
Prsl. Tent.	„ Tentamen Pteridograph. 1836; Sppl. 1845.
Prtz. Indx.	*Pritzel, G. A.*, Index icon. bot. 1844—45. (ed. II.? 1860).
R. Br. Mem.	*Brown, Rob.*, in Werner, Memoirs of nat. hist. I. 1808—10.
R. Br. Prdr.	„ „ Prodromus Flor. Australiae 1810. (alt. exc. ed. Nees).
R. Br. Vrm. Schr.	„ „ Vermischte Schriften ed. Nees etc.
Rcht. Cod.	*Richter, H. E.*, Codex Linnaeanus. 1840.
Rdmch. Alph.	*Radermacher, J. C. M.*, Alphabetisch register constied. plnt. 1782.
Rdmch. Beschr.	„ „ Beschrijving „ „ 1781.
Rdmch. Naaml.	„ „ Naamlijst „ „ 1780.
Riss. Orang.	*Risso, A. et Poiteau, A.*, Histoire nat. des orangers 1818—22.
Rnwdt. Syll.	*Reinwardt*, C. G. C., in Sylloge Ratisb. II. 1828.
Röm. Amar. Hesp. Pep. Ros.	*Roemer, M. J.*, Synopsis monogr.: Amaryllideae 47., Hesperides 46., Peponiferae 46, Rosiflorae 47.
Rsnth. Diaph.	*Rosenthal, D. A.*, Synopsis plantarum diaphoric. 1862.
Rpr. Bmb.	*Ruprecht, F. J.*, Bambuseae 1839.
R. & S. S. V.	*Roemer, J. J. et Schultes, J. A. & J. H.*, Systema Vegetabilium I. II. 1817. III. 18. IV. V. 19. VI. 20. VII. 29. 30. Mnt. I. 22. II. 24. III. 27.
Rxb. Flor.	*Roxburgh, W.*, Flora Indica ed. II. ed. Carey, W. & Wallich, N. 1824.
Rxb. Fl. (B. Z.)	„ „ in Flora (Bot. Ztg. Regensb.) 1823.

Seem. Plm.	*Seemann, B.*, die Palmen II. Ausg. Synopsis palmarum 1863.
Span. Tim.	*Spanoghe, J. B.*, Prodromus florae timoriensis in Linnaea (XV) 1841.
Spring. Lycop.	*Spring, A.*, Monogr. d. Lycopodiaceae 1842.
Sprng. Gesch.	*Sprengel, C.*, Geschichte der Botanik 1818. II. p. 75—78.
Sprng. S. V.	„ „ Systema vegetabilium I. II. 1825; III. 26 IV. & cur. post. 27.
Steud. Cyper.	*Steudel, E. G.*, Cyperaceae } 1855.
Steud. Gramin.	„ „ Gramineae }
Steud. Nomcl.	„ „ Nomenclator botan. ed. II. I. 1840. II. 1841.
Strntz. Nomcl.	*Streinz, W. M.*, „ mycologic. 1862.
T. B. N. T.	*Teysmann J. E. & Binnendijk, S.*, Natuurk. Tijdschr. Ned. Ind. 1862.
Teysm. litt.	„ „ in litteris ad me 1863.
Thnb. Fl. jap.	*Thunberg, C. P.*, Flora japonica, 1784.
Trnf. Inst.	*Tournefort, P. de*, Institutiones 1719.
Vhl. En.	*Vahl, M.*, Enumeratio plantar. I. 1804; II. 6.
Vhl. Symb.	„ „ Symbolae botanicae I. 1790. II. 91. III. 94.
Vries. Camph.	*Vriese, W. H. de*, de Camphorae arbore 1856.
Vries. Gooden.	„ „ Goodenovieceae 1853.
Vries. plnt. Ind.	„ „ plantae novae Ind. bat. or. 1845.
Vr. & T. (B. Z.)	„ „ & *Teysmann, J. E.*, in Flora (Bot. Ztg. Regensb.) 1850.
W. A. Prdr.	*Wight, R. & Walker Arnott, G. A.*, Prodr. Flor. Ind. or. 1834.
Wght. Contrb.	„ Contributions Bot. of Ind. 1834.
Wght. Ic.	„ Icones plantar. Ind. or. I—V. 1838—54.
Willd. Spec.	*Willdenow, C. L.*, Species plantarum I. 1797. II. 99. III. 1800. IV. 5. V. 10.
Wlp. Ann.	*Walpers, W. G.*, Annales botan. syst. I. II. 1848. 47. III. IV. 48—50; V. 51—58. VI. 62—63.
Wlp. Rprt.	„ Repertor. „ „ I. 1842. II. 43; III. 44. 45; IV. 44. V. 46. VI. 46—47.
Zcc. Ox.	*Zuccarini, J. G.*, Monographie der Oxalis 1825. (Dnkschr. bay. Akad. IX.)
Zcc. Ox. Nachtr.	„ „ „ „ „ Nachträge 1831. (ibid. Neue I.)

pag. tab.

1\. 1. 2, 5. **Palma indica nucifera major** s. *Cocus s. Arbor calappus* — *Palma indica nucifera* Brm. Zeyl. 182; — *Cocos nucifera* L. (8644.); Brm. Ind. 240; Lam. Enc. II. 56. 1; Lour. Coch. 692. 1; Willd. Spec. 400. 1; Poir. Enc. Sppl. II. 20; Hassk. Clav.; Mart. Plm. II. 123. 9; Kunth. En. III. 285. 1; Dtr. Syn. II. 1204. 1; Hassk. Cat. 66. 1; Prits. Indx.; Miq. Flor. III. 64. 1; — Forbes fibr. 107. — Spreng. Gen. 1480 (ubi „tb. 12.")

10\. 1. *Calappa vulgaris* s. *Calappa a. lutea*; — *b. alba*; — *c. viridis*; — *d. rufescens*.

— 2. *Calappa rutila* s. *C. rassamba* — *Coc. nuc. rutila* Miq. Flor. III. 70. 3.

— 3. „ *saccharina* s. *C. tebu* — *Coc. nuc. saccharina* Miq. Flor. III. 71. 5.

— 4. „ *canarina* s. *C. canari* s. *Niwel mamina* s. *N. par tui* l. e. *pinguis* s. *Canari calappum* — *Coc. nuc.* (*monstrosa*) Miq. Flor. III. 72. 19.

— 5. „ *pullaria* s. *C. buber* l. e. *calappus pulposus* s. *C. puan* s. *C. dadir* — *Coc. nuc.* (*monstrosa*) Miq. Flor. III. 72. 19.

— 6. „ *machaeroides* s. *C. parrang* s. *Niwel Lapo* l. e. *calappus ensiformis* — *Coc. nuc. machaeroides* Bl. Rmph. III. 66; Prts. Indx.; Miq. Flor. III. 71. 6.

11\. 7. „ *capuliformis* s. *C. Pulang**) — *Coc. nuc. capuliformis* Miq. Flor. III. 71. 7.

8\. „ *cystiformis* — *Cocos nucifera* L.? s. *C. microcarpa* Hassk. Cat. p. 304? —

9\. „ *pumila* s. *C. babi* l. e. *suina* s. *Niwel babu* s. *N. lapu* l. e. *calappus repens* — *Coc. nuc. pumila* Hassk. Cat. 304; Bl. Rmph. III. 67; Miq. Flor. III. 71. 9.

— 10. „ *regia* s. *C. radja* l. e. *regia* s. *C. mera* l. e. *rubra* s. *Niwel latu* — *Coc. nuc. regia* Bl. Rmph. III. 67; Miq. Flor. III. 71. 10.

12\. 10b. „ „ *e Zeylon* — *Coc. nuc. pretiosa* Bl. Rmph. III. 67; Miq. Flor. III. 71. 11.

— 11. „ *lanciformis* s. *C. lanca* — *Coc. nuc. lanciformis* Miq. Flor. III. 72. 13.

— 12. „ *Terri* — ?

— 13. „ *parva* — ?

26\. 4. **Palma indica nucifera minor** s. *Pinanga* — *Palma indica minor fructu Areca dicto vulgaris* Brm. Zeyl. 182; — *Areca* (L. Spreng. Gen. 1473.) *Catechu* L. (6848); Brm. Ind. 241; Lam. Enc. I. 239. 1; Lour. Coch. 695. 1; Willd. Spec. IV. 594. 1; Prs. Syn. II. 576. 1; Poir. Sppl. Enc. IV. 418; Hassk. Clav.; Bl. Rmph. III. 65. 1; (cf.

---

*) Rumphius hoc et aliis locis semper ex modo belgico scribit oe pro u, quam litteram antiquo pro „oe" sumsit. — Adnotandum denique est [illegible] [illegible] Amboinensibus [illegible] [illegible] *Caju* [illegible] i. e. *lignum* s. *arbor*.

pag. tab.

II. 68, Obs. II.); Mart. Plm. III. 169. 1; Knth. Enum. III. 184. 1; Dtr. Syn. II. 1203. 1; Prts. Ind.; Miq. Fl. III. 8. 1; (cf. 10. 2. et not.)

28. 1. *Pinanga calapparia* s. *Pinang calappa* — *Areca Catechu* L. γ. Lam. Enc. I. 239. 1. γ. *Seaforthia calapparia* Mrt. Plm. 313. adn.; Wlp. Ann. III. 469. 3; — *Ptychosperma* ? *Calapparia* Miq. Flor. III. 20. 2; Sasm. Plm. Syn. 104; Hassk. Diaph. 1091.

29. 4 (exc. c.) 2. „ *alba* s. *Pinang puti* — *Areca Catechu* L. β. Lam. Enc. I. 239. 1. β; — *A. alba* Rmph. Bl. Rmph. II. 68. Obs.; Miq. Flor. III. 10. 2; Hassk. Diaph. 1091.

— 3. „ *nigra* s. *Pinang itam* — *Areca Catechu* L. γ. Lam. Enc. 239. 1. γ.

30. a. *angulosa*; b. *corniculata* s. *Kotti-ayam* l. e. cornu galli s. *Pinang puan* l. e. mulierum; — c. *oviformis* s. *P. telor*; — d. *lanciformis* s. *P. lanca*.

30. 4. *Pinanga arborea* — *Areca pumila* Bl. Rmph. II. 71. 2.?; *A. triandra* Rxb. β. *pumila* Miq. Flor. III. 11. 3. β.?

38. fig. 1 a. b. **Pinanga silvestris globosa** s. *Pinang utan besar* l. e. silv. grandis s. *Hua nawel* s. *H. rano* l. e. montana s. *H. akong* s. *Hena-hena* — *Palma indica major regia*, *Areca* Brm. Zeyl. 185; — *Areca Catechu* L. Prits. Indx.; — *Areca spicata* Lam. Enc. I. 241. 3; Willd. Spec. IV. 595. 4; Pers. Syn. II. 577. 4; Spreng. Gesch.; Hassk. Clav.; Dtr. Syn. II. 1203. 4; Mrt. Plm. III. 179. 13; Dtr. Syn. V. 289. 13; — *Euterpe globosa* Grtn. Poir. Enc. Sppl. II. 673 (Grtn. Spreng. Gen. 1475) Hassk. Clav.; — *Calyptrocalyx spicatus* Bl. Rmph. II. 104. 1; Mrt. Plm. III. 230; Wlp. Ann. III. 468. 1; Miq. Flor. III. 44. 1; — *Ignonum* sec. Teysm. Flor. (B. Z.) 1860. 623. (quoad fig. 1.); — *Areca* L. Endl. Gen. 1728 (ubi t. 26.) citatur; *Pinanga* Rmph. Endl. Gen. Sppl. I. 1737. 1; Msn. Gen. II. 266. 23 (ubi t. p. 5. t. 26 cit.)

— „ **silvestris glandiformis** I. *Pinang lanse* s. *P. pandang* s. *Huda bikit* s. *Nibun* merr l. e. rubra s. *Dekke* —

6 „ „ **glandiformis** I. — *Areca Catechu* L. sec. Prits. Indx.; — *Areca glandiformis* Houtt. (Gmel.) Lam. Enc. I. 241. 2. Willd. Spec. IV. 595. 6; Prs. Syn. II. 577. 5; Spreng. Gesch.; Hassk. Clav.; Bl. Rmph. II. 73. 4; Knth. En. III. 187. 14; Mrt. Plm. III. 179. 14; Dtr. Syn. II. 1203. 5; V. 289. 4; Miq. Flor. III. 12. 5; Teysm. Flor. (B. Z.) 1860. 623.

39. „ „ **glandiformis** II. — *Areca lase* Hmlt. Hassk. Clav.; — *Areca punicea* Bl. Rmph. II. 72. 3; — *Seaforthia*? *Rumphiana* Mrt. Plm. III. 186. 12; Knth. Enum. III. 192. 12; — *Ptychosperma punicea* Miq. Fl. III. 31. 26; Teysm. Flor. (B. Z.) 1860. 623; — Sasm. Plm. Syn. no. 130.

40. 5. f. 2 a b—D „ „ **oryzaeformis** s. *Pinang utan kitjil* l. e. silv. parva s. *P. raiso* l. e. Coleis s. *Hua coli* l. e. D. parva s. *Hua tetu* s. *H. t. rano* l. e. P. gracilis s. *Opassy* s. *Nibun merr kitjil* l. e. P. rubra parva — *Areca silvestris* Lour. Coch. 696. 2; — *A. globulifera* Lam. Enc. I. 241. 4; Willd. Spec. IV. 596. 7; Prs. Syn. II. 577. 7; Spreng. Gesch.; Hassk. Clav.; Dtr. Syn. II. 1203. 6. (ubi fig. 1 citatur); — Sea-

pag. tab.

forthia oryzaeformis Mrt. Kath. En. III. 191. 8 (cf. p. 234. b.); Dtr. Syn. V. 290. 8.

41. **Pinanga silvestris e Buro** s. *Salaqi*. — *Areca vestiaria* Giseck. Mrt. Plm. III. 179. 15; Hssch. Clav.; Kath. En. III. 187. 15; — *Ptychosperma vestiaria* Miq. Flor. III. 31. 26.

41. 7. **„ „ saxatilis** — *Borassus caudata* Lour. Coch. 760. 3; Poir. Enc. VI. 258. 3; — *Areca humilis* Willd. Sp. VI. 596. 3; Poir. Enc. Sppl. I. 440. 7; Prs. Syn. II. 577. 3; Hssch. Clav.; Dtr. Syn. II. 1203. 3; — *Seaforthia saxatilis* Bl. Mrt. Plm. III. 186. 11; Kth. En. III. 191. 11; Dtr. Syn. V. 291. 11; — *Ptychosperma saxatilis* Miq. Bl. Rmph. II. 121. 2; Miq. Fl. III. 30. 22; Seem. Plm. Syn. no. 127.

42. 8. **Saribus** s. *Sariba* s. *Wacka* s. *Salige* s. *Sasai* — *Corypha* (L. Spreng. Gen. 1166) *umbraculifera* L. (8543.); Brm. Ind. 240; Pritz. Indx.; — *C. Saribus* Lour. Coch. 263. 1; — *C. rotundifolia* Lam. Enc. II. 131. 2; Willd. in Lour. l. c.; Willd. Sp. II. 201. 2; Poir. Enc. Sppl. V. 39; Spreng. Gesch.; Schlt. S. V. VII. 1305. 6. Obs. & 1309. 2; Hssch. Clav.; Bl. Rmph. II. 49. 1; Dtr. Syn. II. 1202. 2; — *Livistona rotundifolia* Mrt. Plm. III. 241. 4; Kth. En. III. 241. 4; Miq. Flor. III. 58. 1; — *Licuala* Rmph. Endl. Gen. 1755; — *Livistona* RBr. Mss. Gen. II. 267. 44.

44. 9. **Licuala arbor** s. *Saribus pumila* s. *Koal* s. *Sariba* — *Corypha pilearia* Lour. Coch. 265. 3; Kth. En. III. 240* (ubi pag. 41. citatur) — *C. Licuala* Lam. Enc. II. 131. 3.*; Willd. in Lour. l. c. not.; — *Licuala spinosa* Thnb. Murr. Syst. 313. 1; Murr. Prs. Syst. 332. 1; Willd. Sp. II. 201. 1; Poir. Enc. Sppl. III. 480; Spreng. Gesch.; Schlt. S. V. VII. 1301. 1; Hssch. Clav.; Dtr. Syn. II. 1062. 1; — *L. Rumphii* Bl. Rmph. II. 41. 3; Mrt. Plm. III. 237. 4; Kth. En. III. 239. 2. obs.; Hssk. Cat. p. 66. 1; Wlp. Ann. III. 469. 3; Miq. Flor. III. 54. 3; — *Licuala* Rmph. Endlch. Gen. 1756; Mea. Gen. II. 267. 45.

45. 10. **Lontarus domestica***) s. *Palma Vinaria prima* s. *Jagarifera* s. *Lontar* s. *Sualem* s. *Tala* s. *Coli* — *Borassus flabellifer* L. (8542); Brm. Ind. 240; Poir. Enc. VI. 257. 1; Willd. Spec. IV. 800. 1; Prs. Syn. II. 622. 1; Hssch. Clav. (qui „*flabelliformis*" scribit); Kth. En. III. 222. 1; Mrt. Plm. III. 218. 1; Hssk. Cat. 66. 1; Prtz. Indx. Dtr. Syn. V. 436. 1; Miq. Flor. III. 45. 1; — *Borassus* L. Endl. Gen. 1745; Mea. Gen. II. 266. 40.

52. **Lontaro simile lignum** s. *Caju baliera* e Borneo — ? ?

53. 11. **Lontarum silvestris** I. s. *Lontar utan* s. *Tolpetti* s. *Coal* s. *Coale* s. *Macrowmusi* s. *Massanne* s. *Siger* s. *Mafassa* s. (erronei) *Wacka-wacka* — *Corypha Utan* Lam. Enc. II. 131. 3*; Hssch. Clav.; — *Taliera silvestris* Bl. Schlt. S. V. VII. 1307. 3; Dtr. Syn. II. 1064. 3. — *Corypha silvestris* Mrt. Plm. III. 233. 5; Kth. En. III. 237. 6; Dtr. Syn. V. 296. 5; — *C. umbraculifera* L. γ. *gracilior* Miq. Flor. III. 49. 1. γ.

---

*) In explicatione tabulae haec arbor *Borassus* (non Borassus) dicitur; uti etiam pag. 57.

pag. tab.

54. **Lontarus silvestris** s. Ibur e Philippin. — *Borassus silvestris* Giseck. Hassk. Clav.; ? Hmlt. Mem. Wern. Soc.

55. „ „ s. *Cabang* e Batav. — *Licuala peltatae similis* Hassk. Clav.; ? ? Hmlt. Mem. Wern.; — *Corypha Gebanga* Mrt. Plm. III. 233. 4; Kth. En. III. 237. 4; — *C. umbraculifera* L. form. I. *humilior* Miq. Flor. III. 50. 1.

56. 12. „ „ II. *Ibur dicta* s. *Ibul* s. *Wake-um* — ? ? Hmlt. Mem. Wern. Soc.; — *Borassus ? Ibur* Giseck. Mrt. Plm. III. 221. 3?; Kth. En. III. 224. 3; — *Pholidocarpus Ihur* Bl. (cf. Bchb. G. V. VII. 1309. Obs.); Rmph. III. 90; Miq. Flor. III. 47. 1; Seem. Plm. Syn. no. 230; — *Ph. Rumphii* Mm. Gen. II. 265. 7 (ubi *Lontarus* cit.)

57. 13. **Palma indica vinaria** II. s. *Saguerus* s. *Gomutus* (Rmph. Spreng. Gen. 1272.) s. *Gomuto* (Lam. Enc. II. 769; — *Chamaerops frondibus pinnatis flore & fructu racemoso vinifera* Brm. explic. tabul. Rumphii & observ. p. 64; — *Borassus Gomutus* Lour. Coch. 759. 2; Poir. Enc. VI. 258. 2; — *Saguerus Rumphii* Rxb. Hassk. Clav.; Prtz. Indx.; — *S. saccharifer* Bl. Rmph. II. 129. 1; Hsskl. Cat. p. 63. 1.; — *Arenga saccharifera* La Bill. Mrt. Plm. III. 191. 1; Kth. En. III. 197. 1; Wlp. Ann. III. 466. 1; Miq. Flor. III. 35. 1; — *Arenga* La Bill. Endl. Gen. 1734; Mm. Gen. II. 266. 30.

63. **Arbor tejang** e Chinae parte australi, Tunching — *Lerisoma* ? RBr. Hassk. Clav.

64. 14. **Sagueaster major** s. *Saguerus silvestris* s. *Nibun besaar* s. *Palenen Parua* s. *Walat* s. *Bara Ramis* s. *Andudu* — *Palma indica vinifera* Brm. Zeyl. 180; — *Caryota* (L. Endl. Gen. 1735; Mm. Gen. 266. 29.) *urens* L. (8561, ubi „Sagueaster" scribitur); Brm. Ind. 241; Lam. Enc. I. 640; Willd. Spec. IV. 493. 1; Poir. Enc. Suppl. V. 124; Hassk. Clav.; ? Hmlt. Mem. Wern. Soc.; Pritz. Indx.; — *C. Rumphiana* Mrt. Plm. III. 195. 7; Bl. Rmph. II. 140. 3; Kth. En. III. 200. 7; Hsskl. Cat. 63. 1; Miq. Anal. I. 3. 4; Dtr. Syn. V. 340. 7; Miq. Flor. I.I. 40. 3. (ubi tab. 11 citatur.)

67. 15. **Sagueaster minor** s. *Nibun kitsjil* s. *Palen* s. *Parua mana* s. *Pady* s. *Dodu* — *Harina caryotoides* Hmlt. Hassk. Clav.; — *H. Rumphii* Mrt. Kth. En. III. 194. 2; — *Ptychosperma Rumphii* Bl. Rmph. II. 119. 1; Miq. Flor. III. 29. 21; Seem. Plm. Syn. no. 126; — *Harina* Hmlt. Mm. Gen. II. 266. 26; — *Seaforthia oleraeformis* Mrt. Plm. III. 314. 104; Wlp. Ann. III. 464. 15.

68. **Sargite** — *Areca gracilis* Giseck. & spon. al. Hassk. Clav.; — *Ptychosperma appendiculata* Bl. Rmph. II. 122. 4; Miq. Flor. III. 30. 24; Seem. Plm. Syn. no. 129; — *Seaforthia* (*Drymophloeus* ?) *jaculatoria* Mrt. Plm. III. 186. 13. (314); Kth. En. III. 192. 15.

69. 16. **Nypa** s. *Nipa* s. *Nipa* s. *Bobo* s. *Palean* s. *Parena* s. *Bobia* s. *Bara* s. *Ajer paii* — *Cocos Nypa* Lour. Coch. 694. 2; — *Nipa* (Thunb. Spreng. Gen. 3441; Endl. Gen. 1717; Mm. Gen. 268. 3.) *fruticans* Wrmb. Thnb. Murr. Syst. 839. 1; Murr Prs. Syst. 881. 1 (absq. loci signif.) Willd. Spec. IV. 697. 1; Prs. Syn. II. 577. 1; Poir. Enc. Suppl.

pag. tab.

IV. 97; Spreng Gesch.. Hssch. Clav.; Bl. Rmph. III. 77. 1; Hsskl. Cat. 62. 1; Miq. Anal. I. 7; Dtr. Syn. V. 398. 1; Petz. Indx.; Miq. Flor. III. 150. 1.

72. 75, 17. 18. **Sagus** (Poir. Enc. VI. 393.) **genuinus** s. *Palma farinaria* s. *Lapia tuni* I. s. vera Sagu — *Sagus genuina* Rmph. Hsskl. Flor. (B. Z.) 1842. Beibl. II. 16. 60; Hsskl. Cat. 64. 1; Miq. Anal. I. 6. 29; — *S. Rumphii* Willd. Spec. IV. 404. 2; Prs. Syn. II. 569. 2; Hssch. Clav.; — *S. Raphia pedunculata* Poir. Enc. Sppl. V. 13. 2; — *Metroxylon Sagus* Kön. Dtr. Syn. II. 1202. 1; — *M. Rumphii* Mrt. Plm. III. 213. 1; Knth. En. III. 214. 1; Dtr. Syn. V. 294. 1. (ubi tom. haud indicatur); Miq. Flor. III. 140. 1; — *Sagus* Rmph. Endl. Gen. 1741; Msn. Gen. II. 265. 6.

75. „ „ II. s. *Lapia tuni-wara* s. *Sagu-duri-rottang* — *Sagus micracanthus* Bl. Rmph. II. 153. 3; — *Metroxylon micracanthum* Mrt. Plm. III. 215. 5; Knth. En. III. 215. ; Miq. Flor. III. 146. 2.

75. „ **silvestris** s. *Lapia ihur* s. -*ibol* — ? ? Hmlt. Hssch. Clav.; — *Sagus silvestris* Gisech. Hssch. Clav.; Bl. Rmph. II. 153. 4; — *Metroxylon sylvestre* Mrt. Plm. III. 215. 6; Wlp. Ann. III. 493. 2; Miq. Flor. III. 146. 3; — *M.? elatum* Mrt. Knth. En. III. 215. 6.

76. „ **longispina** s. *Lapia macanaru* s. *Maranalo* s. *Maranalun* — *Sagus farinifera* Grtn. Poir. Enc. VI. 394. 2; Hssch. Clav.; — *S. longispina* Rmph. Bl. Rmph. II. 154. 5; — *Metroxylon longispinum* Mrt. Plm. III. 215. 4; Knth. En. III. 215. 3; Miq. Flor. III. 146. 4.

76. „ **laevis** s. *Lapia molat* s. *Sagu parampuan* I. s. femina s. *Balam* — *Sagus laevis* Rmph. Bl. Rmph. II. 147. 1; Miq. Anal. I. 6. 28; — *S. spinosa* Rxb. Hssch. Clav.; — *Metroxylon laeve* Mrt. Knth. En. III. 214. 2; Wlp. Ann. III. 493. 1 (ubi *S. Coccis* citatur); — *M. inerme* Mrt. Plm. III. 215. 3; — *M. hermaphroditum* Hsskl. Flor. (B. Z.) 1843. Beibl. II. 15. 59; — *M. Sagus* Knth. (cf. Wlp. Ann. I. 751. 1) Miq. Flor. III. 147. 5.

84. 19. „ **filaris** s. *Sagu rottang* s. *S. utan* s. *Lapia abbal* i. e. silvestris s. *Hahar* s. *Wral* s. *Sabaha* s. *Butilio* — ? ? Hmlt. Hssch. Clav.; — *Sagus filaris* Rmph. Gisech. Hssch. Clav.; Bl. Rmph. II. 154. 6 (Steud. Nomcl. II. 492); — *Metroxylon filare* Mrt. Plm. III. 216. 7; Wlp. Ann. III 493. 3; Dtr. Syn. V. 294. 5; Miq. Fl. III. 149. 6; — *Sagus* Rmph. Msn. Gen. II. 265. 6.

85. **Wanga** — *Sagus elata* Rnwdt. Bl. Rmph. II. 156. 7; Miq. Fl. III. 150. 7; — *Metroxylon elatum* Mrt. Plm. III. 216. 8. — haud est *Metroxylon* sec. Teysm. Flor. (B. Z.) 1860. 693.

85. **Bissula** s. *Metaja* — ? ? Hmlt. Hssch. Clav.; — *Licuala ? Gaudichaudii* Mrt. Plm. III. 242. 8; — *L.? Bissula* Mrt. Plm. III. 242. & 319. 219; — *Licuala ? sp.* Knth. En. III. 240. 10. Obs.; — *L.? Bissula* Miq. Fl. III. 57. 10.

86. 22. 23. **Olus calappoides** s. *Osmunda arborescens* s. *Sajur Calappa utan* s. *Uita uiwri* s. *U. nusr* s. *Dyudjuru* s. *Madjong-utu* s. *Pakkis Radja* s. *Sajor radja* — *Cycas* (L. Endl. 704;

pag. tab.

Men. Gen. II. 264. 1.) *circinalis* L. (7736); Brm. Ind. 240; Lam. Enc. II. 231. 1; Willd. Spec. IV. 844. 1; Pers. Syn. II. 630. 1; Hmlt. Linn. III. 76. Hsch. Clav.; Miq. Comment. 118. Adnot. II.; Spanogh. Tim. 480. 914; Dtr. Syn. V. 448. 1; Pritz. Indx.; — *C. inermis* Lour. Coch. 776. 1; — *C. Rumphii* Poir. Enc. Sppl. II. 426; Miq. Comment. 120; Cycad. 29. 5; Anal. II. 44; Linnaea 1853. 563; Flor. II. 1077. 2. (ubi pag. 87. cit.); Prdr. Cyc. 17. 5.

87. 20. 21. **Olus calappoides III e Celebes** s. *Lagogo* (♀) & *Paku* (♂) — *C. inermis* Lour. Coch. 776. 1; — *C. pectinata* Hamlt. Hsch. Clav.; — *C. circinalis* L. Poir. Enc. Sppl. II. 425; Span. Tim. 480. 914; Pritz. Indx. (cf. Miq. Comment. 118 adnot. II.); — *C. celebica* Miq. Comment. 126; Cycad. 31; Flor. II. 1077. 3; Prdr. Cyc. 17. 9. — *Cycas* L. Endl. Gen. 704; Men. Gen. II. 264. 1.

92. 24. **Arbor calappoides sinensis** s. *Sajor calappa* s. *Tsjaka* i. e. arbor ferrea — *Cycas revoluta* Thnbg. Murr. Prs. Syst. 966. 2; Lam. Enc. II. 232. 2. Willd. Spec. IV. 844. 2; Prs. Syn. II. 631. 2; Hsch. Clav.; Bl. Rmph. IV. 15; Miq. Cyc. 28. 1; Prdr. Cyc. 16. 1. — *C. circinalis* L. Span. Tim. 480. 914; Poir. Enc. Sppl. II. 425; — *Cycas* L. Endl. Gen. 704; Men. Gen. II. 264. 1.

93. 25. **Arbor mangifera** s. *Manghas* s. *Manga* s. *Mampelaan* s. *Ambo* s. *Coeve* s. *Oeale* s. *Taipa* s. *Way Way* — *Mangifera arbor* Brm. Zeyl. 152; — *M. indica* L. (1684); Brm. Ind. 62; Lam. Enc. III. 696. 1; Lour. Coch. 198. 1; Willd. Sp. I. 1150. 1; Vhl. Enum. I. 7. 1; Prs. Syn. I. 249. 1; R. & S. V. Mnt. I. 53. 1; Rxb. Flor. II. 435; DC. Prdr. II. 63. 1; Dtr. Sp. I. 116. 1; Don Dichl. II. 64. 1. (ubi t. 25 cit.); Hsch. Clav.; W. A. Prdr. I. 170. 527; Hsskl. Flor. (B. Z.) 1844. 620; Wlp. Rprt. I. 555. 3 (ubi t. 25. 61. citat.); Pritz. Indx.; — *M. ind. β. domestica* Bl. Mus. I. 193. 436. β. (cf. Wlp. Ann. II. 283. 1.); Miq. Fl. I. ii. 628. 1. β. — *Mangifera* L. Endl. Gen. 5915.

94. 1. *Manga dodol* s. *M. calappa* s. *Taipa bonko* — *Mangifera Linnaei* Krth.? Hsskl. Cat. 246. 1. ? — *M. indica* L. δ. *Kalappa* Bl. & ζ *Dodol* Bl. Mus. I. 193. 436. δ. & ζ. Miq. Fl. I. ii. 628. 1. δ. & ζ.

94. 2. *Mampelaan* s. *Manga Kapr.* — *Mangifera indica* L. Hsskl. Cat. 246. 2; — *M. indica* L. ε *Kaijer* Bl. Mus. I. 193. 436. ε. —

94. 3. *Manga Dadiing* i. e. carnosa s. *M. Daki* s. *M. Bangel* — *Mangifera indica* L. Hsskl. Cat. 246. 3. B. *Parrig* Bl.

94. 4. minor s. *Taipa rowa rowa* s. *Taipa pali pali* s. *Lumis* s. *Pausgus* — *Mangifera minor* Bl. Mus. I. 198. 439; Wlp. Ann. II. 284. 4; Miq. Fl. I. ii. 631. 6.

94. 5. silvarum s. *Manga bufo* s. *M. badjo* s. *Taipa Balandong* — *Mangifera laurina* Bl. Mus. I. 195. 438; Wlp. Ann. II. 283. 3; Miq. Fl. I. ii. 629. 2.

96. 26.? 6. *Pao in Banda* (cf. Auctuar. (VII.) p. 16. t. 11.) — *Mangifera indica* L. (1624) quoad tab. & Obs.); — *M. altissima* Blanco Bl. Mus. I. 199. 441; Miq. Flor. I. ii. 632. 9. (ubi Tom. IV. p. 16. t. 11. cit.); (cf. *M. macrocarpa* Bl. Mus. I. 201. 446. & Rmph. Auct. p. 16.)

pag. tab.

97. 27. **Manga silvestris** s. *Manga Utan* s. *Taipa* s. *Wayway* s. *Wau* — *M. macrocarpa* Hsskl. Cat. 246. 4; — *M. membranacea* Bl. Mus. I. 195. 437; Wlp. Ann. II. 283. 2; — *M. Utana* Hmlt. Hssch. Clav.; Prits. Ind.; Miq. Fl. I. ii. 634. 15. & *M. Taipa* Hmlt. Hssch. Clav.; Miq. Fl. I. ii. 631. 5.

98. **Manga silvestris c. Banda** s. *Alir* — ? ?

98. 28. **Manga foetida** s. *Bate* s. *Bate malacca* s. *Ampalljan* s. *Batjan* s. *Dodero* s. *Batel* — *Mangifera foetida* Lour. Coch. 199. 2; Vhl. En. I. 7. 2; Poir. Enc. Sppl. III. 583; R. & S. S. V. I. 37. 2; Rxb. Fl. II. 440; DC. Prdr. II. 63. 2; Dtr. Spec. I. 116. 2; Don. Dichl. II. 64. 3; Hssch. Clav.; Dtr. Syn. I. 24. 4; Wlp. Ann. II. 281. 5; Hsskl. Flor. (B. Z.) 1844. 622; Cat. 246. 3; Bl. Mus. I. 198. 440; (ubi tab. haud citatur); Miq. Fl. I. ii. 632. 7.)

99. „ **foetida** II. s. *Wani* — *Mangifera Kemanga* Bl. Mus. I. 242. 449; Miq. Fl. I. ii. 634. 17.

99. 29. **Durio** s. *Echinus arboreus* s. *Durijon* s. *Durryn* s. *Durein* — *Durio zibethinus* L. (5739); Murr. Syst. 698. 1.; Lam. Enc. II. 333; Murr. Pers. Syst. 737. 1; Willd. Sp. III. 1434. 1; Pers. Syn. II. 74. 1; DC. Prdr. I. 480. 1; Don Dichl. I. 578. 1; Hssch. Clav.; Hsskl. Cat. 202. 1; Prits. Indx.; Miq. Fl. I. ii. 167. 1; — *Durio* L. Spreng. Gen. 2961. Endl. Gen. 5305.

101. (29—2.) 1. *D. Burones*; 2. *D. Casumba* s. *D. Manko*; 3. *D. babi* s. minor (mixtipes).

104. 105. | 30. **Soccus arboreus major** s. *Nanca Bilulang* s. *Ambi* s. *Pappelitjaki* s. *Tat-ual* — *Artocarpus* (L. f. Endl. Gen. 1868 & Sppl. IV. p. 36; Msn. Gen. II. 261. 10.) *integrifolia* L. fil. Bl. Bijdr. 482; Hssch. Clav.; Span. Tim. 343. 730; Hsskl. Cat. 77. 2. (ubi p. 107 cit.); Wlp. Ann. I. 659. 8; Prits. Indx.; Miq. Fl. I. ii. 287. 7; — *A. integrifolia* L. f. γ. Willd. Sp. IV. 189. 2. γ. — *A. heterophylla* Lam. Enc. III. 209. 2 ? (ubi „tb. 60."); — *A. integrf. β. heterophylla* Prs. Syn. II. 531. 2. β. — *Polyphema Jaca* Lour. Coch. 667. 1.

106. „ **arboreus major** II. s. *Nanca babur* s. *Nanca pallens* — ? (an variet. antecedentis?).

107. 31. „ **arboreus minor** s. *Tsjampadaha* s. *Champedaha* s. *Tewada* s. *Tiwada* s. *Anghon* — *Artocarpus Jaca β.* Lam. Enc. III. 210. 3. β.; Hssch. Clav.; — *Polyphema Champeden* Lour. Coch. 668. 2; — *Art. Polyphema* Lour. Prs. Syn. II. 531. 3; Spreng. Gesch. Span. Tim. 343. 731; — *A. integrifolia* L. fil. β. Willd. Sp. IV. 189. 2. β. — *A. integrifolia* L. f. Wlp. Ann. I. 659. 8; Prits. Indx.; Miq. Fl. I. ii. 287. 7; — *A.* Dtr. Champeda Syn. V. 293. 2.

109. *Caju Bandaa* — *Artocarpus hirsuta* Lam. Hssch. Clav.; a citato Rheedei (III. t. 32) ad pubescentem Willd. duceri possit aut ad *A. Blumei* Trec.

110. 32. **Soccus lanosus** s. *Soccum* s. *S. capas* s. *S. radja* s. *Gomo* s. *Bakar* s. *Sooa* s. *Sune* — *Artocarpus* (L. f. Endl. Gen. 1868; Msn. Gen. II. 261. 10) *incisa* L. Lam. Enc. III. 207. 1; Poir. Enc. Sppl. V. 162; Hmlt. Hssch. Clav.; Prits. Indx.; — β. Willd. Spec. IV.

pag. tab.

188. 1. β.; Prs. Syn. II. 531. 1. β. Miq. plnt. Jagh. 44. — *A. laevis* Hasskl. Flor. (B. Z.) 1842. Beibl. II. 16. 69. Ejusd. Cat. 78. 6. — Ab. *A. incisa* L. distincta sp. Miq. Fl. I. c. 285. Obs. —

112. 33. **Soccus granosus** s. *Sucrun bidji* s. *Kulur* s. *Timbul* s. *Gomu* s. *Gumasel* s. *Amakir* s. *Umare* — *Artocarpus incisa* L. Lam. Enc. III. 207. 1; α. Willd. Spec. IV. 188. 1; Prs. Syn. II. 531. 1; Poir. Enc. Sppl. V. 169; Hassk. Clav.; Span. Tim. 343. 729; Hskl. Flor. (B. Z.) 1842. Beibl. II. 16. 70; ej. Cat. 78. 7; Wlp. Ann. I. 659. 1; Dtr. Syn. V. 223. 1; Prts. Indx.; Miq. Fl. I. c. 285. 1; — specie diff. sec. Hmlt. Hasch. Clav.

114. 115. 34. „ **silvestris** ♂ s. *Tugeus* s. *Soccus utan* s. *Kulur utan* s. *Sucr. bato* s. *Ugr* s. *Utal* — *Artocarpus incisa* L. β. ? Lam. Enc. III. 208. 1. β.; — *A.* (Msn. Gen. II. 361. 10.) *sp. nov.* Hmlt. Hasch. Clav.; — *A. incisa* L. Prts. Indx.; Miq. Flor. I. c. 285. 1; — *A. elastica* sec. Teysm. in litt.

115. „ **silvestris** ♂ *cricbicus* — *Artocarpus Lacucha* Rxb. ? Hasch. Clav.

116. „ „ 2 = ?

118. 35. **Prunum stellatum** s. *Bilimbing* s. *Bilimba* s. *Nimpatta* s. *Bazalium* s. *Carambola* s. *Blimbing manis* (dulcis) et B. *assam* (acidus) s. *B. bris* — *Malus indica fructu pentagono Bilimbi* Brm. Zeyl. 147. — *Averrhoa Carambola* L. (3333); Brm. Ind. 108; Lam. Enc. I. 690. 1; Lour. Coch. 354. 1; Willd. Spec. II. 750. 2; Prs. Syn. I. 509. 2; DC. Prdr. I. 689. 2; Don Dichl. I. 752. 1; Hasch. Clav.; W. A. Prdr. I. 141. 464; Dtr. Syn. II. 1616. 1; Hskl. Cat. 251. 2; Flor. (B. Z.) 1844. 608; Prits. Indx.; Miq. Fl. I. c. 133. 1; Endl. Gen. 6059.b.

118. 36. **Blimbingum teres** s. *Blimbing bulu* s. *buloh* l. s. *teres* s. *Taparria* s. *Tagulala* s. *Bagmun tsjadi* — cf. *Malus indica fructu pentagono Bilimbi* Brm. Zeyl. 147; — *Averrhoa Bilimbi* L. (3332.); Brm. Ind. 106; Lam. Enc. I. 690. 2; Lour. Coch. 355. 2; Willd. Sp. II. 749. 1; Prs. Syn. I. 509. 1; DC. Prdr. I. 689. 1; Don Dichl. I. 753. 2. (ubi p. 115 citat.); Hasch. Clav.; W. A. Prdr. I. 141. 465; Dtr. Syn. II. 1616. 2; Hskl. Cat. 251. 1; Flor. (B. Z.) 1844. 608 (ubi tom. V. citat.); Prits. Indx.; Miq. Fl. I. c. 133. 2; Endl. Gen. 6059.a.

121. 37. **Jambosa domestica** s. *Jambu* s. *Jambuli* s. *Gora* s. *Kulion* s. *Baun mala* s. *Lalian* — *Eugenia malaccensis* L. (3596); Brm. Ind. 114; Lam. Enc. III. 196. 1; Lour. Coch. 374. 1; Willd. Spec. II. 959. 1; Prs. Syn. II. 27. 1; Poir. Enc. Sppl. II. 27. 1; Hmlt. Hasch. Clav.; — *Jambosa malaccensis* DC. W. A. Prdr. I. 332. 1036; Dtr. Syn. III. 69. 5; Hskl. Flor. (B. Z.) 1844. 591 & 592 ? — *J. domestica* Rmph. DC. Prdr. III. 286. 18; Don Dichl. II. 858. 20; Hasch. Clav.; Wlp. Ann. II. 632. 1; Bl. Mus. I. 91. 221; Berg Linnaea 1854. 340. Prits. Ind.; de Vriese plnt. Ind. 68. 108; Miq. Fl. I. c. 411. 1; — *Jambosa* Rmph. Endl. Gen. 6324.

122. „ **domestica** ββ **minor** — *Jambosa domestica* Rmph. β. *minor* Bl. Mus. I. 91. 22. β; Miq. Fl. I. c. 412. 1. β.

pag. tab.

122. **Jambosa domestica rosacea** = *Jambosa domestica Rmph. γ rosacea* Bl. Mus. I. 91 221. γ; Miq. Fl. I. i. 412. 1. γ.

122. **Jambosa domestica calapparia** s. *Jambo Clongcong* = *domestica Rmph. δ. calapparia* Bl. Mus. I. 91. 221. δ; Miq. Flor. I. i. 412. 1. δ.

123. „ **rosacea** s. *Jambo d'Agua rosado* — *Eugenia Jambosa* L. Hasch. Clav.; — *Jambosa vulgaris* DC. Hasch. Clav.; Bl. Mus. I. 93. 226; de Vriese plnt. Ind. 70. 112 (ubi uti apud Miq. p. 12 citatur); Miq. Flor. I. i. 425. 30.

125. 38, 1. „ **nigra** s. *Jambo utan* s. *J. itam* — *Jambos sylvestris fructu rotundo* Brm. Zeyl. 125. — *Eugenia malaccensis* L. (3596) Brm. Ind. 114. (ubi fig. haud indic.); Wlld. Spec. II. 959. 1; Prs. Syn. II. 27. 1; DC. Prdr. III. 286. 6; Don Diehl. II. 868. 19; Hsskl. Cat. 262. 10; W. A. Prdr. I. 332. 1033; — *Eug. purpurea* Hrt. bog. Hasch. Clav. — *Jambosa purpurascens* DC. Hasch. Clav.; Hsskl. Flor. (B. Z.) 1844. 591. — *J. domestica* Rmph. ε. *nigra* Bl. Mus. I. 91. 221. ε; Miq. Flor. I. i. 412. ε; — *Eugenia nodiflora* Aubl. Prts. Indx.

126. 38, 2. „ **aquea, aquosa et minor** s. *Jambu aijer* s. *J. djene* s. *Gora padi* s. *Battoa tafapro* s. *R. mera* s. *Caer* — *Eugenia racemosa* L. Prits. Indx.; — *Eu. javanica* Lam. Enc. III. 200. 12; Prs. Syn. II. 28. 12; Sprng. Gesch.; — *Eu. aquea* Brm. Ind. 114; Hasch. Clav.; — *Jambosa aquea* Rmph. DC. Prdr. III. 288. 17; W. A. Prdr. I. 332. 1304 (mal. ic. cit.); Dtr. Syn. III. 70. 17; Bl. Mus. I. 102. 241; Wlp. Ann. II. 635. 20; Berg Linn. 1854. 343. 6; Miq. Flor. I. c. 421. 20; de Vries. plnt. ind. 69. 111; — *Cerocarpus aqueus* Hsskl. Flor. (B. Z.) 1842. Beibl. II. 36. 149; ibid. 1844. 593; Cat. 262. 1 (ubi fig. haud indicatur); Wlp. Rprt. V. 756. 1.

126. „ **aquea altera** s. *Jambu ayer puti* = *Jambosa aquea* Rmph. β. *limbata* Bl. Mus. I. 102. 241. β.

127. 39. „ **silvestris alba** s. *Jambu utan puti* s. *Ayroa ietan ala* i. e. latifolium s. *Catammon* s. *Calampaot* — *Jambos malaccensis fructo aureo* Brm. Zeyl. 124; — *Eugenia Jambos* L. (3597); Brm. Ind. 114; Lour. Coch. 375. 2; Drap. Herb. I. 27; — *Eug. Jamb.* β. Lam. Enc. III. 197. 3. β. Wlld. Spec. II. 959. 2. β; Prs. Syn. II. 27. 2. β. — *Eugenia* sp. Hmlt. Hasch. Clav.; — *Jambosa aquea* DC. W. A. Prdr. I. 332. 1034? — *J. macrophylla* DC. Hsskl. Cat. 262. 9; Dtr. Syn. III. 69. 4; — *J. alba* Rmph. Wlp. Ann. II. 633. 6; — *J. alb. α. silvestris* Rmph. Bl. Mus. I. 94. 288 (ic. medioer. dicitur); Miq. Flor. I. i. 413. 4. α; — *J. vulgaris* DC. Berg Linnaea 1854. 343. 4 (ubi pag. 39 citatur).

128. „ **silvestris** s. *Boeras* — An. variet. *anisodontis*? Hmlt. Hasch. Clav.; — *Jambosa celebica* Bl. Mus. I. 107. 254? Wlp. Ann. II. 637. 30?

129. 40. „ **silvestris parvifolia** s. *Caju mera* (i. e. lignum rubrum) s. *Ayeva* — *Gustavia asiatica* L. (4538); Prits. Indx.; Miq. Fl. II. 866. 1. — sed cf. Auctuar. (VII) p. 3, ubi haec tabula male huc juncta dicitur, ad II. p. 129 pertinens & cum ta-

pag. tab.

bula in hac parte jam ante mutanda, quae certissime est *Myrtacea*. *Jambosa silvestris & montana fructu rotundo* Brm. Zeyl. 125; — *Eugenia* sp. Lam. Enc. III. 206*.

129. **Jambosa silvestris alba** s. *Jambu ajer utan* — *Eugenia lucida* Hmlt ? ex Hmlt, Hssch. Clav. — *Jambosa lucida* Bl. Mus. I. 104, 217.

130. 41. „ **ceramica** s. *alpherica* s. *Jambu alpheru* s. *J. sekelat* (i. e. *J. panuman*) s. *Lagu maha* — *Myrtus Cumini* L. (3680); Brm. Ind. 115; Prtz. Indx.; — *Jambolifera odorata* Lour. Coch. 284. 2; — *Calyptranthes caryophyllifolia* Willd. Spec. II. 975. 3; — *Eugenia cymosa* Lam. Enc. III. 199. 8; Pers. Syn. II. 28. 8; Sprng. Gesch. Hssch. Clav.; — *Calypt. Cumini* Prs. Syn. II. 22. 3; Poir. Enc. Sppl. II. 42. — *Eug. calyptrata* Hmlt. ? Hssch. Clav.; — *Syzygium caryophyllifolium* DC. Prdr. III. 260. 9; Don Dichl. II. 849. 9; Hsskl. Cat. 260. 1; Flor. (B. Z.) 1844. 589; Miq. Flor. I. i. 459. 31.

131. 42. **Jambolana** s. *d'Juat* s. *d'Jaci* s. *Boppa rappo puta* s. *Duwe* — *Jambolifera pedunculata* L. (2677); Brm. Ind. 87; Lam. Enc. III. 195. 1; Lour. Coch. 283. 1; Murr. Syst. 360. 1; Murr. Prs. Syst. 381. 1; Prtz. Indx. — *Eugenia Jambolana* Lam. Enc. III. 198. 7; Hmlt. Hssch. Clav.; — *Calyptranthes Jambolana* Prs. Syn. II. 32. 6; Poir. Enc. Sppl. II. 42; Sprng. Gesch. — *Syzygium Jambolana* DC. Prdr. III. 259. 7; Don Dichl. II. 849. 7; W. A. Prdr. I. 147. 475, Obs. & 329. 1015; Wlp. Rprt. II. 179. 10; Hssch. Clav.; Prtz. Indx.; Miq. Flor. I. i. 458. 30; — *S. Jamb. β. obtusifolia* DC. Prdr. III. 259. 7. β; Hsskl. Cat. 261. 6. β; Flor. (B. Z.) 1844. 590. β; — *S. Jamb. β. elliptica* Berg Linnaea 1854. 539. 1. β.

132. 43. **Mangostana** s. *Mangostan* s. *Manggis* s. *Kirse* — *Garcinia Mangostana* L. (3440); Brm. Ind. 109; Lam. Enc. III. 699. 1; Willd. Spec. II. 848. 1; Pers. Syn. II. 3.; DC. Prdr. I. 560. 1; Don Dichl. I. 619. 1; Hssch. Clav.; Dtr. Syn. III. 8. 1; Hsskl. Cat. 211. 1; Prtz. Indx.; — *Garcinia* L. Endl. Gen. 5443; Poir. Enc. Sppl. III. 581.

134. 44. „ **celebica** s. *silvestris* s. *Mangostan utan* s. *Kisas* (Auctuar. p. 1) — *Garcinia celebica* Linn. (3441); Brm. Ind. 109; Lam. Enc. III. 700. 4; Willd. Spec. II. 848. 2; Pers. Syn. II. 3. 2; DC. Prdr. I. 561. 7; Sprng. Gesch.; Hssch. Clav.; Miq. Flor. I. i. 507. 6. — *Stalagmites celebica* Don Dichl. I. 621. 8; — *Oxycarpus celebica* Poir. Enc. Sppl. IV. 258. 3; — *O. gangetica* Lam. ? Hssch. Clav. — *Garcinia* L. Poir. Enc. Sppl. III. 584; Endl. Gen. 5443, cf. Rmph. III. p. 55.

135. **Arbor mundo** — *Garcinia tinctoria* Rxb. Hssch. Clav. — *Oxycarpus indica* Lam. Hssch. Clav.

136. 45. **Anona** s. *Manoa* s. *Menoa* s. *Sirsacyrona* s. *Manumo* s. *Sare brana* — *Anona silvestris* Brm. Zeyl. 23. ? — *A. reticulata* L. (3991); Brm. Ind. 125; Lam. Enc. II. 124. 4; Willd. Sp. II. 1265. 5; Span. Tim. 162. 7; — *A. retic. β.* Prs. Syn. II. 94. 5. β; — *A. mucosa* Jcq. DC. Syst. I. 474. 19; Prdr. I. 85. 19; Don. Dichl. I. 89. 14; Hssch. Clav.; Dtr. Syn. III. 306. 28 (qui „mucosa" perperam scribit); Prtz. Indx.

pag. tab.

137. **Mûi Chinae.** — *Anona Sarifa* Rxb. Hassk. — *Diospyros Kaki* L. f. sec. Teysm. in litt.

138. 46. **Anona tuberosa** s. *crispa* s. *Manoapo parva* s. *Atis* s. *Bua-ati* s. *Sirikaya* — *Anona fructu verrucosi* Brm. Zeyl. 21; — *A. squamosa* L. (3990) Brm. Ind. 126; Lam. Enc. II. 123. 2; Wlld. Sp. II. 1265. 3; Pers. Syn. II. 95. 3; DC. Syst. I. 472. 14; Don Dichl. I. 88. 19; W. A. Prdr. I. 7. 21; Hassk. Clav.; Span. Tim. 162. 6; Dtr. Syn. III. 306. 24; Wlp. Rprt. I. 89. 23; Prts. Indx.; Miq. Fl. I. ii. 33. 1; — *A. asiatica* L. Lour. Coch. 428. 1; — *A. sq. α. impunctata* Dun. Hsskl. plnt. Jav. 174. 111 (quoad descript. Rmph. ?)

140. 47. **Cujavus domestica** s. *Gojavo* s. *Gunjava* s. *Gojava* s. *Cujavo Bataria* s. *Saricaya* (omnibus dives) s. *Nyambu rasong* (Jambosa lutea) — *Guajavus fructu pallido* Brm. Zeyl. 112; — *Psidium pyriferum* L. (3594); Brm. Ind. 113; Lam. Enc. III. 16. 1; Lour. Coch. 378. 1; Wlld. Spec. II. 957. 1; Prs. Syn. II. 27. 1; DC. Prdr. III. 233. 9; Don Dichl. II. 830. 9; Hassk. Clav.; Dtr. Syn. III. 71. 9; Prts. Indx. — *Ps. Guajava* L. *β. pyriferum* Wlp. Ann. II. 624. 1. β.; Berg Linnaea 1854. 366. 47. β. — *Ps. Guajavas* Radd. *γ. pyriferum* Radd. Hsskl. Flor. (B. Z.) 1842. Beil. II. 35. 145; ibid. 1844. 588; Catal. 260. 2. B; Bl. Mus. I. 71. 181. β; Miq. Fl. I. i. 469. 1. γ.; Wlp. Ann. IV. 831. 1. γ.

143. 48. — **agrestis** s. *C. silvestris* s. *Cujavo utan* — *Guajavus fructu viridi* Brm. Zeyl. 112; — *Psidium pomiferum* L. (3595) Brm. Ind. 113; Lam. Enc. III. 17. 2; Lour. Coch. 379. 2; Wlld. Sp. II. 958. 6; Pers. Syn. II. 27. 4; DC. Prdr. III. 234. 10; Don Dichl. II. 830. 10; Hassk. Clav.; W. A. Prdr. I. 328. 1013; Span. Tim. 205. 365; Dtr. Syn. III. 71. 10; Prts. Indx. — *Ps. Guajava* L. Wlp. Ann. II. 624. 1. — *Ps. Guajavas* Raddi *α pomiferum* Radd. Hsskl. Flor. (B. Z.) 1842. Beil. II. 35. 146; ibid. 1844. 588; Cat. 260. 2. A; Bl. Mus. I. 71. 181. α; Berg Linnaea 1854. 366. 47. α; de Vries. plnt. Ind. 76. 122. α; Miq. Fl. I. 469. 1. α; Wlp. Ann. IV. 831. 1. α.

144. „ **silvestris** — *Psidium Guajava* L. *γ. minor.* Bl. Mus. I. 71. 181. γ; — *Ps. Guaj. β. Cujavillus* Miq. Fl. I. i. 469. 1. β. Wlp. Ann. IV. 831. 1 β. — *Ps. pomiferum* L. *var.* Hassk. Clav.

145. 49. **Cujavillus** s. *Cujavo kitsjil* s. *C. kecki-kecki* (mas) — *Psidium Cujavillus* Brm. Ind. 114. — *P. angustifolium* Lam. Enc. III. 17. 3; Hassk. Clav.; — *P. pumilum* Vhl. Wlld. Sp. II. 957. 2; Prs. Syn. II. 27. 2; Sprng. Gesch.; DC. Prdr. III. 233. 1; Don Dichl. II. 830. 1; Dtr. Syn. III. 71. 1; Hsskl. Flor. (B. Z.) 1844. 588; Cat. 260. 1; Bl. Mus. I. 71. 182; Miq. Anal. I. 16. 1; Wlp. Ann. II. 624. 2; de Vries. plnt. 76. 123; Miq. Fl. I. i. 470. 2; — *Ps. decaspermum* Wlld. Prts. Indx.; — *Nelitris Jambosella* Grtn. Hassk. Clav.

145. 50. 51. **Papaja mas et femina** s. *Dungan-dungan* s. *Ussi-ussi* s. *Gedang Castela* — *Papaja mas & femina* Brm. Zeyl. 181; — *Carica Papaya* L. (7175) Brm. Ind. 215; Murr. Syst. 891. 1; Murr. Prs. Syst. 933. 1; Poir. Enc. V. 2; Wlld. Sp. IV. 814. 1; W. A. Prdr. I. 352. 1099; Hassk. Clav.; Span. Tim. 206. 388; Hsskl. Cat. 188. 1 (ubi de floribus ♀ loquitur cf. Koch. Wochenschr. 1861. 232); Hsskl. plnt. Jav. 180. 118;

pag. tab.

Prits. Indx.; Miq. Fl. I. i. 697. 1; — *Papaya vulgaris* Lam. A. DC. Prdr. XV. i. 414. 1. — Not. Truncus mollis sua sponte saepe ramos emittit! —

149. 53. 1. **Papaja silvestris** s. *Papaja utan* s. *Aguyuer* s. *Aguiar* L. s. arbor catappaeformis s. *Rimo tehu* s. *Uri matrum* s. *Calit gugur* s. *Ayana olio* = *Bergera Königii* L. Willd. Sp. II. 549. 1; Pers. Syn. I. 466. 1; Poir. Enc. Sppl. I. 619? et 620 Obs. DC. Prdr. I. 537. 1; — *Araliacea indefinita* W. A. Hassk. Clav.; — *Aralia umbraculifera* Rxb. W. A. Prdr. I. 94. 334. Obs.; — *Eupteron nodosum* Miq. Flor. I. i. 761. 1 (ubi tab. 13 citat.)

150. 53. 2. „ **silvestris minor** s. *Attahu* = *Araliacea indefinita* Hassk. Clav.; — *Jagera speciosa* Bl. Rmph. III. 155. 1; Wlp. Ann. II. 210. 1 (ubi *Pap. littorea* citatur); Miq. Flor. I. ii. 564. 1. — *Jagera* Bl. Bnth. Hook. Gen. 403. 39.

150. 52. „ **littorea** s. *Papaya Pante* s. *Caju Gorita* s. *Lau-takka* = *Panax* sp. ? Poir. Enc. V. 1; — *Araliacea indefinita* Hassk. Clav.; — *Aralia longifolia* Rowdt. Wlp. Rprt. II. 430. 1.; — *Paratropia longifolia* DC. de Vriese plant. Ind. 89. 145; — *P.* sp. ? Miq. Fl. I. i. 760. (in Ann. Mus. Lgd. B. haud citatur.); — *P. macrostachya* Miq. ? sec. Teysm. in litt.

151. 54. **Lansium** s. *Lanna* s. *Bejetten* s. *Lasa* s. *Lassam* s. *Ayamaku* s. *Buaa* s. *Lansae* = *Averrhoa acida* L. amoen. (?) (3334); — *Boa Lanse* s. *Lansium* Rmph. Rademach. Beschrijv. 16. 17. (ubi perperam p. 157 citatur); ejusq. Naaml. 65; Sprng. Gen. 2054; Endl. Gen. 5526. Bnth. Hook. Gen. 334. 16; — *Lansium domesticum* Corr. Poir. Enc. Sppl. III. 299. Jck. Hassk. Clav.; Wlp. Rprt. I. 428. 1; Hskl. Cat. 220. 1; Dtr. Syn. IV. 788. 1; Roem. Hesper. 99. 1; Miq. Fl. I. ii. 546. 1.

153. 55. „ **silvestre** s. *Lanse utan* s. *Ayamaku abbo* s. *Buaa lanne* s. *B. abbal* s. *Lasa rura* = *Guarea Lansium* Lour. Coch. 334. 1; Roem. Hesp. 79. 1? — *Cookia punctata* Rtz. DC. Prdr. I. 537. 1; Don Dichl. I. 585. 1; Hassk. Clav.; Dtr. Syn. II. 1410. 1; Prits. Indx.; Miq. Flor. I. ii. 523. 1 ? (cf. p. 545. Admot.); — *Lansium silvestre* Rmph. Roem. Hesper. 99. 4. — *Aglaiae* sp. sec. Teysm. in litt.

154. 56. „ **montanum** s. *Lanse gunong* s. *Nogo* = ? ? Hmlt. Hassk. Clav.; — *Sclerope montana* Röm. Hesper. 126. 1; — *Aglaiae* sp. sec. Teysm. in litt. — *Milnea montana* Jck. simile Miq. Fl. I. ii. 544. 1; *Lansium* Rmph. Sprng. Gen. 2054.

156. 57. **Cussambium** s. *Cussambi* s. *Sado* s. *Kole* s. *Sambi* = *Pistacia oleosa* Lour. Coch. 755. 1; Poir. Enc. Sppl. IV. 426. 5; DC. Prdr. II. 64. 6; Don Dichl. II. 66. 7; — *Cussambium* (Lam. Enc. II. 230) spinosum Hmlt. Hassk. Clav.; Prits. Indx.; — *Schleichera trijuga* Willd. var. ? sp. an diversa ? W. A. Prdr. I. 114. 388; — *Schl. trijuga* Willd. Bl. Rmph. III. 147. 1 (ubi tabul. male dicitur); Miq. Fl. I. ii. 573. 1; — *Schleichera* Willd. Endl. Gen. 5621 & Sppl. IV. iii; Mss. Gen. II. 346. 23b (ubi tom. II. cit.); Bnth. Hook. Gen. 401. 41.

157. **Lindeyng.** Chinens. — *Cussambium glabrum* Hmlt. ? Hassk. Clav.; — *Nephelium Longana* Cmbsd. Bl. Rmph. III. 103. 6.

157. 58. **Pomum Draconum** s. *Boa ran* s. *Rambitu* s. *Lan* s. *Lansiny* s. *Dun bende dene* s. *Utera*

pag. tab.

s. *Utaro* — *Spondias sp.* ? Hsklt. Hasch. Clav.; — *Dracontomelum mangiferum* Bl. Mus. I. 231. 506; Wlp. Ann. II. 288. 1; Miq. Flor. I. II. 639. 1.

159. 59. **Pomum Draconum silvestre** s. *Boa rau utan* s. *Boa rauu* s. *Urram* s. *Ulolen* s. *Tarapatt* — *Spondias sp.* ? Hsklt. Hasch. Clav.; — *Dracontomelum silvestre* Bl. Mus. I. 231. 507; Wlp. Ann. II. 288. 2; Miq. Flor. I. II. 639. 2 (ubi tab. haud indicatur.)

161. 60. **Condondum** s. *Condondong* s. *Ngusla* s. *Ulu* s. *Ulu-sha* s. *Hurerk* s. *Cai-jematajem* s. *Coranren* s. *Intje* — *Sarindeja sp.* Hsklt. W. A. Prdr. I. 170. observ. & 173. 533. Obs.; — *Spondias dulcis* Frst. W. A. l. l. c. c.; — *Mangifera pinnata* L. Lam. Enc. III. 697. 4; Hasch. Clav.; Pritz. Indx.; — *Evia viridis* Bl. Mus. I. 234. 511; Miq. Flor. I. II. 640. 1.

162. 61. „ **malaccense** s. *Condondong malacca* s. *Mada* s. *Mela* — *Mangifera sp.* Hsklt. Hasch. Clav.; — *M. indica* L. W. A. Prdr. I. 170. 527?; Hoshl. Flor. (R. Z.) 1844. 682; — *Spondias mangifera* Pers. ? W. A. Prdr. I. 173. 533 ? — *Evia amara* Cmmrs. *β. intermedia* Bl. Mus. I. 234. 512. *β*; Wlp. Ann. II. 287. 3. *β*; Miq. Flor. I. II. 641. 2. *β*.

163. 62. **Cynomorion** s. *Puki andjing* (pudenda canina) s. *Nunnam* s. *Lamaul* s. *Lammata* — *Cynometra* (L. Poir. Enc. Sppl. II. 435; Endl. Gen. 6781 (ubi „tab." haud cit.) Mss. Gen. II. 70. 344) *cauliflora* L. (3010.; Brm. Ind. 100; Murr. Syst. 396. 1; Lam. Enc. II. 240. 1; Murr. Prs. Syst. 424. 1; Willd. Spec. II. 539. 1; Prs. Syn. I. 456. 1 (ubi „tb. 59"); Sprng. Gesch. (ubi tab. 61 cit.); DC. Prdr. II. 509. 1; Don Diehl. II. 456. 1; W. A. Prdr. I. 293. 806; Hasch. Clav.; Dtr. Syn. II. 1427. 1; Span. Tim. 201. 328; Hoshl. Flor. (R. Z.) 1842. Beil. II. 94. 56; Cat. 287. 1; Plnt. Jav. 413. 307; Pritz. Indx.; Miq. Flor. I. I. 77. 1 (ubi „pag. 463").

167. 63. „ **um silvestre** s. *Nam-nam utan* s. *Lamaul abbal* — *Cynometra* (L. Poir. Enc. Sppl. II. 435; Mss. Gen. II. 70. 344) *ramiflora* L. (3011); Murr. Syst. 396. 2; Lam. Enc. II. 240. 2; Murr. Prs. Syst. 424. 2; Willd. Sp. II. 539. 2; Pers. Syn. I. 456. 2. ? DC. Prdr. II. 509. 2; Don Diehl. II. 456. 2; Hasch. Clav.; Dtr. Syn. II. 1427. 2; Hoshl. Bots. I. 192. 179; — *C. ramiflora L. α. acuminata* W. A. Prdr. I. 293. 917. *α*; — *C. bifuga* Span. ? Miq. Fl. I. I. 78 & 1079;

167. 64 **Sandoricum domesticum** s. *Sandori* s. *Sattul* s. *Santul* s. *Santoor* s. *Setul* s. *Secul* s. *Fetul* s. *Apelu* — *Sandoricum indicum* Cav. Lam. Enc. III. 69. 1; Willd. Sp. II. 556. 17; DC. Prdr. I. 631. 1; Don Diehl. I. 680. 1; Hasch. Clav.; W. A. Prdr. I. 120. 400; Hoshl. Cat. 221. 1; Roem. Hesper. 108. 1 (ubi tab. 54 cit.); Pritz. Indx.; — *Sandoricum* Rmph. Sprng. Gen. 2668 (ubi „tb. 61"). Endl. Gen. 5. 537.

168. „ **silvestre** — *Sandoricum indicum L. var. cultum* Hasch. Clav.

168. „ **Cajlan Gatur** — „ sp. Hasch. Clav.

170. 65. **Gajanus** s. *Gajang* s. *Gajim* s. *Hajam* s. *Angajin* s. *Boinus* — *Euphorbiacea*, *Croton* ? Lam. Enc. II. 576; — *Inocarpus edulis* L. f. Murr. Syst. 408. 1 (oppon. Lam. Enc.

pag. tab.

III. 263); Murr. Prs. Syst. 437. 1; Willd. Spec. II. 624. 1; Prs. Syn. I. 484. 1; Poir. Enc. Sppl. III. 151; Sprng. Gesch.; Hassk. Clav.; Don Diehl. IV. 34. 1; Span. Tim. 335. 625; Hsskl. Cat. 308 (93); 420; Pritz. Inds.; Miq. Flor. I. i. 688. 1; DC. Prdr. XV. i. 264.

171. 66. **Atunus** s. *Atun* s. *Samacka* s. *Sum* s. *Launa* — (cf. Lam. Enc. I. 349.) *Sapria scandens* Lour. Coch. 361. 1; Poir. Enc. Sppl. V. 254; Hassk. Clav.; — *Apactis* Thnb. Willd. in not. ad Lour. l. c.; — *Parinarium* sp. ? Hsskl.

172. „ **albus** s. *Atun puti* = ? ?

173. **Vidoricum domesticum** s. *Widuri* s. *Goram* s. *Pitarih* s. *Lakitojang* — *Bassiae* s. *Diospyri* sp. Hmk. Hassk. Clav.

173. 67. „ **silvestre** I. s. *Widurik utan* s. *Lobutan* — *Strychnos nux vomica* L. (1500)? — *Bassiae* s. *Diospyri* sp. Hmk. Hassk. Clav.

173. „ **silvestre** II. cf. *Rmph. amb.* III. p. 181.

174. 68. **Catappa domestica** s. *Catappan* s. *Nuwe* s. *Nguum* s. *Fely* — *Terminalia Catappa* L. (7625); Span. Tim. 202. 343; Pritz. Inds.; — *Juglans Catappa* Lour. Coch. 703. 3; — *Termin. moluccana* Lam. Enc. I. 349. 2; Willd. Sp. IV. 968. 2; Prs. Syn. I. 485. 2; Sprng. Gesch.; DC. Prdr. III. 11. 6; Don Diehl. II. 658. 6; Hassk. Clav.; Dtr. Syn. II. 1521. 6 (ubi tom. II. citat.); — *T. Catappa* L. β. W. A. Prdr. I. 313. 985. β; Wlp. Rprt. II. 60. 1. β. — *T. Cat.* α. *macrocarpa* Hsskl. Cat. 253. 2. α; Flor. (B. Z.) 1844. 616. α; de Vriese plant. Ind. 153. 340. α; Miq. Fl. I. i. 599. 1. α.

175. „ **silvestris litorea** s. *Catappan laut* s. *Cantari laut* s. *Selima* s. *Talisse* s. *Talyo-bata* L. s. *patrana* — *Terminaliae* sp. Hmk. Hassk. Clav.; — *T. Catappa* L. β. *rhodocarpa* Hsskl. Flor. (B. Z.) 1844. 616. β; Catal. 253. 2. β; de Vries. plant. Ind. 153. 340. β; Miq. Fl. I. i. 599. 1. β.

176. „ **silvestris altera** s. *Catappan utan* s. *Lalia* — *Terminalia Catappa* L. Hassk. Clav.; — *T. Cat.* γ. *chlorocarpa* Hsskl. Cat. 253. 2. γ; Flor. (B. Z.) 1844. 616. γ; de Vries. plant. Ind. 153. 340. γ; Miq. Fl. I. i. 599. 1. γ.

177. 69. **Cassuvium** s. *Cadju* s. *Bua Frangi* s. *Jambu-seer* l. s. Jambu-mera — *Anacardium occidentale* L. (2922); Brm. Zeyl. 19; Ind. 100; Lour. Coch. 304. 1; Willd. Sp. II. 486. 1; Pers. Syn. I. 460. 1; W. & A. Prdr. I. 168. 632; Pritz. Inds.; — *Cassuvium pomiferum* Lam. Enc. I. 22. — *A. occ.* β. *indicum* DC. Prdr. II. 62. 1. β; Don Diehl. II. 62. 1. β; Hassk. Clav.; Dtr. Syn. II. 1366. 1. β; Hsskl. Cat. 246. 1; Flor. (B. Z.) 1844. 623. β; Miq. Flor. I. ii. 624. 1. β. — *Anacardium* Rmb. Endl. Gen. 5916 & Sppl. IV. iii. p. 96.

179. 70. „ **silvestre** s. *Dawu Sacko* s. *Cadju utan* s. *Lanet* s. L. *frangi* s. *Linat* s. *Rinet* s. *Lewer* s. *Lau laiti* s. *Branarg* — *Semecarpus Anacardium* L.; Prs. Syn. I. 324. 1; Hsskl. Cat. 246. 1; Flor. (B. Z.) 1844. 624; — *Anacardium longifolium* Lam. β *minus* Lam. Enc. I. 140. 2. β. — *S. an.* β. *angustifolium* DC. Prdr. II. 62. 1. β;

pag. tab.

Don Dichl. II. 63. 1. β; Hassk. Clav.; — *S. Cassuvium* Spreng. (Rxb.) Hassk. Clav.; Pritz. Indx.; Bl. Mus. I. 187. 428; Miq. Fl. I.c. 626. 3. — *Semecarpus* L. Endl. Gen. 5917.

180 **Anacardium silvestre** s. *Lan Lissi* Ternat. — *Semecarpus Forsteni* Bl. Mus. I. 188. 429; Wlp. Ann. II. 265. 2 (qui lapsu calami *Forsteri* scripsit); Miq. Fl. I.c. 626. 4 (qui Lissi lapsu perp. cit.)

181. 72. **Gnemon domesticum mas** s. *Meninjo* s. *Maninju* s. *Gemo* s. *Gemmo* s. *Utta ma* s. *Ca-lang baatem* s. *Soa* — *Gnetum Gnemon* L. Hassk. Cat. 70. 1; Endl. Conif. 250. 1; Dtr. Syn. V. 401. 1; Pritz. Indx.; — *Gn. Gn. L. var.* Hassk. Clav.; — *Gn. Gn. β. tau-rinum* Bl. Miq. Fl. II. 1067. 1. β; — *Gn. Gn. γ. lucidum* Bl. Rmph. IV. 3. 1. γ; Wlp. Ann. III. 452. 1. γ. (ubi tab. 172 citat.); — *Gnetum* L. Endl. Gen. 1805 & Sppl. IV. ii. 1846/2; Mm. Gen. II. 263. 2; — *Abutua* Lour. valde aff. Lour. Coch. 773.

181. 71. „ **domesticum femina** s. *Meninjo* s. *Maninjo* s. *Gemo*, s. *Gemmo* — *Abutua* Lour. vald. affinis Lour. Coch. 773; — *Gnetum Gnemon* L. (7307); Willd. Sp. IV. 591. 1; Prs. Syn. II. 577. 1; Hassk. Cat. 70. 1; Endl. Conif. 250. 1; Dtr. Syn. V. 401. 1; Pritz. Indx. — *Gn. Gn. var.* Spreng. Gesch.; Hassk. Clav.; — *Gn. Gn. β. taurinum* Bl. Rmph. IV. 3. 1. β; Wlp. Ann. III. 452. 1. β (ubi tab. 171 citatur); Miq. Fl. II. 1067. 1. β. — *Gnetum* L. Spreng. Gen. 3146; Endl. Gen. 1806 & Sppl. IV. ii. 1846/2; Mm. Gen. II. 263. 2.

183. 73. „ **silvestris** s. *Gnemon mas* s. *Calasa* — *Gnetum ovalifolium* Poir. Enc. Sppl. II. 810. 2; Hassk. Clav.; Pritz. Ind.; — *Gn. Gnemon L. β. ovalifolium* Bl. Endl. Conif. 250. 1. B; — *Gn. Gnemon* L. Bl. Rmph. IV. 3. 1; Wlp. Ann. III. 452. 1 (ubi tom. III. 174 fig. 22 citatur); Miq. Flor. II. 1067. 1.

184. **Moranga** s. *Moringa* s. *Moringi* s. *Marunga* Gasts s. *Kellor*.

185. 74. „ **I. mas** — *Moringa zeylanica pinnis variantibus* Brm. Zeyl. 164; — *Guilandina Moringa* L. (3005); Brm. Ind. 100; Poir. Enc. Sppl. IV. 3; Pritz. Indx.; — *Moringa* (Juss. b. *Moringa* Endl. Gen. 6811. b. ubi „tb. 47") *oleifera* Lam. Enc. I. 398; — *Hyperanthera Moringa* Vhl. Willd. Spec. II. 536. 2; — *Moringa zeylanica* Willd. Prs. Syn. I. 461. 1. — *Anoma Moringa* Lour. Poir. Enc. Sppl. I. 342. 2; IV. 3; — *Mor. domestica* Hmlt. Hassk. Clav.; — *M. pterygosperma* Gartn. DC. Prdr. II. 478. 1; Don Dichl. II. 427. 1; W. A. Prdr. I. 178. 546; Dtr. Syn. II. 1426. 1; Hassk. Flor. (B. Z.) 1842. Beibl. II. 82. 43; ej. Cat. 289. 1 (ubi „tb. 47"); ej. plant. Jav. 413. 308; Miq. Fl. I.c. 350. 1.

185. 75. „ **femina** — *Moringa zeylanica foliorum pinnis pinnatis* Brm. Zeyl. 162; — *Guilandina Moringa* L. (3005); Brm. Ind. 100; Poir. Enc. Sppl. IV. 3; Pritz. Indx.; *Mor. oleifera* Lam. Enc. I. 398. — *Anoma Moringa* Lour. Coch. 343. 2; Poir. Enc. Sppl. I. 342. 2; IV. 3; — *Hyperanthera Moringa* Vhl. Willd. in not. ad Lour. l. c.; Willd. Sp. II. 536. 2; — *Moringa* (Juss. b. *Moringa* Endl. Gen. 6811. b) *zeylanica* Willd. Prs.

pag. tab.

Syn. I. 461. 1; — *M. pterygosperma* Grtn. DC. Prdr. II. 478. 1; Don Dichl. II. 427. 1; Dtr. Syn. II. 1426. 1; Hsskl. Flor. (B. Z.) 1842. Beil. II. 88. 43; Hsskl. Cat. 289. 1 (cf. Hsskl. Plant. Jav. 413. 306 ad fin.); — *M. polygona* DC. W. A. Prdr. I. 178. 516; Miq. Flor. I. I. 550. 2; — ? ? Hmlt. Hassk. Clav.

188. 76. **Turia** s. *Turi* s. *Kalier* s. *Kadju-jawa* s. *Baturi* s. *Agati* — *Emerus siliquis gracilibus* Brm. Zeyl. 93; — *Aeschynomene grandiflora* L. (5486); Brm. Ind. 169; Prits. Index; — *Coronilla grandiflora* Willd. Sp. III. 1176. 1; — *Sesban grandiflorus* Poir. Enc. VII. 127. 1; — *Sesbania grandiflora* (Willd.) Prs. Syn. II. 316. 1; — *Agati grandiflora* Desv. DC. Prdr. II. 266. 1; Don Dichl. II. 241. 1; Dtr. Syn. IV. 1055. 1; Hassk. Clav.; — *A. gr. α. albiflora* W. A. Prdr. I. 215. 671. α; Hsskl. Cat. 271. 1. B; Plant. Jav. 338. 247; Miq. Anal. I. 7. 1; Flor. I. I. 289. 1. α.

190. 77. **Turia minor** s. *Turi merah* — *Coronilla coccinea* Willd. Sp. III. 1176. 2; Spreng. Gesch.; — *Sesban coccineus* Poir. Enc. VII. 127. 2; — *Sesbania coccinea* (Willd.) Prs. Syn. II. 316. 2; — *Agati coccinea* DC. Prdr. II. 266. 2; Don Dichl. II. 241. 2; Hassk. Clav.; Prits. Ind.; — *A. grandiflora* Desv. *β. coccinea* W. A. Prdr. I. 215. 671. β; Dtr. Syn. IV. 1055. 1. β; Hsskl. Plant. Jav. 338. 247; Miq. Fl. I. I. 290. 1. β.

191. 78. **Olus album domesticum** s. *Sajor puti* s. *Hatu bala* (lignum lunae) s. *Aypati* (l. album) s. *Tallo* s. *Sel* s. *Siren* s. *Sabe* — *Kool-bonda* Radermach. Beschrijv. 28. 60; — *Myrtacea?* Poir. Lam. Enc. IV. 432; *Nervalia*; — ? ? Hmlt. Hassk. Clav.; — *Pisonia alba* Span. Tim. 342. 710; DC. Prdr. XIII. II. 446. 27? Miq. Fl. I. I. 990. 3; — *P. morindaefolia* RBr.? Hsskl. Retz. I. 6. 4. Obs.; Hrt. Bog. I. 83. 48. Obs.; Wlp. Ann. V. 72. 4?

193. 79. 1. „ **album insulare** s. *Sajor puti pulo* s. *Aypati* — ? ? Hmlt. Hassk. Clav.; — *Pisonia silvestris* T. & B.? Hsskl. Retz. I. 6. 4; Hrt. Bog. I. 83. 48; Miq. Fl. I. I. 991. 4?

194. 79. 2. **Sajor volubilis** (*fructibus corniculatis*) s. *Utta Pria* s. *U. Tola* s. *Sayor Bogmala* s. *S. Maran* — *Plukenetia volubilis* L. (7260); Brm. Ind. 202; Poir. Enc. VI. 460. 1; Murr. Pers. Syst. 906. 1; Spae. Tim. 350. 829; — *Pluk. corniculata* Willd. Spec. IV. 575. 3; Pers. Syn. II. 591. 3; Hassk. Clav.; Poir. Enc. Sppl. V. 20. 3; Miq. Flor. I. II. 409. 1 (ubi pag. 114 tab. 71 cit.); — Endl. Gen. 5784 (ubi tab. 70 cit.) — *Pterococcus glaberrimus* Hsskl. Flor. (B. Z.) 1842. Beil. II. 41. 171. (nec *Pterococcus* Pall.); — *Hedraiostylus glaberrimus* Hsskl. Tijdsch. Nat. Wet. X. 141. (1840); — *Sajorium* Endl. Gen. Sppl. III. 5784/1 (1843); — *Hedraiostylus corniculatus* Hsskl. Cat. 236. 1. (1843, publ. jur. impress. 1844); — *Sajorium corniculatum* Endl. Dtr. Syn. V. 331. 1; Baill. Euphorb. 480, 483 & 484; — *Ceratococcus* Men. Gen. II. 369. 23/1.

194. 80. **Eriophorus javana** s. *Capock* s. *Caylupu* s. *Akamalu* s. *Cammo-cammo* — *Bombax pentandrum* L. (5004) Sp. II. et Diss. herb. amb.; Brm. Ind. 145; Lour. Coch. 504. 1; Lam. Enc. II. 551. 1; Willd. Sp. III. 731. 1; Prits. Index; — *B. aculeatum* L.

pag. tab.

Syst. X. (5016. Obs.) — *Eriodendron α. indicum* DC. Prdr. I. 479. 2. α; Don Dichl. I. 512. 2. α; Hassk. Clav.; — *E. anfractuosum* DC. W. A. Prdr. I. 61. 220; Span. Tim. 173. 61; — Miq. Fl. I.ii. 166. 1. — *Eriodendron* DC. Endl. Gen. 5302. — *Gossampinus alba* Hamilt. Hassk. Clav.; Hassk. Cat. 201. 1.

197. 81. **Bilacus** s. *Bilak* s. *Madja* s. *Maja* s. *Cavalam* s. *Bela.*

„ **oviformis** s. *Bilak telor* s. *Tanghoia* — *Cydonia exotica, Marmelos*, Brm. Zeyl. 84; — *Crataeva Marmelos* L. (3449); Brm. Ind. 109; Willd. Sp. II. 853. 5; — *Feronia pellucida* Rth. Nov. Spn. II. 1409. 2; — *Aegle Marmelos* Corr. Poir. Enc. VII. 583. 5; Suppl. I. 637; Hassk. Clav.; Röm. Hesper. 50. 1; Span. Tim. 178. 121; Miq. Fl. I.ii. 526. 1.

197. 81. f.C. **Bilacus minimus** s. *Bilar kitsjil* — *Aegle Marmelos* Corr. var. Hamilt. Hassk.; — *Ae. Marmelos* Corr. Miq. Fl. I.ii. 526. 1? (qui figuras singulas haud citat, nec nomine specifico.)

198. 81. f. A. 82. „ **taurinus** s. *Bilar* s. *Madja Carbou* i. e. vaccinus v. bubalinus s. *Lesun pulo* — *Crataeva Tapia* L. amoen. (3448)? — *Aegle Marmelos* Corr. var. Hamilt. Hassk.

200. 82. ? „ **sambucinensis silvestris** — *Aegle spec.* nov. Hamilt., „fortasse ipsa tab. 82 depicta," Hassk. Clav.; — *Crataeva Tapia* L. rec. Teysm. in litt.

Tom. II.

1. 1. **Caryophyllum** s. *Tsjencke* s. *Tsjencke* s. *Bungalawan* s. *Bungalawan* s. *Bukalawan* s. *Buholawa* s. *Bualawa* — *Eugenia caryophyllata* Thnb. Willd. Sp. II. 965. 24; — *Caryophyllus* Clus.; — *C. aromaticus* L. (3884); Brm. Ind. 122; Lam. Enc. II. 718. 1; DC. Prdr. III. 262. 1; Don Dichl. II. 850. 1; Hassk. Clav.; Hassk. Cat. 261. 3; Berg. Linn. 1854. 137. 1; Pritz. Indx.; de Vriese plant. Ind. 72. 120; Miq. Fl. I.i. 462. 1.

10. 2. „ **regium** s. *Tsjencke radja* s. *Ta. papua* — *Eugenia caryophyllata* Thnb. Willd. Sp. II. 965. 24; — *Caryophyllus aromaticus* L. (3884); Brm. Ind. 122; DC. Prdr. III. 262. 1; Don Dichl. II. 850. 1; Berg Linnaea 1854. 137. 1; de Vriese plant. Ind. 75. 121; Pritz. Indx.; — forma regia monstrosa Miq. Fl. I.i. 464. 1. α; — β. Lam. Enc. II. 718. 1. β; Hassk. Clav.; Wlp. Ann. IV. 840. 1. a. b.

12. 3. „ **silvestre** s. *Tsjencke utan* s. *Bubu lawan abbal* s. *Bukala wabbal* s. *Ohalawan ayran* — *Eugenia caryophyllata* Thnb. Willd. Sp. II. 965. 24; — *Caryophyllus aromaticus* L. (3884); Brm. Ind. 122; *Lour.* Coch. 406. 1; DC. Prdr. III. 262. 1; Don Dichl. II. 850. 1; Berg Linnaea 1854. 137. 1; Pritz. Indx.; de Vriese plant. Ind. 72. 120; Miq. Fl. I.i. 462. 1. — *C. sp.* ? Hamilt. Hassk. Clav.; — *C. silvestris* Teysm. in litt.

14. 4. **Nux myristica** s. *Pala* s. *Pala* s. *Gosora* — *Myristica moschata* Thnb. Murr. Syst. 493. Animadv. 2; Murr. Pers. Syst. 529. 1. Animadv. 2; Willd. Sp. IV. 869. 1; Pritz. Indx.; — *M. aromatica* Lam. Enc. IV. 385. 1; Hassk. Clav.; — *M. fragrans* Houtt. Bl. Rumph. I. 181. 1; de Vriese plant. Ind. 98. 150; Miq. Fl. I.ii. 63. 1; DC. Prdr. XIV. 189. 1; — *Myristica* L. f. Sprng. Gen. 2049; — formae variae sunt:

pag. tab.

Fig. G. 1. *Pala boy* s. *P. tacomber* s. *Pala kende* Lemdr in Banda; nucibus geminis.

Fig. F. 2. *P. pratsjari* i. e. forma mas, putamine cum vel nullo vel irregulari.

Fig. H. 3. *P. radja* i. e. regia nux parva, maci crassissima — *Myristica Radja* Rmph. Miq. Ann. Mus. Lgd. Bat. I. 206. 4.

4. *P. hollanda* s. *P. puti*: maci lucens; *P. borbolari*: maci ex flavo et rubro variegata.

5. *P. Domine*, nucibus maci ab uno tantum latere obvolutis.

24. 5. **Nux myristica mas** s. *montana* s. *Pala lacki-lacki* s. *P. utan* s. *Palala* (I.) — *Nux myristica oblonga malabarica* Brm. Zeyl. 172; — *Myristica tomentosa* Thnb. Murr. Syst. 493. 1 animadv. 1; Murr. Pro. Syst. 529. 1 animadv. 1; Wlld. Spec. IV. 870. 6; Prs. Syn. II. 631. 6; — *M. officinalis* Grtn. Murr. Syst. 493. 1; Murr. Pro. Syst. 529. 1; Hasch. Clav.; — *M. philippinensis* Lam. Enc. IV. 387. 2; — *M. malabarica* Lam. Poir. Enc. Sppl. IV. 31 (sec. Wlld.); — *M. moschata* Thnb. Prita. Indn.; — *M. fatua* Houtt. III. Rmph. I. 185. 5; DC. Prdr. XIV. 189. 2; de Vriese, plant. Ind. 93. 151; Miq. Fl. I. ii. 55. 2.

26. 6. **Palala secunda** (II.) s. *P. boroog* s. *Pala ala manay* s. *Ala manay* s. *Pala utan* — *Nux myristica spuria* Brm. Zeyl. 173; — *Thyusaes Palala* Lour. Coch. 349. 1? oppon. Wlld. in nota; DC. Prdr. II. 91. 1; Don Dichl. I. 808. 1; — *Myristica sp.* Wlld. in not. ad Lour. l. c.; — *M. salicifolia* Wlld. Spec. IV. 871. 7; Pers. Syn. II. 635. 7; Sprng. Gesch.; Poir. Enc. Sppl. IV. 31. 10; Hasch. Clav. (cf. Hslt. Mem. Wern. Soc. VI. 273); — *M. silvestris* Houtt. DC. Prdr. XIV. 193. 18; Miq. Fl. I. ii. 61. 10; Ann. Mus. Lgd. Bat. I. 207. 7.

27. 7. „ **tertia** (III) s. *P. tagran* s. *P. daun* (perperam *dauer* impressa) *kitsjil* i. e. parvifolia s. *P. laun mera* — *Myristica microcarpa* Wlld. Sp. IV. 871. 6; Poir. Enc. Sppl. IV. 34; Sprng. Gesch.; Dtr. Syn. V. 456. 6; — *M. oviformis* Lam. Enc. IV. 391. 6 (cf. Hslt. Wern. Soc. VI. 273); Hasch. Clav.; — *M. tingrao* Bl. Rmph. I. 180. 1; DC. Prdr. XIV. 207. 81; Miq. Fl. I. ii. 72. 57.

27. 8. „ **quarta** (IV) s. *P. rosaeriformis* s. *Palala rosari* — *Myristica microcarpa* Wlld. Sp. IV. 871. 6 β; Poir. Enc. Sppl. IV. 34; Sprng. Gesch.; Dtr. Syn. V. 456. 6; — ? ? Hslt. Hasch. Clav.; — *M. rosariiformis* Bl. Rmph. I. 190. 3; DC. Prdr. XIV. 207. 78; Miq. Fl. I. ii. 71. 51.

28. 9. „ **quinta** (V) s. *Globularia* s. *Palala kitsjil* i. e. parva. — *Myristica microcarpa* Wlld. Sp. IV. 871. 6. γ.; Poir. Enc. Sppl. IV. 34; Sprng. Gesch.; — *Myr. Globularia* Lam. Enc. IV. 388. 4; ? Hslt. Hasch. Clav.; Bl. Rmph. I. 191. 4; DC. Prdr. XIV. 202. 57; Miq. Fl. I. ii. 66. 34.

28. „ **sexta** (VI) — *Myristica ignota* Hslt. Hasch. Clav.; Bl. Rmph. I. 191 Obs.; — *M. corticosa* Hook. Thms.? Miq. Fl. I. ii. 69. 46?

29. **Agallochum primarium** s. *Xyladoé* i. e. aloë lignum s. *Calambac* s. *Kilam* s. *Bahúan* — *Aloexylon Agallochum* Lour. Coch. 327. 1 (qui tab. 10 cit., sed quoad fructum

pag. tab.

malam, quae ad p. 35 pertinet); DC. Prdr. II. 519. 1 (qui tab. 9 citat et ejus flores malos dicit); Don Dichl. II. 464. 1; Dtr. Syn. II. 1198. 1 (qui utorque pariter tab. 9 citat.) Wlp. Ann. IV. 601. 1; Miq. Fl. I. i. 115. 1; — *Agallochum officinarum* Hmlt. Hassk. Clav.

34. **Agallochum secundarium coinamense** s. *Garo comitjen* i. e. Hoeaalo s. *Tham* s. *Timbio* — *Aquilaria malaccensis* Lam. Enc. I. 49. Hassk. Clav.; — *A. secundaria* DC. Prdr. II. 59. 3 (qui et Don & Miq. tab. 10 cit.); Dtr. Syn. II. 1520. 3 (ubi tom. haud indicatur); Don Dichl. II. 60. 3; Miq. Fl. I. i. 883. 2.

35. 10. „ **secundarium malaiense** s. *Garo rumai* s. *Garo malacca* s. *Thimbio* — *Aquilaria ovata* Cav. Willd. Sp. II. 629. 1; — *A. Agallocha* Rxb. sec. Teysm. in litt. — *Agallochum officinarum* Hmlt. Hassk. Clav.; Prits. Indx.; eandem tab. haec ad antecedentem A. priorem citatur, quas conferas.

40. „ **spurium** s. *Garo tijamparra* — *Mirhelia* ? Hmlt. Hassk. Clav.; — *Gonystylus Miquelianus* Teijsm. & Binnd. in Miq. Ann. Lgd. Bat. I. 133. 1 (ubi pag. 402 citatur).

41. „ **spur. album** s. *Calambac puti* — ? ?

41. „ **spur. III.** cf. tom. II. p. 241 (lib. 3. cp. 37.)

42. **Lignum moschatum** s. *Caju casturi* s. (sed male) *Calambac puti* — *Limonia acidissima* ? Hmlt. Hassk. Clav.

42. 11. **Sandalum** (album et citrinum) s. Timor s. *Tsjendana* s. *Ayasmerait* s. *Ayarra* s. *Bythas* — *Santalum album* L. (1000); Brm. Ind. 87; Lour. Coch. 109. 1; Willd. Sp. I. 691. 1; R. & S. S. V. Mant. III. 255. 1 (cf. R. & S. S. V. III. 324. 1 Obs.); Hassk. Clav.; Prits. Indx.; Miq. Flor. I. i. 776. 1; DC. Prdr. XIV. 683. 6; — *Sirium myrtifolium* Lam. Poir Enc. VI. 502; — *Santal. myrtifolium* L. Span. Tim. 335. 623.

46. „ **radicis** s. *Tsjendana akkar* (e Celebes) — ? ? (ab antecedente haud differre dicit Rumphius.)

47. „ **rubrum** s. „ *djingi* i. e. Sandalum aethiopicum s. troglodyticum, s. *Tsjendana mera* — *Pterocarpus santalinus* L. DC. Prdr. II. 419. 14; Don Dichl. II. 377. 15; Hassk. Clav. (cf. Hmlt. Wern. Soc. Mem. VI. 285.)

50. **Lignum tsjidji** s. *tridja* s. *tsjadi* — *Erythroxylum monogynum* Rxb. Hassk. Clav. (= *Sethia indica* DC. Prdr. I. 576. 1.)

54. 12. **Pseudo-Sandalum amboinense** s. *Sororo* s. *Tombisio* i. e. lignum sulfuris — *Aralia umbellifera* Lam. Enc. I. 224. 7; R. & S. S. V. VI. 679. 8; Miq. Flor. I. i. 769. (an gen. nov. ?); — *Hedera umbellifera* DC. Prdr. IV. 262. 4; Don Dichl. III. 393. 6; Hassk. Clav.; Prts. Indx.; — *Aralia cochleata* ? Hmlt. Hassk. Clav.; — *Ormosylon amboinense* Miq. Ann. Mus. B. Lgd. I. 6.

55. „ **Sandalum bruneum** s. *Sowuyi* s. *Lowolie* s. *Rowolie* s. *Babamaloary* i. e. porcum cibus — ? ? ?

pag. tab.

67. **Lignum Papuanum** I. s. *Caju Basamela clarum s. C. papua s. C. samorra* — *Altingia cerasifera* Pers. Syn. II. 579. 1 (ubi tom. haud indicat.); Poir. Enc. V. 545; Hassk. Clav.; — *Liquidambar Altingia* Bl. Fl. Jav. Balsamifl. 8; Hassk. Cat. 81. 1 (ubi pag. 75 cit.); Miq. Fl. l. c. 836. 1.

68. „ **Papuanum** II. s. *Caju Samasic album* — ? ? Hassk. Clav. (ubi perperam tab. 13 citatur.)

69. „ **Papuanum** III. e Zeylon et Malabar. s. *Sembrane* — *Sirium myrtifolium* L. Mnt. (— *Santalum album* L. *β. myrtifolium* DC. Prdr. XIV. 683. 6. *β.*); Hassk. Clav.

59. 13. **Caju Galedupa maccassarensis** et *Ceramensis* s. *C. Goe* s. *Aye goe* i. e. arbor odorata — *Connarus monocarpus* L. Diss. brb. Amb.? (4930); — *Galedupa indica* Lam. Enc. II. 594; — *Copaifera* ? Hmlt. Hassk. Clav.; — *Pongamia* ? W. A. Prdr. I. 262. Obs.; — *Derris Forsteniana* Bl. Wlp. Ann. IV. 581. 8 (ubi lignum calami Forsteriana citatur.); Miq. Flor. l. l. 144. 7 (oppos. l. c. 318).

62. **Cortex oninius** s. *Massoy* I. s. *Ayrora* — *Melia* ? Hmlt. Hassk. Clav.; — cf. Bl. Culitlawa beum p. 15 not. sec. Nees Laur. p. 68.

62. „ **oninius** s. *Massoy* II. — *Cinnamomum Kiamis* Nees Laur. 68. 16 (sec. Wolts.) Adnot. 2.

65. 14. „ **caryophylloides albus** s. *Culitlawan* s. *Tedjo* s. *Zyok* — *Laurus Culilaban* L. (2913); Murr. Pers. Syst. 410. 4; Lam. Enc. III. 444. 2*; Lour. Coch. 307. 3. Obs.; Willd. Sp. II. 478. 4; Prtz. Indx.; — *Laurus Cassia* Prs. *β. Culilaban* Pers. Syn. I. 449. 2. *β*; — *Cinnamomum Culilawan* Bl. Rmph. I. 26. 1; Nees Laur. 71. 19; Hassk. Clav.; Miq. Flor. l. l. 894. 7 (except. inflorsc.) uti apud. Msn. in DC. Prdr. XV. i. 14. 1).

66. 14. inflor. „ **caryophylloides ruber** — *Cinnamomum rubrum* Bl. Rmph. I. 29. 2; Nees Laur. 76. 20; Miq. Flor. l. l. 893. 24 (tab. 14. inflorsc. tantum); — *C. Culilawan* Bl. *β. rubrum* Msn. DC. Prdr. XV. i. 14. 1 I. *β*. (excl. tant.)

68. **Culitlawan ex Papuanis & Moluccis insulis** — *Cinnamomum xanthoneurum* Bl. Rmph. I. 33. 4; Nees Laur. (77) 668. 21; Miq. Flor. l. l. 894. 8; DC. Prdr. XV. i. 19. 24.

69. **Sindor** — *Laurus malabathrum* Brm. Ind. 92; — *Cinnamomum sulphuratum* Nees Miq. Flor. l. l. 893. 1 et *C. Sintoc* Bl. Hassk. Clav.; Nees Laur. 61. 13; Miq. Flor. l. c. 901. 19; — *C. javanicum* Bl. DC. Prdr. XV. i. 10. 1.

70. 15. **Lauraster amboinensis maximus** s. *Leytan* s. *Hiber* s. *Hiyr* s. *Itir* s. *Aphoe-ittil* s. *Ley itir* — *Laurus* ? Hmlt. (Mem. Wern. Soc. VI. 293.) Hassk. Clav.

70. „ „ **minor** s. *Leytan* — ? ?

72. 16. & 17. I. **Arbor alba major** s. *Caju-puti* s. *Caju pelam* s. *Ay puti*, *Kilam*, *Kelan*, *Ilan*, *Elan*, *Sakelan*, *Baru pallam* — *Myrto-laurodendrum foliis integris lanceolatis inflexis* Brm. in not. ad Rmph.; — *Myrtus Leucadendra* L. Syst. (5733. Obs.); Brm. Ind. 116; — *Mela-*

pag. tab.

leuca Leucadendron L. (5733); Lour. Coch. 573. 1; Murr. Syst. 698. 1; Lam. Enc. IV. 17. 1; Murr. Pers. Syst. 737. 1; Willd. Sp. III. 1128. 1; Pers. Syn. II. 26. 1; Rb., Verh. Bebr. (Linn. Transact. III. 273.) II. 484; Spreng. Gesch.; Linnaea Litteratur. V. 104; DC. Prdr. III. 212. 1 (qui et Don et Span. tab. 16 tantum cit.); Don Dichl. II. 814. 1; Span. Tim. 203. 317; Bl. Mus. I. 66. 137; Pritz. Indx.; de Vries. plnt. Ind. 68. 104; Miq. Fl. I. i. 401. 1; Miq. Ann. Mus. Lgd. Bat. I. 15. 1.

74. **Caju-kelam** e Borneo, Java, Malacca — *Melaleuca Cajeputi* Rxb. Hasch. Clav. (ubi „puti"); W. A. Prdr. I. 326. 1007; — *M. minor* Sm. Bl. Mus. I. 67. 175; Wlp. Ann. IV. 834. 1; Miq. Flor. I. i. 408. 3 ?

74. **Arbor koring** — *Dipterocarpus laevis* Hmlt. Hasch. Clav.

17. 1. tabulae hujus fig. prima a sequentibus autoribus a tab. 16 diversa habetur: *Melaleuca minor* Sm. DC. Prdr. III. 212. 2; Don Dichl. II. 814. 2; sec. Hmlt. W. A. Prdr. I. 326. 1007 Obs.; Dtr. Syn. IV. 1247. 2; — *M. trinervis* Hmlt. sec. Hasch. Clav. (qui *Arborem albam minorem* huc citat.)

76. 17. 2. **Arbor alba minor** s. *Cajeputi daun kitsjil* (i. e. arbor alba foliis parvis) s. *Caju kilan* — *Myrto-leucadendron foliis lanceolatis* Brm. in not. ad Rmph. — *Myrtus saligna* Brm. Ind. 116; Poir. Lam. Enc. IV. 414; — *Melaleuca Leucadendron* L. Murr. Pers. Syst. 737. 1; Lour. Coch. 573. 1; Pritz. Indx.; — *M. minor* Sm. DC. Prdr. III. 212. 2 ? Don Dichl. II. 814. 2 ?; — *Metrosideros saligna* Sm. sec. Hmlt. Hasch. Clav.; W. A. Prdr. I. 327. 1007. Obs.; — *Melaleuca saligna* Bl. Mus. I. 66. 174 sec Schauer; — *M. angustifolia* Bl. Mus. I. 83 (*); — *M. sp. non.* Miq. Anal. I. 15. 3. — *M. Cajeputi* Rxb. Linnaea Littrt. V. 154 (ubi fig. 1 cit.); de Vries. plnt. Ind. 66. 105; Miq. Fl. I. i. 402. 2.

77. 18. **Myrtus amboinensis** s. *Caju-puti* s. *Cameloa daun kitsjil* s. *Harong* s. *Bulang* s. *Lah-Gen. nov.* Hmlt. Hasch. Clav.; — *Leptospermum? amboinense* Bawdt. (= *Backhousia* emb. Krth. Ned. Kruidk. Arch. 1847. 136; Wlp. Ann. II. 616. 3); DC. Prdr. III. 229. 26; Don Dichl. II. 827. 29; W. A. Prdr. I. 37. 131. not.; Bl. Mus. I. 68. 177; de Vries. plnt. Ind. 68. 101; Miq. Fl. I. i. 404. 2; — *Melaleuca virgata* Desrouss. Lam. Enc. IV. 18. 8; Pritz. Indx.

79. 19. **Pigmentaria** s. *Galoga* i. e. pigmentum s. *Casoumba kling* s. *Sambuta* s. *Taluru* — *Bixa orellana* L. (3859 Obs.); Murr. Pers. Syst. 526. 1. (ubi tab. 81 cit.); Poir. Enc. Sppl. IV. 418; Hasch. Clav.; W. A. Prdr. I. 31. 112; Pritz. Indx.; Miq. Fl. I. ii. 108. 1; — *B. americana* Poir. Enc. Sppl. IV. 691.

81. 20. **Alliaria** s. *Caju bawang* (i. e. allium) (Lam. Enc. I. 388; Poir. Enc. VII. 560) s. *Tamelassei* s. *Tamelane* — *Dysoxylum alliaceum* Bl. Bijdr. 172; Hasch. Clav.; Wlp. Rprt. I. 429. 1; Dtr. Syn. IV. 791. 1; Miq. Fl. I. ii. 536. 1; — *Guarea alliaria* Hmlt. Hasch. Clav.; Pritz. Indx.; — *Hartighsea Forsteri* Juss. Hmbl. Cat. 221. 1 (ubi tom. IV. cit.); — *Prasoxylon alliaceum* Roem. Hesper. 101. 1.

83. 21. **Cassia Fistula** s. *C. solutiva, cathartica* s. *Siliqua aegyptiaca* s. *Caju radja* i. e. lignum

pag. tab.

regium s. *C. dalang* s. *Bungur utan* i. e. silvestre quid, s. *Tangguli* s. *Utis manu* s. *Pappe pauen* — *Cassia Fistula zeylanica* Brm. Zeyl. 56; — *C. Fistula* L. (2068); Brm. Ind. 96; Lam. Enc. I. 615. 19; Murr. Syst. 293. 14; Lour. Coch. 323. 1; Murr. Prs. Syst. 421. 4; Willd. Sp. II. 518. 18; Prits. Indx.; — *Cathartocarpus Fistula* Prs. Syn. I. 459. 1; Don Dichl. II. 453. 12; Hasch. Clav.

86. **Cassia Fistula javanica** — *Cassia marginata* Rxb. ? ? Hsskl.

88. 22. **Cassia Fistula silvestris β. rubescens** s. *Barus* s. *Habay-unli* significans aliquid, quo alicujus dorsum percutitur s. *Caju Barbal* — *Cassia javanica* L. DC. Prdr. II. 190. 8; Wlp. Rpert. I. 813. 11; Hsskl. Flor. (B. Z.) 1842. Beil. II. 90. 50; Catal. 286. 3 (ubi tab. 21. citatur); Dtr. Syn. II. 1478. 8; Wlp. Ann. IV. 595. 3; Prits. Indx.; Miq. Fl. I. c. 90. 3; — *Cathartocarpus javanicus* Pers. Syn. I. 459. 4; Don Dichl. II. 453. 0; — *Cassia marginata* Rxb. Teysm. in litt.

88. **Cassia Fistula silvestris α. albescens** s. *Babys mulippul* i. e. fungosa (Hmph.) — *Cassia* sp. ? sec. Hmlt. Clav.; Miq. Fl. I. c. 90. 3 (ubi „duae certe confundendae species" dicitur.); Lam. Enc. I. 849. 38; Hasch. in Claviana Hamiltoniana sequens tres citat. *C. F. silvestris* species 1. *β. rubro*: *C. javanica* Hmlt.; 2. *β. albo*: *Cassiae* sp. ignot.; 3. *C. F. silv. rubra* — *C. nodosa* Rxb.

89. **Andawan** s. *Dawas* (e Bali) — *Cassia* sp. ? Hmlt. Hasch. Clav.; — *Cassiae javanicae* L. *affinis* sp. Miq. Fl. I. 91. 3. Obs. 1. — *Wrightia pubescens* RBr. sec. Teysmann in litteris.

89. **Bilalangh** — *Pterocarpus* sp. ? Hmlt. Hasch. Clav.; — *Cassiae javanicae* L. *affinis* sp. Miq. Fl. I. 91. 3. Obs. 2.

89. **Cajudju** (in texto latino *Calodju* — septimum dict.) — *Pterocarpus* sp. ? Hmlt. Hasch. Clav.

89. **Me Ule** s. *Caju Ular* i. e. arbor viperina — *Cassia* sp. ? Hmlt. Hasch. Clav. (qui *Ula* loco *Ule* scrib.)

90. 23. **Tamarindus** s. *Assam* i. e. acidum s. *Assam jaru* s. *Tschampaka* s. *Tschamla* s. *Tamalarki* s. *Quille* — *Tamarindus* Brm. Zeyl. 223; — *T. indica* L. (271); Brm. Ind. 15; Lour. Coch. 488. 1; Willd. Sp. III. 577. 1; Poir. Enc. VII. 561; DC. Prdr. II. 488. 1; Don Dichl. II. 437. 1; W. A. Prdr. I. 285. 881; Span. Tim. 200. 316; Hasch. Clav.; Hsskl. Flor. (B. Z.) 1842. Beil. II. 88. 48; Hsskl. Cat. 286. 1; Prits. Indx.; Miq. Fl. I. c. 82; — *T. officinalis* Hook. Wlp. Ann. IV. 595. 1.

93. **Tamarindus altera** s. *Carandje* s. *Carandjang* — Gen. nov. ? Hmlt. Hasch. Clav.; — *Dialium indum* L. Mat. Bant. Hrsf. plnt. Jav. 135 et 138; Miq. Fl. I. c. 79. 1; — cf. Tom. III. p. 212 tb. 137.

94. 24. 1. **Malum Granatum** s. *M. punicum* s. *Delima* s. *Salia* — *Granata malus zeylanica* Brm. Zeyl. 111; — *Punica Granatum* L. (3614, Obs.); Brm. Ind. 116; Lour. Coch. 388. 1; Hasch. Clav.; Berg Linnaea 1854. 165. 1; Prits. Indx. (absque figura indicatione); Miq. Flor. I. c. 495.

pag. tab.

96. 24. 2. **Limo decumanus** s. *Malum citrium decumanum* s. *Lemon cassumba* l. s. Limo ruber s. *L. calacko* l. s. L. calapparius s. *Jambos* s. *Djerru* s. *Djerru-matjang* l. s. L. tigrinus s. *Pompelmus* — *Aurantium quae Malus aurantium fructu maximo* Brm. Zeyl. 39; — *Citrus aurantium* L. ? Brm. Ind. 174; — *C. decumana* L. Syst. XII. (5728); Murr. Syst. 697. 2; Poir. Enc. IV. 579. 3; Murr. Pr. Syst. 736. 3; Lour. Coch. 571. 7; Willd. Sp. III. 1428. 5; Pers. Syn. II. 74. 4; DC. Prdr. I. 539. 6; Don Dichl. I. 596. 8; Span. Tim. 178. 123; W. A. Prdr. I. 97. 343; Hassk. Clav.; Dtr. Syn. IV. 1210. 8; Pritz. Index; — *Pompelmus decumana* Riss. Orang. 121. 89; — *C. decumana β. Rumphii* Röm. Hesp. 66. 26. *β*

97. „ „ II. s Banda, fructibus pyriformibus citrini coloris carne magis rubra sapore vinoso — *C. decumana* L. *ι pyriformis* Roem. (Hesp. 67. 26. *ι*) ? Hskl.

98. „ „ III. s. *japonicus*, fructibus globosis, cortice tenuiori fere edeli, carne alba, succosa, ac idula parum dulci — *C. decumana* L. B. *leucocarpa* Hskl. (Cat. 216. 17. B) ? Hskl.

98. „ „ IV. (rarissima) s. *Lemon banting* s. *Limo prangmus* s. *Lemon Banda* — *Citr. decum.* L. *η. dulcis* (Lour. Coch. 572. 7; Roem. Hesp. 67. 26. *η.* ?) Hskl.

99. 25. **Malum citrium** s. *Lemon cusu* l. s. Limo mammosus s. *Usi wale* s. *Usse ale* l. s. Lemon bras. s. Limo oryzarius — *Citrus medica* L. Lour. Coch. 568. 1; Don Dichl. I. 587. 1; Miq. Fl. I. ii. 528. 8, — *ejusd. var.* Hassk. Clav.; — *C. aurantium* L. 7. medica L. ? W. A. Prdr. I. 98. 344. 7 ? — *C. grandis* Hskl. *β. oblonga* Hskl. Cat. 216. 21. B.

101. 26. 1. **Limo tuberosus** s. *martinicus* s. *Lemon Maria* — *Citrus medica L. var.*? Hsskl. Hassk. Clav.; — *C. Hystrix DC. var.* Hassk. Clav.; — *Citr. Bergamia* Risso *ε. unguentaria* W. A. Roem. Hesp. 61. 18. *ε. icon tantum*! (*). Miq. Fl. I. ii. 529. 15. (ic. tant.)

102. 26. 2. „ **ventricosus** s. *Lemon purrut* s. *L. papua* l. s. Limo crispus s. *Lemon tayapon* l. s. L. femur gallinaceum referens s. *Djeru purrut* — *Citrus medica* Risso. Don Dichl. I. 587. 1; — *ejusd. var.* Hsskl. Hassk. Clav.; — *C. Hystrix* DC. var. Hassk. Clav.; — *C. aurantium L. 6. Limonum* Risso ? W. A. Prdr. I. 98. 34. 6. ? (L. tuberosus); — *C. Bergamia* Riss. *η. ventricosa* W. A. Roem. Hesper. 61. 18. *η*; — *C. Limonum* Riss. Roem. Hesp. 63. 23; (icon. tant.) Miq. Fl. I. ii. 529. 13 (icon. tant. (*).)

103. „ **unguentarius** s. *Lemon curamagi* — *Citrus medica* L. var. Hsskl. Hassk. Clav.; — *C. Hystrix* DC. var. Hassk. Clav.; — *C. Bergamia Risso. ε. unguentaria* W. A. Roem. Hesper. 61. 18. E (descript. tantum) *).

104. 27. „ **agrestis** s. *L. gallinarius* s. *Lemon Papeda* s. *Perulli* s. *Usi tapia* s. *Lemo jabba* — *Citrus medica L. var.* Hsskl. Hassk.; — *C. Hystrix* DC. var. Hassk. Clav.; — *C. Bergamia* Riss. *ζ. ventricosa* W. A. Roem. Hesp. 61. 18. *ζ* (icon tant.); —

---

*) [illegible] Miquelius l. c. dicit: „[illegible] (Rumphii) tabulis [illegible] ex descriptione [illegible]"; *Lemon unguentarium* [illegible] Rumph. haud est delineatus (cf. p. 101); [illegible] W. A. Prdr. [illegible] haud correspondent

pag. tab.

Papeda Rumphii Hsskl. Flor. (B. Z.) 1842. Beibl. II. 42. 174; Catal. 216. 1; plant. Jav. 781. 195; — *Papeda* Hsskl. Endl. Gen. Sppl. III. p. 95 Aurant.; Id. Sppl. IV. III. 5514; Mea. Gen. II. 346. 15; Bnth. Hook. Gen. 305. 81; — *C. Papeda* Miq. Fl. I. II. 530. 18.

106. **Limo tuberosus** s. *Lemon carbau* s. *L. cambur* i. e. tumidum s. *Uase ela bal* s. *Djeku carbau* s., *Lemo cabi* l. e. hircinus — *Citrus kerna* Raf.? Röm. Hesp. 72. 43? — *C. Bergamia* Riss. Miq. Fl. I. II. 529. 15 (quoad nomen nec quoad cit. pag. nec tabulae.)

106. m. 3; 28. **Limo ferus** s. *Lemon Swangi* s. *Uaar malumdil* s. *Aussi wole* s. *Limo tsjgela* — *Citrus Hystrix* DC. Prdr. I. 539. 7?; Don Diehl. I. 596. 9; Hasch. Clav.; Dtr. Syn. IV. 1840. 15. — *C. aurantium* L. 3. *Bergamia* Riss. W. A. Prdr. I. 98. 344. 3; — *C. Bergamia* Riss. ζ. *taurina* & η. *ventricosa* Roem. Hesp. 61. 18 ζ & η. (quoad icones cit.); — variet. haec citata ζ Miq. Flor. I. II. 529. 15 (quod icon. t. 26. f. 3.); — *C. obversa* Hsskl. Cat. 218. 23.

107. 29. **Limonellus** s. *Limo tenuis* s. *Lemon nipis* s. *L. fara* s. *Aussi papu* s. *Lemo capus* s. *Uase crusto* s. *Djukae* — *Limonia malus silvestris* Brm. Zeyl. 143; — *Citrus Limon* L. Brm. Ind. 173; — *C. aurantium* L. 7. *medica* L.? W. A. Prdr. I. 98. 344. 7? — *C. javanica* Bl. Bijdr. 140; Linnaea I. 646; Hasch. Clav.; Prits. Indx.; — *C. Limonellus* Hsskl. Flor. (B. Z.) 1842. Beil. II. 43. 177; Hsskl. Cat. 217. 6; Wlp. Rprt. II. 804. 4; Roem. Hesp. 61. 19; Miq. Flor. I. II. 528. 9. — an Hmlt. Wll. Cat. Stend. Nomcl. II. 376?

108. 29. A. „ **fructu ad apicem acutissimo** — *C. Limonellus* Hsskl. α. *oxycarpus* Hsskl. (Cat. 217. 6. R.)

109. 30. „ **aurarius** s. *Limon mana* s. *Lemo tinagara* s. *L. baleya* s. *Uari hataran* — *Citrus Limon* Brm. Ind. 175; — *C. aurantium* L. 4. *Limetta* Riss. W. A. Prdr. I. 98. 344. 4; — *C. Limetta aurantia* Riss. Orng. 123. 87; — *C. Limetta* Riss. Spon. Tim. 176. 121; — *C. Hystrix* DC. Roem. Hesper. 71. 30.

110. 31. „ **madurensis** s. *L. pusillus* s. *Lemon madura* — *Citrus Limon* Brm. Ind. 173; — *C. madurensis* Lour. Coch. 570. 4; Poir. Lam. Enc. IV. 581. 8; DC. Prdr. I. 540. 13; Don Diehl. I. 596. 16; Hasch. Clav.; Roem. Hesp. 62. 5; Dtr. Syn. IV. 1840. 20; Prits. Indx.; Miq. Fl. I. II. 527. 4; — *Atalantia monophylla* DC. W. A. Prdr. I. 91. 290?; Roem. Hesp. 36. 1?

110. 35. „ **angulosus** s. *Lemon siem basagi* i. e. silvestris quadrangularis — *Citrus Limon* Brm. Ind. 173; — *C. angulata* Willd. Sp. III. 1426. 2; Poir. Enc. Sppl. IV. 171. 12; DC. Prdr. I. 540. 14; Don Diehl. I. 596. 16; Hasch. Clav.; Dtr. Syn. IV. 1840. 21; Prits. Indx.; — *Limonia* s. *Sclerostylis*? Hmlt. Hasch. Clav.; — *Limonia angulata* W. A. Prdr. I. 91; Roem. Hesper. 38. 2; — *L. angulosa* Miq. Flor. I. II. 521. 3.

111. 33. **Aurantium acidum** s. *Lemon itam* i. e. Limo niger s. *Uase metam* — *Citrus fusca* Lour. Coch. 571. 6; Poir. Lam. Enc. IV. 582. 10; DC. Prdr. I. 540. 10; Don

pag. tab.

Diehl. I. 596. 12; Hasch. Clav.; Pers. Syn. IV. 1840. 17; Roem. Hesper. 72. 34 (ubi p. 41 citatur); Prits. Indx.; — *Citr. Aurantium* L. 2. *vulgaris* Ris. W. A. Prdr. I. 97. 344. 2. (quam var. autem pulpa dulcissima gaudet, quae in nostra acidula laudatur) — *C. vulgaris* Ris. ? Miq. Fl. I. n. 528. 12 ? — *C. amara* Hskl. (Cat. 217. 4)? aut *C. Bigaradia* Duh. η. sinense Ris. Orang. 95. 63; Roem. Hesper. 68. 27. η. ?

112. **Aurantium acidum** H. s. *Lemon marisfa* L. s. Limo crispus s. Nitor Piperis — ? ?

112. „ „ III. *ingens* — ? ?, an *Citrus Bigaradia* Duh. v. *duplex* Risso & Röm. Hesp. 68. 27. v. ?

113. „ **sinense** s. *Lemon manis tsjina* s. *L. sangaira* s. *Malum aureum hespericum* s. *Djerrak* *ierki* s. *Mastacen* s. *Tyng-cam* — *Aurantium, quod malus aurantia regna dulcis* Brm. Zeyl. 39; — *Citrus nobilis* Lour. Coch. 569. 3 ?; Poir. Lam. Enc. IV. 581. 7?; Hasch. Clav.; Prits. Indx.; Miq. Fl. I. n. 527. 2 ? — *C. aurantium* L. 1. *aurantium* L. W. A. Prdr. I. 97. 344. 1; — *C. nob.* Lour. *β. melanocarpa* Hskl. (Cat. 217. 8. B. Röm. Hesp. 52. 2. *β*.)

113. „ **sinense** H., *minor et glabrior varietas* — *Citrus aurantium* L. v. *sinense* Ris. (Röm. Hesp. 57. 15. v.) ? Hskl. — *Citr. nobilis* Lour. *γ. microcarpa* Hskl. (Cat. 217. 8; Röm. Hesp. 52. 2. *γ*) ?

115. 35. „ **verrucosum** s. *Lemon manis besaar* l. s. Limo dulcis grandis s. *L. tsjina* l. s. L. chinensis s. *Siricaga* s. *Bit-cam* — *Citrus nobilis* Lour. Coch. 569. 3 ?; Poir. Lam. Enc. IV. 581. 7 (quoad descrpt. Röm. Hesp. 52. 2.); Miq. Fl. I. n. 527. 2 ? — *Citrus Aurantium* L. var. Lam. — Hasch. Clav.; — *C. Au.* L. 1. *Aurantium* L. W. A. Prdr. I. 97. 344. 1; — *C. Pompelmos racemosus* Risso Orng. 131. 94. — *C. Aurantium* L. Prts. Indx.; — *C. decumana* L. *s. racemosa* Roem. Hesp. 67. 26. *s*; *C. decumana* L. *β. verrucosa* Miq. Fl. I. 526. 1. *β* ?; — *C. macracantha* Hskl. (Cat. 218. 1; Roem. Hesp. 71. 33) ? Hskl.

116. „ **verrucosum** e Banda s. *Limon puirea* s. *Pis-ay* — ? ?

116. „ **pumilum maduraense** s. *Lemon nasni* s. *L. calie* — *Citrus aurantium* L. v. *minutissimum* Lois. Roem. Hesp. 57. 15. v.

117. 36. **Malum indicum** s. *Vidara* s. *Vidari* s. *Ber* s. *Bor* s. *Bolis buchal* — *Rhamnus Jujuba* L. (1570); Brm. Ind. 60; Lam. Enc. III. 318. 9; Lour. Coch. 195. 1; Prs. Syn. I. 240. 41; Rxb. Flor. II. 357; Prits. Indx.; — *Zizyphus Jujuba* Lam. Willd. Sp. I. 1104. 6; R. & S. S. V. V. 337. 7; DC. Prdr. II. 21. 21; Don Diehl. II. 26. 29; Hasch. Clav.; W. A. Prdr. I. 162. 509; Hskl. Cat. 231. 6; Miq. Flor. I. c. 644. 9.

118. **Vidara** (e Timor) *fructibus majoribus dulcibus* — ? ?

118. „ „ „ „ *minoribus austeris* — ? ?

118. „ (e Java) *puti* l. s. alba (ob folia subtus magis alba) — ? ?

119. 37. „ **littorea** s. *Vidara laut* s. *Pijrard* s. *Bitten ussi lain* l. s. Limonellus littoreus — *Rhamnus Napeca* L. (1569); Brm. Ind. 60; Prs. Syn. I. 240. 40; Poir. Enc. Sppl.

pag. tab.

V. 477 (ubi „tb. 40"); Prits. Indx.; — *Rh. superifer* Lour. Coch. 196. 2; — *Zizyphus Napeca* Lam. Enc. III. 320. 10. α; R. & S. V. V. 339. 17 (cf. 340. 18); DC. Prdr. II. 20. 7; Don Diehl. II. 25. 6; Dtr. Syn. I. 809. 7 (qui uti Lam., DC. & Don. tab. 42 citat); Hashl. Cat. 135. 1; — *Elaeagno orientali* Wild. aff. Hmlt. Hasch. Clav.; W. A. Prdr. I. 163. 511; — *Zizyphus nuperifera* Schult. Dtr. Syn. I. 810. 43; — *Ziz. fistuarea* Teysm. in litt. — E genere „*Zizyphus*" excludenda sper. sec. Miq. Fl. I. i. 644. 9, Observ. (qui p. 112 t. 17 citat.)

121. 38. **Lignum colubrinum timorense** s. *Caju ular* s. *C. sassi* — (cf. Brm. Zeyl. 141.) *Strychnos colubrina* L. Wild. Sp. I. 1052. 1; Prs. Syn. I. 264. 2; Poir. Enc. VIII. 695. 2 ? R. & S. V. IV. 546. 2 ?; Don Diehl. IV. 65. 8 (qui uti Prs., Poir., Span. & R. S. tb. 37 citat); Span. Tim. 325. 525; — *opponens* Hasch. Clav.; — *St. ligustrina* Bl. Rmph. I. 68. 2; DC. Prdr. IX. 15. 15; — *St. muricata* Kostel. Dtr. Syn. I. 690. 6; Miq. Flor. II. 380. 7.

124. 39. **Radix deiparae** s. *Vidara agrestis malaccensis* s. *Balanyen* — *Gmelina asiatica* L. (4553 Obs.); Hashl. Cat. 135. 1; — *G. villosa* Rxb. Hasch. Clav.; DC. Prdr. XI. 679. 3; Prits. Indx.; Miq. Fl. II. 867. 3.

125} 127} 40. „ **deiparae spuria** s. *Vidara agrestis bugensis* s. *Lawerra* s. *Bonghina* s. *Warra* — *Gmelina asiatica* L. (4533); Murr. Syst. 565. 1; Lam. Enc. II. 739; Lour. Coch. 456. 1; Murr. Prs. Syst. 602. 1; Wild. Spec. IV. 313. 1; Wlp. Rprt. IV. 97. 2; Miq. Fl. II. 866. 1 (qui uti L., Murr., Lam. & Wild. tabulam mutatam 40 tomi I citat.); — *G. parvifolia* Rxbgh. Hasch. Clav.; — *G. parviflora* Hmlt. Prts. Indx.; — *G. ovata* Rxb. Hmlt. Hasch. Clav.

129. 41. **Rex amaroris** s. *Soulamu* l. e. pharmacum s. *S. caju* s. *S. puhon* i. e. arboreum s. *Pomacer pipis* s. *P. pitas* l. e. pharmacum ounularium s. *Upas pusi* s. *U. pusali* s. *U. mamen* (tom. III. p. 191.) — *Ophioxylon serpentinum* L. am. ac. (7631) oppon. Murr. Syst. 911. 1; Murr. Prs. Syst. 952. 1; — *Soulamea amara* Lam. Enc. I. 449. 1; Poir. Enc. Sppl. IV. 673; DC. Prdr. I. 335. 1; Bl. Bijdr. 103 (ubi tab. haud indicatur); Sprag. Syst. Veg. III. 172. 1; cur. post. 120. 1; Schk. S. V. VII. 1379. 1; Don Diehl. I. 364. 1 (ubi tab. 40 citatur); Hasch. Clav.; Dtr. Syn. II. 1280. 1; Wlp. Ann. I. 168. 1 (ubi pariter tab. 40 cit.); Miq. Fl. I. ii. 129. 1 et 680. 1; Rosenth. Diaph. 790; Hashl. in Bullet. Soc. bot. Franc. X. 376; — *Cardiocarpus amarus* Hawds. Syll. Holbb. II. 14; — *Soulamea* Lam. Sprag. Gen. 1454; Endl. Gen. 5658 (ubi pag. 40 cit.); Man. Gen. II. 343. 7.

131. 42. **Anisum moluccanum** s. *A. castella* s. *Dayo* utan l. e. silvestre s. *Carancang* s. *Camela* s. *Samiru* s. *Catti cutu gora* = *Orvaschinae* sec. Burm. not. ad Rmph.; — *Bahen* L. sec. Burm. not. ad Rmph.; — *Panax ? anisum* DC. Prdr. IV. 254. 21; Don Diehl. III. 386. 26; Hasch. Clav.; Dtr. Syn. II. 925. 24; — *Xanthoxylum aromaticum* DC. Hmlt. Hasch. Clav.; Prts. Indx.; — *Nothopanax ? Anisum* Miq. Fl. I. i. 766. 4.

pag. tab.

133. 43. **Anisifolium** s. *Bua lawangan* s. *Cabessa* — *Limonia Malus* Brm. Zeyl. 143; — *L. acidissima* L. (3054); Brm. Ind. 102; Lam. Enc. III. 617. 3; Willd. Sp. II. 572. 3; DC. Prdr. I. 536. 9; Don Dichl. I. 684. 12; Dtr. Syn. II. 1410. 14; — *Panax sp.* ? Lam. Enc. II. 715. Obs.; — *Feronia Elephantum* Corr. Hsslt. Hssch. Clav.; W. A. Prdr. I. 90. 341; Miq. Fl. I. a. 520. 1 & 525. 1; — *Hesperethusa acidissima* Roem. Hesp. 38. 2.

134. **Saponaria** s. *Bua sabun* s. *Lerak.* — *Sapindus Saponaria* L. (2902); Brm. Ind. 91; Lour. Coch. 293. 1; Miq. Fl. I. a. 551. 1; — *S. Rarak* L. DC. Prdr. I. 608. 10; Don Dichl. I. 666. 22; Hssch. Clav.; Bl. Rmph. III. 192. 1; Hsskl. Cat. 224. 1 (ubi perperam tab. 43 citatur).

136. 44. **Pharmacum Sagueri** (Poir. Enc. V. 258; VII. 139.) *legitimum* s. *femina* s. *Ubat ubai* s. *Sawai* s. *Sasam* s. *Ubat sagueru* s. *Alat*, *Ayalat*, *Ayalat arthha*, *Malal*, *Malan*, *Malu* — *Connarus* ? s. *Inga* ? Hsslt. Hssch. Clav.; — *Jambosa linearis* DC. ? de Vriese plan. Ind. 70. 112; — a fructus descriptione *Myrtaceis* certissime alienum est (Hsskl.) — *Cnesmone* sec. Teysm. in litter.

137. 44. B. „ **limonicum** (Poir. Enc. V. 258) s. *mas* s. *Ubat lemon* s. *Ayalat* *nasi* — ? ?

139. **Capraria** s. *Cafo cambing* s. *Ay bibi* — (cf. Lam. Enc. I. 567.); — ? ? Hsslt. Hssch. Clav.; — *Sapindacea* sec. Teysm. in litter.

140. 45. **Songium** s. *Hua-wahei* s. *Aylawalitu* s. *Ay mararina* s. *Mewangu* s. *Songi* s. *Songiu* s. *Songo* s. *Sambu* — *Dillenia indica* L. (3975); Brm. Ind. 124; Poir. Enc. Sppl. V. 168; — *D. elliptica* Thnb. Willd. Sp. II. 1252. 4; Pers. Syn. II. 92. 4; Sprng. Gesch.; DC. Syst. I. 437. 4; Bl. Bijdr. 34 (absque tomi nec tab. indicatione); Don Dichl. I. 77. 5; Hssch. Clav.; — Prts. Indx.; ? Hsslt. Hssch. Clav.; — *D. speciosa* Thnb. W. A. Prdr. I. 5. 17; Miq. Fl. I. a. (II. I) 685.

142. 46. **Songium mas et femina** s. *Saegi* s. *Sowgi* s. *Babaken* i. e. lignum soncorum s. *Dangra* s. *Copaai* s. *Ay mariarina* s. *Ay masaanhu* i. e. fruct. acidus — *Dillenia indica* L. amoen. ac. (3975 Obs.); Murr. Syst. 507. 1 ?; Murr. Prs. Syst. 543. 1 ? — *D. serrata* Thnb. Willd. Sp. II. 1252. 5; Sprng. Gesch.; DC. Syst. I. 437. 6; DC. Prdr. I. 76. 6; Bl. Bijdr. 33; Don Dichl. 76. 6; Hssch. Clav.; Dtr. Syn. III. 312. 6 Prts. Indx.; Miq. Fl. I. a. 685. 1b; — ? Hsslt. Hssch. Clav.;

Liber. 3. (arbores, quae resinam dant et speciarum flores aut noxium aliquod lac fundunt.)

145. } 47. A-D.
146. } 48. I.
Canarium vulgare s. *domesticum majus oblongum* s. *Canari besaar* s. *Nya*, *Niha*, *Yer*, *Fal*, *Nawari* — *Sambucus indica* Brm. Ind. 75 ? — *Canarium* (Sprng. Gen. 1280) *commune* L. (7424); Lour. Coch. 497. Observ.; Lam. Enc. I. 536. 1; Willd. Sp. IV. 759. 1; Pers. Syn. II. 616. 1; Poir. Enc. Sppl. II. 72; Sprng. Gesch.; DC. Prdr. II. 79. 1; Don Dichl. II. 84. 1; Schult. S. V. VII. 78. 1; Hssch. Clav.; W. A. Prdr. I. 175. 537; Hsskl.

pag. tab.

Cat. 348. 1; — *C. moluccanum* Bl. Mus. I. 216. 470; Wlp. Ann. II. 291. 1; — *C. Mehenbethene* Grtn. Miq. Fl. I. n. 643. 2.

146. 47. E. **Canarium vulgare majus rotundum** s. *Canari besar* — *Canarium moluccanum* Bl. *β. obtusatum* Bl. Mus. I. 216. 470. *β*; — *C. Mehenbethene* Grtn. affin. Miq. Fl. I. n. 643. 2. Obs.

146. 47. F. „ „ **parvum oblongum** s. *Canari kitjil pandjang* l. s. longum — *Canarium commune* L. Bl. Mus. I. 214. 469 (ubi syn. L. citat.); Miq. Flor. I. n. 643. 1.

148. 47. G. „ „ „ **rotundum** s. *Canari kitjil pendek* l. e. breve — *Canarium commune* L. *β. minus* Bl. Mus. I. 216. 469. *β*.

151. 48. „ **zephyrinum** s. *Can. silvestre* l. s. *Canari hutan* l. s. C. occidentale s. C. utan l. e. silvestre s. *Yer-halat* s. *C. kitjil* l. e. parvum — *Canarium commune* L. *β*. Willd. Sp. IV. 759. 1. *β*; Pers. Syn. II. 616. 1. *β*; Poir. Enc. Sppl. II. 72. *β*; DC. Prdr. II. 79. 1. *β*; Schult. Syst. Veg. VII. 78. 1. *β*; Don Dichl. II. 84. 1. *β*; Hassk. Clav.; — *C. commune* L. ? aut potius *C. Mehenbethene* Grtn. ? W. A. Prdr. I. 175. 537 ?; — *Amyris zeylanica* L. Prim. Indr.; — *Canarium zephyrinum* Rmph. Bl. Mus. I. 217. 471; Wlp. Ann. II. 291. 2; Miq. Flor. I. n. 643. 3.

153. **Arbor zeylanica** s. *Kekuriagaha odorata* J. Brm. — *Canarium zeylanicum* Bl. Mus. I. 218. 476.

154. **Canarium nigrum** I. s. *Teja cana* — *Pimela nigra* Lour. Bl. Mus. I. 220. 479.

154. „ „ II. s. *Cana* — *Canarium album* Rhaeusch. DC. Prdr. II. 80. 6; Schlt. S. V. VII. 81. 7; Don Dichl. II. 85. 6; Hassk. Clav.; — *Pimela alba* Lour. Coch. 495. 2. Bl. Mus. I. 220. 480.

154. „ „ III. s. *Tengra cana* l. e. Cana caryophyllacea — *Pimela caryophyllacea* Bl. Mus. I. 222. 490.

155. 49. „ **silvestre** II. s. *C. montanum* s. *Nanarum* s. *Canari utan* s. *Nanari* s. *Yancle* l. s. Canari lain s. C. spurium — *Pimela nigra* Lour. Coch. 495. 1 ?; — *Canarium silvestre* Grtn. Willd. in not. ad Lour. l. c. et Spec. IV. 760. 2; Pers. Syn. II. 616. 2; Poir. Enc. Sppl. II. 72; Spreng. Gesch.; DC. Prdr. II. 79. 2; Schlt. Syst. Veg. VII. 79. 2; Don Dichl. II. 85. 2; Hassk. Clav.; Miq. Flor. I. n. 644. 5.

156. 50. „ **odoriferum leve** s. *Camarum* (non Canar.) — *Canarium balsamiferum* Willd. Sp. IV. 760. 3; Pers. Syn. II. 616. 3; Poir. Enc. Sppl. II. 73; Spreng. Gesch.; W. A. Prdr. I. 174. 535; — *Boswellia balsamifera* DC. Prdr. II. 76. 1 ex Rxb.; Don Dichl. II. 80. 1; Hassk. Clav.; — *Pimela glabra* Bl. Mus. I. [illegible]. 491; Wlp. Ann. II. 292. 13; — *Canariopsis glabra* (Bl.) Miq. Flor. I. n. 653. 6.

158. **Canarium odoriferum leve** var. s. *Camarum* s. *Cawan* *album* — *Pimela pauciiuga* Bl. Mus. I. 226. 497; Wlp. Ann. II. 293. 18; — *Canariopsis paucijuga* (Bl.) Miq. Fl. I. n. 653. 8.

pag. tab.

157. 51. **Canarium odoriferum hirsutum** s. *Canccoura (?) rugosum* s. *Sui meyer* s. *Hohama lossary* L. s. porcorum crepitus — *Canarium hirsutum* Willd. Sp. IV. 760. 4; Pers. Syn. II. 616. 4; Poir. Enc. Sppl. II. 72; Spreng. Gesch.; — *Boswellia hirsuta* DC. Prdr. II. 76. 2 ex Rm.; Don Dichl. II. 81. 2; Hassk. Clav.; cf. W. A. Prdr. I. 174. 536; — *Pimela hirsuta* Bl. Mus. I. 223. 492; — *Canariopsis hirsuta* (Bl.) Miq. Fl. I. ii. 653. 5.

160. 52. „ **nigrum** s. *Dammara nigra* s. *Canari itam* s. *Dammar itam* s. *Dammar pulla pulla* L. s. D. feminea s. *Tar-mette, tue fela, Cama mette* — *Marignia acutifolia* DC. Prdr. II. 79. 2; Don Dichl. II. 84. 2; Hassk. Clav.; Dtr. Syn. II. 1400. 2 (ubi tom. haud indicatur); Pritz. Indx.; — *Pimela acutifolia* Bl. Mus. 221. 485 (ubi uti apud Miq. tab. 72 citatur); — *Canarium rostratum* Zipp. Miq. Fl. I. ii. 647. 15; — *Engelhardtia* Lsch. Mon. Gen. II. 54. 1 ?

161. **Dammara nigra ß. feminea** — *Pimela laxiflora* Bl. Mus. I. 221. 486. — *Canarium longiflorum* Zipp. ? Miq. Fl. I. ii. 647. 16 ?

162. 52. „ „ **legitima** (in explicatione tabulae) — *Pimela legitima* Bl. Mus. I. 222. 487; Wlp. Ann. II. 292. 9; — *Canarium legitimum* Miq. Flor. I. ii. 647. 17; — ? ? Hassk. Clav.; — *Engelhardtia* Lsch. Mon. Gen. II. 54. 1 ?

163. 54. **Nanarium obscurum** s. *N. minimum* s. *Nanari minjac* s. *Aghen madelie* L. s. arbor maculter olrm s. *Faniri* s. *Fasrei* — *Canarium* (Spreng. Gen. 1280) *microcarpum* Willd. Sp. IV. 760. 6; Prs. Syn. II. 616. 5; DC. Prdr. II. 79. 3; Schlt. Syst. Veg. VII. 79. 3; Hassk. Clav.; Don Dichl. II. 85. 3; Hassk. Cat. 248. 4 (ubi tab. 74 cit.); Pritz. Indx.; Miq. Flor. I. ii. 646. 13; — *C. minimum* Spreng. Gesch.; — *Amyris oleosa* Lam. Enc. I. 362. 12; Pers. Syn. I. 414. 8; — *Pimela oleosa* Lour. Coch. 498. 3; Bl. Mus. I. 221. 483 (qui tab. malam dicit); Wlp. Ann. II. 292. 6.

166. 55. **Canarium decumanum** s. *Canari besar* s. *C. rale* s. *Nia* s. *Hoffa* s. *Hoffa hoffa rale* s. *Tar amin* s. *Cami* — *Canarium decumanum* Willd. Sp. IV. 760. 6; Prs. Syn. II. 616. 6; DC. Prdr. II. 80. 4; Schlt. Syst. Veg. VII. 80. 6; Don Dichl. II. 85. 4; Hassk. Clav.; Pritz. Indx.; — *Pimela decumana* Bl. Mus. I. 223. 493 (ubi tab. haud citatur); Wlp. Ann. II. 293. 16; — *Canariopsis decumana* (Bl.) Miq. Fl. I. ii. 652. 4.

168. 56. **Dammara selanica** (Lam. Enc. II. 259) mas s. *Dammar selan* s. *D. sila* s. *D. malefo* s. *Caju bappa* s. *Hiny* s. *Bakat* s. *Biabal* — *Uvaria ? selanica* DC. Prdr. I. 92. 88; Don Dichl. I. 96. 48; Dtr. Syn. III. 301. 40 ?; — *Engelhardtia selanica* Bl. Fl. Jav. Jugl. 6; Hassk. Clav.; — *Hopea selanica* Rxb. W. A. Prdr. I. 85. Obs.; Wlp. Rprt. V. 128. 3; Miq. Fl. I. ii. 504. 4; — *Shorea selanica* Bl. Mus. II. 33. 88; Wlp. Ann. IV. 338. 3; Miq. Fl. I. 849. 4. Obs.; Sppl. 490. 753 adnot. L.; Ann. Mus. Lgd. Bat. I. 214. 5 (icon. exclusa); — *Engelhardtia* Lsch. Endl. Gen. 5892; oppos. Mon. Gen. II. 54. 1; — *Hopea* Rxb. Endl. Gen. 5396; Mon. Gen. II. 37. 4.

pag. tab.

169 **Dammar selanica femina** s. *Dammar selan* s. *D. utu* s. *D. malejo* — *Engelhardtia spicata* Bl. Fl. Jav. Jugl. 8; Hassk. Clav.; Hsskl. Cat. 245. 4; Dtr. Syn. V. 312. 4 (ubi tab. pro pag. citatur); — *E. aceriflora* Bl. Hsskl. Cat. 244. 1; — *Shorea selanica* Bl. β. *latifolia* Bl. Mus. II. 33. 88. β; Wlp. Ann. IV. 338. 8. β; Miq. Fl. I. i. 842. 1. Observ.; — *Hopea selanica* Rab. β. Miq. Fl. I. ii. 504. 4; — H. sp. nov.? Miq. Flor. Suppl. 490. 753. adn. 1.

173. „ **leucomelaena** s. *Caju Comau* o Java s. *Kamal mriam puti* l. c. ex albo nigricans Dammara — ? ?

174. 57. „ **alba** s. *Dammar puti* s. *D. batu* (i. e. lapideus) s. *Salo* s. *S. bobudo* s. *Comal*, *Camar* s. *Camo* s. *Iuo* s. *Dama* — *Pinus Dammara* Lamb. Willd. Sp. IV. 503. 25; Pers. Syn. II. 579. 36; Spreng. Gesch. (ubi tab. 67 citatur); — *Agathis loranthifolia* Slsb. Bl. Enum. 90. 1; Hassk. Clav.; Poir. Enc. Sppl. IV. 418; Pritz. Indx.; — *Dammara* Rmph. Poir. Enc. Sppl. IV. 418; Endl. Gen. 1798; Sppl. IV. ii. 1805; Men. Gen. II. 263. 5; Bl. Rmph. III. 211. 1; Endl. Conif. 189. 1; Hskl. Hchst. Syn. 209. — *D. alba* Rmph. Lam. Enc. II. 69; Miq. Fl. II. 1070. 1; — *D. orientalis* Lamb. Dtr. Syn. V. 445. 1; Hskl. Hchst. Syn. 210. 140.

57. A—C. „ „ **mas** s. *Dammar puti lakki lakki* — *Podocarpus latifolia* Bl. Hsskl. Tijdsch. Nat. Gesch. IX. 179. Cat. 70. 3.

175. 57. D. „ „ **femina** — *Dammara alba* Rmph. Hsskl. Tijdsch. Nat. Gesch. IX. 179. Cat. 70. 1.

178. „ „ **regia** s. *Salo releno* (ex Ternato) — ? ?

179. „ **celebica** s. *Dammar Celebes* s. *D. bangay* s. *D. batu* s. *Dammar* s. *Dammar* s. *Malo* s. *Dammara lobo* — *D. alba* Rmph. β. *celebica* Hsskl. trunco stricto alto, inferiori parte nodoso, foliis quam in spec. brevioribus, latioribus, crassioribus et obtusioribus. — Habitat insulam *Celebes* nec *Moluccas* insulas uti antecedens (quam Miquelius perperam et in *Celebes* insula repertam dicit); a Miquelio var. haec praeterrisa videtur, nam ne uno verbo de hac mentionem fecit.

180. 58. **Camirium** s. *Camiri* s. *Cemiria* s. *Sen crai* (fructus durus) s. *Sakeio* s. *Fero mahu* l. c. Canari javanum s. *Sibu* s. *Sibus* s. *Sapiri* s. *Amperi* s. *Callolli* — *Juglans Camirium* Lour. Coch. 702. 2; — *Croton moluccanum* Lam. Enc. II. 207. 16; Hassk. Clav.; Pritz. Indx.; — *Aleurites* aff. Poir. Enc. Sppl. I. 569; — *A.* sp. Poir. Enc. Sppl. II. 49. V. 287; — *Camirium* Grtn. Poir. Enc. Sppl. I. 569; V. 287; — *Aleur.* (Frst. Spreng. Gen. 1756; Endl. Gen. 5803; Men. Gen. II. 258. 72.) *triloba* Frst. Miq. Flor. I. ii. 385. 1; — *A. ambinux* Willd. Bail. Eupb. 347.

182. 59. **Pangium** s. *Pangi* s. *Pani* s. *Capaya* s. *Capayo* s. *Calowaki* s. *Pulsfong* s. *Bobbi* s. *Sawan* s. *Hami* s. *Any* s. *Salen* — *Gnetum* Hadem. Busch. 21. 38 et 42; — *Euphorbiacea*? Lam. Enc. IV. 736; — *Pangium edule* Rwdt. Syll. Ratisb. II. 12; Bent. Hrd. plat. Jav. 205; Bl. Rmph. IV. 20. 1; Miq. Flor. I. ii. 109. 1; — *Chilmoria pentandra* Hmlt. Hassk. Clav.; — *Hydnocarpus* Grtn. Endl. Gen. 6086; Men. Gen. II. 342. 6; — *Pangium* Rnw. Endl. Gen. Sppl. IV. iii. 5085/2.

pag. tab.

184. 60. **Fructus mamilliformis** s. *Boa amazang* L. s. fructus comestibilis s. *Ay boa mere* L. s. fruct. niger — *Apocynum* Brm. Observ. ad Rmph. 186; — *Cerbera mamilliformis* Lam. Enc. I. 62; Hassk. Clav.; Prits. Index; — *Neuburgia tuberculata* Bl. Mus. I. 157. 358; Wlp. Ann. III. 30. 2; — *N. mamilliformis* Miq. Fl. II. 403. 1.

186. 61. **Ampacus latifolia** (Lam. Enc. I. 137.) s. *Ampac* s. *Siro bajalo* s. *Sia hanae* s. *S. hamate* s. *Ay atam* s. *Iera* s. *Molle elan* — *Rhus* Brm. Obs. ad Rmph. 187; — *Premna* s. *Vitex*? Lam. Enc. I. 137; — *Aubertia*? Poir. Enc. Sppl. I. 536 Obs.; II. 626; — *Evodia latifolia* DC. Prdr. I. 724. 1; Dtr. Syn. I. 498. 2; Miq. Fl. I. II. 672. 1; — *Zanthoxylum* (Kth. Endl. Gen. Sppl. IV. III. 5972. g) *latifolium* Don Dichl. I. 804. 39; — *Fagara latifolia* Rxb. Hassk. Clav.; — *Zanth. Rumphianum* Cham. Wlp. Rprt. I. 520. 11.

187. 61. „ ? s. *Arbor Hoelawan* i. e. caryophyllum spirans in *Menipa* crescens — ? ?

188. 62. „ **angustifolia** (Lam. Enc. I. 138.) s. *Genda rusae bruner* L. s. magna s. *Siro bajalo* s. *Ayona* s. *Anno* s. *Molle elan* s. *Gino* — *Rhus* Brm. Obs. ad Rmph. p. 189; — *Premna* s. *Vitex*? Lam. Enc. I. 138; — *Aubertia*? Poir. Enc. Sppl. I. 536. Obs.; — *Fagara triphylla* Lam. Enc. II. 447. 9; Willd. Sp. I. 666. 1; Pers. Syn. I. 144. 1; Sprng. Uesch.; Hassk. Clav.; Prits. Index; — *Evodia triphylla* DC. Prdr. I. 724. 2; Dtr. Syn. I. 498. 3; — *Zanthoxylum triphyllum* Don Dichl. I. 804. 40; — *Lepta* Lour. Bent. Hrsf. plnt. Jav. 199; — *Zanthoxylum zeylanicum* DC. Miq. Fl. I. II. 671. 11; — *Allophylus litoralis* Bl. Rmph. III. 124. 3; — *A. sundanus* Miq. Fl. I. II. 575. 1; — *Zanthoxylum* Kuth. g. *Aubertia* Bory. Endl. Gen. Sppl. IV. III. 5972. g.

188. „ **litorea** I. — ? foliis iis *Cerasi* similibus, sed angustioribus & glabrioribus, fructibus in racemis longis instar Piperis, corallii rubentis coloris.

189. „ **angustifolia** s. *Lepimar* — *Allophylus amboinensis* Bl. Rmph. III. 129; — *A. timorensis* Miq. Fl. I. II. 575. 2.

189. 63. **Flos cuspidum** s. *Tanjonus* s. *Bunga tanjong* s. *Tanjong* s. *Kanchi* s. *Fulla Kanchi* — *Mimusops Elengi* L. (2675.); Brm. Ind. 86; Murr. Syst. 360. 1; Lam. Enc. IV. 186. 1; Murr. Prs. Syst. 381. 1 (ubi err. apud Murr. et Willd. „tom. III"); Willd. Spec. II. 325. 1; Prs. Syn. I. 416. 1; Hassk. Clav.; Don Dichl. IV. 34. 1; Dtr. Syn. II. 1263. 1; DC. Prdr. VIII. 202. 1; Hassk. Cat. 150. 2; plnt. Jav. 465. 348; Prits. Index; de Vriese plnt. Ind. 66. 100; Miq. Fl. II. 1042. 1.

193. 64. **Tanjonus litorea** (Lam. Enc. II. 335; Poir. Enc. VII. 678) s. *Bunga tanjong laut* s. *Tanjong laut* s. *Cambang jati* s. juru I. s. florem decidentem s. *Lolan hey* s. *Leptia*, *Leptir* s. *Leptil*. *Russa hey* s. *Lasun hey* s. *Bahia irunga* — *Mimusops Elengi* L. Brm. Ind. 86; Prits. Index; — Ob calycem quadripartitum insignis arbor est *Mimusopi* alienus Hassk.; in tabula autem 5. partitus delineatus calyx, quem Rumphius in descriptione foliolis 4 rufis vel croceis constantem laudat. — *Usaria tripetala* Rxb. Teysm. in litt.

pag. tab.

195. 65. **Cananga** s. *Bonga cananga* s. *Cananga* s. *Tsjampa* s. *Fala cananga* s. *F. betele* s. *Sofa cananga* s. *Saudai* s. *Camdang caprana* s. *Capakkar* s. *Coppa nabbal* i. e. flos silvestris s. *Copa waarita* i. e. flos filiformis — *Uvaria odorata* Lam. Enc. I. 595. 1; Willd. Sp. II. 1263. 8; Prs. Syn. II. 94. 6; Bl. Fl. Jav. Anonac. 29; Span. Tim. 163. 10; — *Unona odorata* Dun. DC. Syst. Veg. I. 492. 17; Bl. Bijdr. 39; Don Dichl. I. 95. 20; Dtr. Syn. III. 300. 16; — *Uvaria zeylanica* L. Prits. Indx. (cf. L. (3987); — β. Brm. Ind. 124; — *Cananga* Bth. Hook. Gen. I. 24. 12. *odorata* Hook. Thms. (Miq. Fl. I. II. 40. 1.)

197. 66. 1. „ **silvestris** I. s. *trifolia* s. *Cananga utan* s. *Cabau abbal* i. e. flos silvestris s. *Matta cucu* i. e. oculus horti s. *Leytir puti* i. e. albus incrustator s. *Mollo ogu* s. *Ay hoa marna* s. *Boa djadjara* i. e. femineus fructus — *Uvaria tripetala* Lam. Enc. I. 597. 7; — *Unona discolor* Vhl. Poir. Enc. VIII. 187. 3; — *U. tripetaloidea* Dun. DC. Syst. I. 490. 11; Hassk. Clav.; — *U. tripetala* DC. Prdr. I. 90. 13 (ubi tam. haud indic.); Don Dichl. I. 94. 12; Dtr. Syn. III. 299. 11; — *Artabotrys* sp. ? Hsskl.

198. 66. 2. „ „ II. s. *angustifolia* — *Uvaria ligularis* Lam. Enc. I. 597. 6; Willd. Sp. II. 1263. 9; Pers. Syn. II. 94. 9; Sprng. Gesch.; Bl. Jav. Anon. 35; Hassk. Clav.; — *Unona ligularis* (cf. L. 3987); Dun. DC. Syst. Veg. I. 493. 20; Prdr. I. 90. 21 (ubi pag. 298 cit.); Don Dichl. I. 95. 23; Dtr. Syn. III. 300. 18; — *Uvaria zeylanica* L. Prits. Indx. (absq. fig. indic.).

198. „ „ III. s. *latifolia* — *Unona latifolia* Dun. DC. Syst. I. 497. 30; Prdr. I. 91. 31; — *Uvaria latifolia* Bl. Fl. Jav. Anon. 35; Hassk. Clav.; — *Melodorum latifolium* Hook. & Thms. (Miq. Fl. I. II. 35. 1.)

199. 67. **Sampacca domestica** I. s. *Tsjampacca* s. *Tsjampaqqa* s. *Champacca* s. *Cabane* s. *Champe* s. *Cambang* i. e. flos odoratus s. *Bonga eydja* s. *Capalum* s. *Coppo parkeri* i. e. flos croceus — *Arbor pratara Hapaghaha* Brm. Zeyl. 31; — *Michelia Champaca* L. (3985); Brm. Ind. 124; Lam. Enc. I. 690. 1; Lour. Coch. 425. 1; Willd. Sp. II. 1260. 1 (ubi tab. 68 citat.); DC. Syst. I. 447. 1; Don Dichl. I. 81. 1; W. A. Prdr. I. 6. 20; Hassk. Clev.; Span. Tim. 162. 4; Dtr. Syn. III. 309. 1; Prits. Indx.; Miq. Fl. I. II. 16. 1; — *M. suaveolens* Pers. Syn. II. 94. 1; — *M. Blumei* Steud. Hskl. Cat. 178. 1; — *Michelia* L. Endl. Gen. 4739; Sppl. IV. III. 4739; Msn. Gen. II. 839. 5.

200. „ II. s. *parviflora* in Ternate — *Michelia parviflora* DC. Syst. I. 449. 8; Prdr. I. 79. 7; Steud. Nomcl. II. 139.

200. „ III. s. *caerulea* s. *Tsjampacca biru* in Java — *Michelia caerulea* DC. Syst. I. 449. 6 (ubi pag. 199 citat.); Don Dichl. I. 82. 13.

200. „ IV. s. *alba* in Java s. *Tsjampacca puti* — *Michelia alba* DC. Syst. I. 449. 7; Don Dichl. I. 82. 14; Steud. Nomcl. II. 139.

202. 68. „ **silvestris** s. *alba* s. *Tsjampacca utan* s. *puti* — *Michelia Champaca* L. (3985); Lour. Coch. 426. 1; — *M. Tsjampaca* L. Mat. I. (3986); Lam. Enc. I. 691. 2; Willd.

pag. tab.

Sp. II. 1260. 2; Poir. Enc. Sppl. V. 31; DC. Syst. I. 448. 4; Prdr. I. 79. 4; Don Dichl. 81. 4; Hasch. Clav.; Spm. Tim. 162. 5; Dtr. Syn. III. 310. 4; Prits. Inds.; — *M. suaveolens* Prs. Syn. II. 94. 1; — *M. sericea* Prs. Syn. II. 94. 2; — *M. ocymoides* Brm. Ind. 124; Prts. Inds. — *Michelia* L. Endl. Gen. 4739 & Sppl. IV. m; Mea. Gen. II. 339. 5.

202. **Sampacca silvestris luteo-viridis** — *M. Tsjampacca* L. β. luteo-viridi ?

203. 69. **Arbor violaria** s. *Violaria coromandelica* s. *Caju mera* i. e. Arbor rubra s. *Sauing* s. *Sampacca montana* s. *Tsjampacca gunong* s. *utan* s. *Pakar rupan wassi* — *Liriodendrum lilifera* L. (3979); Brm. Ind. 124; Lour. Coch. 424. 1; Wlld. Sp. II. 1255. 4; Prs. Syn. II. 93. 4; Poir. Enc. VIII. 138. 4; Sppl. V. 30; — *Magnolia ? inodora* DC. Syst. I. 459. 16 ?; Prdr. I. 81. 15 ?; Don Dichl. I. 84. 15 ? — *M. pumila* Andr. DC. Syst. I. 456. 14 ?; — *Talauma Rumphii* Bl. Bijdr. 10; Fl. Jav. Magnol. 39; Linnaea I. 493; Don Dichl. I. 85. 5; Hasch. Clav.; Dtr. Syn. III. 311. 5; Miq. Fl. I. n. 14. 5.

206. 70. **Lingoum rubrum** s. *Ansana* s. *Lingo, Linggo* s. *Lingua* mera i. e. rubrum s. *L. bengo* i. e. Scribendum s. *Nari* s. *Luri* i. e. arbor draconis s. *Pattene* s. *Nala tiri* s. *Tsjendana* s. *Tsjampugga* s. *Narra* s. *Sanu* s. *Na* — *Draco arbor indica siliquosa populifolia* Commel. hrt. Amst. I. 213 (nomine tantum); Brm. Obs. ad Rmph. 210; — *Pterocarpus Draco* L. (5169); Brm. Ind. 102 (ubi tab. 170 citatur); Prits. Inds.; — β. Poir. Enc. V. 726. 1 β; Sppl. III. 446; — *Pt. indicus* Wlld. Sp. III. 904. 3; Prs. Syn. II. 277. 2; DC. Prdr. II. 419. 13; Don Dichl. II. 377. 14; Hasch. Clav.; Hsskl. Flor. (B. Z.) 1842. Beil. II. 81. 41; Hsskl. Cat. 283. 1; Dtr. Syn. IV. 1214. 6; Miq. Fl. I. c. 135. 1.

208. „ **II album** s. *molle* s. *Lingo puti* s. *L. parampuan* i. e. femina s. *Gabbe Gabba* s. *Nala uppar* s. *N. uppal* — ? ? Miq. Fl. l. c. 135. 1 Obs.

209. „ **III rubrum** (e Timorae parte orient.) s. *Naa* s. *Samaa* s. *Tsjampaga Bobysa* — ? ? an *Pterocarpus obtusatus* Miq. Fl. l. c. 135. 1 Obs. ?

210. „ **saxatilis** s. *Lingoa batu* s. *Nala batu* s. *N. patu* s. *N. pata* — Ob foliola obtusa & nomen bimerum (Zoll.) *Nara watu* haec arbor potius ad *Pterocarpum obtusatum* Miq. Fl. l. c. 136. 4 pertinere videtur.

210. „ „ s. *Lingoa batu* s *Ceram* lignum (haud externe albicanti ac fungoso, interne recenti gilvo, sicco luteo uti in antecedenti) simplex solido flavescenti lutricolivaceo venis acuminati — ? ?

211. 71. **Bintangor maritima** s. *B. laut* s. *Bunga tanjung* i. e. flos cuspidum s. *Jampinang* s. *Tsjanker* s. *Tsjampulang* s. *Tsjampulang* s. *Pidacca* s. *Betere* s. *Bitere* s. *Hatwar, Hatenia, Hutanta, Hatton-ai* — *Inophyllum flore ortifido* Brm. Zeyl. 131 & Observ. ad Rmph. 216; — *Calophyllum* (L. Endl. Gen. 5418. Mea. Gen. II. 345. 19. obsq. Ind. India.) *Inophyllum* L. (3858); Brm. Ind. 120; Lam. Enc. I. 553. 1; Wlld. Sp. II. 1159. 1; Prs. Syn. II. 67. 1; DC. Prdr. I. 562. 1; Don Dichl. I. 623. 2; W.

pag. tab.

A. Prdr. I. 103. 358; Hassk. Clav.; Span. Tim. 178. 127; Dtr. Syn. III. 233. 3; Hsskl. Cat. 213. 8; Prtz. Indx.; Miq. Fl. I. n. 510. 1; — *Balsamaria Inophyllum* Lour. Coch. 574. 1; — *C. Inoph. β. Blumei* Wght. Hsskl. Plnt. Jav. 276. 191. *β.*

216. 72. **Bintangor silvestris** s. *montana* s. *B. utan* s. *Bintangor* s. *Bitaol tan-wuri* — *Calophyllum Calaba* L. (3869 Obs.); — *C. acuminatum* Lam. Pers. Syn. II. 67. 3 ?; Hassk. Clav.; Prtz. Indx.; — *C. spectabile* Willd. DC. Prdr. I. 562. 3 ? Don Dichl. I. 622. 5; Dtr. Syn. III. 233. 5; Miq. Fl. I. n. 511. 4; — *C. Soulattri* Brm. Hsskl. Cat. 212. 1; — *Calophyllum* L. Endl. Gen. 5446; Meu. Gen. II. 346. 10 (absq. loci indicat.).

217. „ **montana** II. s. *Bintangor* s. *B. utan* = ? ? (Arbor alta, foliis obtuse acuminatis nunc apice bifidis, margine sinuatis; ligno rufescenti, fibris crassis fasciculatim dispersis) Hsskl.

217. „ „ III. s. *B. tenuifolia* s. *B. daun kitsjil* i. e. parvifolia s. *Bitaol tana wana* = ? ? (Arbuscula, trunco tenui recto, ramis elongatis flagelliformibus, foliis lineari-lanceolatis (3 poll. long. 1/2''' lat.) acuminatis, rigidis, transverse parallelo-venosis, ligno bruno albido-rufo.)

218. 73. **Novella** s. *Daun baru* i. e. folia nova s. *Cajo* (arbor) *baru* s. *Baru* s. *Waru* s. *Faru ranu* s. *Haro* s. *Faroah* s. *Condong waru* s. *Pappanis* — *Ketmia zeylanica sempervirens* Brm. Zeyl. 136; — *Hibiscus* L. Brm. Obs. ad Rmph. p. 221; — *H. tiliaceus* L. (5062); Brm. Ind. 150; Lam. Enc. III. 351. 14; Lour. Coch. 509. 2; Willd. Sp. III. 810. 10; Pers. Syn. II. 256. 12 (ubi tom. haud indic.); Dtr. Syn. IV. 887. 167; Prtz. Indx.; Miq. Fl. I. n. 153. 1 (qui fig. *A.* excludit); — *Paritium tiliaceum* Hil. Don Dichl. I. 485. 4; W. A. Prdr. I. 52. 189; Span. Tim. 171. 63 (ubi tab. 72 indicatur); Hsskl. Cat. 199. 1; Hsskl. in Kob. Wchsch. IV. (1861) 304; — *Thespesia populnea* DC. Hassk. Clav.

222. 73. A. „ **repens** s. *Baru tali* i. e. funis s. rudens s. *Baru paraçan* i. e. novella scortorum s. *B. palaran* i. e. n. excellens — a nullo autore citatur nisi indirecte a Miquelio Fl. I. n. 154. 2 ad fin., ubi de *Hibisci elati* Sw. libere hujus et antecedentis speciei loquitur; primus adspectu opponit habitus hujus arboris quam Sw. (cf. Willd. Sp. III. 810. 11) altam (50—60') laudat; sed ipse Miquelius *H. similem* Bl. Bijdr. 73 (nec 75) huc citat, quam speciem W. & A. (Prdr. I. 52. 189) pariter ac *H. elatum* cum *Hib. tiliaceo* L. conjunxerunt, uti et egomet (Plnt. Jav. 305. 217) me persuasum habui signis distinctionis forsan loco vegetationis mutato provocatis! Indeque formam litoream et montanam dividi & nostra montanae adscribenda videtur. — cf. C. Kob. Wchsch. IV. 304.

223. „ **rubra** s. *Baru baru mera* s. *Haru rou* — *Ketmia foliis quinquefidis subtus candicantis* Brm. Zeyl. 136 ? — *Hibiscus tiliaceus* Auct. (sec. Rmph. qui citat. Rheedii Hort. mal. I. p. 53. t. 30. (erroneo t. 31 citatur.); Hassk. Clav.; — Burm. in not. ad Rmph. hanc jam pro varietate *primae Baru* speciei habet.

pag. tab.

224. 74. **Novella litorea** s. *Baru laut* s. *B. pantay* s. *Haru laya* s. *Boya jawa* — *Salix foliis cordato-acuminatis integerrimis* Brm. ad Rmph. 216; — *Hibiscus populneus* L. (5081); Lour. Coch. 509. 1; Willd. Sp. III. 809. 9; Pers. Syn. II. 255. 11; Prtz. Indx.; — *Thespesia populnea* Corr. DC. Prdr. I. 456. 1; W. A. Prdr. I. 54. 197; — *Th. macrophylla* Bl. Bijdr. 73 et 106; Linnaea I. 651; Don Dichl. I. 486. 4; Hassk. Clav.; Miq. Fl. I. n. 151. 2.

226. 75. „ **nigra** s. *mas* s. *ebeniformis* s. *Ebenum spurium* s. *Tojaliwari* s. *Salungeri* s. *Baru laut* s. *Kamawa, Kanawan, Kamawan, Cenan, Caju mera, Pana, Falo* s. *Ana* — *Ipomaea foliis subrotundo-acutis, integerrimis floribus, fructibusque confertis et racemosis* Brm. ad Rmph. auplic. tab. 279; — *Cordia subcordata* L. (1523) Brm. Ind. 59; Willd. Sp. I. 1073. 5 (app. Poir. Enc. VII. 46. 14; Sppl. IV. 111.; R. S. S. V. IV. 452. 20); Prtz. Indx.; — *C. orientalis* RBr. Prdr. I. 498. (364.) 1; Poir. Enc. Sppl. V. 120 ? R. S. S. V. IV. 418. 7 ?; — *C. Rumphii* Bl. Bijdr. 843; Hassk. Clav.; Don Dichl. IV. 374. 1; Dtr. Syn. I. 612. 20; — *Salimori* Adns. Poir. Enc. Sppl. V. 22; — *C. campanulata* Rxb. Fl. II. 336; Hassk. Clav. (calyx autem opposuit); — *C. subcordata* Lam. Poir. Enc. VII. 41. 4? DC. Prdr. IX. 477. 30; Miq. Fl. II. 914. 1.

227. „ **cinerea** s. *mas* s. *Worondrreh* e Banda et *Kepe* — ? ?

230. 76. **Gelala litorea** s. *G. laut* s. *G. itam* s. *Dadap* s. *Kelala* s. *Baru* s. *Caju madjanang* i. e. quietem folium s. *Urhen* s. *Nachal* s. *Lachia* s. *Dalundung* — *Corallodendron triphyllum americanum spinosum* Brm. Zeyl. 74; — *Erythrina foliis ternatis, caule spinoso* L. Brm. Obs. ad Rmph. 233; — *Erythrina Corallodendron* L. (5175. B.); Brm. Ind. 154; Lour. Coch. 519. 1; Prtz. Indx.; — *E. indica* Lam. Enc. II. 391. 8; Willd. Sp. III. 913. 4; DC. Prdr. II. 412. 16; Don Dichl. II. 373. 24; Hassk. Clav. (ubi lapsu calami „*dioica*“ scribitur); W. A. Prdr. I. 260. 798; Span. Tim. 196. 288; Dtr. Syn. IV. 1186. 37; Miq. Fl. I. i. 207. 1; — *E. lithosperma* Bl. Teysm. litt.

232. „ „ **e Java et Malaya**, s. *Dap-dap* — *Erythrina spathacea* DC. ? Miq. Fl. I. i. 208. 4 ?

232 „ „ **sp. e China** s. *Gendong* I. — ? ? An huc forsan *E. Corallodendron* Lour. Coch. 519. 1 — *E. Loureiri* Don Dichl. II. 372. 25 ! Hassk.

233. „ „ **sp. e China** s. *Gendong* II. — ? ?

234. 77. „ **alba** s. **picta** s. *Gelala puti* s. *Kelala tulu* s. *K. lacki-lacki* i. e. mas; s. *Uche puti* s. *U. mosi* i. e. Gel. odorata — *Erythrina picta* L. (5178); Brm. Ind. 154; Pers. Syn. II. 279. 7; Poir. Enc. Sppl. II. 713; Spreng. Gesch.; DC. Prdr. II. 412. 16; Don Dichl. II. 372. 26; Hassk. Clav.; Dtr. Syn. IV. 1186. 44; Prtz. Indx.; Miq. Fl. I. i. 208. 3; — *E. indica* L. β. *fol. var.* Lam. Enc. II. 391. 3. β; — *E. lithosperma* Bl. β. *picta* sec. Teysm. in litt.

234. „ (e Java) *altera variegata* foliis minoribus, medio lineam rubentem (loco albae) habentibus — *Erythrina ovalifolia* Rxb. ? Miq. Fl. I. i. 207. 2 ?; — minime hanc speciem huc pertinere, ob folia rubro-variegata cf. quoque Wight. Ic. t. 247.

pag. tab.

235. 78. **Gelala aquatica** s. *Tjangkring* s. *Tjenkre* s. *Canne* s. *Gelala agor* s. *Tjangkring* — *Corallodendron triphyllum americanum humile* Brm. Zeyl. 78 (ubi perperam *Gelala* item citatur); — *Erythrina fusca* Lour. Coch. 519. 2; Wlld. Sp. III. 913. 5; Pers. Syn. II. 279. 5; Poir. Enc. Sppl. II. 583. 11; DC. Prdr. II. 413. 19 ?; Don Dichl. II. 372. 39 ?; Hassk. Clav.; Dtr. Syn. IV. 1186. 46; Prits. Indx.; Miq. Fl. I. i. 208. 5 ?.

237. 79 ♂. 80 ♀ **Arbor excaecans** s. *Caju mata buta* s. *Caju cotôn* s. *Capal* s. *Garo mata buta* s. *Sambuta* s. *Mata buri* s. *M. buli* s. *Marra futa* s. *Macrabuta* s. *Babuta* — *Excoecaria Agallocha* L. (7397); Brm. Ind. 211; Lam. Enc. I. 47. 1; Murr. Prs. Syst. 925. 1; Wlld. Sp. IV. 864. 1; Pers. Syn. II. 634. 1; Poir. Enc. Sppl. I. 164. 1, 428; Hassk. Clav.; Dtr. Syn. V. 257. 5; Pritz. Indx.; Miq. Flor. I. ii. 415. 1; — *E. cochinchinensis* Lour. (Coch. 750. 1.) aff.; — *Stillingia Agallocha* Baill. Euph. 519; — *Excoecaria* L. Spreng. Gen. 3602.

239. „ „ II. variegata ex rubro et luteo (nec lacteum) — ? ?

243. 81. „ **lactaria** s. *Manga brava* s. *Caju susu* i. e. lignum lactarium s. *Wabba*, *Wabbe*, *Yabbul*, *Ohapas*, *Goro*, *Goro goro*, *Lambuto*, *Bintaro*, *Sarru usan* s. *Caju Goritje* s. *C. Gorita* — *Manghas lactescens* Brm. Zeyl. 151; *Cerbera* (L. Brm. Obs. ad Rmph. 246) *Manghas* L. (1707); Brm. Ind. 66; Wlld. Spec. I. 1222. 4; Pers. Syn. I. 266. 4; Rxb. Flor. II. 529; R. S. S. V. IV. 437. 6, (oppon. Drap. Herb. I. 32); — *C. Lactaria* Hmlt. Hassk. Clav.; Dtr. Syn. I. 623. 11; DC. Prdr. VIII. 353. 2; Hsskl. Cat. 121. 2; Hsskl. Flor. (B. Z.) 1845. 297. (265); Prts. Indx.; Miq. Fl. II. 414. 2; opp. Lam. Enc. I. 62. 3; — *Tanghinia Manghas* Don Dichl. IV. 98. 2.

245. „ „ **terrestris** s. *Manga brava* II. s. *Lamtuto* — *Cerbera Odallam* Gtn. Hsskl. Flor. (B. Z.) 1845. 296. (261.); Miq. Fl. II. 413. 1 (ubi p. 243 citatur.)

246. **Lignum scholare** s. *Pule* s. *Hangi* s. *Rita*, *Rite*, *Lita*, *Lytsoha*, *Tewer* — *Tabernaemontana lactescens citri foliis* Brm. Obs. ad Rmph. 249; — *Echites scholaris* L. (1728 Obs.); Lam. Enc. II. 341. 13; Wlld. Sp. I. 1241. 20; — *Alstonia scholaris* RBr. Wern. Schrft. II. 415; R. S. S. V. IV. 416. 1; Hassk. Clav.; Dtr. Syn. I. 653. 1; DC. Prdr. VIII. 408. 1; Hsskl. Cat. 122. 1; Miq. Fl. II. 436. 1.

82. „ „ s. *Pule* — *Echites scholaris* L. (1728); Wlld. Sp. I. 1241. 20; Prs. Syn. I. 270. 25; Spreng. Gesch.; Prts. Indx.; — *Alstonia spectabilis* RBr. Wern. Schrft. II. 413; Roem. Sch. Syst. V. IV. 415. 2; DC. Prdr. VIII. 409. 2; Miq. Fl. II. 437. 2. ? ?; — *A. scholaris* RBr. Don Dichl. IV. 86. 1; Spae. Thm. 324. 504; Prts. Indx.

248. **Arbor Bindaan** s. *Minidaan* — ? ?

249. 83. „ **pinguis** s. *Mamina* i. e. lignum pingue s. *Falaha* — *Sapotacea?* Dunetum. Lam. Enc. III. 693; — *Crataegia Gatte* L. ? Hassk. Clav.; — *Pimelodendron amboinicum*

pag. tab.

Hsskl. Hrt. bog. I. 96. 86 ? — *Carumbium amboinicum* Miq. (Fl. I.II. 413. 1), qui opponit.

251 **Gutta Cambodja** — *Cambogia Gutta* L. ? Hnsch. Clav.; — *Garcinia Cambogia* Desr. Hsskl. Cat. 211; — cf. Brm. Thes. Zeyl. 37.

255. 84. **Lactaria salubris** s. *Upas lachi-lachi* s. *Wakka warpi* s. *Lan ite* s. *Nantahuis* — *Cerbera salutaris* Lour. Coch. 168. 1; H. S. S. V. IV. 437. 4 (cf. 160. 1); Bl. Bijdr. 1033; Hnsch. Clav.; — *C. oppositifolia* Lam. Enc. I. 62; Rxb. Fl. II. 529; Hnsch. Clav.; DC. Prdr. VIII. 351. 5; Prtz. Indx.; — *Calpicarpum? Lamarkii* Don Dichl. IV. 100. 2; — *Ochrosia salubris* Bl. Mus. I. 158. 359; — *Lactaria salubris* Rmph. Hsskl. Ned. Kruidk. Arch. IV. 9; Miq. Flor. II. 415. 1; — *Bleekeria salubris* Hsskl. Rtz. I. 41. 25; Wlp. Ann. V. 492. 2.

257. 85. **Arbor regis** s. *Caju radja* s. *C. mammes* I. s. formicarum s. *Aplasa* s. *Aymari* s. *Amiri* s. *Affo* s. *Bifi* *mafalia* — *Hernandia* L. (*Nux juglanum umbilicatis foliis* Brm. Zeyl. 171 ?) Brm. Obs. ad Rmph. 859; — *H.* (Poir. Enc. VI. 496. Songo) *Sonora* L. (7107); Brm. Ind. 195; Lam. Enc. III. 123. 1 ? Wlld. Sp. IV. 327. 1; Prs. Syn. II. 550. 1; Hnsch. Clav.; Span. Tim. 335. 624; Dtr. Syn. V. 258. 1; Wght. Icon. 1855 (ubi nec tom. nec tab. nec pag. indicatur); Prtz. Indx.; Miq. Flor. I.I. 887. 1; opponunt Hsskl. (Cat. 93. not.; Plnt. jav. 217. 143) ob fructus descriptionem Rumphii: „baccas cerasis nigris similes sed minores et umbilicatae, molles albicantes et parum rugosas, continentes bina ternave semina cannabis semini simile intus plerumque excavata." — *Mappa* sp. nov Lam. cf. DC. Prdr. XV.I. 263. not.; — *Tournefortiae* sp. Teysm. in litt.

259. 86. „ **Vernicis** s. *Sandaracha sinica* s. *Gluten sinicum* (Kircher) s. *Caju Sanga* s. *Ingas* s. *Rogas* s. *Sarura* s. *Rolawa* s. *Tifra tijal* — *Vernicia montana* Lour. Coch. 721. 1 ? Pers. Syn. II. 589. 1 (ubi uti apud Lour. tab. 78 citatur); — *Terminalia Vernix* Lam. Enc. I. 350. 5; Prs. Syn. I. 486. 5; Wlld. Sp. IV. 970. 9; Spreng. Gesch.; Don Dichl. II. 657. 8; Dtr. Syn. II. 1521. 3 (ubi tab. 56 citat.); Miq. Fl. I.I. 600. 2 Observ.; — *Stagmaria verniciflua* Jck. Hnsch. Clav.; Mns. Gen. II. 55. 43; Endl. Gen. 5912; Wlp. Rprt. I. 555. 1; Prtz. Indx.; — *Gluta Benghas* L. Hsskl. Fl. 1844. 619; Endl. Gen. 5911 ? Bl. Mus. I. 187. 416; Miq. Fl. I.II. 624. 1; — *Terminalia angustifolia* Jcq. ? Miq. Flor. I.I. 600. 2 Obs.

263. 87. „ **toxicaria** (Lam. Enc. III. 291) mas s. *Caju upas* s. *Ipo Macaro*. — *Antiaris toxicaria* Lesch. Hnsch. Clav.; Bl. Rmph. I. 58. 1; Hrsf. plnt. Ind. 55; Prtz. Indx.; Miq. Flor. I.II. 291. 1; — *Antiaris* Lesch. Endl. Gen. 1862; Mns. Gen. II. 281. 6.

264. „ „ (Lam. Enc. III. 291) femina s. *Macca rawal* I. r. eds vel eadem — *Antiaris innoxia* Bl. Rmph. I. 179; Miq. Fl. I.II. 292. 2.

264 **Upas alterum** s. *Caju upas radja* — *Strychnos Tieute* Lesch. Bl. Rmph. I. 60; Miq. Fl.

pag. tab.

Flor. II. 380. 9 (qui Upas ... citat, nomine, quo Rumphius haud usus est l. c.).

Tom. III. Lib. 4.

Arbores silvestres, quarum pars aliqua fabrilis est.

1. 1. Ebenum s. E. parvifolia s. Caju arang l. e. carbonis lignum s. Ayvalen s. Betelino s. Ouhuh — Ebenus arbor Indiae orientalis Brm. Zeyl. 91; — Ebenoxylum verum Lour. Coch. 752. 1; Poir. Enc. Sppl. II. 532; Hassk. Clav.; — Maba ? sp. RBr. Prdr. 527. (383); — M. ? Ebenoxylon Don Diehl. IV. 43. 10; — M. Ebenus Spreng. DC. Prdr. VIII. 242. 17; Miq. Flor. II. 1051. 3.

4. „ e Madagascar s. Hasen maimbir l. e. nigrum lignum — Maba madagascariensis A. DC. (DC. Prdr. VIII. 241. 7) ? Hassk.

6. 2. „ molucca s. cinerea s. E. latifolia s. femina s. Caju arang ternate s. C. wale s. Betelino — Gen. nov. Diospyro aff. Steudm. in Poir. Enc. V. 433. 12. Obs. (absq. cit. loc.) — Diospyros sp. ? Miq. Flor. II. 1049. 20. Adn.

8. 3. „ alba s. silvestris l. s. Caju arang puti s. Aywalen — Ebenus L. Hadam. Alph. Regist. 60; — Diospyros sec. Teysm. in litt.

10. 11. 4. 2 & 5. Arbor nigra parvifolia s. angustifolia s. Caju arang utan s. C. item s. Aywalen lown mano l. e. lignum nigrum foliis parvis — (cf. Uvaria zeylanica L. (3987 adn.)); — Guatteria Rumphii Bl. (Fl. Jav. Anon. ubi ?) Hassk.; — Artabotrys suaveolens Bl. Teysm. litt.

12. 4. 1. „ „ maculosa s. Aywalen pulchan s. Colaka — (cf. Uvaria zeylanica L. (3987 adn.)); — Artabotrys odoratissimus Bl. (Fl. Jav. 59); Hassk. Clav.

13. „ „ latifolia s. Caju item daun besar s. Aywalen lown pie — ? ?

13. 6. Ebenaster s. Gamomoop s. Lolin, Loria, Serur s. Bon djarong s. Abulli — Diospyros Ebenaster Retz. Observ. V. 51. 88; Willd. Sp. IV. 1109. 7; Spreng. Gesch.; Don Diehl. IV. 40. 27; — D. decandra Lour. Coch. 279. 4 (cf. ibid. 762. 1. Observ.); Poir. Enc. V. 431. 8; Hassk. Clav.; Pritz. Indx.; — D. Ebenum Hin. Don Diehl. IV. 40. 33 ?; DC. Prdr. VIII. 234. 63 ?; Dtr. Syn. V. 439. 63; Miq. Flor. II. 1047. 15.

16. „ amalycensis s. Ebenus viridis — ? ? (fructibus minoribus sphaericis, pallide aurantiacis, ligno exteriori albo, interiori nigro, polito obscure viridi.)

16. 7. Metrosideros vera parvifolia s. Lignum ferreum verum s. Caju besi besar s. Nani (Poir. Enc. IV. 410) s. Hate besi s. Thi sed l. e. filum ferreum — Ops metrosideros Lour. Coch. 378. 1; Poir. Enc. Sppl. IV. 152. 2 (ubi „tom. IV"); — Metrosideros vera DC. Prdr. III. 224. 1; Don Diehl. II. 821. 1; Hassk. Clav.; — Nania vera Miq. Flor. I. l. 400. 1; Wlp. Ann. IV. 824. 1.

18. 19. „ „ latifolia s. Lignum ferreum verum s. Nani merah s. Alikahas

pag. tab.

s. *N. water* l. e. Naui aquosa — *Nauia vera* Miq. *β. latifolia* Miq. Fl. I. i. 400. 1 ? an spec. dist. ? Miq. l. c.

17. **Jambola** chinensium s. *Lignum salis* — ? ?

19. 8. **Metrosideros vera marnanorensis** s. *Nani* s. *Caju Nani* s. *C. nan* s. lignum eneborale — *Mimusops kauki* L. (2676); Brm. Ind. 86; Murr. Syst. 360. 2; Murr. Pr. Syst. 384. 2; Willd. Spec. II. 326. 3 (oppon. Poir. Lam. Enc. IV. 434. 1.); Sprng. Gesch.; Don Dichl. IV. 35. 1; Dtr. Syn. II. 1262. 3; Prits. Indx.; de Vries plat. Ind. 58. 101; Miq. Flor. II. 1042. 2 (Synb. except.); — *M. obtusifolia* Lam. Enc. IV. 186. 2; Pers. Syn. I. 416. 3; Hassk. Clav.; de Vriese, qui nescit, quid sit arbor haec, citat haud intelligibilem abbreviationem IV. VI. 19. t. III. pl. VIII. loco tom. III. lib. 4 cap. VI. p. 19. tab. 5 et falso scribit *Caju nano Nane* loco Caju (lignum) s. N. (plat. Ind. 63. 15).

8. **flores tantum** — *Mimusops Manilkara* Don. DC. Prdr. VIII. 203. 6; 206. 20; Miq. Flor. II. 1042. 8.

21. 9 **Nani litus** amboinense — *Baccaurea ramiflora* Lour. Coch. 813. 1; (genus *Euphorbiacearum* incertae sedis sec. Baill. Euphorb. 658. 232); Poir. Enc. Sppl. I. 654; Hassk. Clav.; Prits. Indx.; — *Eugenia aff.* ? Poir. Lam. Enc. IV. 419; ?? de Vriese plat. Ind. 62; — *Myrtacea* ? vet. Teysm. in litter.

21. 10. **Metrosideros amboinensis mas** (Lam. Enc. I. 410) s. *Lignum ferreum vulgare fuscum* s. *Caju besi* s. *Caju Corbone* s. *C. Marbau* s. *Dowora* s. *Bajang* s. *Ipi* s. *Imer* s. *Inda* — *Sideroxylum rufum* Lour. Coch. 326. 1; Hassk. Clav.; — *Intsia* ? (Poir. Enc. Sppl. III. 151 ?) *amboinensis* DC. Prdr. II. 509. 2; Don Dichl. II. 466. 2; Hassk. Clav.; Miq. Fl. I. i. 80. 1; Wlp. Ann. IV. 640. 1; de Vriese (pl. Ind. 63. 19 not.), qui falso: Capo l. Caju & tab. 9 scripsit, quid sit, nescit. — *Macrolobium amboinense* Teysm. in litt.

22. " " **femina** s. *Lignum ferreum vulgare luteum* — ? ?

23. " " " **longifolia** — ? ?

24. 11. " **moluccana** s. *Samar mas* s. *S. rubra* s. *S. batu* s. *Samai* s. *Caju besi ternate* s. *Hate besi* — *Stackhousia moluccana* Bl. Mus. II. 27. 76; Wlp. Ann. IV. 441. 3 (ubi tom. haud indicatur); — *S. foetida* Wll. Miq. Fl. I. i. 714. 1; — *Melicia* ? Teysm. in litt.

25. 12. " " **femina** s. *Samar* s. *Samai* s. *Caju besi ternate* — ? ?

25. " " **fungorum** s. " *ape* — ? ?

26. 13. A. " **spuria I.** s. *Tatoen mas* l. e. Metros. montana s. *Tsjampedaha utan* s. *Utan ouwa* s. *Aon owen* s. *Anaha ouan* — *Ochna squarrosa* L. Am. ac. (3865. Obs. 2.); Hassk. Clav.; Prits. Indx.; — *Artocarpus Prettiei* T. & B. Teysm. in litt.

27. 13. B. " **spuria II.** s. *Tatoen femina* — ? ?

28. 14. A. **Cofassus mas** s. *rubra* s. *Caju fassu* s. *Cofassu* s. *Cofassa* s. *C. lachi lachi* s. *C. batu* s. *Palo* s. *Pasai hate* s. *Caninadeng* — *Apocynum* L. Radem. alph. Rag. p. 79 — *Ficus*

pag. tab.

Cofassus Hasskl. Bl. Bijdr. 813; Hassk. Clav.; Dtr. Syn. III. 611. 3; Prits. Indx.; Miq. Fl. II. 863. 10; — *V. timoriensis* Wlp. Teysm. in litt.

28. **Cofassus alba** s. *pallida* s. *Cofassu Gabba-gabba* s. *Pasuli upat* — ? ? (e descriptione ligni lutcolo tantum differt.)

28. 14. B. „ **femina** s. *mollis* s. *Cofassu parampuan* s. *Pasuli mahina* — (ab autoribus a *C. mari* haud discernitur; uti & Rumphius ipse ramulum maris & feminae in eodem ramo cohaerentes delineavit.

30. 15. „ **citrina** s. *Pala bata* s. *Uchru* s. *Aurea* s. *Ajeren* s. *Moehi* s. *Caju batu* — *Apergnra* Brm. Obs. ad Rmph.; Hadamach. Alph. Hegist. 79; Hassk. Clav.; — *Aistonia* ? sec. Teysm. in litt.

31. 17. **Dahanus lapidea** s. *mas* s. *Dawan batu* s. *D. tarki-tarki* — *Irina glabra* Bl. *β. solida* Bl. Rmph. III. 114. 1. *β*; Miq. Fl. I. u. 558. 2. *β*.

32. 10. „ **rubra** s. *maris variet.* s. *Dawan mera* s. *Dahanus latifolia* s. *Dawan besaar* in explicatione tab.) — *Irina glabra* Bl. *γ. rubra* Bl. Rmph. III. 114. 1 *γ*; Miq. Fl. I. u. 558. 2. *γ*.

32. „ **mollis** s. *femina* s. *Dawan puti* s. *D. gabba-gabba* l. c. mollis s. *D. parampuan* (♀) — *Irina glabra* Bl. *δ. alba* Bl. Rmph. III. 114. 1 *δ*.

34. 18. **Jatus** s. *Djati* s. *Jati* s. *Caju jati* (ligno obscure luteo striato mas, pallidiori parce striato femina discernitur) — *Tectona Theca* Lour. Coch. 169. 1; — *T. grandis* L. f. Willd. Sp. I. 1088. 1; Poir. Enc. Sppl. III. 133; Rxb. Flor. II. 346; Dtr. Syn. I. 827. 1; Hassk. Clav.; Wlp. Rprt. IV. 40. 1; DC. Prdr. XI. 629. 1; Prits. Indx.; Miq. Fl. II. 901. 1; — *Tectona* L. fil. Endl. Gen. 3703; Men. Gen. II. 200. 39; — *Theca grandis* Lam. Poir. Enc. VII. 592.

36. 19. **Sammama** — *Nauclea orientalis* L. (1350); — *N. sp.* Hassk. Clav.; — an *Anthocephalus morindaefolius* Krth. (Miq. Fl. II. 135. 1) ? Hsskl.; — Rumphius marem et feminam discernit e foliorum venarum colore rubro (♂) s. albo (♀) — *Nauclea elegans* T. & B. Teysm. in litt.

38. 20. **Tittius rubra** s. *Caju Titti mera* — *Clerodendron infortunatum* L. Poir. Enc. V. 163. 1 ?, opp. Poir. Enc. Sppl. IV. 352 (ubi „tom. 13"); Prits. Indx.; — *Cl. sp.* ? Poir. Enc. VII. 691: Tittius; — *Vitex moluccana* Bl. Bijdr. 813; Dtr. Syn. III. 611. 4; Wlp. Rprt. IV. 82. 3; DC. Prdr. XI. 695. 48; Miq. Flor. II. 865. 14.

38. „ **alba** s. *Titti puti* — *Vitex sp.* (aff. *moluccanae* Bl.) Miq. Flor. II. 865. 14 Obs.

39. „ **litorea** s. *Titti laut* s. *Saoly* s. *Ayluun umali* s. *A. macvar* s. *Mahessi* s. *Pamali* l. e. folium infaustum — *Clerodendron infortunatum* L. sec. Lam. Hassk. Clav.

40. „ ? s. *Balala malabi* s. *Bonceus rumas* — ? ?

40. 21. **Sicchius mas** s. *angustifolius* s. *Sichi mera* s. *S. batu* s. *S. tachi tachi* s. *S. aper* — *Hapaloceras Lessii* Hsskl. (Flor. (B. Z.) 1859. 539) — *Keratephorus Lessii* Hsskl. Retz.

pag. tab.

I. 101. 68. cf. Fl. (B. Z.) 1855. 578; Wlp. Ann. V. 476.) ? (an eadem spec.?) Hsskl. ? sed corolla pentapetala a Rumphio laudatur! — an *Sapotacea* Ortm. ? — *Sapotacea* sec. Teysm. in litt.

41. 22. **Siderobulus femina** s. *latifolius* s. *S. parvampuan* s. *S. puti* l. s. *albus* s. *Ayiri* — *Elaeocarpus* ? ? Hsskl. (fructus (quadrati) quadrangulares, angulis rubentibus describuntur, sed ovales delineantur.); — *Sideroxylum* sec. Teysm. in litt.

41. „ **intermedius** — ? ?

42. 23. **[illegible] mas** (Poir. Enc. VIII. 159.) s. *Caju lasa* s. *C. alasai* s. *alasai* s. *Kilahi* s. *Marfallo* — *Echinus trisulcus* Lour. Coch. 778. 1 ?; Poir. Enc. Sppl. II. 532 ? Hassk. Clav.; Miq. Flor. I.a. 398. Obs.; — *Euphorbiacea incertae sedis* Baill. Euph. 659. 226. oppos. Miq. l. c. — *Nauclea fagifolia* T. & B. Teysm. in litt.

42. „ **femina** — ? ? (foliis majoribus magis oblongis): — *Echinus* Lour. Endl. Gen. 5887. ?

43. „ **lapideum** s. *Caju lasai batu* — ? ? (ligno albo duriori.)

44. 24. **Laharus lapideus** s. *mas* s. *Laharong* s. *Lahalung* — *Nauclea parvifolia* Rxb. ? Hsskl. (ligno vitellino).

44. „ **femina** — *Nauclea* spec. ? Hsskl. (ligno cortice flavo).

44. „ **mixta** — ? ? (ligno albo, corde rubenti).

45. 25. **Nonnadus** s. *Nessa* s. *Nasse* — *Nauclea* spec. ? s. forsan *Anthocephalus indicus* Rich. ? Hsskl.

46. **Marfallo** — ? ? (foliis digitatis, petiolo longo, foliolis inaequalibus basin versus angustatis, est magnis) an *Araliacea* ? ? Hsskl.

47. 26. **Lignum emanum** s. *Biroyr* s. *Ay rman* — *Podocarpus bracteata* Bl. ? Burt. Hrd. pl. Jav. 41; Endl. Conif. 216. 25; Dur. Syn. V. 446. 24; — *P. Rumphii* Bl. Rmph. III. 47; Wlp. Ann. III. 449. 8; Miq. Fl. III. 1073. 6; Hskl. Hohen. Syn. 393. 811.

48. 27. **Corium mas** s. *Kore* s. *Ehore* s. *Ehore* s. *Caju kore* s. *Aykoio* s. *Akoio* s. *Kule* — *Tangkinsa* ? Teysm. litt.

48. „ **femina** s. *Ehore* — ? ? (fructibus dipyrenis s. racemis elongatis laxis).

50. 28. **Lignum marinum majus** s. *L. Mursanae* s. *Caju tierae* s. *C. merra* s. *Aymahale* — *Mimosa* Brm. Ind. alt; Hassk. Clav.; — *Albizzia* sp. ? Miq. Fl. I.1. 54 ? 1, ubi „*lyticifloris*" Albiziis nostra adnumeratur, sed verba Rumphii: „*flores plurimi simul progerminant longo calyce meliorum*" potius capitulum aut umbellulam indicare videntur. Miquelius hanc cum sequenti specie commutat, nam verborum jam indicatorum Rumphii loco dicit: „*flores in racemis penicillatis*" et foliola fere quadrata parallelogramma forsan sectionem: *Falcifolia* indicant.

50. „ „ **minus** s. *Caju tierae minor* — *Albizzia* sp. ? Miq. Fl. I.1. 54. 2.

51. „ „ **parvifolium** s. *Caju tierae parvifolia* — *Albizzia* sp. ? Miq. Fl. I.1. 54. 3.

pag. tab.

51. **Arbor Pete** Mal. & Jav. s. *Balon djengo* — *Parkia speciosa* Hassk.

52 **Caju tieeam Leytimorensis** s. *Keller laut* s. *Gomme Seri Seri* — *Albizzia procera* Benth.? Hassk.

52. 29. **Carbonaria** (Lam. Enc. I. 151.) **mas** s. *Caju mas* i. e. lignum aureum s. *Bada* s. *Ulihalawan* s. *Urihalawan* i. e. aureus cortex s. *Andjuri* s. *Lohasal* s. *Hasaw* — *Monimia* Thouars Poir. Enc. Sppl. III. 727; Hassk. Clav.; — *Elaeocarpus* ? Hassk. — *Aglaia* sec. Teysm. in litt.

53. „ **femina** s. *Caju mas prampuan* — ! *Elaeocarpus* ? fol. latioribus Hassk.

53. **Frutex carbonarius** s. *Salay* cf. Tom. IV. 126. t. 62.

54. **Carbonaria altera** s. *Hawai latifolia* s. *Ulil halawan* — *Monimia* Poir. Enc. Sppl. III. 727; Hassk. Clav.; (magnifolia potius).

54. „ „ s. *Hawai angustifolia* — ? ? foliis pallidioribus magis flaccidis (parvifolia potius dicenda.)

55. „ „ **littorea** s. (foliis quam praecedentium binarum majoribus) — ? ?

55. 30. **Lignum corneum** s. *Lohasal* s. *Malacca* s. *Hasaw* — *Dillenia* sp. Brm. ad Rmph. l. c. 56; — *Garcinia* (L. Endl. Gen. 5443) *cornea* L. (3442) (ubi „tom. II", uti apud Willd., Murr., Prs., Spreng.); Murr. Syst. 443. 3; Lam. Enc. III. 701. 5; Murr. Prs. Syst. 475. 3; Willd. Spec. II. 849. 4; Prs. Syn. II. 3. 5; Spreng. Gesch.; DC. Prdr. I. 561. 3; Don Dichl. I. 620. 2; Hassk. Clav.; Dtr. Syn. III. 9. 2 (ubi „tb. 3"); Miq. Flor. I. II. 506. 1; — cf. Rmph. I. p. 135.

56. „ „ **latifolium** — ? ? foliis maximis.

56. „ „ **angustifolium** s. *femina* s. *Hasaw Lawaabua* — ? ?

57. 31. **Mangium silvestre** s. *Mangi mangi utan* s. *Wattu rawa* s. *Lolaru lomma bange* s. *Kinamiru*, *Inamilea* s. *Ayuclan abbar* — a *Garcinia cornea* distincta species ? Willd. Sp. II. 849. 4 Obs. (ubi „p. 77 tab. 30" citantur) — cf. *G. Mangostana* L. Mnt. II. (3440); — *Mangifera laxiflora* Desrouss. ? Hassk. Clav.

58. 32. **Folium acidum majus** s. *latifolium* s. *Arbor acida major* s. *Daun asam besaar* s. *Caju* a. b. s. *Lemuasin* s. *Tamalasein* s. *Sytasni* s. *Sylamiasolela* s. *Majaruei* s. *Kresasyr* s. *Ussaryn* — *Oxycarpus cochinchinensis* Lour. 796. 1; Poir. Enc. Sppl. IV. 257. *Garcinia cochinchinensis* Chois. DC. Prdr. I. 561. 6; Hassk. Clav.; Pritz. Indx.; — *Stalagmites cochinchinensis* Chois. Don Dichl. I. 621. 6.

60. 33. „ „ **minus** (Poir. Enc. VIII. 261.) s. *parvifolium* s. *Arbor acida* s. *Caju asam daun kitjil* s. *Ussarye* s. *Kosarye* s. *Fual*.

I. *majus* — ? ? *Clusiacea* ? sec. Teysm. in litt.

II. *minus* — ? ?

61. **Lignum caliz nigrum** s. *Aptasi* s. *A. laun merah* s. *kitjil* — ? ?

62. 34. **Ulet** (Poir. Enc. VIII. 159.) s. *Ulate* s. *Ayalei* s. *Ulil* s. *Lemo-lemo* — *Antidesma* ? Hassk.

tab.

63. 35. **Lignum corneum** (Lam. Enc. I. 338.) s. *Ayfinal* — *Melanthesa* ? s. *Morse* ? Hsskl.

64. 36. **Sirifolia** (Poir. Enc. VII. 130.) s. *Caju siri* s. *Sual* s. *Seer* s. *Ayiala* s. *Amelama ebbal* l. s. Sirium silvestre — *Piper Malamiri* L. Brm. Hssch. Clav.; — *Selenostigma* sp. Teysm. litt.; — *Cocculus angustifolius* Hsskl. ? — Miquelius (Flor. I.II. 81. 2.) hanc speciem et sequentem unam tantum habet, quae mihi autem sufficienter diversae videntur; an arbores hae Rumphianae (haec et sequens) re vera hae duae possint, haud certum est; immo descriptio pariter ac icon Rumphii speciem nostram ad quadrant. Miquelius autem purpuream speciem nostram scandentem dicit, quam in horto bogoriensi semper arborescentem vidi, et in Catal. hrt. Bog. 172. Plnt. Jav. 167 descripsi.

64. 65. 37. „ **litorea** (Poir. Enc. VII. 130.) s. *Sual litorea* — *Cocculus laurifolius* DC. ? Hsskl.; — *Selenostigma* Teysm. in litt.

65. 38. **Arupa alba** — *Hapalocerus* ? *Arupa* Hsskl — E descriptione valde incompleta et icone arbor haecce generi novo meo *Hapalocerus* (Flor. (B. Z.) 1869. 639) valde accedere videtur, quod idem ac Ceratophorum Hsskl. (non Sonder) Flor. (B. Z.) 1865. 578; Rots. I. 100; Wlp. Ann. V. 475; Miq. Fl. II 1038; de Vries. plnt. 60. 10); genus e familia *Sapotacearum*, cujus species *H. Lowii* Hsskl. „succo lacteo dein indurato *Getah pertjah* nuncupato foeta est convenit cum verbis Rumphii „e vulnerato trunci cortice lac exstillat albicans, quod instar calcis exsiccatur." — Fructus forma pariter satis cum illo hujus generis convenit.

66. „ **rubra** e verbis Rumphii ligno rubro, graviori, solidiori & durabiliori tantum diversa.

67. 39. **Surenus** (Poir. Enc. VII. 521.) s. *Surea* s. *Lasaal* s. *La-alis* s. *Lau-arii* s. *Unas* s. *Unar* s. *Ulaam* s. *Alasaal* s. *Eytale* L. s. arbor annea — (tres species continens repraesentat): 1) *Cedrela Toona* Rxb.-Fl. II. 423; Hssch. Clav.; W. A. Prdr. I. 124. 408; Hsskl. hrt. Bog. I. 129. 75 (quoad icone rami et descriptionis partem); Prits. Indx.; — 2) *C. febrifuga* Bl. Bijdr. 180; Frst. Cedr. 18; Span. Tim. 183. 167; Hsskl. Cat. 272. 1 (descrpt. pro parte et icon. fruct.); Hsskl. Hort. bog. 129. 75; — *Toona ciliata* Roem. Hesp. 139. 2; — *Cedrela* L. Mem. Gen. 346. 3 (ubi uti apud Endl. th. 126 cit.); — *C.* §. *Toona* Endl. Gen. 5558. b.

126. „ **alba** — *Cedrela inodora* Hsskl. Hrt. bog. 129. 75; Miq. Flor. I.II. 549. 2.

126. **Surenus rubra** — *Cedrela Toona* Rxb. Miq. Flor. I.II. 548. 1 (ubi tab. 59 citatur); — *C. febrifuga* Bl. Hsskl. Hrt. bog. 129. 75; — *Toona febrifuga* Röm. Hesp. 139. 4 ? (forsan ad antecedentem pertinet, nam nomen arborem Rumphianam haud indicat.)

68. 40. **Machilus** I. (Lam. Enc. III. 668.) mas s. *angustifolia* (pro: parvifol.) s. *Marria* s. *Maraila* s. *Aypassa* s. *Machelam* s. *Mahilan* — *Laurinea* sec. Teysm. in litt.

69. 40. B. „ II, **femina** (Lam. Enc. III. 668.) s. *latifolia* — ? ? *Haasia* sp. ? Hsskl.

70. 41. „ III, **media** (Lam. Enc. III. 668.) — *Persea pedunculata* Nees. Laur. 125. 1 ?

p. tab.

(oppositis ipse 276. 3); Dtr. Syn. II. 1388. 1; — *Machilus pedunculatis* Nees Hasak. Clav.; Prits. Inds.; — *Dehaasia media* Bl. Rmph. I. 163. 2; — *Haasia media* Nees Laur. 375. 2; Hschl. Cat. 88. 1; Miq. Flor. I. i. 919. 3; DC. Prdr. XV. i. 60. 4; — *Dehaasia* Bl. Mus. Gen. II. 238. 87.

70. 42. **Machilus IV. minima** (Lam. Enc. III. 668) s. *angustifolia* — *Laurus indica* L. Lour. Coch. 311. 8 ? — *Machilus odoratissima* Nees Hasch. Clav.; Nees Laur. 172. 1; Prits. Inds.; Miq. Flor. I. i. 911. 1; — *Machilus* Rmph. Mus. Gen. II. 237. 7; DC. Prdr. XV. i. 40. 5.

71. 43. **Lignum leve latifolium** s. *Halaur* s. *Halani alba* s. *femina* — *Glabraria tersa* L. Lour. Coch. 576. 1; — *Tetrantherae monopetalae* aff. Nees Laur. 569. 45 adn. 2; Hasch. Clav.; — *T. laurifolia* Jcq. var. *tersa* Bl. Mus. I. 374. 919 (ubi tom. II. citatur); — *Glabraria tersa* L. s. *tersa* Bl. Miq. Flor. I. i. 943. 3. s. (qui Halauw cit.); — *Tetranthera laurifolia* Jcq. s. *saligna* Man. DC. Prdr. XV. i. 180. 5 ; ?

71. 44. „ „ **angustifolium** s. *angustis* s. *Halaur kitjil* — *Glabraria tersa* L. (5730); Murr. Syst. 697. 1; Lam. Enc. II. 721; Murr. Prs. Syst. 736. 1; Willd. Sp. III. 1433. 1; Poir. Enc. Sppl. III. 460. Obs. 2; Spreng. Gesch.; Prits. Inds.; — *Litsea Glabraria* Prs. Syn. II. 4. 10; — *Tetranthera Glabraria* Nees. Laur. 569. 45; Hschl. Cat. 90. 10 (ubi tom. XIII. 72 citatur); — *T. Forsteni* Bl. Mus. I. 383. 949 ?; Miq. Flor. I. i. 953. 26 ? DC. Prdr. XV. i. 184. 27.

72. 45. „ „ **alterum** s. *Ерама* s. *Halani mas* — *Tetrantherae monopetalae* aff. Nees Laur. 569. 45. adnot. 2; — *T. Rumphii* Bl. Mus. I. 382. 946; Miq. Fl. I. i. 953. 25; DC. Prdr. XV. i. 185. 28.

73. 46. **Lignum equinum** s. *Caju Cuda* s. *C. Adjaran* (erronée pro *C. Djaran*) (kuda mal., djaran jav. = equus) s. *Turgio* s. *Turgi* — *Bignonia longissima* Lour. Coch. 461. 3; — *B. spathacea* L. f. Lam. Enc. I. 424. 32; Prits. Inds.; — *Spathodeae spec.* RBr. Prdr. I. 472. (828) Obs. I.; — *S. Rheedii* Spreng. Gesch.; Hasch. Clav.; Miq. Flor. II. 1083 (754. 1) ? an potius *S. Diepenhorstii* Miq. ? (Fl. l. c. 2.) Hschl.

74. 47. **Arbor rubra I.** s. *angustifolia* s. *Caju merra* I. s. *Ilaur* s. *Gomali* s. *Ayer ahol* — *Eugenia* sp. Lam. Enc. III. 207*; *Myrtacea* Hasch. Clav.; *Jambosa* ? sec. Teysm. in litt.

75. 48. „ „ I. s. *angustifolia minor* s. *Aycru* — *Myrtacea* Hasch. Clav.

76. „ „ II. s. *Aycru bippo* I. s. *silvestris* — *Jambosa melastomaefolia* Bl. Mus. I. 102. 243; — *J. biflora* Wght. Miq. Fl. I. i. 422. 82.

76. „ „ II. *saxatilis* s. *Aycru Hatulale* — *Myrtacea* Hschl.

76. „ „ III. s. *Aycru Bapulewane* — (fructibus Caryophyllis similibus (*Myrtacea* Hschl.

77. „ „ IV. s. *latifolia* s. *Caju merra dawa besaar* s. *Aycru-lau-ita* — ? ? *Myrtacea* Hschl.

77. 49. „ **rarum majus** s. *Caju lahi* s. *Ayrusi* s. *Ay laurasi* s. *Bolo* *mamme* s. *Caju abodi*

pag. tab.

s. *Lapa lape* s. *Balvam* s. *Sepubon* — *Bassia longifolia* Lam. Enc. III. 384. 1 ? Hassk. Clav.; — *Sapotacea* sec. Teysm. in litt.

78. 50. **Arbor Carum major** II. s. *Caju lapa lape* II. s. *Ciradarsa* — *Mischocarpus* sp. haud est sec. Bl. Rmph. III. 167. Obs. — *Cupania fuscescenti* Miq. aff. Miq. Fl. I. II. 567. 9 adnot. — *Kladea* l. c. *Tridesmis* Spch. sec. Teysm. in litt.

79. 51. „ „ **minor** s. *Caju lobe dana hitajil* — *Sapotacea* Teysm. in litt.

80. 52. **Perticaria ferrea parvifolia** s. *Lolay meran* — *Myrtacea* Hassk. Clav.

80. „ „ **latifolia** s. *Aytoil Lay-ilo* — „ „ „

81. 53. **Jambosa litorea** s. *Jambu pantay* s. *J. laut* s. *Raiia pyu* s. *Lutu pyu* s. *Kobu* s. *Subila* s. *Calampoak* — *Myrtacea* Hassk. Clav.

81. „ **silvestris (alba)** s. *Jambu utan* — *Eugenia* sp. Lam. Enc. III. 207*.

82. 54. **Arbor noctis** s. *Baccalus femina* s. *latifolia* s. *Caju cumlag* (lignum latum) s. *Bencal paranpuun* s. *Hamelru Malru* s. *Hamelru* s. *Uli parhal* s. *Comi rumi* s. *Cortaje* — *Nauclea orientalis* L. Lour. Coch. 174. 1; — *Cadamba aurtorea* Hassk. Hassk. Clav.; — *Sarcocephalus ? undulatus* Miq. (Fl. II. 133. 3 — *Nauclea* Rxb. Fl. Ind. II. 117.) Hassk.

83. „ „ II. (trunco rufescenti, foliorum venis subtus rubentibus) — varietas antecedentis ?

84. 55. 2. **Baccalus mas** s. *parvifolia* s. *B. minor* s. *angustifolia* (in Explic. tabulae) s. *Bencal lacki lacki* s. *B. daun kitjil* s. *Hamelru malama* s. *Uli parhal* s. *Comi-rumi* s. *Cortaja* (cum adjectione maris s. parvifoliae) — *Nauclea orientalis* L. (1850); Brm. Ind. 51; Poir. Lam. Enc. IV. 436. 1 ? DC. Prdr. IV. 345. 20 (ubi „pag. 55“); Hassk. Clav.; Prits. Indx.; (absque figurae indicatione); — *N. or. var.* Lour. Coch. 174. 1 (absq. fig. indic.); — *N. purpurea* Rxb. Fl. II. 123; Willd. Sp. II. 928. 2; Pers. Syn. I. 202. 2; R. & S. V. 217. 2; Sprng. Gesch. (omnes absq. fig. indic.); opponentib. DC. Prdr. IV. 346. 24; Don Dichl. III. 469. 3.

84. 55. 1. „ **[illegible]** (s. *major* aut *latifolia* in tabulae explicatione) — *Nauclea orientalis* L. Poir. Enc. Sppl. I. 570 ? Linnaeus I. 78 t; DC. Prdr. IV. 345. 20 (ubi pag. 55 loco tab. citatur); Don Dichl. III. 468. 27; Hassk. Clav.; Dtr. Syn. I. 780. 20; (omnes fere (excepto Hassk.) absque indicatione nominis specifici Rumphiani). — *Nauclea* L. b. *Nauclearia* Endl. Gen. 3280. b.

85. 56. **Quercus molucca** I. s. *Caju hollanda* I. s. Hollandorum Lignum s. *C. aure* I. s. I. vespertilionum s. *Tolasian* s. *Taljabo sala basse* s. *Ay manaira* I. s. arbor collectionis s. *Po* s. *Sarangan* — *Quercus molucca* Rmph. L. (7211); Lam. Enc. I. 725. 21. cf. Lour. Coch. I. 701. 3. Obs.; Brm. Ind. 201; Willd. Sp. IV. 427. 11; Sprng. Gesch.; ? Hassk. Clav.; Endl. Gen. Sppl. IV. p. 28. 156; Bl. Mus. I. 291. 659 (partim); Prits. Indx.; Miq. Fl. I. I. 849. 3; Miq. Annal. Lgd. Bat. I. 109. 28; DC. Prdr. XVI II. 86. 195. („sb. pomiana“) cf. l. c. 94. 220

pag. tab.

85. 56. **Quercus molucca** II. s. *Sassoral* s. *Serengan* — *Quercus* sp. ? (glandibus oblongis inedulibus).

86. 57. **Casuarina litorea** s. *terrestris* s. *Caju tjemara* i. e. arbor cirrhinnorum s. *C. angin* i. e. arbor venti s. *Angin angin* s. *Ay arawara* s. *Lituri* s. *Laur* s. *Laaeval* s. *Caju merah* i. e. parvum arbor s. *Kalleher* s. *Callever* s. *Ureal* s. *Uru* s. *Huay* s. *Camjang ya* — *Casuarina equisetifolia* Frst. (Alt.) (L. fil.) Lour. Coch. 670. 1. Obs.; Murr. Syst. 480. 1; Lam. Enc. II. 601. 1; Murr. Pre. Syst. 888. 1; Willd. Sp. IV. 190. 1; Prs. Syn. II. 531. 1; Spreng. Gesch.; Hassk. Clav.; de Vriese plnt. nov. 4. & p. 2 (ubi tab. 67 cit.); Miq. Casuar. 309. 17; Miq. Flor. I. i. 871. 3; Pritz. Indx.; — *C. muricata* Rxb. Hasskl. Cat. 72. 1.

87. 58. „ **montana** — *Casuarina* sp. ignot. de Vriese plnt. nov. 4; — *C. nodiflora* Frst. Miq. Cas. 282. 1. admot.; Miq. Flor. I. i. 873. 1; — *Casuarina* Rmph. Endl. Gen. 1838[a]; Men. Gen. II. 262.

87. 58. A. „ **celebica** s. *Ouru* — *Casuarina sumatrana* Jngh. de Vriese Bot. Ztg. 1844. 637 etc.; id. plnt. nov. 3; Miq. Cas. 284. 2; id. Flor. I. i. 873. 2 (ubi p. 998 perperam citatur).

89. 59. **Arbor nuda** s. *Boa tay cambing* i. e. fructus pilularum hirci s. *Ayuer* (Lam. Enc. I. 338) s. *Ayuen* s. *Ayueku* s. *Saaliau wiwel* i. e. Calappi perforator s. *Ayhua laha* i. e. fructus sanguineus — *Antidesma* ? Lam. Hassk. Clav.; — *Antidesma* sp. Teysm. in litt.

90. 60. **Palassaria arbor** s. *Palassari pohon* — *Ficus* aff. Poir. Enc. V. 737; — *Pale* Adn. (ubi „tb. 91“); — *Apocyneae* Hasskl.

91. **Mewacchil** s. *Cowakil* — ? ?

92. **Granatum litoreum** s. *Boa taner* i. e. fructus dispositionis s. *B. nire* s. *Delima laut* s. *Caju bara* s. *Mariahul* s. *Malatuul* s. *Capa* s. *Tamba* s. *Boli-boli* s. *Tutu amaxaniha* s. *Ongleg*.

62. 1. *Mariahul latifolia* s. *vulgaris* — *Carapa moluccensis* L. β. Prs. Syn. I. 416. 2 β; — *Xylocarpus Granatum* König Poir. Enc. VIII. 806.

2. „ *latissima* s. *mas* — ? ?

93. 61. 3. „ *parvifolia* — *Xylocarpus Granatum* Kön. Willd. Sp. II. 328. 1; Pers. Syn. I. 416. 1; Spreng. Gesch.; W. A. Pedr. I. 121. 404; Dtr. Syn. II. 1270; Roem. Hesper. 124. 1; — *Carapa moluccensis* Lam. Enc. I. 621. 2; Pers. Syn. I. 416. 2; DC. Prdr. I. 626. 3; Don Diehl. I. 686. 5; Hassk. Clav.; Spanogh. Timor. 183. 156; Pritz. Indx.; Miq. Flor. I. ii. 546. 1.

95. 63. **Atunus litorea** s. *Atun laut* s. *Dangar* s. *Barrau* s. *Baran* s. *Baroo* s. *Lumu* s. *Lumus* s. *Lanalana* — *Heritiera littoralis* Dryand. (Alt.) Lam. Enc. IV. 228. 1; Poir. Enc. Sppl. I. 536; DC. Prdr. I. 484. 1; Don Diebl. I. 518. 1; Hassk. Clav.; Span. Tim. 173. 86; Hasskl. Cat. 202. 1; Wlp. Rep. V. 106. 1; Dtr. Syn. V. 630. 1; Miq. Flor. I. ii.

pag. tab.

179. 1; — *B. Femina* Hssk. W. A. Prdr. I. 63. 237. Obs.; — cf. Rmph. amb. I. 172; — *Semadara* sp. ? Teysm. litt.; — *Heritiera* Ait. Endl. Gen. Sppl. IV. m. 5331/7; Mss. Gen. II. 343. 19 (absque loci nec non nominis specifici indicatione).

97. 64. **Lignum clavorum** (Poir. Enc. VIII. 339) s. *Cambong utru* l. c. *nifera* s. *Lalou mo-ram* s. *L. warran* s. *Lalo waran* s. *Lawaria* s. *Mattabura* s. *Mattobur* l. s. *marium timur* s. *Tafabo* s. *Lalen bitawr* — Rumphius hanc arborem comparat cum Rheedei (hrt. mal. IV. 639) *Tsjeron-Ponna*, quae *Calophyllum spurium* Chois.; excepto autem Hassk. Clav.; qui huic oppinioni etsi eam? adhaeret, nullus hanc plantam citat; — *Sapotacea* ? Teysm. in litt.

98. 65. **Arbor palorum alba parvifolia** (Lam. Enc. I. 397) s. *Caju bela* s. *Teke* s. *Aybain* s. *Ayniel* s. *Kakee* s. *Aynilan* — *Pometia pinnata* Frst. ? Poir. Enc. Sppl. III. 470. *Litchi*; — *Stadmannia Sideroxylon* DC. Prdr. I. 615. 1; Don Dichl. I. 699. 1; Hassk. Clav.; Hsskl. Cat. 225. 1; ej. plnt. Jav. 292. 204; Prts. Indx.; — *Scorodendron pallens* Bl. (non *Mischocarpus* sec. Bl. Rmph. III. 167. Obs.) Rmph. III. 149; Miq. Flor. I. n. 561. 1; — *Irina* sp. Teysm. in litt.

99. 65. A. „ „ „ **latifolia** (Lam. Enc. I. 397.) s. *Cajubela* — sp. *Cupania fuscorenti* Miq. affin. cf. Miq. Fl. I. n. 567. 9 adnot. (ubi fig. A haud designatur).

99. 66. „ „ **nigra** (Lam. Enc. I. 397) s. *Caju bela hitam* s. *Aynama* — ? ? drupis (2''' long. 1''' crassis) oblongis acutis, 4-pyrenis. —

100. 67.? **Vertifolia alba** (Poir. Enc. VI. 536; Sppl.) s. *latifolia* s. *Sappat lauhati* s. *Caju daun babaly* l. s. *folium inversum* s. *Sappar* s. *S. lavhari* — ? ? — *Euphorbiacea* ? Hsskl. — *Ehretia* sp. Teysm. in litt.

100. 67.? „ **rubra** s. *angustifolia* (Poir. Enc. VI. 536.) — ? ? — *Euphorbiacea* ? Hsskl.

102. 68. **Mangium celsum** s. *legitimum* s. *femina* s. *Baru* s. *Toncke* s. *Mangi-Mangi parampuan* (♀) s. *Lalaro* s. *Sala-mla* s. *Tchy* s. *Wacrat* s. *Wadi* s. *Watta bopu* s. *Akat* s. *Kakil* s. *Katyn* — *Rhizophora* (Poir. Enc. Sppl. III. 584) *gymnorrhiza* L. (3430); Lour. Coch. 364. 3; Brm. Ind. 108; Lam. Enc. IV. 696. 1; Willd. Sp. II. 843. 2; DC. Prdr. III. 33. 10; Don Dichl. II. 674. 10 (ubi tab. 63 citat.); Dtr. Syn. II. 1309. 10; Prts. Indx.; — *Bruguiera* (Lam. Endl. Gen. 6101; Mss. Gen. II. 365. 4) *gymnorrhiza* Lam. Pers. Syn. II. 2. 1; Bl. Enum. 92. 1; Hassk. Clav.; — *B. Rumphii* Bl. Mus. I. 138. 316; Wlp. Ann. II. 629. 4; Miq. Fl. I. 1. 586. 6.

106. 69. „ **minus** s. *Putun* s. *Parun* s. *Watta mahina* — *Rhizophora* (Poir. Enc. Sppl. III. 584) *cylindrica* L. (3434); Poir. Enc. VI. 189. 3; Willd. Sp. II. 844. 5; Pers. Syn. II. 2. 5; — *Bruguiera Rheedei* Bl. Enum. 93. 3; Hassk. Clav.; Spanog. Tim. 203. 341; Bl. Mus. I. 138. 317 (excl. tab.); Prts. Indx.; — *Rhizophora* ? *Palun* DC. Prdr. III. 33. 12 (ubi fig. A & B excluduntur); Don Dichl. II. 674. 12 (absque ?);

pag. tab.

Dtr. Syn. II. 1302. 12; — *Bruguiera gymnorrhiza* Lam. β. *Palun* Bl. Mus. I. 138, 315. β; Miq. Flor. I. i. 586. 1 (uti Bl. excl. fig. A. & B.); — *Ceriops Candolleana* Arn. ? Bl. Mus. I. 137 (*); Miq. Fl. I. i. 590. 1 (ubi, uti a Bl., tota tabula excluditur.) — *Bruguiera* Lam. Endl. Gen. 6101; Msn. Gen. II. 355. 4.

69. A. B. fig. ex hort. Malab. desumptae (VI. t. 33), quae est *Kandelia caryophylloides* Bl. Mus. I. 188 *

107. 70. **Mangium digitatum** s. *Tanke parampuan* s. *Dandan* s. *Watta mahina* — *Rhizophora* (Poir. Enc. Sppl. III. 684) *gymnorrhiza* L. DC. Prdr. III. 33. 10; Don Dichl. II. 674. 10 (ubi tab. 71 citat., uti apud DC.); — *Bruguiera cylindrica* Bl. En. 92. 2; Hssch. Clav.; Wlp. Rprt. II. 70. 2; Bl. Mus. I. 137. 314; Prits. Indx.; Miq. Flor. I. i. 586. 2; — *Bruguiera* Lam. Endl. Gen. 6101; Msn. Gen. 366. 1.

108. 71. 72. „ **candelarium** s. *aereatum* s. *Mangi-mangi achar* (i. e. radix) s. *M. lacki-lacki* i. e. mas s. *Bauche* s. *Wdai tahy* s. *Bido-bido* — *Rhizophora* (Poir. Enc. Sppl. III. 684) *Mangle* L. (3433); Brm. Ind. 108; Poir. Enc. VI. 188. 1; Wlld. Sp. II. 843. 4; Pers. Syn. II. 2. 4; Bl. Enum. 91. 1; Prits. Indx.; — *Rh. candelaria* DC. Prdr. III. 32. 2; Don Dichl. II. 673. 2; W. A. Prdr. I. 310. 969; Hssch. Clav.; Dtr. Syn. II. 1301. 2; Spanogh. Tim. 202. 389; — *Rh. conjugata* L. Wlp. Rprt. II. 70. 4; — *Rh. mucronata* Lam. Bl. Mus. I. 132. 310; Miq. Flor. I. i. 583. 1; — *Rhizophora* L. b. *Aireps* Endl. Gen. 6098. b.

111. „ **caseolare** s. *Brappat* s. *Brappa* s. *Mangi mangi padamara* s lampadoformi florum forma s. *Bako* s. *Sengu* s. *Sala* i. e. marinum recti s. *Puasi puasi* s. *Warrai* s. *Wdai* s. *Watta* s. *Pitada* s. *Patada* — *Rhizophora caseolaris* L. (3435); Brm. Ind. 108; Prits. Indx.

111. 73. „ „ s. **album** — *Sonneratia acida* L. β. Lam. Enc. I. 429. 1. β; Ill. p. VIII; — *S. alba* Sm. DC. Prdr. III. 231. 2; Don Dichl. II. 829. 2; Hssch. Clav. Dtr. Syn. III. 87. 2; Bl. Mus. I. 338. 808; Miq. Flor. I. i. 497. 6 (cf. Wlp. Ann. IV. 691. 1.); — cf. seq. cit. Wlld.

112. 74. 75. „ **caseolare rubrum** — *Rhizophora caseolaris* L. (3435); Brm. Ind. 108; Lour. Coch. 863. 1; Prits. Indx. (qui omnes tab. 74. tantum citant.); — *Sonneratia acida* L. fil. Lam. Enc. I. 429. 1. (tab. 75 haud indic.); Wlld. Sp. II. 999. 1. (qui, uti Endl. & Msn., tab. 73. 74. citant); Sprng. Gesch. (ubi tom. I. cit.); DC. Prdr. III. 231. 3; Don Dichl. II. 829. 1; W. A. Prdr. I. 327. 1008; Hssch. Clav.; Span. Tim. 203. 350; Dtr. Syn. III. 871 (ubi tom. haud indicat.); Hskl. Cat. 269. 1; id. Flor. (B. Z.) 1844. 587. (ubi tab. 40 citat.); Bl. Mus. I. 336. 805; Prits. Indx.; Miq. Fl. I. i. 496. 1 (qui, uti plurimi auctores, tab. 74 tantum citant); — *Sonneratia* Linn. fil. Endl. Gen. 6312; Msn. Gen. 364. 37 (qui et tab. 73 citant).

115. „ **album** s. *Mangi mangi puti* s. *Cafu api api* i. e. lign. igniarium s. *Pepe pepe* s. *Affi affi* s. *Watta rumbau* s. *W.* rubra.

pag. tab.

115. **Mangium album I. cinereum** — *Avicennia tomentosa* L. Wlp. Rprt. IV. 131. 1; — *A. officinalis* L. DC. Prdr. XI. 700. 4; Miq. Fl. II. 912. 1.

116. 76. „ „ **II. album** — *Avicennia tomentosa* L. Kail. mdph. 834; Wlp. Rprt. IV. 131. 1; — *A. officinalis* L. DC. Prdr. XI. 700. 4; — *A. alba* Bl. Miq. Flor. II. 913. 2; — *Avicennia* L. Endl. Gen. 3722.

117. 77. „ **fruticans I. corniculatum** s. *Brappat kitsjil* s. *Mangi mangi kitsjil* s. *Gigi gadja* i. e. dens elephanti s. *Usi usi* s. *Tuba tuba* s. *W'aat kitsjil* s. *W. mahma* s. *Lamtanu*; — *Rhizophora corniculata* L. (3432); Brm. Ind. 109; Pritz. Indx.; — *Aegiceras majus* Grtn. Willd. Sp. I. 1182. 1; Prs. Syn. I. 249. 1; Sprng. Gsch.; Röm. Schlt. S. V. IV. 511. 1; Spanogh. Tim. 337. 614; DC. Prdr. VIII. 142. 1; Miq. Flor. II. 1031. 1; — *Aegiceras fragrans* Köng. Don Diehl. IV. 8. 1 (ubi tab. 117 citatur); Dtr. Syn. I. 622. 1.

117. „ „ **II. parvifolium** — *Baride* sp. ? Lam. Enc. III. 46; — *Aegiceras majus* Grtn. B. *parvifolium* Hsskl. Cat. 168. 1 B. — *Ae. floridum* Poir. Enc. Sppl. I. 149. 1; B. S. ? Miq. Fl. II. 1031. 3 ?

119. 78. „ **caryophylloides** I. s. *Mangi-mangi-tjerocke* s. *W'accat* s. *Watta mahina* s. *W. bahdawan* — *Rhizophora caryophylloides* Brm. Ind. 109; DC. Prdr. III. 32. 8; Don Diehl. II. 674. 8; Dtr. Syn. II. 1302. 8; Pritz. Indx.; — *Bruguiera caryophylloides* Bl. Enum. 93. 4; Hssch. Clav.; Wlp. Rprt. II. 71. 6; Miq. Flor. I. i. 589. 6; — *Kandelia caryophylloides* Bl. Mus. I. 141. 321. cf. opt. tab. 69. A. B; — *Bruguiera* Lam. Endl. Gen. 6101; Msn. Gen. II. 356. 4.

119. „ „ **II. parvifolium** — *Ceriops Zippeliana* Bl. Mus. I. 143. 324 ? — *C. Candolleana* Arn. ? Miq. Flor. I. i. 590. 1 ?

119. „ „ **III. latifolium** — *Ceriops Forsteniana* Bl. Mus. I. 143. 323 ? Wlp. Ann. II. 527. 1 ? — *C. Candolleana* Arn. ? Miq. Flor. I. i. 590. 1. ?

120. 79. „ **ferreum mas** s. *W'accat besi* s. *Djeudini* s. *Caju puhun* s. *Cateruntim* s. *Sengigi* s. *Tawaure* s. *Tomumo* s. *Aytua* s. *Tepare* s. *Vimpule* — *Aegiceras ferreum* Bl. Bijdr. 693; Hssch. Clav.; Don Diehl. IV. 8. 2; Dtr. Syn. I. 622. 3; Pritz. Indx.; oppon. Miq. Fl. II. 1031. 3; — *Pemphis acidula* Frst. & Aegiceras sec. Teysm. in litt.

120. „ „ **femina** s. *latifolium* — an sola antecedentis forma uberior ? Hsskl.

122. 80. **Arbor versicolor** s. *Ay-alla* i. e. dal arbor (Lam. Enc. I. 336.) s. *Caju eware* ? — *Eucalyptus versicolor* Bl. Mus. I. 84. 208; Wlp. Ann. II. 619. 5 (qui ati Bl. ipse tab. 63 citat.) — *Eu. ? deplupta* Bl. ? Miq. Flor. I. i. 398. 2. ? Wlp. Ann. IV. 824. 3.

122. „ „ s. *Caju Sarasan* s. *Caju Serangi* — *Eucalyptus Serassa* Bl. Mus. I. 84. 209; — *Eu. obliqua* Herit. ? Miq. Flor. I. i. 399. 3.

pag. tab.

123. 81. **Mangium montanum** s. *Mangi-mangi gunong* s. *utan* — *Mimosa simplicifolia* L. fil. Prtz. Indx.; — *Acacia Mangium* Willd. Sp. IV. 1053. 13; DC. Prdr. II. 451. 37; Don Dichl. II. 403. 33; Hassk. Clav.; Prtz. Indx.; Miq. Flor. I.1. 15. 18; — *Mimosa simplicifolia* L. β. *Mangium* Poir. Enc. Sppl. I. 61. 115. β.

124. 82. **Umbraculum maris ceramense** s. *Mangii corniculati var.* s. *Tudong laut* s. *Brappat tudong* s. *Pejang laut* s. *Papari* s. *Watta tuba tuba* — *Aegiceras minus* Grtn. Willd. Sp. I. 1184. 2; Pers. Syn. I. 249. 2; Poir. Enc. Sppl. I. 149. 2; V. 381; R. & S. S. V. IV. 512. 2; Spreng. Gesch.; Hassk. Clav.; Spanog. Tim. 337. 616; DC. Prdr. VIII. 142. 1; Prtz. Indx.; Miq. Fl. II. 1031. 2.

124. „ „ **amboinense** — *Aegiceras minus* Grtn. β. *amboinense* Bl. DC. Prdr. VIII. 142. 2. β; Miq. Flor. II. 1031. 2. β.

125. 83. **Mangium floridum** s. *Mangi mangi bunga* s. *Watta cabua* s. *W. cambea* — *Aegiceras sp. alia* (nec majus, nec minus) Willd. I. 1184. 2. Obs.; — *Ae. majus* Grtn. sec. Grtn. cf. R. S. Syst. Veg. IV. 511. 1, ad fin.; — *Ae. floridum* Poir. Enc. Sppl. I. 149. 2. Obs.; R. & S. S. V. 512. 3; Hassk. Clav.; DC. Prdr. VIII. 143. 3; Prtz. Indx.; Miq. Flor. II. 1031. 3.

126. 84. „ **porcellanicum** s. *Brappat pringg* L. s. portulacoides — *Lythrum Pemphis* L. fil. Retz. Observ. V. 4. 67; Murr. Pers. Syst. 479. 11; Willd. Sp. II. 867. 9; Poir. Enc. VI. 457. 14; Sppl. III. 584; Spreng. Gesch.; — *Pemphis acidula* Frst. Pers. Syn. II. 7. 1 (ubi tab. 87 citatur); DC. Prdr. III. 89. 1; Don Dichl. II. 717. 1 (ubi pag. 84 cit.); Hassk. Clav.; W. A. Prdr. I. 307. 946; Kstl. mdph. 1505; Spanogh. Tim. 202. 335; Bl. Mus. II. 128. 307; Prtz. Indx.; Miq. Flor. I.1. 619. 1; (cf. Hassk. Retz. I. 272. 119; Wlp. Ann. IV. 688. 1; Hassk. hrt. bog. I. 303. 165); — *Pemphis* Frst. Endl. Gen. 6148.

Tom. III. Liber 5.

De arboribus silvestribus promiscue.

127. 84. *bis* **Varinga latifolia** s. *Waringin daun besaar* s. *W. tjampedaka* s. *Ficus farro* s. *Bamit* s. *Caju tamang* s. *Nunu anahan* s. *Sombong* — *Ficus indica* L. β. (7722. β.); Brm. Ind. 226; — *F. indica* L. Willd. Sp. IV. 1146. 9; Vhl. Enum. II. 195. 57; Poir. Enc. Sppl. V. 450. (spp. Lam. Enc. II. 496. 8); R. & S. S. V. I. 512. 74; Prtz. Indx.; — *F. clusiaefolia* Vhl. En. II. 189. 34; Pers. Syn. II. 609. 37; R. & S. S. V. I. 506. 39 (opponente Miq. Wlp. Ann. I. 691. 135); — *F. racemosa* Vhl. Hassk. Clav.

134. 85. „ **rugosa** s. *rubra* (in explic. tab.) s. *Waringin merah* s. *Sappa Laiaera* L. s. vespertilionum pabulum — *Ficus pumila* L. (7725.); Brm. Ind. 236 (spp. Lam. Enc. II. 497. 16); Lour. Coch. 820. 10; Poir. Enc. Sppl. V. 460; Hassk. Clav.; — *F. pyrifolia* Lam. Enc. II. 497. 16 ? — *F. rubra* Vhl. En. II. 191. 42 ?; R. & S. S. V. I. 507. 51 ? ibid. Mnt. I. 329. 51; Pers. Syn. II. 609. 46 ?; — *F. nervo-

pag. tab.

carpa L. f. *β. lateralis* Bl. ? Bl. Rmph. II. 20. Obs.; — *Urostigma Mannii* Miq. aff. Miq. Fl. I.ii, 337, 15.

135. 86. **Varinga Sapa** s. *rubra* s. *Nuno Manaran* — *Ficus Gonia* Hmlt. ? Linnaea III. Lliri. 87; — *F. citrifolia* Lam. Hasch. Clav.; Prits. Inds.; — *Urostigma pilosum* Miq. ? Miq. Flor. I.ii, 351. 65. Obs. !

135. „ **Petal** s. *Ambal* — secundum verba ipsius Rumphii antecedens aut ejus var. latifolia.

136. 87.88. **Grossularia domestica** s. *Daun alang alang* s. *B. salari bulang* i. e. folium lunae et solus dici s. *Nono* s. *N. Haarani* s. *Daresiera* s. *Bonga jangas* s. *Greask* — *Ficus racemosa* L. (7723); Brm. Ind. 226; Lam. Enc. II. 496. 11 ? Willd. Sp. IV. 1146. 60; R. & S. S. V. I. 505. 38; — *F. spec.* Hasch. Clav.; — *F. Altimeraloo* Rab. ? Miq. Fl. I.ii. 311. 60 ?

136. „ **domestica longifolia** — ? ?

136. „ — **parvifolia** — ? !

137. **Varinga funicularis** s. *Waringin batali* s. *Nano batali* s. *Ium puti* s. *Mal puti* (foliis glabris quam antecedentium majoribus, costis albis percurris, receptaculis praecedentium majoribus binis ternisve, ramis radicantibus scandentibus.) — ? ?

137. „ **Nunmonch** s. Malaganeer — ? ?

138. 89. **Grossularia silvestris** s. *alba* s. *Ium puti* s. *Ium putih* s. *I. puter* s. *Nano Haarani puti* s. *Poyiale* — *Ficus racemosa* L. *β.* Lam. Enc. II. 496. 11. *β*; — *F. Tsjela* Hmlt. Hasch. Clav.; Prits. Inds.; — *F. albinervia* Miq. aff. Miq. I.ii. 315. 79.

139. „ „ s. *Nuno Alalas* s. *Lagunga* — ? !

139. 90. **Varinga parvifolia alta** s. *microphyllos* s. *Waringin daun kitsjil* s. *Nono laun mana* s. *Gaffera* s. *Baingai* s. *Maremia* — *Ficus benjamina* L. (7720, ubi parviflora citatur); Willd. Sp. IV. 1143. 48; Vhl. Enum. II. 187. 27; Prs. Syn. II. 610. 61; Poir. Enc. Sppl. V. 450; R. & S. I. 503. 31; Mnt. 1. addit. I, 376; Kstl. mdph. 410; — *F. nitida* Thnb. Bl. Rmph. II. 18. 1 (mediocr.); — *Urostigma benjaminum* Miq. Wlp. Ann. I. 695. 166; Dtr. Syn. V. 558. 147; Miq. Flor. I.ii. 346. 50.

140. „ „ **humilis** s. *Nuno asam* (ex similitudine lati arenosi collis) s. *Ka-achane* — *Ficus benjamina* L. Lour. Cech. 816. 6; R. & S. S. V. I. 503. 31 (qui uti Lour. tab. 90 hoc citant.); Hasch. Clav.; — *F. haematocarpa* Bl. Rmph. II. 18. 1. Obs. — An *Urostigma neglectum* Miq. (Fl. I.ii, 347. 52) ? Hskl.

141. **Arbor Eanada** s. *Varingus sp.* — ? ?

142. 91.92. „ **Consiliorum** s. *Caju budi* s. *Calodja* s. *Antajac* s. *Bandira* s. *Aymaka* s. *Aypuren jaca* s. *Comiterio* s. *Hata jana* s. *Titarey* i. e. umbram — *Ficus religiosa* L. amoen. (7719); Willd. Sp. IV. 1134. 12; Prs. Syn. II. 606. 20; R. S. S. V. Mnt. I. addit. 375; — *F. rel. β.* Brm. Ind. 225 (ubi tab. 92 haud indicatur); Lam. Enc. II. 493. 4. *β.* — *F. populnea* Willd. R. S. & V. Mnt. I. 330. 59; — *F. Rumphii* Bl. Bijdr. 437; Hasch. Clav.; Kstl. mdph. 409; — *Urostigma Rumphii* Miq. Flor. I.ii. 332. 1.

pag. tab.

145. 93. **Caprificus amboinensis (silvestris) corniculata latifolia** s. *Gandel* s. *Condong* s. *Biraui* s. *Virahi* s. *Tefurre* s. *Hahuel* s. *Malahaal* s. *Malahuur* — *Ficus benghalensis* L. (1721, Obs.); Hassk. Clav.; Prits. Indx. (= *F. indica* Rxb.) oppos. Hassk. Clav.; — *F. auriculata* Lour. Coch. 819. 7. ? — *F. sp. ign.* Poir. Enc. Sppl. I. 659 et 751; — *F. amboinensis* Kstl. mdph. 408; — *F. racemifera* Rxb. Wght. Icon. 639; — *Covellia racemifera* Miq. Flor. I. ii. 325. 13 (part.).

146. „ „ **corniculata angustifolia** s. *Serra* s. *Maltobe* s. *Mottahu Malamabo* s. *Malamabulo* s. *Kreije* s. *Beraug* s. *Haat* = ?? (foliis cordato oblongis, medio latissimis, glaberrimis, trinerviis, integerrimis; receptaculis racemosis, rarioribus, quam antecedentis majoribus & a vertice compressis, orificio magno, pallide virentibus glabris, dein livide luteis). — Antecedenti affinis species videtur.

147. „ „ „ **altiventris** s. *Tollai* = ? ?

148. „ „ s. *Hahuel altera* = ? ? an *Ficus sagittata* Vhl. ? ?

149. „ s. *Sycomorus chartacea* s. *Serra amboinensis* = *Ficus cannabina* Lour. Coch. 821. (665). 13. aff.

149. „ *Sycomorus chartaria* s. *Serra jerana* — (foliis quam antecedentis minoribus) ? ?

150. 91. „ **amboinica aspera latifolia** s. *Gohi latifolia* s. *Sajor Wasso* s. *Wassa* s. *Utte Sassam* l. e. Sajor cuctus s. *Haat adam* s. *Kreije* — *Ficus symphytifolia* Lam. R. S. S. V. Mnt. I. addit. I. 375. (excl. tab. 94.); — *F. glomerata* Rxb. Prits. Indx.; — *F. Wassa* Rxb. ? Miq. Fl. I. ii. 298. 21 ?; — *Covellia hispida* Miq. Fl. I. ii. 323. 4. ? — (Descriptio foliorum apud Rmph. iconem haud quadrat.)

151. „ „ „ **angustifolia** s. mas s. *Gohi* = ? ? (foliis longiter acuminatis, oblongis, integris, junioribus serratis, scabris, aut alternis, trinerviis, superne glabris, subtus hirtis; receptaculis axillaribus solitariis, globosis, magnitudine globuli sclopeti, viridibus albido-maculatis, muriculato-hirtis).

151. „ „ **glabra** s. *Gohi glabra* — *Ficus glomerata* Rxb. (cum tab. 94.) R. S. S. V. Mnt. I. addit. 375.

151. **Caju Djurang** s. Java s. *Gohi latifolia* s. *Java* — ? ? (foliis obtuse dentatis, utrinque asperis, venis fuscis.)

152. 95. **Caprificus viridis major** s. *Masa* — *Ficus Ribes* Bl. Bijdr. 463; — *F. hispida* Bl. (sec. Rheedii cit.) Hassk. Clav. (cf. Clav. Rheedianus); Prts. Indx.; — *Covellia congesta* Miq. Fl. I. ii. 324. 7 ?

152. „ „ **minor** s. *riparia* s. *Masa parvifolia* = ? ?

153. 96. **Ficus septica** s. *Siri boppar* s. *Siri boppo* s. *boppal* s. *Lipo* s. *Tagalie* s. *Caju tombor* s. *Aruur awer* s. *Tobo tobo* — *Ficus septica* Rmph. Brm. Ind. 226; Lour. Coch. 819. 9; Vhl. En. II. 186. 33; R. & S. S. V. I. 503. 27; Hassk. Clav.; Kstl. mdph. 411; Wlp. Ann. I. 719. 100; Prits. Indx.; Miq. Fl. I. ii. 311. 68.

pag. tab.

153. **Ficus septica silvestris** — ? ? (foliis longioribus angustioribus, receptaculis viridirubentibus.

154. " " **angustifolia** s. *Siri Boppum angustifolium* — ? ?

155. 97. **Arbor glutinosa** s. *Daun Condal* s. *Cond.* s. *Condalian* s. *Cond.* s. *Sarundal* s. *Ayyacca* s. *Totche* s. *Tuirbe* s. *Cammang* — *Cordia myxa* L. (Syst. X. 1521.); Hnsch. Clav.; Prits. Indx.; — *C. subpubescens* Decn. Spanogh. Tim. 331. 617. —

157. 98. **Bancudus angustifolia** s. *mas* s. *Mancudu* s. *Wangcudu* s. *Bancudu lachi-lachi* s. *Comi comi* s. *Tiba* s. *Bengkudu* s. *Neno* s. *N. Lai* — *Morinda umbellata* L. (1386); Brm. Ind. 52; Lour. Coch. 173. 1; Lam. Enc. IV. 314. 1; R. & S. S. V. V. 213. 1. Obs.; Prits. Indx.; — *M. citrifolia* L. var.? Wlld. Sp. I. 992. 1. Obs.; Prs. Syn. I. 201. 2 *β.* seu spec. nov.; R. & S. S. V. V. 214. 1. Obs.; — *M. angustifolia* Rth.? R. & S. S. V. V. 215. 3 ? — *M. bracteata* Rxb. Fl. II. 198. 5; DC. Prdr. IV. 447. 3; Hnsch. Clav.; W. A. Prdr. I. 420. 1293. Obs.; Don Dichl. III. 544. 3; Dtr. Syn. I. 783. 3 (ubi tom. haud indic.); Miq. Flor. II. 243. 2; — *M. stenophylla* Sprng. Dtr. Syn. I. 781. 16 (opponentibus DC. Prdr. IV. 448. 16; Don Dichl. III. 545. 18.).

158. 99. " **latifolia** s. *femina* s. *Mancudu* s. *Bancudu daun besaar* s. *Mancudu* — *Morinda citrifolia* L. (1387); Brm. Ind. 52; Lour. Coch. 174. 2; Wlld. Sp. I. 992. 2; Prs. Syn. I. 201. 2; Rxb. Fl. II. 196. 1; Lam. Enc. IV. 314. 2 (ubi „tom. II.“); Poir. Enc. Sppl. I. 572; R. & S. S. V. V. 215. 2; DC. Prdr. IV. 446. 1; W. A. Prdr. I. 419. 1286; Don Dichl. III. 541; Ksl. mdph. 566; Spanogh. Tim. 317. 431; Hsskl. Flor. (B. Z.) 1845. 270; Miq. Fl. II. 242. 1.

159. **Morinda latifolia** *Baya* Mancase — (fructibus majoribus (magnit. limonis nigri)) *Morinda citrifolia* L. Miq. Fl. II. 243; 1; inter nomina vernacula.

160. 100. **Arbor aluminosa** s. *Lobe* (Lam. Enc. III. 462.) — *Decadia aluminosa* Lour. Coch. 385. 1; Poir. Enc. Sppl. II. 459; DC. Prdr. I. 520. 1 (ubi tom. II. cit.); Hnsch. Clav. (qui Wlld. loco Lour. cit.); Prits. Indx.; *Dicalyx aluminosus* Bl. Hsskl. Cat. 209. 7 (ubi pariter tom. II. cit.).

160. 101. **Ganitrus** s. *Ganitri* s. *Genitri* s. *Aymaca* i. e. avium arbor s. *Ayvale* l. e. arb. anaas — *Elaeocarpus serratus* L. (3874); Brm. Ind. 121; Lam. Enc. II. 604. 1; Wlld. Sp. II. 1160. 1 (ubi pag. 60 citat.); Pers. Syn. II. 69. 1; Poir. Enc. Sppl. II. 704; DC. Prdr. I. 519. 1; Hnsch. Clav.; Hsskl. Cat. 207. 8, not.; Prits. Indx.; (cf. Lour. Coch. 412. 1. Obs. & W. A. Prdr. I. 82. 295. Obs.); Miq. Fl. I. c. 208. 1; — *E. monogynus* L. Murr. Prs. Syst. 530. 1; — *E. Ganitrus* Rxb. Don Dichl. I. 559. 2; Dtr. Syn. III. 10. 2. cf. W. A. l. c.; — *E. angustifolius* Bl. Hsskl. Cat. 207. 6; idem Plant. jav. 321. 2.14. (ubi de diversorum specierum confusione disseritur); Miq. Fl. I. c. 211. 14.

163. 102. **Ganitrum oblongum** s. *Tai-gigi* l. e. dentium sordes s. *Catulampa* — *Elaeocarpus inte-*

pag. tab.

grifolius Lam. Enc. II. 604. 2; Willd. Sp. II. 1170. 4; Pers. Syn. II. 169. 6; Spreng. Gesch.; — *E. oblongus* Grtn. (Sm.) DC. Prdr. I. 519. 8; Don Dichl. I. 559. 10; Hassk. Clav.; W. A. Prdr. I. 82. 296; Dtr. Syn. II. 19. 8; Prits. Indx.; (oppos. Miq. Fl. I.ii. 208. 2.); — *E. macrophyllus* Jll. Hskl. Cat. 207. 2; Miq. Fl. I. ii. 209. 6 ?

163. **Ganitrum** s. *Ganjaltan* s. *Tai gigi itom* i. e. niger — *Elaeocarpus ?* (foliis quam antecedentis minoribus, acute serratis, fructibus subglobosis (minoribus) postremo coeruleo-nigris, drupa oblonga laevi (non exsculpta). An *Elaeocarpus cyaneus* Sims. (Miq. Fl. I. ii. 208. 4.) — *Monocera ? cyanea* Hskl. Cat. 208.) ? Hskl.

164. 103. **Lignum moneculanum** s. *Pega mulia* i. e. Pogang mulia — moneculaneum s. *Sal* — *Elaeocarpus ?* Savign. Lam. Enc. IV. 693. *Pagamea*.

165. 104. **Arbor rediviva** s. *Ay parcha* (cf. p. 160) (Eypar—, in titulo, Typar—, in contextu; (Lam. Enc. I. 331) s. *Trise palcha* i. e. lignum vegetum et coma viridis — *Dicalyx cochinchinensis* Lour. Coch. 816 (663). 1; Poir. Enc. Sppl. III. 469 ? Hassk. Clav.; Prits. Indx.; — *D. sylvaticus* Don Dichl. II. 651. 11 (qui uti Dtr. „*D. sylvaticus* Lour.“ citat, (nomen haud existens) et „tb. V.“: Dtr. Syn. III. 164. 11; — *Elaeocarpus sp.* ? Teysm. in litt.

166. 105. **Fructus bobae** s. *Caju boba* (Lam. Enc. I. 431.) s. *Ayhola lanaba* (lign. Guajac.) — *Pistacia sp.* Teysm. in litt.

167. **Arbor spiculorum latifolia** s. *Caju caluway* s. *Daun cal.* s. *Hanu cal.* s. *Ulun cal.* i. e. pharmacum contra arundinacea jacula s. *Aytana aria* s. *Haul awarri* s. *Gabi gabi* i. e. omnia clamate — *Actinodaphne moluccana* Bl. Mus. I. 344. 832; Miq. Fl. I. i. 971. 19; DC. Prdr. XV. i. 216. 36.

167. „ „ **angustifolia brevifolia** — ? ?

167. 106. „ „ **aeruginea** s. *stellata* s. *Caju Caluway* & c. — *Actinodaphne Rumphii* Bl. Mus. I. 344. 828; Miq. Flor. I. i. 969. 13; DC. Prdr. XV. i. 214. 20; — *Enchidium* Jck. Endl. Gen. 5838 (ubi tab. 160 cit.); Msn. Gen. II. 256. 109 ? — *E. verticillatum* Jck. ? Baill. Euphrb. 652; Miq. Flor. I. ii. 363. 1 ?

168. 107. **Clompanus major** s. *Clompun* s. *Calumpan* s. *Pongul* s. *Eraspherus silvestris* s. *Maruccu silv.* — *Sterculia foetida* L. (7307); Brm. Ind. 207; Lour. Coch. 719. 1; Willd. Sp. II. 874. 8; Poir. Enc. VII. 431. 8; Pers. Syn. II. 240. 16; DC. Prdr. I. 483. 27; Don Dichl. I. 517. 46; Hassk. Clav.; W. A. Prdr. I. 63. 236; Kstl. mdph. 1881; Span. Tim. 173. 85; Hskl. Cat. 203. 1; Dtr. Syn. IV. 810. 47; Prits. Indx.; — *St. polyphylla* Blbr. Hrsf. plnt. Jav. 227; Wlp. Rprt. V. 98. 2; Miq. Flor. I. ii. 172. 2 (ubi tab. 107 bis citatur.); — *Sterculia* L. Endl. Gen. 5320; Msn. Gen. II. 344. 31; — *Sterc.* a. *Eusterculia* Schtt. Endl. Gen. Sppl. IV. ii. 5319. a.

169. 107.bis „ **minor** s. *Clompang burung* i. e. avium s. *C. tifendah* s. *C. katjil* s. *C. utan* s. *C. utan* s. *Maruccu* s. *Mahaiwan* s. *Hemile utu* — *Sterculia Balanghas* L. (7308); Brm.

pag. tab.

Ind. 207; Willd. Sp. II. 872. 2; Poir. Enc. VII. 429. 1; Pers. Syn. II. 239. 2 (ubi pag. 107 loco tab. citatur); Poir. Enc. Sppl. II 302; — *St. urceolata* Sm. DC. Prdr. I. 482. 10; Don Dichl. I. 516. 12; Hassk. Clav.; Kostl. mdph. 1880; Hsskl. Cat. 203. 2; Dtr. Syn. IV. 9?8. 12; Pritz. Indx.; Miq. Fl. I. n. 176. 26.

170. **Clompanus ternatensis femina** s. *Maracca Fetta* — *Sterculia sp.* ? Hsskl.

170. „ „ **mas** s. *Maracca Nonas* — „ sp. ? Hsskl.

171. „ **silvestris** s. *Clompang burong* — ? ? an *Sterculiacea* ? Hsskl.

172. 108. **Folium Mappae** s. *Daun Dalang* s. *Tatarre paleung* s. *Sau* s. *Maracca mau* s. *Kono* s. *Aylaen anan* — *Ricinus Mappa* L. (7300); Brm. Ind. 207; Poir. Enc. VII. 201. 2. Sprng. Gesch.; Pritz. Indx.; — *Acalypha Mappa* Willd. Sp. IV. 526. 21; Pers. Syn. II. 592. 21; Hassk. Clav.; — *Mappa moluccana* Spreng. Baill. Euphorb. 429. 1 & 430. Miq. Flor. I. ii. 402. 6.

173. 109. **Corallaria parvifolia** s. *Saga pohon* s. *Aylera (-la)* — *Adenanthera Pavonina* L. (3021); Brm. Ind. 100; Murr. Syst. 390. 1; Lam. Enc. II. 76. 1. ,1; Murr. Pers. Syst. 426. 1; Willd. Sp. II. 550. 1; Poir. Enc. Sppl. II. 378; DC. Prdr. II. 446. 1; Don Dichl. II. 392. 1; Hassk. Clav.; W. & A. Prdr. I. 271. 839; Kostl. mdph. 1356; Hsskl. Flor. (B. Z.) [illegible]. Beil. II. 106. 70; id. Cat. 289. 1; Dtr. Syn. II. 1425. 1; Miq. Flor. I. i. 48. 1; Wlp. Ann. IV. 613. 1; — *Adenanthera* L. Sprng. Gen. 1774.

175. 110. „ **latifolia** s. *Saga pohon* s. *Aylera pohon* — *Caesalpiniae aff.* Poir. Enc. VIII. 831; — *Pongamia ? coriacea* Miq. Fl. I. i. 149. 6; — *Mezoneurum pia sp.* sec. Teysm. in litt.

176. 111. **Clypearia alba** s. *arbor clypearum alba* s. *Caju salawacko puti* s. *Kare* s. *Syn* s. *Syn* I. s. *Sikat* — *Adenanthera falcata* L. dml. amb. (3025) (*falcataria* L. Spec. II.); Brm. Ind. 101; Murr. Syst. 390. 2 (ubi „tb. 112" cit.); Lam. Enc. II. 76. 2; Murr. Pers. Syst. 426. 2; Willd. Sp. II. 550. 2; Sprng. Gesch.; DC. Prdr. II. 446. 2; Don Dichl. II. 393. 2; Hassk. Clav.; Dtr. Syn. II. 1425. 2; Wlp. Rprt. V. 580. 8; Miq. Flor. I. i. 47. 2; Wlp. Ann. IV. 613. 2.

176. 112. „ **rubra** s. *arbor clypearum rubra* s. *Caju salawacko merа* s. *Sea-cau* s. *Keller gunong* i. e. montanam s. *K. utan* i. e. silvestris s. *Mmoku euhu* (Lam. Enc. II. 76. 2. Obs.) — *Adenanthera circinnata* DC. Prdr. II. 446. 4; Don Dichl. II. 389. 4; Hassk. Clav.; Pritz. Indx.; — *Inga clypearia* Jck. Wlp. Rprt. I. 930. 20; — *Pithecolobium Clypearia* Bnth. Miq. Flor. I. i. 35. 6; — *Adenanthera* L. Endl. Gen. 6820; Mas. Gen. II. 68. 296 ?

177. „ s. *Syn* II. (s. *Sikat* ?) — *Albizzia moluccana* Miq. (Fl. I. i. 26. 13.) ? Hsskl.

177. 113. **Catti marus** s. *Catti mahar* s. *Kinar* s. *Kenal* s. *Kamuris* s. *Ngaro* — *Kleinhovia Hospita* L. (6968); Brm. Ind. 191; Lam. Enc. III. 376; Willd. Sp. II. 871. 1; Pers. Syn. II. 240. 1; Poir. Enc. Sppl. II. 134; Sprng. Gesch.; DC. Prdr. I. 488. 1; Don Dichl. I. 526. 1; Hassk. Clav.; W. & A. Prdr. I. 64. 256; Kostl. mdph. 1883; Spanog. Tim. 173. 87; Hsskl. Cat. 204. 1; id. Plnt. Jav. 313. 224; Pritz. Indx.; Miq. Flor. I. ii. 186. 1

pag. tab.

179. 114. **Butonica** s. *Bua butun* s. *Caju butun* s. *Calappa tupa* s. *C. tuli* s. *Hutum* s. *Talisary* s. *Tujinkki* — *Barringtonia* (Frst. Sprng. Gen. 2751) *speciosa* L. Lam. Enc. I. 391; Willd. Sp. III. 845. 1; Prs. Syn. II. 260. 1; Sprng. Gesch.; DC. Prdr. III. 288. 1; Don Dichl. II. 869. 1 (ubi pag. 114 loco tab. cit.); Hssch. Clav.; W. & A. Prdr. I. 333. 1038; Kstl. mdph. 1535 (ubi „tb. 141" cit.); Spanogh. Tim. 204. 360; Hsskl. Cat. 263. 1; Prits. Indx.; de Vriese plnt. Ind. 78. 128; Miq. Flor. I. i. 486. 1; — *Stravadium sp.* Poir. Enc. Sppl. V. 256.

181. 115. „ **terrestris rubra** s. *Hutum leymouri* s. *H. darat* s. *Daun putat* s. *Putja* s. *Sirata* s. *Tepat* s. *Kenarsal* s. *Bangang* — *Eugenia acutangula* L. (3601, ubi tab. 118 citat.); Brm. Ind. 114; Lour. Coch. 375. 3; Willd. Sp. II. 966. 28; Prits. Indx.; — *E. racemosa* L. Lam. Enc. III. 197. 4; — *Meteorus* (Lour. Sprng. Gen. 2750) *coccineus* Lour. Coch. 499. 1 ? — *Barringtonia acutangula* Grtn. Willd. in not. ad Lour. Coch. 499; W. & A. Prdr. I. 334. Obs. ?; Kstl. mdph. 1536; Span. Tim. 204. 361; Hsskl. Cat. 263. 5; — *Stravadia rubra* Prs. Syn. II. 30. 2; — *Stravadium rubrum* DC. Prdr. III. 289. 2; Don Dichl. II. 869. 2; Hssch. Clav.; — *Barringtonia rubra* Bl. Miq. Flor. I. i. 487. 5 (ubi tab. 113 citatur).

181. 116. „ „ **alba** s. (nom. indig. ead.) — *Eugenia racemosa* L. (3602); Brm. Ind. 116; Willd. Sp. II. 966. 29; Prits. Indx.; — *E. acutangula* L. Lam. Enc. III. 197. 5; — *Stravadia alba* Pers. Syn. II. 30. 1; Hssch. Clav.; — *Barringtonia acutangula* Grtn. W. A. Prdr. I. 333. 1038 ? (icon. mala); Wlp. Rprt. II. 192. 1 ? cf. Hsskl. Flor. (B. Z.) 1844. 594; — *B. racemosa* Bl. Hsskl. Cat. 263. 4 (ubi tab. 119 citatur); — *B. alba* Hsskl. Flor. (B. Z.) 1844. 594; Kstl. mdph. 1536; Miq. Flor. I. i. 487. 6. —

182. **Olus calappoideum** s. *Sajor calappa* s. *Putat utan* i. e. Barringtonia silvestris s. *Hutjaja* — ? ? (foliis forma et situ antecedentis, sed paulo majoribus & flaccidioribus, subtus albicantibus, integerrimis, nervo medio crasso subtus trigono; fructibus parvis granuliformibus (instar Piperis) pedicellis longis suffultis, in pedunculo communi longo pendulis).

182. „ „ **aliud** — ? ? (floribus umbellatis, umbellis parvis albis, foliis Barringtoniae rubrae sed integris.

183. 117. **Malaparius** s. *Malapari* s. *Awachal* s. *Wawachal* s. *Ausa wali* s. *Sawali* s. *Liade* s. *Wasyer* — *Pterocarpo aff.* Desrouss. Lam. Enc. III. 689; — *P. flavus* Lour. Coch. 525. 1; Poir. Enc. Sppl. IV. 610. 15 („luteus"); DC. Prdr. II. 419. 16; Don Dichl. II. 377. 17; Hssch. Clav.; Kstl. mdph. 1310; Dtr. Syn. IV. 1214. 8; Miq. Fl. I. i. 136. 3; — *Malaparius flavus* Miq. Fl. I. i. 1082. 1.

184. **Malaparius e Nusanalue** — ? ? (foliis quam antecedentis minoribus, fructibus biformibus, aliis leguminosis, aliis baccis rubris, pendulis nunc sessilibus, rugosis & granulosis instar Fragorum, intus cavis s. medulla alba sicca repletis „ita ut Quercus gallam repraesentant! Rmph.")

pag. tab.

184. **Videricum silvestre** I. cf. tom. I. lib. I. p. 173. t. 67.

184. „ „ II. s. *oviforme* s. *Widerik utan pandjang* s. *Gaisjo* s. *Labutta* (-tan) s. *Anakon* — *Sirgchum* L. Radem. Alph. Regist. 67; — *Bassia dubia* Grtn. Poir. Enc. Sppl. V. 477; Don Diehl. IV. 36. 6 ? (ubi tab. 181 citat.); DC. Prdr. VIII. 199. 14; — *B. ? sp.* Miq. Fl. II. 1041. 4. Obs.

184. „ „ II. var. (fructibus minoribus & magis teretibus apice acutiori, putamine 4-spermo — ? ?

185. „ „ III. s. *Widerick utan kitsjil* — *Aporyanra* ? ?

185. 118. „ „ IV. s. *Widerick utan kitsjil* l. c. parvum — ? ? an bene *Bassia dubia* Grtn. ad II. citata ? — *Diospyros* ? sp. Teysm. in litt.

185. „ „ V. s. *Widerick utan kitsjil* s. *Bairmatte* s. *Njalotte* — ? ?

186. „ „ VI. „ „ „ s. „ — ? ?

187. 119. **Restiaria alba** s. *Perticarum* I. s. *Caju rarse* s. *C. tatarra* s. *C. moren* s. *Tatarra* item L. s. anguina arbor s. restiaria s. *Ayowtte* s. *Mairbuae* s. *Sapper* s. *Amakin abbal* L. s. Sorcum silvestris s. *More* s. *Diano sayo* s. *Mohalu* — *Bartramia* L. Radem. alph. Regist. 67; — *Triumfetta Bartramia* L. (3451 Obs. Syst. X.); — *Commersonia echinata* Frst. Lam. Enc. II. 69. 1; Willd. Spec. I. 1564. 1; Spreng. Gesch.; Poir. Enc. Sppl. IV. 670; DC. Prdr. I. 486. 1; Don Diehl. I. 523. 1; Hassk. Clav.; Dtr. Syn. II. 1017. 1; Hsskl. Cat. 204. 1; Pritz. Indx.; Miq. Flor. I. ii. 182. 1; — *C. javensis* G. Don. Hsskl. plnt. Jav. 312. 232; — *Commersonia* Frst. Endl. Gen. 5329.

188. „ **nigra** s. *Perticarum* II. s. *nigra* s. *Caju tatarra* item s. *Mairbuae* s. *Bintano* s. *Umarra* s. *Amare* s. *Amake* — *Restiaria cordata* Lour. Coch. 765. 1 !; Poir. Enc. Sppl. IV. 670.

189. 120. **Perticaria III. parvifolia** s. *Caju tatarra* s. *Hunai* (Poir. Enc. Sppl. IV. 372.); Lam. Enc. III. 150 — ? ?

189. „ „ **latifolia** s. *Caju tatarra* — ? ?

190. 121. **Tamarisca minor alba** s. *Samae* s. *Hanoe* s. *Hinaa* s. *Lama* — *Ricinus Tanarius* L. (7299); Brm. Ind. 207; Lour. Coch. 717. 2; Willd. Spec. IV. 566. 7; Poir. Enc. VI. 202. 3; Pers. Syn. II. 588. 7 (ubi tab. 112 cit.); Poir. Enc. Sppl. V. 283; Sprng. Gesch.; Hassk. Clav.; Prtz. Indx.; — *Mappa tanarius* Sprng. Kat. mdph. 1744; Dtr. Syn. V. 378. 2 (ubi tab. 22. citat.); Miq. Fl. I. ii. 401. 1; — *M. glabra* A. Jss. Spec. Tim. 349. 827 (ubi tab. 122 citat.)

190. „ „ **rubra** s. *Samae* s. *Hanoe* s. *Hinaa* s. *Lama* — *Mappa denticulata* Bl. ! Miq. Fl. I. ii. 403. 8 ?

192. 122. „ **major** (Lam. Enc. IV. 631) s. *Ubat rede* L. s. pharmacum retium s. *Ubir* — *Jambolifera resinosa* Lour. Coch. 285. 3 ? — *Cyminosma resinosa* Don Diehl. I. 781. IV; Hassk. Clav. (oppos. DC. Prdr. I. 722. xiv.)

192. „ „ II. s. *Ubat rede* s. *Eko* s. *Nasi latifolium* — ? ?

pag. tab.

193. 123. **Arbor ovigera femina** s. *Aybasso* s. *Ay lawa basso* s. *Belo-belo* — *Hernandia ovigera* L. (7108); Brm. Ind. 195; Murr. Prs. Syst. 891. 2 (absque tomi indicatione); Lam. Enc. III. 123. 2; Willd. Sp. IV. 327. 2; Prs. Syn. II. 550. 2; Sprng. Gesch.; Hassk. Clav.; Kstl. mdph. 412; Dtr. Syn. V. 358. 2 (ubi sphalmate tom. II. tab. 85 citatur); Pritz. Indx.; DC. Prdr. XV. i. 262. 3; — cf. Endl. Gen. 2108; Mss. Gen. II. 241. 2.

193. „ „ mas — ? ?

194. 124. **Lanius** s. *Lani* s. *Upas* s. *Oeas oeas* s. *Soulamma femina* — *Novi generis* Lam. Enc. III. 417; — *Semadera spec.* Teysm. in litt.

195. 125. **Palacca** (Savign. Lam. Enc. IV. 694) s. *Caju palacca* s. *Rex silvarum* s. *Afu* s. *Aglaia basso* — ? ? (Ex icone *Euphorbiaceis* affinis videtur arbor haecce equidem *Cleistylo* magis accedens; descriptio autem fructum laudat siliquam *Cassiae fistulae* fere referentem!) — *Ormosia moluccana* T. & B. Teysm. in litt.

196. 126. **Malaccus litorea** s. *Daun capur laut* i. e. folium calcarium litorale s. *Daun baru laut* i. e. Novella litorea s. *Hulcky laut* s. *H. lawa ala* — *Croton aromaticum* L. (7280); Lour. Coch. 715. 6; Murr. Prs. Syst. 908. 16; Willd. Sp. IV. 549. 65; Pers. Syn. II. 586. 61; Sprng. Gesch. (ubi uti apud Prs. tab. 127. citatur); Hassk. Clav.; Miq. Fl. I. ii. 380. 6 (= *Aleurites* ex Baill. Euph. 351); — *C. tiliaefolium Lam. β. aromaticum* Lam. Enc. II. 206. 11. β; — absq. β. Hassk. Clav.; Pritz. Indx.; — *Schmidelia* sp. Teysm. in litt.

197. 127. **Malaccus terrestris vulgaris** s. *rubra* s. *Hulcky lau muri* s. *H. mera* s. *Huleri* s. *Hulere* s. *Appya* s. *Bouraba* — *Croton laccifera* L. (7278); Brm. Ind. 204; Murr. Syst. 864. 11; Murr. Prs. Syst. 908. 14; Lour. Coch. 714. 6; Pritz. Indx.; — *Aleurites laccifera* Willd. Sp. IV. 590. 3; Hassk. Clav.; Kstl. mdph. 1747; (Baill. Euph. 351.); — *Acalypha bracteata* Miq. Flor. I. ii. 406. 11 ?

198. 127.[bis] „ „ affinis s. *Hulcky puti* — *Croton mauritianum* Lam. Enc. II. 206. 12 ? Hassk. Clav.; Pritz. Indx.; (= *Mallotus* ... Baill. Euph. 383); — *Claoxylum indicum* Endl. ? Miq. Fl. I. ii. 385. 1 (ubi tab. haud citatur.)

198. „ „ rugosa s. *latifolia* s. *Hulcky* s. *H. daun besaar* — ? ?

199. **Clypearia maritima** s. *Kellor laut* s. *Ayslalo* s. *Sauslawi* — *Adenanthera* L. Rademach. Alph. Regist. 79.

200. 128. **Solulus arbor** s. *Solulo* s. *S. pohon* s. *Sorare* — *Diphaca cochinchinensis* Lour. Coch. 554. 1; DC. Prdr. II. 313. 1; Don Dichl. II. 278. 1; Kstl. mdph. 1283; Dtr. Syn. IV. 1126. 1; Miq. Flor. I. i. 281. 1; — *Parkinsonia orientalis* Sprng. S. V. cur. post. 170. 3; Hassk. Clav.; Pritz. Indx.; — *Ormocarpum* sp. ? Teysm. in litt.; — *Diphaca* Lour. Endl. Gen. 6590 (ubi tom. V. cit.)

201. 129. **Arbor radulifera** (Poir. Enc. VI. 58) s. *Caju barudan* s. *Sasaruh seby* i. e. Zingiberis radula — *Flindersia* RBr. Verm. Schrft. I. 137; V. 335; Endl. Gen. 5551; — *F. radulifera* Sprng. Gesch. II. 76; — *F. australis* RBr. β. *amboinensis* Poir. Enc. Sppl.

pag. tab.

IV. 649; R. & S. S. V. V. 463. 1. Obs.; — *F. amboinensis* Poir. Enc. Sppl. IV. 660. Obs.; R. & S. S. V. V. 463. 1 Obs.; DC. Prdr. I. 685. 2; Don Dichl. I. 688. 2; Hassk. Clav.; Roem. Hesper. 136. 2; *Fozst. de Cedrela* 13; Prits. Indx.; Miq. Flor. I.u. 547. 1.

202. **Folium lutinctum** s. *Daun salam* s. *Kayu* s. *Ayrau tuim* s. *Jangang alang* — *Jambolifera odorata* Lour. Coch. 281. 2 †; — *Cyminosma odorata* DC. (nec Lour.) Hassk. Clav.

203. **Daun parawas** — *Aurantiacea* ? an *Triphasiae* aut *Glycosmidis* sp. ? Hassk.

203. 130. **Lignum muronum** s. *Caju lapis* s. *Aylapia* — *Ochrocarpus* ? Lam. Enc. III. 419: *Ochnae* flore, sed fructu valde diversum; Lam. Hassk. Clav.; — *Gordonia* sp. Teysm. in litt.

203. „ „ **parvifolium** s. *Caju lapis Soyanensium* — ? ?

204. 131. **Bunius domestica** s. *B. sativa* s. *Bune* s. *B. carbau* s. *B. curambari* s. *Cutti-cutti* s. *Cutti-catte* — *Stilago Bunius* L. (6912); Brm. Ind. 16; Willd. Sp. IV. 714. 1; Prs. Syn. II. 605. 1; Poir. Enc. Sppl. I. 746; Hassk. Clav.; Kstl. mdph. 128; Prits. Indx.; — *Crudia odorifera* Lour. generice diversa planta Lour. Coch. 112. 1 Obs. — *Antidesma Bunias* Poir. Enc. Sppl. I. 476 (sec. Sm.); Spreng. Hassk. Cat. 80, 1; Miq. Flor. I.u. 423. 1; Baill. Euph. 603; — *A. Stilago* Poir. Enc. Sppl. I. 403, 8.

204. 131. A. „ **agrestis** s. *B. silvestris* s. *Arbor Salamandra* s. *Buneva* s. *Bun* s. *Wuni* s. *Agruna* s. *Ayuni* — *Antidesma Rumphii* Tulasn. Miq. Flor. I.II. 438. 22 (ubi tab. 134. citat.)

206. 132. **Arbor cucil** s. *Caju langit* s. *Aylanta* — *Adenanthera Falcataria* L. Mat. II. (3026. Obs.); — *Connarus pentagynus* Lam. Hassk. Clav.; — *Ailanthus* sp.? Lam. Enc. II. 76. 2. Obs.; Murr. Syst. 398. 2; Murr. Prs. Syst. 426. 2 ? — *A. integrifolia* Lam. Enc. III. 416. 2; Hassk. Clav.; Prits. Indx.; — *Ai. glandulosa* Desf. Poir. Enc. V. 564. 1; — *Ai. moluccana* DC. Wlp. Ann. I. 166. 4; Miq. Flor. I.u. 679. 2.

207. **Aalius parvifolia** (Lam. Enc. I. 1.) s. *Adi* s. *Mahumäs* l. c. pharmacum Baguari s. *Ephelu sir* l. e. sarculus, qui transmittitur — ?? Lam. l. c.; *Sauropus albicans* Bl. (cf. Hassk. plant. Jav. 269. 161; Hasn. I. 167. 114.)

207. „ **latifolia** (Lam. Enc. I. 1.) — *Euphorbiacea* ? *Glochidion* ? Hassk.

208. **Folium hircinum** s. *Daun cambing* s. *Sajor cambing* s. *Gomira* s. *G. domestica* s. *Olata* s. *Balebi* s. *Injurro*, *Aurore* s. *Iurare* s. *Babun*.

†. mas s. *Sajor cambing daun besaar* s. grandifolia — *Premna integrifolia* L. (4555, ubi p. 28 t. 134 cit.); Hassk. Clav.; oppos. Miq. Fl. II. 894. 10 not.; — *β.* Lam. Enc. I. 151. *β*; — *P. cordifolia* Rxb. Wlp. Rp. IV. 94. 10; vix hujus loci Miq. Fl. II. 895. 12; — *P. tomentosa* Willd.? quoad tab. Miq. l. c. 896. 14; — *P. foetida* Rewdt. aut aff. DC. Prdr. XI. 630. 1; Miq. Flor. II. 891. 1; — *Gumira foetida* Hassk. Flor. (B. Z.) 1842. Beibl. II. 26. 106; Hassk. Cat. 135. 1; Wlp. Rprt. IV. 94.* — *Premna* L. Endl. Gen. 3701; Mss. Gen. II. 199. 29; — *Gumira* Rumph. Hassk. Endl. Gen. Sppl. III. 3701*.

pag. tab.

208. **Folium hircinum femina** s. *Sajor cambing daun kitsjil* i. e. parvifolia — *Premna foetida* Rnwdt. & aff. sp. DC. Prdr. XI. 630. 1; Miq. Flor. II. 891. 1; — *Gumira foetida* Hsskl. β. *integra* Hsskl. Cat. 136. 1. β.

209. 134. **Gumira silvestris** s. *Isserre* s. *Gumira laut* s. *Ola ola* s. *Ola* — *Premna integrifolia* L. Lam. Enc. I. 151. 1; Murr. Syst. 565. 2; Murr. Pra. Syst. 607. 1; Willd. Sp. III. 314. 1; Pers. Syn. II. 142. 1 (ubi, ut apud Dtr., tab. 141 citat.); Spreng. Gesch.; Hnsch. Clav.; Spanogh. Tim. 330. 572; Kstl. mdph. 927; Dtr. Syn. III. 613. 1; Wlp. Rprt. IV. 93. 4 (explic. tab. non num. cf. not. [ ]); — *Gumira integrifolia* Hsskl. Cat. 133. 2; — *Premna spinosa* Rxb. Wlp. Rprt. IV. 93. 8; — *P. corymbosa* Rxb. Miq. Fl. II. 894. 9 (ubi pag. 889 citat.); — *Premna* L. Endl. Gen. 3701; Mns. Gen. II. 199. 23.

210. **Clendaria amboinensis angustifolia** s. *Ay lapy* s. *Caju lapy lapy* — ? ?

210. 135. „ „ **latifolia** — *Sapotacea* sec. Teysm. in litt.

210. „ **zeylanica** — ? ?

211. **Caryophyllaster alter albus** s. *Tifuarke utan daun kitsjil* i. e. Caryophyllus silvestris parvifolia s. *Ayran lout mame* et *Ay. cappat* i. e. parvifolia et splendens — *Antherura rubra* Lour. var. Lour. Coch. 178. 1. Obs.; DC. Prdr. IV. 503. 1 ?; Don Dichl. III. 584 ?; — *Psychotria rubra* Poir. var. Poir. Enc. Sppl. IV. 597. 63. var.? — *P. Antherura* R. S. var. ? R. & S. S. V. V. 188. 63. var. ? — *Nelitris alba* Bl. Mus. I. 74. 187; Wlp. Ann. II. 623. 5; Miq. Fl. I. i. 473. 5.

211. 136. „ „ **ruber** s. *Tifuarke utan kitsjil* s. *Ayran parvifolia* — *Antherura rubra* Lour. Coch. 178. 1; Poir. Enc. Sppl. I. 391; DC. Prdr. IV. 503. 1; Don Dichl. III. 584. 1; Hnsch. Clav.; Pritz. Coch.; — *Psychotria rubra* Poir. Enc. Sppl. IV. 597. 63; Kstl. mdph. 560; — *P. Antherura* R. & S. S. V. V. 188. 63; — *Nelitris rubra* Bl. Mus. I. 73. 183; Wlp. Ann. II. 623. 1; de Vries, plnt. Ind. 76; Miq. Flor. I. i. 472. 1; — *Antherura* Lour. Endl. Gen. 3160; Mns. Gen. II. 118. 164 (absque loci nec nomin. specif. indicat.)

212. 137. **Cortex papetarius** s. *Culit papeda* s. *Ulat papeda* s. *Tarra* s. *Abra* — *Dialium javanicum* Brm. β. Brm. Ind. 12. β. — Pritz. Indx.; — *D. indum* L. (60. Obs.); Murr. Syst. 57. 1; Murr. Pra. Syst. 57. 1; Hnsch. Clav.; Pritz. Indx.; β. Lam. Enc. II. 275. 1 ? oppositifolia jure summo Willd. Sp. I. 40. 1; R. & S. S. V. I. 282. 1; DC. Prdr. II. 520. 1; Don Dichl. II. 465. 1; Bennet in Horsf. plnt. 138; — An *Sapindacea* ? *Otophora* accedens ? Hsskl.; — *Weinmannia fraxinea* Sm. Teysm. in litt.

213. 138. **Ichthyoctonos litorea** s. litorea piscium necatrix s. *Aytahi* s. *Aytay* s. *Aypue* — *Excaecaria virgata* Zoll. Mor. (Miq. Fl. I. ii. 416. 2) — *Stillingia* Baill. (Euph. 518. 3)? Hsskl.

214. 139. „ **montana** s. *Walen* (Poir. Enc. VIII. 763) s. *Walen* s. *Weran* — *Sapo-*

pag. tab.

terra ? (*Lusmandra ?*) s. *Kimasera* ? Hschl. Secundum colorem ligni *rubra* & *alba* distinguuntur. — *Cordia* spec. ? Teysm. in litt.

214. **Ichthyoctonos litorea silvestris latifolia** (an antecedentis var. alba ? Rmph.) — ? ?

216. 140. **Timonius** s. *Pule hata* s. *Cafu bela* s. *Timon* s. *Ay timon* s. *Kenay* — *Erythalis polygama* Frst. β. Wlld. Spec. I. 997. 2: β; Pers. Syn. I. 200. 2. β. (opponente Miq. Fl. II. 261. 1); Pois. Enc. Sppl. II. 580. 2. β. — *E. Timon* Sprng. Gesch.; — *Timonius* (Rmph. Poir. Enc. VII. 613; Endl. Gen. 3197) *Rumphii* DC. Prdr. IV. 461. 1; Don Diebl. III. 564. 1; Hsch. Clav.; Kstl. mdph. 568; Prits. Indx.; cf. *Bobea Wallichiana* Kostl. Miq. Fl. II. 261. post 8; — *Polyphragmon minus* A. Rch. ? DC. Prdr. IV. 445. 2 ? Don Diebl. III. 543. 2 ? — *P. sericeum* Dsf. Miq. Fl. II. 224. 1.

217. 141. **Folium crena latifolium** s. *Polat* s. *Polat puti* s. *Appolat p.* s. *Salattene* s. *Salattan* — *Craion Polat* Brm. Ind. 205; Prits. Indx.; — *Jatropha moluccana* L. Hsch. Clav.; Prits. Indx.; — *Laportea crenulata* Gaud. (Miq. Fl. I. u. 230. 3) Hschl.

217. „ „ **angustifolium** s. *Polat pele walan* — *Urticacea* ? Hschl.

218. „ „ **rubrum** s. *Polat can* s. *P. priaweni* l. s. ecto dierum s. *Salattene* s. *Daulassi* s. *Salattan* — *Laportea stimulans* Miq. (Fl. I. u. 231. 5) ? Hschl.

218. **Phallus daemonum** — cf. Rmph. VI. p. 131. t. 56. 7.

Tom. IV. Liber 6.

De fructibus tam domesticis quam silvestribus.

1. 1. **Arundo indica arbor** s. *Arundarbor* s. *Bambu* s. *Mambu* s. *Bulu* s. *Tabatica* s. *Leleba* s. *Wulu* s. *Utte* s. *Tek.*

„ „ „ **tenuis** s. *Leleba* s. *Loulebu* s. *Leleba puti* s. *Utte aul* s. *Aule* s. *Utte wur* s. *Tabat* s. *Bulu variusa* l. s. Bambu supare — *Bambusa* sp. Lam. Enc. III. 463; — *Arundo multiplex* Lour. Coch. 73. 8; — *Bamb. verticillata* Wlld. Sp. II. 245. 2; Prs. Syn. I. 393. 2 (absque tomi nec tab. indicatione); Poir. Enc. VIII. 705. 4; Sprng. Gesch.; Schlt. S. V. VII. 1345. 7; Hsch. Clav.; Kuth. En. I. 432. 7; Dtr. Syn. I. 880. 7; Hspr. Bamb. 54. 55; Hschl. Cat. 19. 1; Prits. Indx.; Miq. Fl. III. 416. 1 (qui Bl. auctorem cit.); — *B. multiplex* Steud. Gram. 330. 18. (Omnes 3 sequentes varietates enumeratas vid. etiam Schlt. l. sup. cit.).

2. **Arundarbor tenuis alba** s. *Lelebe puti* s. *Utte aul tani* — *Bambusa verticillata* Wlld. 1. *alba* Hpr. Bamb. 55. 1.

3. „ „ **nigra** s. *Leleba itam* s. *U. e. metta* — „ „ „ 2. *nigra* Hpr. Bamb. 55. 2.

3. „ „ **prava** s. *Leleba djahat* s. *wian* s. *U. e. boppo* — *Bambusa verticillata* Wlld. 3. *prava* Hpr. Bamb. 55. 3.

pag. tab.

3. & 8. **Arundarbor feralis picta** s. *Leleba templorum* s. *Ifuanul lapile* — *Bambusa verticillata* Willd. 4. *picta* Hpr. Bamb. 56. 4

3. „ „ **lineata** s. *virgata* — „ „ 5. *lineata* Hpr. Bamb. 56. 5.

3. „ „ **amboinensis** s. *Utte mite* s. *Hau bonla* — „ „ 6. *amboinensis* Hpr. Bamb. 56. 6.

5. „ **Cratium** s. *Bulu seru* s. *Wannat* s. *Utte wannat* s. *Tallam* s. *Temalla* s. *Lami* s. *Sariea* — *Arundo Fae* Lour. Coch. 74. 2; — *Bambusa Arundo fas* Poir. Enc. VIII. 704*; — *Beesha Fas* Schlt. S. V. VII. 1336. 1; Hasck. Clav.; Hsskl. Cat. 20. 2; id. plant. Jav. 13. 20; (cf. Rpr. 65.) Miq. Fl. III. 423. 1 (ubi cratium citatur); — *B. humilis* Kuth. En. I. 434. 2; — *Melocanna humilis* Hosp. in Trin. Rprecht. Bmb. 64. 46.

6. „ „ **latifolia** s. *Tobing* — ? ?

6. „ „ **Lom-furu** s. *Bulu parampuan* — ? ?

6. „ „ **lomw-lotur** s. *Tutori* s. *Kohikaris* — ? ?

6. „ „ **eal tick** — ? ? (cf. *Arundo maxima* Rmph. p. 12).

6. „ „ **toighbian** — ? ? (cf. *Arundo maxima* Rmph. p. 12).

6. „ „ **moa tick** (moa — anguilla major,) — ? ?

7. „ **spiculorum** s. *Bulutay* s. *Tabatiro tay* s. *Tay tay* s. *Futuck* s. *Tinat* s. *Utte lacil* — *Arundo Tabacaria* Lour. Coch. 74. 3; — *Bambusa Tabacaria* Poir. Enc. VIII. 705*; Schlt. S. V. VII. 1351. 15; Hasck. Clav.; Kuth. En. I. 432. 9; Dtr. Syn. I. 386. 9 (ubi tab. 7 loc. pag. 7 citat.); Rupr. Bamb. 61. 63; — *B. longinodis* Miq. Fl. III. 418. 2.

8. „ **vasaria** s. *Bulu jaro* s. *B. latona* s. *Tulapong* s. *Terin* s. *Telin* s. *Tabatiro jaro* — *Arundo Bambos* L. Lour. Coch. 70. 5; — *Bambusa arundinacea* Rtz. Willd. Sp. II. 245. 1; Schlt. S. V. VI. 1340. 3; Hasck. Clav.; Rupr. Bamb. 62. 50. not.; — *Bambus arundinacea* Poir. Enc. VIII. 701. 1; — *Bambusa vulgaris* Wndl. ? Miq. Fl. III. 417. 3 ! — cf. Rmph. V. 100. 3.

10. „ „ **Caus** s. *Tejo* s. *Tajo tick* — ? ? an eadem ac praeced. ? cf. Arundarbor fera p. 16.

11. 2. „ **aspera** s. *Bulu putong* s. *B. wani* s. *Terin bobaro* s. *Telin bobulo* s. *Tabatiro ache* I. e. aquosa s. *Utte wani* s. *Bulu swangi* — *Arundo Bambus* L. amoen. ac. (682. Obs.) cf. Rupr. Bmb. 57. 50. not.; — *Bambusa aspera* Schlt. S. V. VII. 1352. 18 (icon. haud indicatur, uti apud Kth.); Kuth. En. I. 433. 19; Hasck. Clav.; Rupr. Bamb. 63. 65; Miq. Fl. III. 418. 5; — *Beesha Fax* R. S. Prits. Indx.

12. „ **maxima** s. *Bulu sammet* s. *B. pantong* s. *B. wani bruwar* s. *Terin mayor* s. *Tabatiro sammet* s. *Cay tick* s. *Moa tick* i. e. Arundo maxima — *Arundo maxima* Lour. Coch. 74. 1; — *Bambusa maxima* Poir. Enc. VIII. 704*; Schlt. S. V. VIII.

pag. tab.

1352. 17; Hassk. Clav.; Kuth. Enum. I. 432. 11; Sprengl. Bmb. 62. 64; Std. Grm. 331. 22; — *B. excelsa* Miq. Flor. III. 418. 6.

14. 3. **Arundarbor spinosa** s. *A. vallaris* s. *Bulu duri* s. *Tela tuhu* s. *Wanslr* s. *Tajarck* = *Arundo agrestis* Lour. Coch. 73. 6; — *Bambusa agrestis* Poir. Enc. VIII. 704. 5; Schlt. S. V. VII. 1344. 6; Hassk. Clav.; Kuth. En. I. 432. 6 (ubi tab. 5 cit.); Rupr. Bamb. 59. 60; Dtr. Syn. I. 386. 6 (ubi tab. 14 cit.); Std. Gram. 330. 14 (ubi tom. VI. cit.); — *B. stricta* Rxb. ? Schlt. S. V. VII. 1339. 2. Obs.; — *B. Tabacaria* H. S. Prits. Indx.; — *B. Tela* Miq. Flor. III. 418. 1.

16. 4. „ **fera flava** s. *Bulu swangi* l. e. magi saganque aut silvestre aliquid s. *B. seri* s. *B. tomber* s. *B. key* s. *Doma* s. *Domel* s. *Dumar* s. *Domalo* s. *Tabatiro* mani s. *Ampel* s. *Warn ... s. Tiking ampel* s. *Taja tirk* — *Arundo mitis* Lour. Coch. 73. 7; — *Bambusa mitis* Poir. Enc. VIII. 704. 6; Schlt. S. V. VII. 1351. 16; Hassk. Clav.; Kuth. En. I. 432. 10; Dtr. Syn. I. 386. 10; Rpr. Bamb. 60. 62; Prits. Indx.; Steud. Gram. 330. 16 (ubi tom. haud indicat); — *B. fera* Miq. Flor. III. 418. 3.

16. & 18. „ „ **silvestris** — *Bambusa spinosa* Rxb. Schlt. S. V. VII. 1342. 4; Hassk. Clav.; Kuth. Enum. I. 431. 4 (ubi tom. IV. 25. cit.); — *Ischurochloa spinosa* Bäs. Miq. Fl. III. 422. 1 (ubi pag. 25 cit.)

16. „ „ **elegantissima** s. *Bulu gading* s. *Aur gading* s. *Aur koning* s. *Doma kahoere* (gading — elephas, kuning — luteum) — *Bambusa* sp. ? *Aur bewer koneng* s. *Bambu kuneng* Hsskl. (Cat. 19.) cf. Miq. Fl. III. 420. 16.

18. „ **ferae aff.** s. *Guada* s India occident. (cf. Schlt. S. V. VII. 1355.) — ?? *Bambusa guadua* H. B. ? Hsskl.

16. „ „ **nigra** s. *Utuli* — *Bambusa nigra* Loddig. Rpr. Bamb. 57. 57; Std. Gram. 331. 18 (ubi Arbor loco Arundarbor & p. 17. citatur.); cf. Schlt. S. V. VII. 1365. Obs.

18. „ **fera** s. *Cho* s. *Tajatick* cf. *Arundarbor vasaria* Cho s. *Tajatick* cf. Schlt. S. V. VII. 1355. Obs.

18. „ „ s. *Bulu tojantjar* l. e. variolosa — ? ?

18. „ „ **aff.** s. *Arundo Japonica* (cf. Kmpf. Amoen. 898. *Take* Rpr. Bmb. 69. 1; contradictio Rumphii (a Rpr. l. c. allata ad opinionem tantum referenda, quae hanc Bambusaceam plantam pro Rottang i. e. Calami specie omisit) — *Bambusa reticulata* Rpr. Bmb. 58. 59 ? Hsskl.

20. 5. **Canna palustris** s. *Caso casso* s. *Tatepal* s. *Tatapele major* s. *Tabu mia* s. *Loulou-idje* l. e. parva bulu vera — *Arundo vallatoria* Lab. (nec L.) Hassk. Clav.; Prits. Indx.; — *Aira arundinacea* Lour. Coch. 68. 1 (nec L. Hsskl.); — *Eulalia japonica* Trin. ? Miq. Fl. III. 518. 1 ?

Arundo farcta telorum s. *A. sexica* (in enumeratione nominum loco „Arundo"

pag. tab.

„Arundarbor" scribitur) s. *Djudju* s. *Urna* s. *Lamkuan* — *Pogonatherum crinitum* Trin. (Miq. Fl. III. 516. 1) Hsskl.

21. 6. **Arundo farcta** s. *saccharifera spuria* s. *Tubu sala* s. *Tatepal* s. *Tasattar* s. *Bodjo-badjol* — *Arundo zeylanica* Brm. Zeyl. 35, ? — *Lagurus paniculatus* L. *β*. Brm. Ind. 30; — *Andropogon Nardus* L. (7559,? Lam. Enc. I. 374. 12; Pers. Syn. I. 104. 11 ?; Hssch. Clav.; Prits. Indx. (absque ?); — *A. sp.* (a *Nardo* diversa) Lour. Coch. 57. Obs.; — an *A. cymbarius* L. ((7549.); Willd. Sp. IV. 909. 19) ? Hsskl. cf. *Anthistiria cymbaria* Rxb. Steud. Gram. 399. 1.

22. 7. **Arundastrum** s. *Tsjekat sytan* (stipas diaboli) s. *Nien siang* s. *Tinat* s. *Moa* s. *Mane* s. *Bamban* s. *Bambang* s. *Uae bite* s. *Nisi* s. *Kelang isaan* — *Maranta arundinacea* L. *β*. Lam. Enc. II. 588. 2. *β*; — *Donax Arundinastrum* Lour. Coch. 15, 1; — *Maranta* (L. hrt. Cliff. Brm. Obs. ad Rmph.) *Tsjekat* Aubl. Willd. Sp. I. 13. 2; Pers. Syn. I. 3. 2; R. S. S. V. I. 14. 3 & 557; ejusd. Mnt. I. addit. 70; Spreg. Gesch.; Bl. Enum. 36. 1 („ic. mal."); — *M. dichotoma* Wll. Dtr. Spec. I. 17. 1; Hssch. Clav.; Dtr. Syn. I. 5. 1 (ubi tab. 17 citat.); Prits. Indx.; Miq. Flor. III. 611. 1; — *Phrynium dichotomum* Rxb. Horsfield, Scitam. 11. 13.

24. **Flos festalis ruber simplex** s. *Bunga raja merr* s. *Coperrag* s. *Manila* i. e. stultorum flos s. *Ubo aho rorsha* s. *Cafu wuna wuna* s. *Cumbang wariking* s. *Bunga bissa* s. *Auch tajaykun* s. *Fula* (flos) *sapato* (calceneus) — *Ketmia sinensis fructu subrotundo* Brm. Zeyl. 133. & Obs. ad Rmph. l. c. 26; — *Hibiscus rosa sinensis* L. (5081) *&* rubr. Brm. Ind. 151; Willd. Sp. III. 812. 16; Pers. Syn. II. 255. 17; Lam. Enc. III. 364. 21; Drap. Herb. II. 96; Hssch. Clav.; W. A. Prdr. I. 49. 179; Kell. mdpb. 1853; Spas. Tim. 169. 52; Hsskl. Cat. 197. 9; Prits. Indx.; Miq. Flor. I. ii. 156. 7.

24. 8. „ „ „ **plenus** s. *Bunga raja djakka* — *Ketmia sinensis fructu subrotundo flore pleno* Tref. Brm. Zeyl. 133 & Observ. ad Rmph. l. c. 26; — *Hibiscus rosa sinensis* L. (5081); — *H. r. s. flore pleno* Lour. Coch. 510. 3 et plurimi autores supra citati.

24. „ „ **albus simplex** s. *Bunga raja puti* s. *Ubo Ubo bobato* s. *Wara wari puti* — *Hibiscus rosa sinensis var. alba* W. A. Prdr. I. 49. 179. Obs.

24. „ „ **flavus plenus** s. *Bunga raja* s. *Ubo aho roriba* — *Hibiscus rosa sinensis L. D. flore* carneo pleno Hsskl. (Cat. 197. 9. *D.*)

26. **Flos Manilan** s. *Bantan* — *Pavonia Manilana* Sims. (DC. S. V. I. 387. 1) Hsskl.

27. 9. **Flos horarius** s. *Althaea horaria* s. *Bunga waktu besaar* i. e. florus temporis majores s. *Bunga balatjaja* i. e. flos mutabilis s. *Saja balatjaja* s. S. *ngalli ngalli* s. *Cambang fammbewa* s. *Paltan* s. *Pajong* — *Ketmia arborea orbiculatis foliis* Brm. Zeyl. 134; — *Hibiscus mutabilis* L. (5085); Brm. Ind. 151; Lour. Coch. 511. 4; Lam. Enc. III. 353. 19; Willd. Sp. III. 817. 31; Pers. Syn. II. 256. 33; Don Dichl. I. 481. 92; Hssch. Clav.; W. A. Prdr. I. 51. 184; Kell. mdpb. 1853; Dtr. Syn. IV. 851. 121; Prits. Indx.; Miq. Flor. I. ii. 158. 14; — *Abelmoschus mutabilis* Wll. Hsskl. Cat. 198. 11.

pag. tab.

29. 10. **Abutilon hirsutum** s. *domesticum* s. *Bunga waktu kassing* l. c. flos temporis laterus s. *Anguri* s. *Bunga petang* l. c. flos vespertinus s. *Cumbang sore besaar* l. c. fl. vesp. major s. *Tabbo tako* — *Abutilon indicum flore luteo minore* Brm. (Zeyl. I.) Obs. ad Rmph. 30; — *Sida asiatica* L. (5025); Brm. Indx. alt. ad Rmph.; Hassk. Clav.; Murr. Prs. Syst. 661. 23; Prts. Indx.; — *S. hirta* L. Lam. Enc. I. 7; Willd. Sp. III. 751. 51; Pers. Syn. II. 245. 59; Poir. Enc. Sppl. I. 20. 91; Spreng. Gesch.; DC. Prdr. I. 470. 147 ?; Hassk. Clav.; — *Abutilon hirtum* Don Dichl. I. 503. 61 ?; Miq. Fl. I. n. 145. 7; — *A. graveolens* W. A. Prdr. I. 56. 208 (icon. mal.); Kstl. mdph. 1865.

31. 11. „ **laeve** s. *agreste* s. *Cumbang sore kitjil* l. c. flos vespertinus parvus — *Sida indica* L. Lour. Coch. 503. 4; Hassk. Clav.; Prts. Indx.; — *Abutilon indicum* G. Don W. & A. Prdr. I. 56. 206; Span. Tim. 171. 69; Miq. Flor. I. n. 146. 8; — *A. populifolium* Sw. Kstl. mdph. 1864.

32. „ **montanum** s. agreste II. — *Sida cordifolia* L. ? Hskl.

32. „ „ e Capite bonae spei — *Sida triloba* Cav. ? aut *S. Sonneratiana* Cav. ? Hskl.

33. „ **litoreum** — *Abutilon albescens* Miq. ? Hskl.

33. 12. **Gossypium minus** s. *vulgare* s. *Cylon* s. *Capas* s. *Capo* s. *Aha* s. *A. mahu* s. *Carambas* s. *Cat* s. *Katun* s. *Karasa* (fructibus nuce avellana majoribus, descriptio — quae binas species confusas reddit — partim tantum) — *Gossypium herbaceum* L. (5074); Brm. Ind. 150; Lour. Coch. 506. 1; Drap. Herb. IV. 295; Prts. Indx.; — *G. indicum* Lam. Enc. II. 134. 4; Willd. Sp. III. 803. 2; Pers. Syn. II. 254. 2; Spreng. Gesch.; DC. Prdr. I. 456. 2; Don Dichl. I. 486. 3; Hassk. Clav.; Kstl. mdph. 1862; Span. Tim. 171. 65; Hskl. Cat. 199. 2; Miq. Flor. I. n. 162. 2; — *G. nigrum* Hmlt. Hassk. Clav.; Dtr. Syn. IV. 820. 2; — *G. nigr.* α W. & A. Prdr. I. 54. 199. α.

33. „ **majus** s. *fruticosum* (Indiae aquosae) descript. partim (frut. 10—12′ alt.; folia illo Vitis similia 5-loba, lob. serratis; involucelli folia serrata, petala in fundo purpurea, corolla tota illi Paritii tiliacei similis, fructus digitum longi, 2 digitos crassi) — *G. arboreum* L. Hskl.

34. „ **floribus fusco-rubentibus** — *Gossypium purpurascens* Poir. ? Hskl.

37. 13. „ **latifolium** s. *Capas besaar* s. *Sajor gebe* s. *Capa* — *Gossypium herbaceum* Brm. Ind. 150; — *G. arboreum* L. (5075); Brm. Ind. 150; Murr. Syst. 628. 2 ?; Murr. Prs. Syst. 666. 2 ?; Prts. Indx.; — *G. vitifolium* Lam. Enc. II. 135. 6; Willd. Sp. III. 801. 5; Pers. Syn. II. 254. 5; DC. Prdr. I. 456. 5; Don Dichl. I. 486. 6; Hassk. Clav.; Kstl. mdph. 1863; — *G. nigrum* Hmlt. α Hmlt. W. & A. Prdr. I. 54. 199 α; — *G. indicum* Lam. Span. Tim. 171. 65; — *G. vitifolium* Lam. β. *maculiflorum* Hskl. Cat. 200. 5. B; Miq. Fl. I. n. 163. 4 β; — *G. nigrum* Hmlt. Dtr. Syn. IV. 870. 2.

38. 14. „ **daemonis** s. *Capas setan* l. c. G. diabolicum s. *Nitu* s. *Fatup* — *Hibiscus zeylanicus* L. (5100) ? Hassk. Clav.; — *Abroma fastuosa* RBr. (cf. Hskl. Hrt. bog. I. 115. 66.)

pag. tab.

38. 15. **Granum moschatum** s. *Grada poura* s. *Ganda poura* s. *Castorrum ombeituras* s. *Bisuaras* — *Ketmia aegyptia semine moschato* Brm. Zeyl. 134 et Obs. ad Rmph. 40; — *Hibiscus Abelmoschus* L. (5096); Brm. Ind. 153; Lam. Enc. III. 359. 39; Willd. Spec. III. 826. 53; Don Dichl. I. 482. 97; Hassk. Clav.; Dtr. Syn. IV. 835. 126; Prtz. Indx.; — *Abelmoschus moschatus* Mnch. Miq. Flor. I. ii. 151. 1; Hssk. mdph. 1859.

39. „ „ **agreste** s. *Grada pura agrestis* s. *Capas anta* — *Abelmoschus ficulneus* W. A. ? Hsskl.

40. 16. **Herba crinalium domestica** s. *Alcea acida spinosa* s. *Daun tajutju tanta* l. e. crinium herba s. *Salam pure* s. *Djalam pare* — *Ketmia indica spinulosa profunde laciniata Acetosae sapore* Brm. (Zeyl. 135.) Obs. ad Rmph. 42; — *Hibiscus surattensis* L. (5094 (ubi pag. 46 cit.)); Brm. Ind. 152; Lam. Enc. III. 351. 13; Lour. Coch. 512. 6; Willd. Sp. III. 824. 25; Prs. Syn. II. 257. 47; DC. Prdr. I. 449. 31; Don Dichl. I. 478. 84; Hassk. Clav.; W. & A. Prdr. I. 48. 173; Span. Tim. 169. 55; Hsskl. Cat. 197. 1; Dtr. Syn. IV. 83. 1; Prtz. Indx.; Miq. Flor. I. ii. 161. 23; — *Furcaria surattensis* Kstl. mdph. 1858.

41. „ „ **silvestris** s. *vulgaris* — *Hibiscus* (*Furcaria*) *convolvulaceus* Hsskl. spec. nov. — *Diagn.* Caule herbaceo, suffruticoso recurvo aculeolato, ramis volubilibus inter sepes scandentibus, foliis dimorphis, nunc triangularibus cordiformibus serratis, nunc majoribus 3-partitis aut sub-5-partitis, lobis infimis minoribus, obsolete serratis, costis [illegible], inter aculeolos recurvos pilosis; involucri foliolis 10 reniformibus appendiculatis; corolla quam in *H. surattensi* minori, flava, fundo sanguineo; seminibus tuberculatis. — Valde accedit *H. Lindleyi* Wll., sed opponunt caulem fruticosum & petala purpurea (cf. Wlp. Rprt. I. 302. 9; Dtr. Syn. IV. 831. 58.)

42. 17. **Cyprus** s. *Alchanna* s. *Alhanna* s. *Alcanna* s. *Daun lacca* s. *Tengi lacca* l. e. lacca arborea s. *Batjar* s. *B. putek* s. *Tafinkaha* — *Justicia nasuta* L. Syst. X. (1251); — *Lawsonia spinosa* L. sp. I. (2689); Brm. Ind. 88; Lour. Coch. 281. 1; Willd. Sp. II. 345. 4; Hassk. Clav.; Prtz. Indx.; — *L. inermis L. β. spinosa* Prs. Syn. I. 415. 1 β; — *L. alba* Lam. *β. spinosa* Lam. Enc. III. 106. 1 β; — ibid. β. DC. Prdr. III. 91. 1; Don Dichl. II. 729. 1; W. & A. Prdr. I. 307. 948; Kstl. mdph. 1506; Dtr. Syn. II. 1368. 1; Span. Tim. 202. 336; Hsskl. Cat. 256. 1; id. in Flor. (B. Z.) 1844. 603; Miq. Flor. I. i. 620. 1.

48. 18. **Lagondium vulgare** s. *minus femina* s. *Ligustrum indicum* s. *Lagondi* s. *Lagondi kitjil parampuan* s. *Laura* s. *Aptelle tabaa* s. *Aglan taban* s. *Ag tabaa* — *Vitex trifolia* L. (4638); Brm. Ind. 137; Lour. Coch. 474. 1; Willd. Sp. III. 392. 9; Pers. Syn. II. 144. 13; Poir. Enc. Suppl. III. 495; Hassk. Clav.; Kstl. mdph. 826; Span. Tim. 330. 665; Dtr. Syn. III. 611. 19; Hsskl. Cat. 134. 4; Wlp. Rprt. IV. 85. 5; Prtz. Indx.; Miq. Fl. II. 869. 1; — *V. trifolia L. α. integerrima* Lam. Enc. II. 613. 4 α; — *α. trifoliata* Schauer DC. Prdr. XI. 683. 1 α.

50. 19. „ **litoreum arborescens** s. *mas* s. *Lagondi lout* s. *lorki lacki* s. *Agtaban*

pag. tab.

— *Vitex Negundo* L. (4639); Lour. Coch. 474. 2; Willd. Sp. III. 393. 12; Kstl. mdph. 625; Spau. Tim. 329. 564; Wlp. Rprt. IV. 69. 37; DC. Prdr. XI. 684. 5; Miq. Flor. II. 860. 3; — *V. paniculata* Lam. Lam. Enc. II. 612. 3; Hassk. Clav.

62. **Lagondium nigrum** s. *Lignum longaevitatis* s. *Lagondi* itam — (fabula, non arboris descriptio enarratur; arbor ex hac fabula intelligi haud potest.)

53. 20. **Crista pavonis** s. *Lux mundi* s. *Bunga merak* i. e. flos pavonis s. *B. tifine* i. e. flos sinensis s. *Trang dunja* s. *Trantunjay* i. e. lux mundi s. *Cora* s. *Cubun hadji* s. *Combang dorang* i. e. flos ruber s. *C. merah* s. *Saya tifine* — *Caesalpinia pulcherrima* L. Amoen. ac. (2988 cf. 2990 Obs.); Lour. Coch. 319. 1 ? Hassk. Clav.; Kstl. mdph. 1324; Dtr. Syn. II. 1494. 28; Miq. Flor. I. c. 111. 8 (ubi tom. II. citat.); Wlp. Ann. IV. 589. 7; — *Poinciana bijuga* L. (2990); Brm. Ind. 98; Lour. Coch. 319. 1; Hassk. Clav.; Prits. Indx.; — *P. pulcherrima* L. Den Dieb. II. 482. 1.

54. „ „ **altera florib. aureo-intumentibus** — antecedentis var. B fl. flavo Hsskl. (Cat. 285. 1 B.)

55. **Soffera** s. *Sofra* — *Cassia Sophera* L. Hsskl.

56. 21. **Lignum sappanum** s. *Cajo sappan* s. *Sapan* s. *Sapa* s. *Tajetajang* s. *Satjang* s. *Tjang* s. *Sunia* s. *Roro* s. *Lolan* s. *Sabar* — *Acacia major tinctoria zeylanica* Brm. Zeyl. 3 et Obs. ad Rmph. 59; — *Caesalpina Sappan* L. Brm. Ind. 99; Lam. Enc. I. 462. 5; Lour. Coch. 320. 1; Willd. Spec. II. 533. 7; Prs. Syn. I. 460. 6; Hassk. Clav.; Kstl. mdph. 1323; Hsskl. Flor. (B. Z.) 1842. Beil. II. 86. 45; Hsskl. Cat. 285. 8; Prits. Indx.; Miq. Fl. I. c. 108. 2.

60. 22. **Anticholericum** s. *Upas bidji* s. *Lolan pantay* s. *Sunika laut boubou* s. *biberan* s. *Upas caramsapi* s. *Panaure soffo* s. *Mellum manain* i. e. specificum contra varis polypum s. *Lolan hoyuchi* i. e. L. litoreo s. *L. ahay* i. e. fabacea s. *Bastu laga* s. *Lasau laga* s. *Caju uda* s. *Caju mana* i. e. aureum lignum s. *Kriler laut* s. *Clypraria litorea* — *Sophora heptaphylla* L. (1937); Brm. Ind. 93; Willd. Sp. II. 501. 6; Prs. Syn. I. 452. 10; Poir. Enc. VII. 231. 6; Spreng. Gesch.; Don Diebl. II. 110. 10; Hassk. Clav.; Prits. Indx.; — *S. tomentosa* L. DC. Prdr. II. 96. 9 ? W. A. Prdr. I. 179. 648; Kstl. mdph. 1247; Dtr. Syn. II. 1497. 4; Miq. Flor. I. c. 124. 1 (tab. mal. dicitur); Wlp. Ann. IV. 566. 2.

63. 23. **Flos Bavus** s. *Combang cuning* s. *Gallinaria femina* s. *Lila mana* — *Senna vigintifolia siliquis teretibus* Brm. Zeyl. 218; — *Cassia planisiliqua* Brm. Ind. 96 (ubi tab. 27 cit.); Hassk. Clav.; Prits. Indx.; Miq. Fl. I. c. 96. 13 (quoad fol. tantum); — *C. chinensis* Lam. Enc. I. 644. 15; Hassk. Clav.; Prits. Indx.; — *C. glauca* Lam. W. & A. Prdr. I. 289. 895 †; Dtr. Syn. II. 1463. 89 ?; Wlp. Rprt. I. 818. 60 ?; Hsskl. plnt. Jav. 409. 300; Miq. Flor. I. c. 96. 13.

64. 24. **Gajanus niger** s. *Gajati itam* s. *Codja jenti* s. *Codjanti* s. *Trang dunja* — *Aeschynomene indica* L. (5490); Brm. Ind. 169; Willd. Sp. III. 1164. 7; Pers. Syn. II. 317. 9

pag. tab.

Hasch. Clav.; — *A. Roxburghii* Spreng. W. & A. Prdr. I. 219. 679 Obs. — *Ae. moluccana* Kell. mdph. 1265; — *Sesbania cochinchinensis* DC. ? Miq. Flor. I. i. 287. 3 ? — *Sesbania aegyptiaca* Prs. sec. Teysm. in Bit.

64. **Gajatus luteus** s. *Gajati runing* — *Aeschynomene indica* L. *β. aspera* Hsskl. plnt. Jav. 310. 249 ?; — **minima** *Aeschynomenes* sp. Miq. Flor. I. i. 288. 7; Wlp. Ann. IV. 491. 1; sed *Sesbania polyphylla* Miq. aut alia spec. Miq. l. c. Wlp. l. c.

64. „ **G. albo** (e Bali) — ? ?

65. 25. **Codiaeum simplex** s. *Codibo* L. s. *rovenire* s. *Dahinpora* s. *Sasa* s. *Sosal* s. *Caju* (lignum) *maas* (aureum) s. *Daun* (folium) *maas* s. *Aglaia malaghe* l. e. lamorinum lignum s. *A. obite* l. e. l. nuptiale s. *A. olite* l. e. l. difforme s. *Candarvasa runing* — *Bertnaidire* Traf. spec. s. *Jatrophae* L. sp. Brm. Obs. ad Rmph. p. 68. — *Croton variegatum* L. (7266); Brm. Ind. 203; Lam. Enc. II. 203. 1; Willd. Sp. IV. 531. 1; Pers. Syn. II. 583. 1; Poir. Enc. Sppl. II. 310; Pritz. Indx.; — *Phyllaurea Codiaeum* Lour. Coch. 705. 1; — *Codiaeum* (Rmph. Spreng. Gen. 3617; Endl. Gen. 5818; Mea. Gen. II. 252. 60; Wlp. Ann. I. 623) *variegatum* Bl. Bijdr. 606 (absque indicatione loci); Hsskl. Cat. 237. 1; Baill. Euphrb. 385; Pritz. Indx.; — *C. chrysosticton* Rmph. (*) Spreng. S. V. III. 866. 1; Kel. mdph. 1755; — *C. moluccanum* Dcsn. Miq. Flor. I. ii. 383. 1; — *C. medium* Rmph. (*) Baill. Hernail. I. 318. 1; — *formae sequentes enumerantur:*

65. 25. „ **chrysosticton medium** s. *Daun maas runing* —

66. „ „ **latifolium** s. „ „ „ *besaar* — *C. var. latifolium aureum* Hsskl. Cat. 237. 1. A. b.

66. „ „ **angustifolium** s. „ „ „ *kitjil* — *C. v. angustifolium aureum* Hsskl. l. c. B. b.

66. „ **chrys. medium rubrum** s. *D. maas mera* — *Cod. varieg. Aa. latifolium viride* Hsskl. l. c. A. a.

66. „ „ **rubro-maculatum** s. „ *runing besaar* —

67. „ **erythrosticton parvifolium** s. *D. maas mera* — *Cod. var.* B. c. *angustifolium rubrum* Hsskl. l. c. B. c.

67. „ **nigrum medium** s. *D. maas item kitjil*

67. „ „ **minus** s. „ „ „ „

67. „ **viride parvifolium** „ „ „ — *Cod. var.* B. a. *angustifolium viride* Hsskl. l. c. B. a.

68. Rumphius iteratim adnotat, folia inangustifoliis formis aliquando inveniri lata et granula latifoliae formae decidua plantas produxisse angustifoliae formae.

(*) Nomina haec specifica a Sprengelio & Baillon data, [illegible] adoptanda sunt, quoniam utramque formam [illegible] tantum hujus speciei indicant.

pag. tab.

68. 26. **Codiaeum latifolium** s. *remiforme* s. *Cadiho daun lebar* s. *Daun puru* s. *Ayrette lano mann* s. *Catoja puri* s. *Caja puria* — *Croton variegatum* L. *β.* (7266 *β.*); Lam. Enc. II. 203. 1 *β*; Poir. Enc. Sppl. II. 310; Brm. Ind. 203; Prits. Indx.; — *Codiaeum variegatum* Bl. Hsskl. Cat. 237. 1; Baill. Euph. 385. 1; — *C. chrysosticton* Rmph. Kstl. mdph. 1755; — *C. moluccanum* Dcsn. Miq. Fl. I. u. 383. 1; — *Codiaeum* Rmph. Endl. Gen. 5818; Mea. Gen. II. 252. 60; — *formae duae bonae*:

68. 26. 1. „ 1. **luteum** —

69. 26. 2. „ 1. **viride** s. *Cadiho papua* l. c. crispum — ? ? (foliis elongatis crispato-sinuatis.)

69. 27. „ **silvestre** (Rmph. Kstl. mdph. 1755) s. *Cadiho utan* s. *Aguah abbat* — *Croton variegatum* L. *γ.* (7266. *γ.*); Brm. Ind. 203; Lam. Enc. II. 203. 1. *γ*; Poir. Enc. Sppl. II. 310; Prits. Indx.; — *Codiaeum variegatum* Bl. Hsskl. Cat. 237. 1; Prits. Indx.; — *C. moluccanum* Dcsn. Miq. Fl. I. u. 383. 1; — *Codiaeum* Rmph. Endl. Gen. 5818; Mss. Gen. 252. 60.

70. 28. **Gendarussa** s. *Gandarussa* (aroma silvestre) *vulgaris* s. *mas* s. *Genda* s. *Genda* l. c. aroma spirans s. *Dausia* s. *Susa* s. *Puli maran* s. *Sado lapas* l. c. repudium — *Justicia Gendarussa* L. Brm. Ind. 10; Lam. Enc. I. 627. 7; Vhl. Symb. II. 4; Wlld. Sp. I. 87. 26; R. & S. V. I. 152. 43; Dtr. Spec. I. 387. 61; Hssch. Clav.; Prits. Indx.; — *Gendarussa vulgaris* Nees. Dtr. Syn. I. 68. 1; Kstl. mdph. 931; Hsskl. Cat. 151. 2; DC. Prdr. XI. 410. 1; Miq. Fl. II. 831. 1; — *Gendarussa* Nees Endl. Gen. 4083. h; *tres laudantur formae*:

70. „ **vulgaris alba** — *Gendarussa vulgaris* Nees B. *viridis* Hsskl. Cat. 151. 2. B. Miq. l. c. *β*.

71. „ „ **nigra** s. *Sado lapas* (repudium) — *Gendarussa vulgaris* Nees A. *nigra* Hsskl. Cat. 151. 2. A. Miq. l. c. *α*.

71. „ „ **fusca** — (ramulis haud nigris sed fuscis, fol. maximis.)

72. 29. „ **femina** I. s. *Gendarussa parampuan* s. *Bongo bongo femina* (fl. albis) s. *Puli puti* — *Justicia Nasuta* L. Dsart. hrb. amb. (125. Obs.); — *J. Gendarussa* L. Brm. Ind. 10; Vhl. Symb. II. 4; R. & S. S. V. I. 162. 43; Mut. I. 135; — *Dicliptera* Nees Hssch. Clav.; — *Gendarussa vulgaris* Nees Kstl. mdph. 931; DC. Prdr. XI. 410. 1 (ubi *G. rasa* Rmph. citatur) (cf. Brm. Ind. p. 10 Add.); — *Gendarussa* Nees Endl. Gen. 4083. ♄.

72. „ **femina** II. e Bali s. *Dausa pois* — ? ? (frutex altior, foliis *Codiaei vulgaris* sed flaccidioribus.)

73. **Involucrum cauci** s. *Bunkus cauco* s. *Makelian halanae* — *Elaeriosperma* aff. sp. ? (*Euphorbiacea*) Hsskl.

73. 30. **Folium bracteatum** s. *Daun prada* s. *Padang* s. *D. puiri* s. *Dangara cabi-cabi* s. *Ayrlilia* s. *Litin* s. *Temmea* s. *Djuru damang* — *Justicia picta* L. (111); Brm. Ind. 7; Lam. Enc. I. 627. 6; Lour. Coch. 29. 2; Wlld. Sp. I. 88. 32; Vhl. Enum. I. 129.

pag. tab.

46; H. & S. S. V. I. 149. 20; Mat. I. 133 (ubi varr. jam indicantur); Dtr. Spec. I. 380. 13; Prits. Indx.; — *Grammatophyllum hortense* Nees Hassk. Clav.; Dtr. Syn. I. 66. 1 (ubi tom. haud indicat.); Kstl. mdph. 939; Hskl. Cat. 160. 1; DC. Prdr. XI. 398. 1; Prits. Indx.; Miq. Flor. II. 824. 1; — *Graptophyllum* Nees Mus. Gen. II. 204. 64.

73. **Folium bracteatum vulgare** s. *album* — *G. hort.* A. *album* Hskl. Cat. 160. 1. A.

73. „ „ **rubrum** s. *Lalejo* s. *Tamaan* — *Gr. hort.* C. *rubrum* Hskl. l. c. C.

74. „ „ **igneum** — *Graptophyllum hortense* Nees δ. *igneum* Hskl.

75. 31. **Scutellaria prima** s. *Daun poperda* s. *D. manko* s. *U. mayn* s. *Aylahey* s. *Aylau nieel* s. *Daun grisseh* s. *Gura bate* s. *Ramparwe* — *Crassula ? scutellaria* Brm. Ind. 78 (ubi tb. 30 cit.); — *Aralia cochleata* Lam. Enc. I. 224. 6; H. & S. S. V. VI. 697. 2; — *Panax cochleatum* DC. Prdr. IV. 253. 7; Don Dichl. III. 386. 9; Hassk. Clav.; Kstl. mdph. 1186; Hskl. Cat. 164. 1; Prits. Indx.; (Miq. Ann. Mus. Lgd. Bat. I. 16); — *P. scutellarioides* Hawdt. Span. Tim. 208. 406; — *Nothopanax cochleatum* Miq. Flor. I. c. 766. 5.

76. „ **secunda latifolia** s. *Daun poperda pandjang* s. *D. grissih* s. *Aylau nieel* — *Panax* (*Nothopanax*) *Rumphii* Hskl. mscpt. — *Diagn.* Arborescens, foliis simplicibus aut trifoliolatis; prioribus ad ramorum basin foliolis reliquorum consimilibus sed basi utrinque nunc angulatis, in altioribus foliis angulis magis magisque separatis dein foliis trifoliolatis, foliolis in petiolo communi longiusculo planis subrotundis, nitidulis, muricato-serrulatis, intermedio maximo; umbellis externis laxo, fructibus baccarum Juniperi magnitudine et forma & paulo majoribus, compressiusculis viridibus 1—2-spermis. — Moluccae, Amboina.

76. 32. „ **secunda angustifolia** s. (nomin. indigena eadem ac praecedentis) — *Panax ? serratum* H. & S. S. V. VI. 215. 10 ? — *P. pinnatum* Lam. Enc. II. 716. 5; DC. Prdr. IV. 254. 23; Don Dichl. III. 386. 29; Hassk. Clav.; Kstl. mdph. 1187; Dtr. Syn. II. 925. 26; Span. Tim. 208. 406; Prits. Indx.; (Miq. Ann. Mus. Lgd. I. 15); — *Nothopanax ? pinnatum* Miq. Flor. I. c. 766. 3.

77. „ s. *Danlar* e Moluccarum insula Nusa laut — ? ?

78. 33. „ **tertia** s. *crispa* s. *Petroselinum arboreum majus* s. *Daun poperda papua* s. *Gura bana* I. e. limites hortorum s. *Tampa sung* s. *Sarite balat* s. *Bibis mamas* I. e. cibus hircinus — *Panax fruticosum* L. (7713); Brm. Ind. 235; Lam. Enc. II. 716. 4; Lour. Coch. 806. 1; Wlld. Sp. IV. 1127. 9; Pers. Syn. I. 328. 7; Sprng. Gesch.; R. & S. S. V. VI. 214. 9; DC. Prdr. IV. 254. 25; Don Dichl. III. 386. 33; Hassk. Clav.; W. & A. Prdr. I. 376. 1157; Kstl. mdph. 1187; Dtr. Syn. II. 925. 28; Hskl. Cat. 164. 4; id. plnt. Jav. 466. 341; Prits. Indx.; — *Nothopanax fruticosum* Miq. de Vries. plnt. Ind. 91. 148; Miq. Fl. l. c. 765. 1.

pag. tab.

79. 34.1. **Terminalis alba domestica** s. *Ngaasi* l. e. folium crudum s. *Andong* s. *Sombo* s. *Weliang* l. e. abjice et regerminabit s. *Wersinga* s. *Werasiffa* l. e. praecipitanda — *Asparagus terminalis* L. Brm. Ind. 83; — *Dracaena ferrea* L. (2475 Obs.); Sprng. Gesch.; — *D. terminalis* L. (Sym. XII.) (2475); Lam. Enc. II. 324. 4 (absq. fig. indic.); Willd. Sp. II. 157. 7; Prs. Syn. I. 372. 9; Bl. En. 10. 1; Hassk. Clav.; Schlt. S. V. VII. 1343. 13 (ubi uti apud plurimos autores fig. haud indicatur); Kstl. mdph. 216; Dtr. Syn. II. 1116. 16 (ubi et tom. V. citat.); Span. Tim. 477. 863 (ubi fig. 2 citatur); Prtz. Indx.; Dcsp. Hrb. I. 86; — *Cordyline terminalis* Knth. Enum. V. 25. 3; — *Calodracon terminalis* Planch. Miq. Flor. III. 558. 1; — *Dracaena elliptica* Hook. Wlp. Ann. VI. 137. 1.

80. „ „ **silvestris** — *varietas antecedentis ? (foliis glaucis margine tantum purpureis).*

80. 34.2. „ **rubra** s. (nomine indigenae eadem) — *Dracaena ferrea* L. Lour. Coch. 242. 1; Schlt. S. V. VII. 343. 13 Obs. & 14 Obs. & 1676. 4; Hassk. Clav.; Kstl. mdph. 216 ? — sec. Knth. En. V. 25. not. ** nec generis (Cordyline) nec familiae videtur; — cum perigonium duplex (liberum ?) 6-partitum, exterius extus laete rubrum, interius albo-rubens, stamina 6; stylus 1; *fructum baccati rubri* (apice perigonii residuis coronati ?) a vertice radiatim 6 striati, dulci carne, 3—4-spermi; semina testa dura nigra splendenti semilunaria amari saporis.

81. 35. „ **angustifolia** s. *Daun suppi* s. *Sere* s. *Welangi abbal* s. *Mrho buae* l. e. fol. pilosum s. *Uhat rembo* s. *Auten waio* s. *Ngaasi catotidi* — *Sanseviera fruticosa* Bl. Enum. 11. 2; Schlt. S. V. VII. 361. 18; Hassk. Clav.; Kstl. mdph. 197; Dtr. Syn. II. 117. 18; Hsskl. Cat. 29. 2; Prtz. Indx.; — *Dracaena angustifolia* Rxb. Knth. En. V. 4. 2; — *D. reflexa* Lam. Enc. II. 324. 3 ? Span. Tim. 477. 863b; Knth. Enum. V. 5. 2, ad fin. descrpt.; ibid. 7. 5. ad fin.; — *Cordyline Rumphii* Hook. Miq. Flor. III. 556. 4 (ubi pag. 79 citat.); Wlp. Ann. VI. 140. 5; C. Koch Wchsch. 1861. 394. 2; — *Dracaena cernua* Jcq. C. Koch Wchsch. 1862. 396. 12. (*cf.* l. s. c. & 395. 7).

82. 36. **Cauda felis domestica** s. *Ekor cutjing* s. *Capesan* s. *Upesse* s. *Lafitti* s. *Laaga lamburg* — *Acalypha hispida* Brm. Ind. 203; Baill. Euph. 443. 39; — *A. densiflora* Bl. Bijdr. 628; Hassk. Clav.; Kstl. mdph. 1743; Hsskl. Cat. 235. 3; Prtz. Indx.; Miq. Flor. I. II. 405. 4.

84. 37.1. „ „ **agrestis rubra** s. *Ekor cutjing utan* s. *Lafitti sala ubi* s. *Capesan abbal* s. *Upesse abbal* — *Acalypha grandis* Hook. (Miq. Fl. I. II. 405. 5) Hsskl. — *Acalypha* L. Endl. Gen. 5787.

84. 37.2. „ „ „ **alba** s. (nomine indig. praecedent.) — *Caturus spiciflorus* L. (7398); Lam. Enc. I. 655. 1; Willd. Sp. IV. 714. 1; Prs. Syn. II. 605. 1; Hassk. Clav.; — *Acalypha spiciflora* Brm. *γ.* aut sp. nov. Brm. Ind. 203; Prtz. Indx. (absq. *γ.* & dubio); opp. Müll. Arg. Linn. 34. 40. 124; — *A. betulina* Rtz. Obs. V. 30. 84; Willd. Sp. IV. 522. 7; Pers. Syn. II. 591. 4; Sprng. Gesch.; Dtr. Syn. II. 374.

pag. tab.

11; Prtz. Indx. (omnes absque fig. indicat.); — *A. Catturus* Bl. Kssl. mdpb. 1743; Hsskl. Cat. 235. 4; Miq. Flor. I, ii. 416. 10; Baill. Euph. 443. 35; — *Acalypha* L. Endl. Gen. 5787; — *Caturus* L. Man. Gen. 252. 40 (absque figurae indic.)

84. **Cauda felis saxatilis** s. *Upran kata* s. *Capaan kata* — ? ? (foliis obovatis basi versus attenuatis integerrimis; fructibus solitariis pendulis obverse cordiformibus, subcompressis ad latera, subalatis ibique sulcatis, nunc angulatis sulcatis, facile putrescentibus, majoribus, nunc minoribus magis angulatis, crassioribus, vertice excavatis umbilicatis, omnibus longiter pedunculatis).

85. 38. **Flos convolutus** s. *Bunga galang tsjutsju* s. *B. cambodja* s. *Sambodja* s. *Calong tsjutsju* s. *Cole tsj.* — *Plumieria obtusa* L. (1733) ?; Brm. Ind. 68; Lam. Enc. II. 541. 3; Lour. Coch. 144. 1 (cf. R. & S. S. V. IV. 418. 7 Obs.); Willd. Sp. I. 1243. 3 ? — *P. acutifolia* Poir. Enc. Sppl. II. 667 *; R. & S. S. V. IV. 419. 8; Hssch. Clav. (ubi „acutiflora"); Span. Tim. 326. 517; Hsskl. Cat. 122. 1; DC. Prdr. VIII. 392. 14; Prits. Indx.; Miq. Flor. II. 426. 1; — *P. acuminata* Ait. Kssl. mdph. 1066; Don Dichl. IV. 94. 19 (ubi tom. 6 citat.); Prs. Syn. II. 852. 5 (ubi tom. 6 tab. 43 citatus).

87. 39. „ **manilhanus** s. *Bunga manilha* s. *B. susunung* s. *B. radja puti* s. *Mandarkanki* s. *Bunga urari* s. *Catsja piri* sine (loco: Katja piring s. ?) s. *Bunga sjingin* s. *Alligeru bunga* — *Jasminum zeylanicum folio oblongo, flore albo pleno odoratissimo* Brm. (Zeyl. 129) Obs. ad Rmph.; — *Nyctanthes acuminata* Brm. Ind. 5; — *Cantoria* Rets. Obs. II. 11. 79; — *Nerium coronarium* Ait. Lam. Enc. III. 457. 6; Willd. Sp. I. 1236. 8; Prs. Syn. I. 269. 8; Don Dichl. IV. 90. 42; — *Tabernaemontana divaricata* RBr. R. & S. S. V. IV. 427. 17; Hssch. Clav.; Kssl. mdph. 1061; Prits. Indx.; — *T. coronaria* Lam. l. c.; RBr. DC. Prdr. VIII. 373. 60 (iam. pessima dicitur); Miq. Flor. II. 421. 12.

88. 40. **Ligularia lactea** (in expl. tab.) s. *Sudu sudu* s. *Suru* s. *Itana sudu sudu* l. s. flos cochleare s. ligulae vet. s. *Ubat dingin* i. s. pharmacum frigidum s. *Sesudu* s. *Aghana* l. s. crocodili lignum s. *Lida buaya* l. s. lingua crocod. s. *Uachadu* s. *Carambou diwar* s. *Tanggilida* s. *Baladong* s. *Bledung* — *Euphorbio-tithymalus spinosus, caule rotundo et angulosa, foliis Nerii* Brm. (Zeyl. 95) Obs. ad Rmph. 91; — *Tithymalus arborescens spinosus amboinensis* Hrm. Parad. Catal. 12; — *Euphorbia nerifolia* L. (3498); Brm. Ind. 111; Lam. Enc. II. 416. 8; Lour. Coch. 366. 1; Willd. Sp. II. 884. 9; Poir. Enc. Sppl. III. 432; Kssl. mdph. 1710; Hsskl. Cat. 233. 1 (ubi tom. haud indicat); DC. Prdr. XV. ii. 79. 202 (ubi tom. X. cit.); — *Eu. Ligularia* Rxb. Hssch. Clav.; Prts. Indx.; Miq. Flor. I. ii. 418. 1.

88. „ „ e Java s. *Sudu sudu tibes* l. e. marinum — *Euphorbia splendens* Boj. ? (ramis tenuioribus quam antecedentis, flexilibus, procumbentibus, flagellosis, foliis paucissimis iis antecedentis dimidio brevioribus sed similibus, deciduis, aculeis crassioribus et densioribus longioribusque) cf. DC. Prdr. XV. ii. 79. 290 ? — nulla alia spec. affinor ! Hsskl.

89. **Ficus indica** s. *Opuntia* — *Opuntia Dillenii* Haw ? Hsskl. (cf. Miq. Fl. I. i. 652. 4).

pag. tab.

90. **Lingularia minor** s. *Baly* s. *Ba'adang tengis* — *Euphorbia rhodis* Lour. (DC. Prdr. XV. II. 80. 294) Hsskl.

91. **Ricinus albus domesticus** s. *Palma christi* s. *Cataputia major* s. *Kerra* s. *Daun djarak* s. *Jarak* s. *Palatogaysi* L. s. *oubliancoum* s. *Caja loting* s. *Camiri* s. *Tanharhi* s. *Amerikanum* — *Ricinus communis* L. (7298); Brm. Ind. 206; Lour. Coch. 716. 1; Poir. Enc. VI. 201. 1 (ubi „tom. III.“ et „tb. 41“); Willd. Sp. IV. 564. 1; — *R. lividus* Willd. Hasch. Clav.; Miq. Fl. I. II. 391. 7.

92. „ „ **agrestis** s. *silvestris* — *Ricinus communis* L. Hasch. Clav.; Miq. Flor. I. II. 391. 6 (ubi p. 90 citatur).

93. „ **americanus** s. *Curcas* — *Jatropha Curcas* L. (Miq. Fl. I. II. 387. 2.) Hsskl.

97. 41. „ **ruber** s. *Djarak malakka* s. *mera* — *Ricinus communis* L. *β*. (7298. *β*); Brm. Ind. 206; Lour. Coch. 716. 1; Poir. Enc. VI. 201. 1. *β*; (absq. tab. signif.); Kstl. mdph. 1754 (ubi „tom. III.“); *R. viridis* Willd. Sp. IV. 564. 2; Pers. Syn. II. 587. 2; Poir. Enc. Sppl. IV. 679. 5; Dtr. Syn. V. 381. 2; — *R. africanus* Willd. Hasch. Clav.; Prits. Indx.; — *R. ruber* Rmph. Miq. Flor. I. II. 390. 2.

98. 42. **Granum moluccanum** s. *Beri* s. *Jels* s. *Tefamarhpro* s. *Botoro* s. *Ayorow* s. *Ayarcali* s. *Upuvim* s. *Bajo pala* s. *Kamoudre* s. *Gepala* s. *Nuclei pinei moluccensi* — *Ricinoides indica folio lucido, fructu glabro* Brm. Zeyl. 200 & Obs. ad Rmph. 190; — *Croton Tiglium* L. (7276); Brm. Ind. 204; Lam. Enc. II. 208. 21; Lour. Coch. 714. 4; Willd. Sp. IV. 543. 38; Prs. Syn. II. 585. 40; Prits. Indx.; Miq. Fl. I. II. 379. 1; — *C. Pavana* Hmlt. Hasch. Clav.; Kstl. mdph. 1763; — *Tiglium officinale* Klotzsch. Hayn. Arzngw. XIV. 3; Baill. Euphrb. 361.

101. 43. **Folium polypi mas** s. *Daun gurita* s. *Caju gurita* s. *Saha saha* s. *Cabebba mogalategiffi* L. s. ungula aquilae marinae s. *Aylaua uruo* s. *Poloudo darat* — *Aralia palmata* Lam. Enc. I. 224. 5; R. & S. S. V. VI. 700. 19 (cf. ib. 20); DC. Prdr. IV. 258. 10 (diverso habitu); Don Dichl. III. 389. 10; Hasch. Clav.; Kstl. mdph. 1189; Dtr. Syn. II. 1035. 10; Prits. Indx. (sec DC.); — *Trevesia moluccana* Miq. de Vriese plnt. Ind. 84. 138; Miq. Fl. I. I. 748. 2.

101. „ „ **femina** (Kstl. mdph. 1169) s. (nom. indigena eod. ac praecedentis) — *Araliae palmatae* Lam. diversa sec. R. & S. S. V. VI. 700, 19 Obs.; DC. Prdr. IV. 258. 10.

102. 44. **Frutex aquosus mas** s. *Caju ajer tacki tacki* s. *Gigirang* L. s. *serra* s. *Ucca* s. *Ayuera* s. *Hate poprda* s. *Tatate* s. *Maling maling* s. *Tam iralhan* L. s. attendo ad valum — *Aralia chinensis* L. (2182); Brm. Ind. 78; Lam. Enc. I. 223. 2; Lour. Coch. 234. 3; R. S. S. V. VI. 701. 25 ? Obs.; Hasch. Clav.; Prits. Indx. cf. Miq. Comment. 100; — *Ar. spinosa* Spr. Kstl. mdph. 1981; Miq. Annal. Lgd. Bat. I. 7; — *Leea* sp. DC. Prdr. IV. 259. 14; Don Dichl. III. 389. 14; Miq. Ann. Lgd. Bat. I. 7 (sub. 1); — an *L. aculeata* Bl. (cf. Miq. Fl. I. II. 612. 10)? quae e diagnosi Blumeana nimis brevi not accedit et unica species est aculeata, (Hsskl.) admonente etiam Miquelio in Annal. Mus. Lgd. Bat. I. 89. 6 Adn. II. 99. 8.

pag. tab.

103. 45. **Frutex aquosus femina** s. *Caju ayer parampuan* s. *Calawasan* s. *Cello tele* s. *Aymera* s. *Kakatuleber* l. e. cadens velum s. *Tabaria* s. *Toule a lam* s. *Tatobo lachir* l. e. ramus instar caudae veli — *Aquilicia sambucina* L. (1186); — *Aralia chinensis* L. β. Brm. Ind. 78; Lam. Enc. I. 217. 1. β; — *Leea sambucina* Willd. Sp. I. 1177. 1; Pers. Syn. I. 231. 1; Rxb. Fl. II. 470; R. & S. V. IV. 708. 1; Sprng. Gesch.; Kstl. mdph. 1061; Don Dichl. I. 712. 1; Hassk. Clav.; Dtr. Syn. I. 839. 1; oppon. Miq.; — *Leea aequata* L. Miq. Annal. Lgd. Bat. I. 98. 6.

105. 46. **Flamma silvarum** s. *Djarong djarong* l. e. cassum arbor s. *Anpulalan* s. *Aymarra tulan* s. *Anparulan* s. *Anpararan* l. e. ignis ardens s. *Mahumay* s. *Sako* s. *Saja merah*. — *Jasminum flore tetrapetalo flavo* Brm. Zeyl. 126 & Obs. ad Rmph. 106; — *Ixora coccinea* L. (697); Brm. Ind. 34; Lour. Coch. 95. 1; (nec autem tabula!); Willd. Sp. I. 609. 1; Pers. Syn. I. 130. 1; Drap. Herb. I. 14; — *I. incarnata* Rxb. R. & S. V. III. 179. 3; — *I. lanceolata* Lam. Enc. III. 343. 2; R. & S. V. Mnt. III. 120. 3 ? (satis bona ex Wll.); Kstl. mdph. 554; — *I. fulgens* Rxb. R. & S. V. Mnt. III. 119. 1; DC. Prdr. IV. 486. 6 ?; Don Dichl. III. 571. 9 ?; Dtr. Syn. I. 457. 8 ? — *I. longiflora* Sm. Hassk. Clav.; — *Pavetta longiflora* Sm. Prits. Indx.; — *P. amboinica* Bl. Miq. Fl. II. 264. 17.

107. 47. „ „ **peregrina** — *Jasminum flore tetrapetalo Ixora Linnaei* Brm. Zeyl. 127; — *Ixora coccinea* L. ? Lour. Coch. 95. 1; — *Pavetta indica* L. Brm. Ind. 35; Murr. Syst. 153. 1; Murr. Prs. Syst. 158. 1; Willd. Sp. I. 610. 1; Drap. Herb. I. 40; Prits. Indx.; — *Ixora chinensis* Lam. Enc. III. 344. 3; R. & S. V. Mnt. III. 120. 3; — *I. stricta* Rxb. R. & S. V. Mnt. III. 119. 1 (pom.); DC. Prdr. IV. 486. 3; Don Dichl. III. 571. 4; Hassk. Clav.; Span. Tim. 316. 438; — *Pavetta coccinea* Bl. ? Miq. Flor. II. 266. 8 ? — *P. stricta* Bl. Miq. Fl. II. 268. 16 (ubi pag. 109 citatur).

107. 48. **Petasites amboinensis** s. *Lalui* s. *Bunga puan* l. e. thyrsus nuptialis s. *B. pangil* s. *Anpolalan bebale* l. e. pileum — *Clerodendron Rumphianum* de Vriese & Teysm. in Flor. (B. Z.) 1860. 623 (icon. pessim.)

108. „ „ var. (thyrso basi ampliori) — idem ac praecedens ?

108. 49. „ **agrestis** s. *Bunga patola pingan* l. e. flos disruptae patinae s. *Marwasy* s. *Anpolalan mahina* l. e. femina ignis flammae s. *Tajamarra* s. *Tsatsaga* s. *Lalumatoa* l. e. papilionum potus — *Clerodendrum infortunatum* L. (4673); Murr. Syst. 578. 1; Murr. Prs. Syst. 615. 1; Willd. Spec. III. 386. 1; Bl. Bijdr. 811; Kstl. mdph. 632; Hsskl. Cat. 136. 7 (ubi tom. V. indic.); Wlp. Rprt. IV. 107. 37 ?; DC. Prdr. XI. 667. 34 (ubi pag. 180 cit.); Prits. Indx.; Miq. Flor. II. 876. 20; Hsskl. Rets. I. 59. 39; — *Volkameria Petasites* Lour. Coch. 472. 3; Pers. Syn. II. 145. 10 ?; Poir. Enc. Sppl. IV. 352 Obs. 2; V. 493 (ubi „tom. II"); Hassk. Clav.; — *Clerodendron viscosum* Vnt. Wlp. Rprt. IV. 108. 43 ? (quam spec. Schauer DC. l. c. C. infortunato adjunxit).

pag. tab.

110. 50. **Caryophyllaster litoreus** s. *Ijfenhe lani* s. *D'o'o madjito* s. *Uru hato* l. a., arbor litorea s. *Rinpon rinpon* l. a. lignum durum — *Carpinus* (*forte*) *viscosa*, *Salicis folio integro oblongo* Brm. (*Zeyl.* 55) Obs. ad Rmph.; — *Ptelea viscosa* L. Sp. I. (2696. Obs.); Brm. Ind. 86; — *Dodonaea viscosa* L. Mnt. II. (2696); Lam. Enc. II. 292. 1; Willd. Sp. II. 343. 1; Poir. Enc. Sppl. II. 123; Don Dichl. I. 673. 1; — *D. v. var.*? W. & A. Prdr. I. 115. 389. Obs.; — *D. Burmanniana* DC. W. & A. Prdr. I. 114. 388; Span. Tim. 182. 317; — *D. dioica* DC. Prdr. I. 617. 8; Don Dichl. I. 674. 10? Kstl. mdph. 1830; — *D. triquetra* Andr. Don Dichl. I. 674. 10; — *D. angustifolia* Blume. Miq. Fl. I. a. 580. 3.

111. **Folium principissae latifolium** s. *Daun putri* s. *Dju wali* s. *Aplen mersa* l. a. puellarum folium s. *Nene* s. *Nam* s. *Daun* — *Mussaenda zeylanica flore rubro* & c. Brm. (Zeyl. 165) Observ. ad Rmph. 112; — *M. Reinwardtiana* Miq. Flor. II. 211. 1? — sed Rumphius calycis folium alterum petaloideum album odoratissimum laudat!

111. 51. „ „ **angustifolium** s. (nom. indig. eadem ac praecedentis) — *Mussaenda frondosa* L. (1395); Brm. Ind. 53; Lour. Coch. 188. 1; Willd. Sp. I. 997. 1; Pers. Syn. I. 199. 1; R. & S. V. V. 240. 1; Prits. Indx.; — *Gardenia frondosa* Lam. Enc. II. 608. 9; Poir. Enc. Sppl. I. 608; *Belilla*; — *M. glabra* Vhl. Symb. III. 38; Pers. Syn. I. 199. 2; R. & S. V. V. 250. 21; DC. Prdr. IV. 370. 4; Don Dichl. III. 489. 3; Hassk. Clav.; W. & A. Prdr. I. 393. 1213; Kstl. mdph. 575; Dtr. Syn. I. 723. 4; — *M. frondosa* L. γ. *glabra* Miq. Flor. II. 212. 3. γ (ubi Fol. princ. *alterum* eamus citatur).

112. 52. „ **Crocodili latifolium** s. *Daun buaya* s. *Halagon* s. *G—a* s. *Uila tolo* s. *Salan* s. *Salabe* — *Hedysarum trifoliatum arborescens, floribus ex alis foliorum* & c. Brm. Zeyl. 115. & Obs. ad Rmph. 113; — *H. umbellatum* L. (5510); Brm. Ind. 166; Willd. Sp. III. 1182. 30; Poir. Enc. V. 367. 8; Pers. Syn. II. 320. 28; Prits. Indx.; — *Desmodium umbellatum* DC. Prdr. II. 325. 1; Don Dichl. II. 285. 1; Hassk. Clav.; Kstl. mdph. 1207; Span. Tim. 193. 252; Hasskl. Cat. 274. 2; Hasskl. plant. Jav. 351. 255; — *Dendrolobium Cephalotes* Bnth. Miq. Flor. I. 1. 263. 2.

113. „ „ **parvifolium** s. (nom. indig. eadem ac praeced.) — *Dendrolobium umbellatum* Miq. Flor. I. 1. 262. 1.

114. 53. **Frutex mastarius** s. *S'ee* s. *Mala* s. *Lingens* — *Broussonetia papyrifera* Vnt.? Hassk. Clav.; Prits. Indx.

116. 54. **Buglossum litoreum** s. *Moral* s. *Mukal* s. *Boppo tasia* s. *Tatakeke* s. *Polrado lani* s. *Taka* — *Arbor ex litore marina lactescens, indica, Takkada vocata* Brm. (Zeyl. 29) Obs. ad Rmph. 116; — *Scaevola Lobelia* L. (1359); Murr. Syst. 213. 1; Murr. Pers. Syst. 221. 1; Willd. Sp. I. 955. 1; Pers. Syn. I. 231. 1; Spreng. Gesch.; de Vriese Goodeo. 25; Prits. Indx.; — *Lobelia Taccada* Grtn. Poir. Enc. Sppl. V. 278; — *S. Koenigii*

pag. tab.

Vhl. R. S. S. V. V. 162. 3. Obs.; Kstl. mdph. 748; Hsskl. Cat. 307. (105) 472. 1; Id. plnt. Jav. 525. 372; Miq. Flor. II. 880. 1; — *S. Teramda* Hsb. Flor. II. 146; Dsn Dichl. III. 728. 6; Hasch. Clav.; DC. Prdr. VII. 605. 2; — *S. Plumieri* Vhl. (nec L.); Poir. Enc. VII. 146. 1; R. & S. S. V. V. 161. 3; Dtr. Syn. I. 785. 4; Hsskl. Cat. 105. 1; — *S. velutina* Prsl. DC. Prdr. VII. 606. 6. sec. Prsl.

119. 55. **Baglossum lanuginosum** s. *Moral tatula* s. *Tabaco laut* s. *Mahai ahua* l. e. fabarum s. *Karpus* s. *Nela* — *Tournefortia foetidissima* L., diss. hrb. amb. (1135. Obs.) quae est planta Indiae occidentalis; — *T. argentea* L. f. Willd. Sp. I. 793. 9; Poir. Enc. V. 357. 8; Prs. Syn. I. 185. 16; Rxb. Flor. II. 4; R. & S. S. V. IV. 536. 12; Sprng. Gesch.; Dtr. Syn. I. 626. 88 (ubi tab. 85 citat.); Spac. Tim. 334. 612; DC. Prdr. IX. 514. 1; Prits. Index.; Miq. Flor. II. 926. 1.

120. 56. **Perlarius** I. s. *Caju nassi* (l. e. lignum arynae coctae) *besar* s. *Cassir* s. *Caju senti* s. *Soffo massi massi* l. e. mas frugifer s. *Sarillo* s. *Maita rutu* s. pediculorum necator — *Morus ? paniculata* Rxb. Endl. Gen. Sppl. IV. u. 34. 13; — *Botryomorus paniculata* Miq. Flor. I. u. 283. 1; — *Pipturus paniculatus* Miq. (Flor. Sppl. 414. not.)

120. " I. latifolius — Antecedentis var. ?

121. " I. parvifolius — " " ?

122. 57. " II. (Poir. Enc. IV. 432: *Nassi* (ubi „tb. 67")) s. *Caju nassi* (uti anteced.) s. *Soffo massi massi* l. e. rosarii grana s. *Aplaes marra* l. e. puellarum folia s. *Hase* — *Dartus perlarius* Lour. Coch. 153. 1; Poir. Enc. Sppl. II. 454; R. & S. S. V. IV. 683. 1; Hasch. Clav.; Kstl. mdph. 961; Dsn Dichl. IV. 486. 1; Endl. Gen. 3879; Wlp. Rprt. III. 124. 1 (ubi tom. VI. cit.); Prits. Index.; — opponunt. A. DC. in DC. Prdr. XIII. i. 674. not. 1; Miq. Fl. II. 672. Observ., sed quid ? — *Dartus* Lour. ? Endl. Gen. 3872; Mrn. Gen. II. 184. 25 (qui uterque tom. VI. cit.).

122. " III. silvestris s. *Haao* s. *Aymahas* l. e. arbor puellarum — *Callicarpa* ? sp. ? Teysm. in litt.

123. 58. **Mamanira** s. *Mamanirum* s. *Ringan ringan* s. *Ingon ingon* l. e. leeva lignum s. *Meniron* — *Celtis aff.* Decrsne. Lam. Enc. III. 692; Hasch. Clav.; — *Sponia amboinensis* Decne. (quae autem e Bl. Mus. II. 63. 107 vix a *S. velutina* Plnch. diversa) ? Hsskl. (cf. Miq. Fl. I. u. 216. 8 & 9); — *Callicarpa* ? sp. Teysm. in litt.

124. 59. " alba s. *Mamaniran puti* s. *Daun mane* s. *Caju mane* s. *Ingon ingon* — *Sponia pubigera* Miq. ? Hsskl. (cf. Miq. Fl. I. u. 216. 6). In tabula utraque (58 & 59) flores valde incorrecte delineati videntur!); — *Callicarpa* ? sp. Teysm. in litt.

124. 60. **Frutex ceramicus** s. *Caju ceram* — *Grewia orientalis* L. *β*. (6879. *β*); Prits. Index.; — *Grewia* haud est sec. Lam. Enc. III. 43. 2. Obs.; — *G. inaequalis* Bl. ? Hsskl. (cf. Miq. Fl. I. u. 202. 15).

125. 61. **Cortex piscatorum** s. *Soffa* s. *Mamasrai* s. *Augradi* s. *Mawal* — *Celtis* L. sec. Brm. Ind. univ.; Hasch. Clav.; — *Sponia timorensis* Decne. ? Hsskl. (cf. Miq. Fl. I. u. 216. 7).

pag. tab.

126. 62. **Frutex carbonarius I. albus** s. *Tifanno* s. *Salay* s. *Saleyri* s. *Soho* s. *Meha lappia* s. *Tijenko utan dane hatjil* — *Melastomacea*, *Memecylon* sp. ? Hsskl. — *Rubiacea* Teysm. in litt.

126. „ „ **I. ruber** s. (nomina indigen. praeced.) — *Melastomacea* Hsskl.

127. „ „ **latifolius** s. *Salay lebber* — *Melastomacea* Hsskl.

127. „ „ **asper** s. *Fa* s. *Hiam urn* s. *Pitoja* l. e. fragile s. *Sisara* — *Myrtacea* ? *Rhodamniae* aff. ? Hsskl.

128. 63. **Folium politorium vulgare, fruticosum** s. *Amplaas* s. *Daun gosso* l. e. folium fricans s. *Wellat* s. *Ila d un* s. *Kilot* — *Ficus ampelas* Brm. Ind. 226; R. & S. S. V. I. 503. 29; Hsskl. Clav.; Kstl. mdph. 412; Wlp. Ann. I. 715. 71; Pritz. Indx.; — *F. politoria* Lam. Enc. II. 341. 13; 500. 29; Lour. Coch. 820. 11; Willd. Sp. IV. 1144. 44; Pers. Syn. II. 610. 63 (ubi tom. VII. indicatur); Poir. Enc. Sppl. II. 657*; R. & S. S. V. Mnt. I. 328. 36; Miq. Flor. I. ii. 298. 19 part.); — *F. parasitica* Rth. R. & S. S. V. Mnt. I. 328. 36; — *F. exasperata* Rxb. Hsskl. Clav.

128. „ **politorium arborescens** s. (nom. indig. eadem ac praeced.) — *Ficus leucantatoma* Miq. (Fl. I. ii. 301. 32) ? Hsskl.

128 „ „ **flagellare** — *Ficus Ampelas* Brm. (Miq. Fl. I. ii. 303. 39) ? Hsskl.

129. 64. „ **calcosum** s. *Daun copar* s. *Hate fita fica tapola* s. *Doffol madure* s. *Apuar* s. *Apuite* (Lam. Enc. I. 337) s. *Tumme ner* s. *T. cabula* s. *Luka* s. *Baka* s. *Tau* — *Melanolepis* ? *calcosa* Miq. Flor. I. ii. 399. 2 (quae — *Ricinus diaicus* Rxb. (non „*dicoccus*" uti scribit Miq.), qui idem ac *Croton dioicus* Baill. Euphrb. 293).

130. „ „ **II.** — *Melanolepis multiglandulosa* Zoll. (Miq. Fl. I. ii. 399. 1) ? Hsskl.

130. 65. **Frutex excaecans** s. *Caju mata buta darat* l. e. lignum excaecans terrestre s. *Kiel* s. *Sial* s. *Sija maburi* s. *Mata buta kamari* s. *Plando* s. *Plandje* s. *Sebatinhia* s. *Jili tale* l. e. sputum profluens — *Rhoi* et *Excoecariae* aliquam Lam. Enc. III. 364. *Kiel*; — *Carumbium populifolium* Rwdt. (Miq. Flor. I. ii. 414. 2) Teysm. in litt.

131. 66. **Cortex saponarius** s. *Langir* s. *Pate abbal* s. *Bate* — *Mimosa Saponaria* Lour. Coch. 803. 19; Poir. Enc. Sppl. I. 88. 11; — *Inga Saponaria* Willd. Sp. IV. 1006. 11; DC. Prdr. II. 440. 89; Don Dichl. II. 394. 111; Hsskl. Clav.; Kstl. mdph. 1354; Pritz. Indx.; — *Albizzia Saponaria* Bl. Miq. Flor. I. i. 19. 2 (ubi icon. mala dicitur); Wlp. Ann. IV. 630. 2; — *Pangiacea* sp. Teysm. in literis, sed descript. & delineatio florum opponunt.

133. 67. **Capsicum silvestre** s. *Fechili utan* s. *Tech. abbal* s. *Uchen lacki; lacki* — *Tabernaemontana bufalina* Lour. Coch. 145. 1 (except. ic. fruct.?); Poir. Enc. Sppl. V. 276. 21 ?; Hsskl. Clav.; R. & S. S. V. IV. 430. 27; Pritz. Indx.; — *T. bovina* Lour. Coch. 145. 2 (quoad ic. fruct. ?) R. & S. l. c. 431. 28.

pag. tab.

134. 68. **Frutex cerasiformis** s. *Lampiry* — *Urticacea* sec. Teysmann in literis, quod vix possibile ex icone calycis & descriptione fructus, qui Cerasis majoribus comparantur, „quorum caro exterior est, ossiculum continens instar Cerasorum, quod rotundum est, tenue ac facile in fragmenta comminuitur." *Prunus cerasoides* D. Don (Miq. Fl. I. i. 364. 5) accedit, sed folia in nostra integra nec duplicato serrata laudantur; e foliis integris *P. javanicae* Miq. affinis, sed drupae putamen ellipsoideum! —

134. 69. **Pharmacum papetarium** s. *Ubat papeda* s. *Epay* s. *E. selay* s. *Selay* s. *Maholapia* — *Adrenia* (Bl. Endl. Gen. 6168) *Papetaria* Bl. Flor. (B. Z.) 1831. 596; Hassk. Clav.; Bl. Rmph. I. 20 (mediocr.); Don Diehl. II. 602. 2 (ubi Fl. (B. Z.) XV. 256 citat.); Kstl. mdph. 1516; Wlp. Rprt. II. 148. 2; Dtr. Synops. II. 1470. 2; Prtz. Indx.; Miq. Flor. I. i. 667. 2.

135. 70. **Lignum aquatile** s. *Ayer-ayl* (Lam. Enc. I. 337) s. *Kayuayer* s. *Ureyer* s. *Utu ayer* s. *Aylana lau* s. *Caju lassi* s. *Hate aimapi* — *Oreocnide major* Miq. (Flor. I. ii. 270. 5) ? s. *O. silvatica* Miq. (l. c. 3) ? Hsskl.

135. 71. **Fragarius ruber** s. *Birrang mera* s. *Tubu tubu* s. *Sjangar lapat* s. *Cadac dur* s. *Duc duc mas* s. *Caramandyn* s. *Nun* s. *Nya saad* l. e. angulo adscendit — *Melastoma quinquenervia minor, capitulis villosis* Brm. (Zeyl. 154) Obs. ad Rmph. 136; — *Melastoma aspera* L. Sys. X. (3072); Brm. Ind. 105; Murr. Syst. 404. 6; Lam. Enc. IV. 37. 17 ?; Murr. Prs. Syst. 431. 6; Willd. Sp. II. 583. 10 (qui pag. 91. t. 43 sub eodem sequentem citant); Prs. Syn. I. 471. 7; Sprng. Gesch.; DC. Prdr. III. 146. 7; — *M. cyanoides* Sm. DC. Prdr. III. 146. 14 ex Sm.; Don Diehl. II. 763. 21; Dtr. Syn. II. 1445. 20; — *M. moluccanum* Bl. DC. Prdr. III. 146. 20; — *Otanthera moluccana* Bl. Flor. (B. Z.) 1831. 475. & 489. 1 (tab. mediocris); Don Diehl. II. 764; Hassk. Clav.; Kstl. mdph. 1512; Dtr. Syn. II. 149. 1 (ubi fig. med. loco mediocris citatur); Wlp. Rprt. V. 706. 2; Bl. Mus. I. 56. 136 (tab. mediocr.); Prtz. Indx.; Miq. Flor. I. i. 515. 1 (ubi pag. 137 citatur).

136. „ „ **grandifolius** — *Melastoma silvaticum* Bl. ? (Miq. I. l. 512. 24) ? Hsskl.

137. 72. „ **niger** s. *Birrang itam* s. *Wida dari* s. *Duc duc femina* s. *Tajankade hir* s. *Caramandyn* s. *Nun* s. *Ayach femina* s. *Goroco-maratte* l. e. domicilium cicadarum s. *Aylaun pin sanat* s. *Lamun saada* l. e. arbuscula locustarum — *Melastoma quinquenervia hirta major capitulis sericeis villosis* Brm. (Zeyl. 155) Observ. ad Rmph. 138; — *Melastoma malabathricum* L. (Sp. I. 3075); Brm. Ind. 104; Murr. Sys. 404. 10; Lam. Enc. IV. 36. 16; Murr. Prs. Syst. 432. 10 (ubi tab. 71 citat.); Willd. Spec. II. 592. 50; Prs. Syn. I. 475. 63; DC. Prdr. III. 145. 4; Don Diehl. II. 762. 4; W. & A. Prdr. 324. 1006; Dtr. Syn. II. 1444. 4; Hsskl. Flor. (B. Z.) 1844. 599; Prtz. Indx.; — *M. octandra* L. diss. hrb. Amb. (3078); — *M. septemnervia* Lour. Coch. 335. 1 ?; — *M. polyanthum* Bl. Flor. (B. Z.) 1831. 481. 2; Hassk. Clav.;

pag. tab.

Kstl. mdph. 151I; Miq. Comment. 69; Wlp. Rpert. II. 132. 1; Bl. Mus. I. 52. 120; Miq. Flor. I. i. 507. 14 (ubi pag. 173 citat.)

138. 73. **Blimbingum silvestre** s. *Blimbing utan* s. *Taparola abbal* — (cf. *Malus indica fructu pentagono Bilimbi* Brm. Zeyl. 147; —) *Cylindria rubra* Lour. Coch. 87. 1; Poir. Enc. Sppl. II. 420 (ubi „tom. III.“); R. & S. S. V. III. 93. 1 (ubi tom. VI. citatur); Hssch. Clav.; Dtr. Syn. I. 444. 1; Pritz. Indx.; (cf. Mon. in DC. Prdr. XIV. 482); — *Santiria* aut huic generi aff. ex Willd. in not. 30 ad Lour. l. c. — *Combretaceae* sec. Teysm. in litteris.

139. 74. **Pandanus verus** s. *Pandang* l. e. *adaplerus* s. *Tafindagu* s. *Buru-buru* s. *Keker* s. *Kekerrie* s. *Kekal* s. *Pandang bau bau* l. e. odoratus s. *P. wangi* — *Ananas silvestris arborescens* Brm. (Zeyl. 20) Obs. ad Rmph. 142; — *Pandanus odoratissimus* L. fil. Lam. Enc. I. 371. 1; Lour. Coch. 739. 1; Willd. Sp. IV. 645. 1; Kstl. mdph. 159; Knth. En. III. 91. 1; Dtr. Syn. V. 410. 1; Pritz. Indx.; Miq. Flor. III. 156. 1.

142. 75. „ **spurius** s. *Pandang malai* s. *Lacre* aut marinus s. *Keker* s. *Kekel ela* l. e. magnum — *Pandanus odoratissimus* L. Lour. Coch. 739. 1; Kstl. mdph. 159; Pritz. Indx.; — *P. odorat. β. spurius* Lam. Enc. I. 372. 1. β; Willd. Sp. IV. 645. 1. β; — *P. fascicularis* Lam. Hssch. Clav. (qui tab. 80 & 81 citat); — *P. Candelabrum* Pal. Prs. Syn. II. 597. 3 ?; Knth. Enum. III. 96. 9 ? — *Marquartia globosa* Hsskl. Flor. (B. Z.) 1842. Beil. II. 14. 55; id. Cat. 60. 1; — *Massartia globosa* Wlp. Ann. I. 753. 1 (ubi uti apud Miq. p. 124 citatur); — *Pandanus spurius* Rmph. Miq. Anal. II. 27; Flor. III. 157. 2; Oudem. Versl. & Meded. Kon. Akad. (Amst. 1863) XVI. p. 1; Flor. (B. Z.) 1864. 459.

143. 76. „ **humilis** s. *Pandang kitjil* s. *Keker* aut *Kekel ingnalun* l. e. Storeum s. *Brei* s. *Drure* s. *Pasrang* s. *Krkrimaan* l. e. edule — *Pandanus humilis* Rmph. Lour. Coch. 740. 2; Willd. Sp. IV. 645. 2; Prs. Syn. II. 597. 8; Sprng. Gsch.; Hssch. Clav.; Kstl. mdph. 160; Knth. Enum. III. 99. 22; Hsskl. Flor. (B. Z.) 1842. Beibl. II. 13. 50; id. Catal. 60. 8; Dtr. Syn. V. 412. 22; Pritz. Indx.; Miq. Flor. III. 160. 8; — *P. polycephalus* Lam. Enc. I. 372. 2.

145. 77? „ **silvestris** s. *terrestris* l. e. *Pandang utan* s. *Keker wassi* s. *Daun tickar* l. e. folium mattarum s. *Manatoyo* s. *Bene tugu* l. e. Armum avis *Hanu* s. *Aren* s. *Tolun* — *Pandanus conoideus* Lam. *β. silvestris* Lam. Enc. I. 372. 4 β; — eisq. β; Hssch. Clav.; Pritz. Indx.; — *P. caricosus* Rmph. *β. silvestris* Knth. Enum. III. 98. 20 β; — *P. silvestris* Rmph. Miq. Flor. III. 161. 9; — cf. Rmph. auct. V. 230.

145. 77? „ II. s. *terrestris* s. *Pandang gunung* s. *P. daun tickar* s. *Keker rean* s. *P. montanus* s. *Lepinran* l. e. montanus — *Pandanus montanus* Rmph. Miq. Flor. III. 161. 10; — an idem ac *P. [illegible]* Hsskl. (Miq. l. c. 165. 18) ?

146. 78. „ **latifolius** s. *odoratus* s. *Keker mami* s. *Pandang bebaur* — *Pandanus latifolius* Rmph. Hsskl. Flor. (B. Z.) 1842. Beil. II. 13. 52; id. Catal. 60. 10 (ubi pag. 139 citatur); Miq. Flor. III. 164. 15.

pag. tab.

147. **Pandanus moschatus** s. *laevis* s. *Pandang custori* s. *P. frugis* l. e. oleo oblinitus s. *Putat* — *Pandanus laevis* Rmph. Lour. Coch. 741. 3; Willd. Spec. IV. 646. 4; Poir. Enc. Sppl. I. 575. 5; Hassk. Clav.; Kth. Enum. III. 100. 29; Hsskl. Cat. 60. 6; id. plnt. Jav. 163. 102; Miq. Anal. II. 28; Dtr. Syn. V. 412. 29; — *P. moschatus* Rmph. Miq. Flor. III. 165. 20.

149. 79. „ **crumenatus** s. *Pandang corne* s. *Sene* s. *Sipa-sipa* s. *Kleba* — *Pandanus conoideus* Lam. Enc. I. 372. 4; Hassk. Clav.; Kal. mdpb. 160; — *P. crumenatus* Rmph. Kth. Enum. III. 98. 20; Dtr. Syn. V. 411. 20; Miq. Flor. III. 162. 12.

150. **Folium baggea verum** s. *Daun baggea* s. *Haun wassi* s. *Ima* s. *Imar* s. *Warcu ruru* s. *Arra* s. *Pandang wang* l. e. magnus — *Pandanus Baggea* Miq. Flor. III. 169. 5 (qui Bagea scribit.)

151. 80. 81. „ „ **maritimum** s. *Daun baggea* s. *Haun pantey* s. *Haun lagaulum* — *Pandanus dubius* Spreng. Hassk. Clav. (ubi „tab. 75" citatur); Kth. En. III. 95. 9; Dtr. Syn. V. 411. 8 (ubi „tab. 81" haud citatur); Miq. Flor. III. 159. 4; — *P. fascicularis* Lam. Enc. I. 372. 3 β. (ubi „tab. 81" tantum); Kth. Enum. III. 98. 17.

152. **Pandanus repens** s. *Caraja* s. *Leni* s. *Rene* — *Pandanus repens* Rmph. Miq. Flor. III. 165. 17.

153. 82. „ **funicularis** s. *Pandang tali* s. *P. merra* l. e. ruber — *Freycinetia strobilacea* Bl. Rmph. I. 156. 1; Hsskl. Cat. 61. 5 (ubi sphalmate strobilifera scribitur); Dtr. Syn. V. 412. 3; Prtz. Indx.; Miq. Flor. III. 168. 1.

154. „ **caricosus** s. *Pandang aper* l. e. aquosus s. *Lassimi* s. *Larkiahai* s. *Mustaya* — *Pandanus caricosus* Rmph. Kth. Enum. III. 98. 21; Hsskl. Flor. (B. Z.) 1842. Beibl. II. 13. 49; Id. Catal. 60. 7; Miq. Anal. II. 28; Dtr. Syn. V. 411. 21; Miq. Flor. III. 163. 13.

Tom. V. Lib. 7.

De funibus silvestribus & fruticibus reptantibus.

1. 1. **Folium Linguae** s. *Daun lida lida* s. *D. lidah malai* l. e. fol. os aperiens s. *Mada baria* s. *Salisou* s. *Sarisou* l. e. investigans os — *Bauhinia volubilis* Brm. Obs. ad Rmph. 3; — *B. scandens* L. (2947); Brm. Ind. 94; Lam. Enc. I. 389. 1; Willd. Sp. II. 508. 1; Hassk. Clav.; Pritz. Indx.; (opponent. DC. Prdr. II. 516. 38; Don Dichl. II. 462. 42); — *Phanera coccinea* Lour. Coch. 47. 1; — *Bauh. Lingua* DC. Prdr. II. 516. 39; Don Dichl. II. 46. 2; Dtr. Syn. II. 1477. 59; — *B. sp.?* Hsskl. Cat. 267. 15b; — *Phan. Linguae* Miq. Fl. I. 1. 67. 1.

2. „ „ **Itarra alba** — *Phanera glauca* Bnth. ? Hsskl.

3. 2. **Funis viminalis** s. *Lian* s. *Daun docku* s. *Tali bubat* s. *Bapa ary* s. *Warg lasian* l. e.

pag. tab.

funis millepedum — *Ventilago maderaspatana* Grtn. Willd. Sp. I. 1106. 1; Prs. Syn. I. 250. 1; Poir. Enc. VIII. 452. 1; Spreng. Gesch.; R. & S. V. V. 346. 1; Rxb. Flor. II. 413. 1; DC. Prdr. II. 38. 1; Don Dichl. II. 38. 1; Hassk. Clav.; W. A. Prdr. I. 164. 514; Dtr. Syn. I. 804. 1; Span. Tim. 187. 195; Prtz. Indx.

4. 3. **Funis quadrifidus** s. *Tali babar* i. e. funis asinarium s. *Hukiai* s. *Seruvary* — *Petraea volubilis* Sm. oppon. Schauer, qui ordinis alicui (nec *Verbenacearum*) typum habere declarat cf. DC. Prdr. XI. 620. spec. excl.; — *Illigera sp.* Teysm. in litt. — sed opponunt: „flosculi ex 6 minimis petalis constantes, intraque iis totidem stamina brevia, cum pistillo medio bifido" Rmph. cf. DC. Prdr. XV. I. 250. — Icon Rumphiana autem florem 5-merum ostendit, — an *Vitis sp.* ? Hsskl.

5. **Faba marina** s. *Parran* s. *Calembembe* s. *Killa* s. *Villaru* s. *Olli-ali* s. *Gonde* s. *Gandu* s. *Bambalu* s. *Ossil* s. *Saluru* s. *Pieras* s. *Kapihut*.

5. 4. „ [marina] **major** s. *Parrana major* — *Lens phaseoloides* Brm. Zeyl. 139; — *Mimosa scandens* L. (7665); Brm. Ind. 222; Lam. Enc. I. 10. 8; Lour. Coch. 798. 1; Prs. Syn. II. 263. 52; Poir. Enc. Suppl. I. 64. 127; — *Acacia scandens* Willd. Sp. IV. 1057. 22; — *Entada Pursaetha* DC. Prdr. II. 425. 3; Don Dichl. II. 391. 3; Hassk. Clav.; Kstl. mdph. 1350; Dtr. Syn. V. 460. 8; Prtz. Indx.; Miq. Flor. I. 1. 46. 1; — *E. Gandu* Hffmsg. Wlp. Rprt. I. 856. 6.

7. „ „ **nigra** s. *Parrana nigra* s. *minor* s. *Parran mitis* — *Entadae sp.* ? Hsskl.

9. 5. „ „ **rubra** s. „ *rubra* s. *Parran merra* — *Phaseoli sp.* ? Brm. Indx. alt. & Obs. ad Rmph.; Hassk. Clav.; — ? an *Mucunae sp.* Miq. Flor. I. 1. 227. 1; — *Derris spec.* Teysm. in litt.

10. 6. **Lobus litoralis** s. *Parrana parra* s. *nigra* s. *Parran kitsjil* s. *P. mette* s. *Mahon pantsji* i. e. herba virginalis litorea — *Lobus cartilagineus* Clus. sec. Rmph.; — *Phaseolus indicus lobis villosis pruritum excitantibus* Brm. (Zeyl. 191) Obs. ad Rmph. l. c. 11; — *Citta nigricans* Lour. Coch. 567. 1; — *Mucuna gigantea* DC. β. *nigricans* DC. Prdr. II. 405. 6; (ex Lour.); Don Dichl. II. 364. 5. β; — absque β. Hassk. Clav.; Kstl. mdph. 1303; Prtz. Indx.; Miq. Flor. I. 1. 213. 5 ? — *M. nigricans* Steud. Hsskl. Cat. 277. 3.

a. *nigra* & b. *maculata* a Rumphio distinguuntur seminibus nigris aut hepaticis et in fundo nigris maculis notatis.

10. „ „ **miniatus** s. *Parrana miniata* — *Leguminosa*, *Phaseolea* Hsskl.

11. 7. **Funis gnemoniformis** (Poir. Enc. VIII. 786.) s. *Tali gemmu* s. *Walisa* s. *Wariseu* s. *Culang bratar* — *Gnetum edule* Bl. nov. fam. 31; Hsskl. Cat. 70. 3; Bl. Rmph. IV. 6; Endl. Conif. 251. 3; Miq. Flor. II. 1068. 7.

12. 8. **Gnemon funicularis** s. *Gnemon tali* s. *Culan* s. *Sia wali* s. *wari* s. *abbal* — *Abrus indica* Lour. Coch. 775. 1; Kstl. mdph. 427; — *Thoa edulis* Willd. Hassk. Clav.;

pag. tab.

Pritz. Indx.; — *Gnetum funiculare* Bl. Rmph. IV. 7; Endl. Conif. 252. 4; Dtr. Syn. IV. 102. 4; Miq. Flor. II. 1068. 8.

13. 9. **Funis urens** s. *Tali api* s. *Daun api* s. *Rute api* s. *Hawari* s. *Gumi atoe* s. *Ampelias*.

a) *aspera* — *Tragia volubilis* L. Sp. I. (7102); Prm. Ind. 194; Poir. Enc. VII. 722. 1; Sppl. II. 683; Hassk. Clav.; — *T. scandens* L. emend. (7103. Obs.); Hassk. Clav.; Pritz. Indx.; — *T. hirsuta* Bl. Baill. Euph. 461. 22; 403.

b) *glabra* s. *femina* — ? ?

14. 10. „ *papius* s. *Papi* s. *Ayrpe* s. *Apape* s. *Gambir*.

a) *latifolius* s. *P. daun besaar* — *Cynanchum mauritianum* Lam. Enc. II. 236. 4*; — *Periploca mauritiana* Poir. Enc. V. 188. 2; Prs. Syn. I. 271. 2; R. S. S. V. VI. 127. 2; Hassk. Clav.; Dtr. Syn. II. 882. 2; Pritz. Indx.; opp. Decne. DC. Prdr. VIII. 493. 1; — *Streptocaulon mauritianum* Don Dichl. IV. 162. 7.

15. 11. b) *parvifolius* — *Cynanchum mauritianum* Lam. Enc. II. 236. 14*; — *Periploca mauritiana* Poir. Enc. V. 188. 2 ?; R. S. S. V. VI. 127. 2 ?; — *Cyn. tenellum* Lam. ? Hassk. Clav.; — *Streptocaulon mauritianum* Don Dichl. IV. 162. ??

15. c) *rugosior* — *Willughbeiae* (an *W.* ? *firma* Wild.?) aut *Melodini* sp. ? Hasskl.

16. 12. **Funis crepitans** s. *Tali tacu teru* — *Periploca* s. *Apocynum scandens* Brm. Obs. ad Rmph. l. c. 17; — *Cosmia* Hassk. Clav.; — *Apocynum* Teysm. in litt.

17. „ „ *littorea* — *Apocynum* ?

17. 13. **Lacca lignum** s. *Caju lacca* s. *Tarre djanpea* s. *Kangarhio* s. *Batari* — *Erythroxylum* Brm. Ind. alt. Hassk. Clav.; — *Dalbergia Zollingeriana* Miq. Teysm. in litt.

18. „ „ **rubrum** — ? ?

20. „ „ **femina** — ? ?

20. „ „ **e Java** — Arbor alta ?

21. 14. **Spina vaccarum** s. *Duri carbau* i. e. spina bubalorum s. *Tali* (funis) *carbau* s. *Wari mattin* i. e. funis nigra — ?? Poir. Enc. VIII. 786: Wari mattin; — *Artabotrys suaveolens* Bl. Fl. Jav. Anon. 62; Kstl. mdph. 1710; Hassk. Clav.; Wlp. Rprt. I. 81. 3; Hook. Thms. Flor. I. 129. 5; Pritz. Indx.; Miq. Flor. I. II. 39. 4 (ubi „p. 14" tantum cit.).

22. 15. 2. **Cudranus bimanus** s. *javanus* s. *Cudrang* s. *Kudrang* s. *Cadrao* s. *Tschira* s. *Mesjova bula* s. *Aurel akhar* i. e. limones silvestres — *Trophis aspera* Rtz. Obs. V. 30. 86 ?; — *T. spinosa* Rxb. Poir. Enc. V. 310; Willd. Sp. IV. 734. 4; Prs. Syn. II. 613. 4; Spreng. Gesch.; — *ejusd. var.* ? Hassk. Clav.; — *Cudrania javanensis* Trec. Wlp. Ann. I. 661. 1; Dtr. Syn. V. 386. 1; — *Maclura javanica* Miq. (in Zoll. sine. Verz. 89) Bl. Mus. II. 83. 238; Miq. Flor. I. II. 290. 1.

22. 15. 1. „ **amboinensis** s. (nom. indig. eadem ac praecedentis) — *Trophis aspera* Rtz. Obs. V. 30. 86 ?; — *Tr. spinosa* Rxb. Hassk. Clav.; Hasskl. Cat. 78. 1; Pritz. Indx. (qui fig. haud indic.); — *Cudrania javanensis* Trec. Wlp. Ann. I. 661. 1;

Dtr. Syn. V. 566. 1: — *Maclura amboinensis* Bl.[*] Mus. II. 84. 230; — *Cudranus amboinensis* Rmph. Miq. Fl. I. ii. 290. 1.

24. **Limonellum litoreum** s. *Assal obbat* — ? ?

25. 16. **Cudranus amboinensis silvestris** s. *Cudrang utan* s. *Kekechitj* — *Morella rubra* Lour. Coch. 670. 1. aff. ?; Poir. Enc. Sppl. V. 645; Hassk. Clav.; — *Arrowina rubra* Poir. Enc. Sppl. I. 476. 2 ?; Hassk. Clav. absq. ?; — *Cudranus forensis* Trec. Wlp. Ann. I. 661. 1; Dtr. Syn. V. 566. 1; — *Maclura amboinensis* Bl. Mus. II. 84. 230; — *Cudranus amboinicus* Rmph. Miq. Flor. I. ii. 290. 1.

25. **Limonellum fruticulosum montanum** s. *Uaw ceri seron* — *Pisonia Limonella* Bl. Bijdr. 733; Hassk. Clav.; Hskl. Cat. 306. (86); 398. 1; DC. Prdr. XIII. ii. 446. 26 (ubi tb. 16 citatur „sed synonymia ista ex icone nobis incertior videtur" Chois.; — *P. aculeata* L. Span. Tim. 342. 705 (absq. pag. indic.); — *P. villosa* Poir. ? Miq. Flor. I. i. 989. 1 ?

26. 17? **Camunium vulgare** s. *amboinense* s. *Camuneng* s. *Caju mani* s. *Cay muni* s. *Tajeme tejera* — *Chalcas* Brm. Ind. 104; — *Ch. paniculata* L. (3091); Lour. Coch. 331. 1; Lam. Enc. I. 689. 1; Poir. Enc. Sppl. II. 67; V. 594; Röm. Hesper. 49. 3; — *Murraya paniculata* Jck. DC. Prdr. I. 537. 2; Don Dichl. I. 585. 2; Hassk. Clav.; Dtr. Syn. II. 1410. 2; — *M. sumatrana* Rxb. W. & A. Prdr. I. 95. 337. (Ico mala quoad folia dicitur); Kstl. mdph. 1996; Miq. Fl. I. ii. 523. 2. (ubi tab. male dicitur); — *M. scandens* Hskl. (*)

27. 17? „ **javanicum** s. (nom. indigena eadem) — *Murraya paniculata* Jck. Wll. in Rxb. II. 427.

28. „ **e Marassar & Mandar** s. *Camuneng tato* — ? ?

28. 18. 1. „ **sinense** s. *Tajtolang* — *Camunium sinense* Rmph. Rxb. Fl. II. 425; — *Vitex pinnata* L. Lam. Enc. II. 614. Obs., an Rhoi sp.? — *Aglaia* Lour. Juss. Mem. Mallac. 93 (absq. indicatione tomi, pag. & tab.); Spreng. Gen. 2022; Endl. Gen. 5524; — *A. aff.* Poir. Enc. Sppl. I. 243; — *A. odorata* Lour. Coch. 216. 1; Wll. in Rxb. Fl. II. 426. Obs.; DC. Prdr. I. 537. 1 (uti Endl. absq. signif. fig.); Spreng. S. V. c. p. 250. 1; Don Dichl. I. 586. 1; Hassk. Clav.; Hskl. Cat. 220. 1; Röm. Hesp. 97. 1 (ubi tom. VII. citat.); Miq. Fl. I. ii. 543. 1.

29. 18. 2. „ **japonicum** s. *Camuneng japon* s. *Ani-ion* — *Vitex pinnata* L. Dm. amb. (4640 Obs.) sed male cf. Lour. Coch. 475. 3 Obs.; — *Chalcas japonensis* Lour. Coch. 332. 2; — *Murraya* (Poir. Enc. Sppl. V. 594) *exotica* L. Lam. Enc. IV. 384. 1; Willd. Sp. II. 548. 1; Prs. Syn. I. 466. 1; Spreng. Gesch.; Don Dichl. I. 586. 1; Hassk. Clav.; W. & A. Prdr. I. 94. 335; Dtr. Syn. II. 1410. 1; Hskl. Cat. 215.

---

*) Rmph. Truncus arboreus, foliis in longum … [illegible]

pag. tab.

I; Prits. Indx.; Miq. Fl. I. ii. 594. 1; — *Aglaia* Lour. Poir. Enc. Sppl. I. 243; II. 68; Spreng. Gen. 2622; — *Mart. japonensis* Röm. Hesp. 48. 2 (ubi tom. VII. cit.).

30. 19. **Cortex consolidans** (Poir. Enc. VI. 67.) s. *Caju rapat* i. e. lignum nexosus. — *Aperyuea* ? Hsskl.

32. 20. **Pulassarium verum** s. *Pulassari* s. *Parassac* — *Alyxia stellata* Rxb. Flor. II. 539; Hassk. Clav.; DC. Prdr. VIII. 346. 15; Miq. Flor. II. 407. 1. (h. ed. var. γ. pro tim.); — *A. laurina* Gaud. Frcl. Bpt. 141; Kell. mdph. 1078; Don Diehl. IV. 98. 6. ex Gaud. (oppos. Decsn. in DC. Prdr. VIII. 347. 8.)

33. „ **spurium** — ? ? *Aperyuea* ? Hsskl.

34. 21. **Funis pulassarius** s. *Tali pule* — *Aperyuea* Poir. *Tabernaemontanae* aff. Poir. Enc. V. 737: Pule; — *Tabernaemontana* ? Lam. Hssk. Clav.; — *Chilocarpus* sp. Teysm. in litt.

35. 22. **Tuba baccifera** s. *Cocculi indici* s. *Tuba* (*) *bidji* s. *Tuba* s. *Tuba tusi* s. *Camaru ba-bua* s. *Mehu hôd* s. *Bori* s. *Tuba* s. *Boprodu* s. *Bun prada* — *Menispermum Cocculus* L. (7486); Brm. Ind. 216; (opp. Poir. Enc. Sppl. V. 372 (ubi „tab. 89"); — *M. lacunosum* Lam. Enc. IV. 98. 13; Pers. Syn. II. 628. 20; *β.* Poir. Sppl. V. 372; — *M. tuberculatum* Lam. *β.* Lam. Enc. IV. 96. 5; — *Cocculus lacunosus* DC. Syst. I. 519. 11; DC. Prdr. I. 97. 11; Don Diebl. I. 105. 15; Kell. mdph. 498; Hasch. Clav.; Prits. Indx.; — *C. suberosus* DC. W. A. Prdr. I. 11. 41; — *Anamirta Cocculus* W. & A. Prdr. I. 446. 41; Miq. Fl. I. ii. 78. 1.

37. 23. „ **radicum alba** s. *T. akar puti* s. *Tuba* s. *Djumarut* s. *Bohoia* — *Millettia sericea* W. A. (cf. Miq. Flor. I. i. 153. 1.)

38. „ „ **nigra** s. *terrestris* s. *Tuba mitte* s. *T. abbal* — *Dalbergiea quaedam* Hsskl.

39. 24. „ **Sava** s. *Folium lunatum majus* s. *Daun bulang* i. e. folium lunae s. *Tali uning* i. e. funis flavus s. *Wari* s. *Wali bulang* s. *Sulamu ambon* s. *Caju kabata* — *Fibraurea tinctoria* Lour. Coch. 769. 1; Poir. Enc. Sppl. II. 643 ?; Hassk. Clav.; — *Menispermum flavescens* Lam. Enc. IV. 98. 12; Prs. Syn. II. 628. 10; — *Cocculus flavescens* DC. Syst. I. 520. 15; DC. Prdr. I. 97. 16; Bl. Bijdr. 42; Kell. mdph. 499; Don Diehl. I. 106. 19; Hassk. Clav.; Prits. Indx.; Hsskl. Cat. 172. 14; — *C. suberosus* DC. W. A. Prdr. I. 11. 41 ?; — *Anamirta Cocculus* W. A. Prdr. I. 446. 41 ?; — *A. flavescens* Miq. Fl. I. ii. 79. 2 (ubi pag. 35 citatur); cf. Hook. Thms. Flor. I. 188. Obs.

40. 25. I. **Folium lunatum minus** s. *Gamsi* s. *Daun bulan kabala* s. *Wali bulan kabala* s. *Gami gunati* i. e. funis lentus — *Menispermum carolinum* L. (7487); — *M. glaucum* Lam. Enc. IV. 100. 17; — *M. Cocculus* Willd. Sp. IV. 825. 7; Prs. Syn. II. 627. 7; —

*) „Tuba [illegible]".

pag. tab.

Cornutus glaucus DC. Syst. I. 521. 16; DC. Prdr. I. 97. 16; Don Diebl. I. 406. 20; Kstl. mdph. 490; Hassk. Clav.; Miq. Fl. I, II. 89. 6.

41. 25,2. **Tuba alliquum** s. *T. parampum* i. e. femina s. *Cammbai* v. *Tuba abbal* s. *Camut* — *Derris Forsteniana* Bl. Miq. Fl. I, I. 144. 7. & 348. add.

42. 26,1. **Pharmacum magnum vulgare** (in descrpt. tab.) s. *Soulamu tali* i. e. funis s. *Gumi mamadi* i. e. funis amarus s. *Tali pupi* s. *Siri pupi* s. Piper Betle amarum — *Saururus sp.* Brm. Obs. ad Rmph. p. 41; — *Piper longum* Plnckn. Brm. Obs. ad Rmph. p. 41; — *Piper sp.* Hassk. Clav.; — *Chavica officinarum* adfin. ? Miq. Fl. I, II. 444. 17. Obs.

42. 26,2. „ „ **parvifolium** (in descrpt. tab.) — (nom. indigena eadem ac praeced.) — *Piperacea* Hsskl.

42. „ „ **marinum** s. *Marilaja laut* — (nom. indigena eadem ac praeced. — *Piperacea* Hsskl.

43. **Gumi anan** s. *Sulalus funicularis* s. *Sulalo tali* — ? ? cf. *Hedera silvatica* IV. p. 81.

45. 27. **Sirium decumanum** s. *Siri tallan* s. *Ammelano tallan* — *Piper qui Saururus* Brm. Zeyl. 193; — *P. decumanum* L. (236); Brm. Ind. 14; Poir. Enc. V. 466. 20; Sppl. V. 159; Prits. Indx.; — *P. methysticum* Frst. Wild. Sp. I. 161. 13 ?; R. S. S. V. Mnt. I. 214. 107 ex Rxb.; — *P. majusculum* Bl. En. 71. 25; Hassk. Clav.; Kstl. mdph. 453; Dtr. Spec. I. 687. 170; Dtr. Syn. I. 122. 324; Hsskl. Cat. 71. 15; — *Chavica majuscula* Miq. Syst. 271. 30; Miq. Fl. I, II. 445. 21; (contat.) Miq. Annal. Lgd. Bat. I. 134. 1; — (tab.) *Ch. Rumphii* Miq. Ann. Lgd. Bat. I. 134. 1. & 141. 9.

45 „ „ **album** s. *Siri seytan* i. e. S. diaboli s. *S. swangi* s. *Ammelano tallan putti* i. e. album s. *A. s. mamari* i. e. magorum s. *A. sita* i. e. diaboli s. *Tjasra mabido* — *Piper album* Vhl. En. I. 334. 65; Poir. Enc. Sppl. IV. 457. 103; Hassk. Clav.

46. 28,1. „ **arborescens tertium** s. *Macropiper silvestre* s. *Siri utan* s. *Tejabe utan* i. e. Piper longum silvestre s. *Siri utan babau* i. e. odoratum s. *Ammelano tallan lean mena* i. e. sirium silvestre angustifolium s. *A. madia* i. e. sardarum s. *Cama madia* i. e. idem. — *Saururus foliis septemnervis oblongo-acuminatis* Brm. (Zeyl. 193) Obs. ad Rmph.; — *Piper arborescens* Rxb. R. S. S. V. Mnt. I. 240. 107; Bl. En. 67. 12; Dtr. Spec. I. 679. 152; Hassk. Clav.; Kstl. mdph. 450; Dtr. Syn. I. 121. 306; Hsskl. Cat. 72. 37; Prits. Indx.; Miq. Flor. I, II. 452. 4.

48. „ „ „ **alterum** s. *Macropiper silvestre femina* s. *Tejabe utan lemaran* — *Piperacea* ? ? Hsskl.

49. 28,2. **Piper caninum** s. *Lada andjing* — *Piper silvestre* Lour. Coch. 38. 2 ?; Lam. Vhl. En. I. 326. 45; R. S. S. V. I. 305. 75 (oppos. Lnk. R. S. S. V. Mnt. I. 236. 75); Sprng. Gesch.; Miq. Comment. 20. 1; — *P. Cubeba* Vhl. R. S. S. V. Mnt. I. 238. 102 ex Wll.; — *P. caninum* Rmph. Bl. En. 72. 26; Dtr. Spec. I. 681. 156;

pag. tab.

Hassk. Clav.; Dtr. Syn. I. 121. 310; Miq. Comment. 17; — *Cubeba canina* Miq. Piq. 293. 6; Flor. I. II. 449. 5.

49. **Sirioides** s. *Sirium* [illegible] s. *Tali siri* s. *Wale ammelann* l. e. funis sirifolius s. *Aywali amali* s. *Acaar pamoli* l. e. radix contra vertiginem magicae — *Piperacea* Hassk.

50. 29.1. **Sirioides alter** s. *Wari amme* l. e. funis sirioides s. *Tali siri kitjil* l. e. parvus funis sirioides — *Strychnos* [illegible] Lamk. Kstl. Ondph. 1074; — fructus plerumque 1-, nunc 2—4-spermi ostendunt Rumphium, qui hunc cum *St. colubrina* comparat.

51. 29.2. **Flos pergulanus** (ob usum ad umbracula pergulae) s. *Pele bajedangan* s. *Pisse dangan* — *Pergularia glabra* L. (1747) (cf. R. Br. Verm. Schrft. II. 370); Willd. Sp. I. 1247. 1; Poir. Enc. V. 184. 1; Spreng. Gesch.; Pritz. Index.; — *Vallaris pergulanus* Brm. Ind. 51; Don Dichl. IV. 79. 1 (ubi fig. haud indic.); Dtr. Syn. I. 852. 1; Hassk. Cat. 128. 1; DC. Prdr. VIII. 399. 1; — *Emericia pergularia* R. S. S. V. IV. 401. 1; — *Vallaris ovalis* Miq. Flor. II. 427. 2; — *Vallaris* N. L. Brm. R. Br. Verm. Schr. II. 401; Endl. Gen. 3416; Mns. Gen. II. 179. 50.

52. 30. „ **manorae** s. *Bonga manoor* s. *Sope manure* s. *Cambang melati* s. *Bonga gambir* s. *Cape puti* s. *Melati* s. *Bulu* s. *Bonga* [illegible] s. [illegible] — *Jasminum limonifolio conjugato flore odorato pleno vario* Brm. (Zeyl. 128) Observ. Rmph. 55; — *Nyctanthes caule volubili foliis subcordatis acutis* L. Cliff. Brm. Observ. l. c.; — *N. Sambac* L. (39); Lour. Coch. 25. 1; Pritz. Index.; — *Mogorium Sambac* Lam. Enc. IV. 210. 1; — *Jasminum Sambac* Ait. Willd. Sp. I. 35. 1; Prs. Syn. I. 7. 1; Dtr. Sp. I. 209. 1; Hassk. Clav.; Kstl. Ondph. 1007; Spam. Tim. 330. 636; Hassk. Cat. 117. 1; Miq. Fl. II. 542. 40; — *J. S. α. verum* DC. Prdr. VIII. 301. 1. α. (ubi tom. IV. tb. 60 cit.).

53. 30. A. „ „ **plenus** s. *Bonga manoor tandju lapis* l. e. 7-lobus — *Jasminum Sambac* Ait. var. *grandiflora plena* R. & S. V. Mnt. I. 85. 1. 3; — *J. S. β. flore duplo* Don Dichl. IV. 58. 1. β; (R. S. S. V. Mnt. I. 85. 1. 2. forte potius ad antecedentem duci potest).

54. **Jasminum litoreum** (nec II. cf. p. 86. t. 46.) — *Jasminum* ? Hassk.

56. 31. **Flos caeruleus** s. *Bonga biru* s. *B. [illegible]* l. e. clitoridis s. *B. [illegible]* s. *B. [illegible]* l. e. flos cortex [illegible] s. *Saja [illegible]* l. e. flos clitoridis s. *[illegible]* l. e. Clitoris principissae — *Flos clitorius flore coeruleo* Brm. (Zeyl. 100) Obs. ad Rmph. 57; — *Clitoria Ternatea* L. (5346); Brm. Ind. 162; Lam. Enc. II. 50. 1; Lour. Coch. 555. 1; Willd. Sp. III. 1068. 1; Prs. Syn. II. 303. 1; DC. Prdr. II. 233. 2; Don Dichl. II. 215. 2; Hassk. Clav.; W. A. Prdr. I. 205. 641; Kstl. Ondph. 1868; Hassk. Flor. (B. Z.) 1842. Beil. II. 57. 2; Hassk. Cat. 275. 1; Dtr. Syn. IV. 1166. 2; Hassk. plnt. Jav. 375. 271; Pritz. Index.; Miq. Fl. I. l. 226. 1. (in [illegible]).

57. 32. **Abrus frutex** s. *Abrus* s. *A. Alpini* s. *Saga* (*) s. *Condori* s. *Condorin parvum* s. *Ida ide*

*) Apud Rumphium „Saga“ scribitur, sed „g“ [illegible] „c“ [illegible]

pag. tab.

malacca i. e. oculi stacorum s. Aglaru pidjar i. e. granula obturationi inservientia s. Aglaium s. Cafu bale s. Tajeutja s. Tajeutiji s. Zangal i. e. pupilla oculi s. Tajrudi kako — Oculus indicus, Abrus Alpino dictus, fructu coccineo, macula nigra notato Brm. Zeyl. 177 et Observ. ad Rmph. 60; — Glycine Abrus L. Sp. Brm Ind. 161; — Abrus precatorius L. (5168); Lam. Enc. I. 3; Lour. Coch. 520. 1; Wlld. Sp. III. 911. 1; Prs. Syn. II. 295. 1; DC. Prdr. II. 381. 1; Don Dichl. II. 349. 1; Hassk. Clav.; W. & A. Prdr. I. 236. 726; Kstl. mdph. 1293; Spon. Tim. 196. 264; Wlp. Rprt. I. 791. 2; Hsskl. Cat. 282. 1; Dtr. Syn. IV. 1219. 1; Prits. Indx.; Miq. Fl. I. r. 169. 1.

60. 33. **Viscum amboinicum** I. s. album s. Tap barang s. Mana taya s. Mana tay; quae nomina omnia avium fimum significant, s. Cafu pali i. e. lignum crassivirens; b. Sappa silan — Dendrophthoe indica Desr. ? s. D. incarnata Mrt. ? Miq. Fl. I. r. 840. 25. Obs. (ubi tab. 32 cit.).

61. „ „ II. s. rubrum — Macrosolen avenius Miq. Flor. I. r. 827. 2 ? Hsskl.

62. „ „ III. — Macrosolen macrophyllus Miq. aut affin. ? Hsskl. (cf. Miq. Fl. I. r. 829. 7).

63. 34. 1. **Funis uncatus latifolius** s. Daun gatta gambir parampuan i. e. femina s. Bona ratapa s. Lyrium indicum s. Kay Kagi s. Kakahil s. Kakahar i. e. hamorum funis s. Jid fulu s. Gatta gambir — Uncariae montanae Lam. habitu simil. Poir. Enc. Sppl. II. 72; — Nauclea longiflora Poir. Enc. Sppl. II. 685. IV. 63; R. & S. S. V. V. 219. 7; — N. acida Hunt. Dtr. Syn. I. 791. 30; — Uncaria acida Rxb. DC. Prdr. IV. 347. 2; Hassk. Clav.; Don Dichl. III. 470. 2 (cf. Lour. Coch. 126. 1. Obs.); Prits. Indx.; Miq. Fl. II. 144. 6.

64. 34. 2. „ „ **angustifolius** s. Daun gatta gambir lacki lacki i. e. mas s. Kakahir — Uncaria (Nauclea Hunt. Poir. Enc. Sppl. IV. 64. 9; Dtr. Syn. I. 791. 29) Gambir Rxb. Flor. II. 126; DC. Prdr. IV. 347. 1; Don Dichl. III. 469. 1; Hassk. Clav., sed dubitat Miq. Fl. II. 145. 9; — U. ferrea DC. ? Miq. Flor. II. 150. 18. Obs.

65. 34. 3. „ „ **lan(ugin)osus** s. Daun gatta gambir bulu bulu s. Tali ayer i. e. funis aquosus s. Kakahir s. Akar mas s. Kakallo s. Cohebba magolo tafiffi i. e. aquilae ungues — Uncaria (Nauclea Hunt. Dtr. Syn. I. 791. 29.) Gambir Rxb. Flor. II. 126; R. & S. S. V. 219. 8; DC. Prdr. IV. 347. 1; Don Dichl. III. 469. 1; — U. (Nauclea Poir. Dtr. Syn. I. 791. 34 (ubi tb. 34. 4 citat.)) lanosa Poir. Enc. Sppl. IV. 64. 8; Wll. in Rxb. Fl. II. 130 add.; DC. Prdr. IV. 348. 6; Hassk. Clav.; Kstl. mdph. 583; Miq. Flor. II. 148. 12.

66. 35. 1. „ **muraenarum mas** s. rubra s. Tali morea s. Wali malabu laun mana i. e. parvifolia s. Wari marabu (malabu s. marabu s. malanas = anguilla) — Melastoma crispata L. (3079); Brm. Ind. 105; Lam. Enc. III. 56. 15; Wlld. Sp. II. 595. 57; Prs. Syn. I. 476. 104 (ubi fig. haud indicat.); Poir. Enc. Sppl. II. 685; DC. Prdr. III. 147. 26 (ubi tom. VI. indic.); Prits. Indx. (absq. fig. indic.); — Medinilla cris-

pag. tab.

pata Bl. Flor. (B. Z.) 1831. 517. 19; Don Dichl. II. 770. 20; Hassk. Clav.; Kstl. mdph. 1613; Bl. Rmph. I. 11; Dtr. Syn. II. 1456. 20; Wlp. Rprt. II. 143. 19; Miq. Flor. I.i. 547. 30 (ubi tom. VI. cit.)

67. 36.2. **Funis muraenarum femina** s. *glabra* s. *Tali moras* et nomina plurima antecedentis = *Melastoma* Hassk. Clav.; — *Medinilla macrocarpa* Bl. Flor. (B. Z.) 1831. 510. 5; Don Dichl. II. 776. 6; Kstl. mdph. 1613; Bl. Rmph. I. 14; Dtr. Syn. II. 1455. 6; Wlp. Rprt. II. 142. 5; Miq. Fl. I.i. 544. 21 ?

67. „ „ III. s. *Wali molucca laut* l. e. latifolia s. *Ayloma nya* l. e. herba serpentum — *Medinilla crassinervia* Bl. Flor. (B. Z.) 1831. 510. 4; Don Dichl. II. 776. 5 ?; Bl. Rmph. I. 15; Miq. Flor. I.i. 545. 22 ?

68. 36. „ „ **latifolius** s. *Tali ayer* l. e. funis aquosus — *Melastoma octandra* L. Dm. amb. (3078) cf. Miq. Flor. I.i. 545. 22 ?; — *Conocephalus* sp. Teysm. in litt.

69. 37.1. „ **convolutus** s. *Tali barampoi* s. *Wali abuun* s. *T. dingin* l. e. funis refrigerans s. *Tatoru tada* — *Adenanthera* sp. ? Lam. Enc. II. 76. 2. Obs.; — *Derris montana* Bnth. aut aff. ? Miq. Fl. I.i. 145. 10 ? & 349. add.

70. 37.2. **Clompanus funicularis** s. *Tali barampoi mera* l. e. ruber s. *Wari abuun* s. *W. ... —* *Clompanus paniculata* Aubl. Lam. Enc. II. 76. 2. Obs.; — *Millettia* sp.? Miq. Fl. I.i. 349. (157).

71. 38. **Quisqualis** l. e. boedanig ling. ... ob similitudinem cum *Udani* s. *Sussan Tejil* — *Quisqualis pubescens* Brm. Ind. 104; Hasskl. Cat. 264. 1; Pritz. Indx.; — *Q. indica* L. (3065); Murr. Prs. Syst. 431; Willd. Sp. II. 579. 1; Prs. Syn. I. 470. 1; Sprng. Gesch.; DC. Prdr. III. 23. 1; Don Dichl. II. 667. XV. & 1; Hassk. Clav.; W. A. Prdr. I. 316. 982; Kstl. mdph. 1499; Dtr. Syn. II. 1172. 1; Span. Tim. 203. 345; Wlp. Rprt. II. 68. 1; Hasskl. Flor. (B. Z.) 1844. 607; de Vriese, plat. Ind. 154. 341; Miq. Fl. I.i. 610. 1; — *Q. glabra* Poir. Enc. VI. 43. 2; Hassk. Clav.; — *Quisqualis* Rmph. L. Endl. Gen. 6069.

124. „ **...** s. *flore pleno* — ? ?

73. 39.1. **Sinapister** s. *Tali sawawi* l. e. funis sinapios s. *Wali sasawi* s. *W. puti* l. e. albus — *Petraeovitex Roxburghii* Wll. ? ex icone Rheedei, quam Rumphius dubius hic citat; — *Carumia* sp. Teysm. in litt.

74. „ **minor** s. *Wale puti* — ? ?

74. 39.2. **Amara litorea** s. *Perio laut* s. *Papariban laut* s. *Utta waha* l. e. olus javanum — *Croton* sp. Brm. Ind. alt.; Hassk. Clav.; — *Aerua* ... Poir. Enc. V. 1: Paparian; — *Zizyphus timoriensis* DC. Teysm. in litt.

75. 40.2. **Olus crudum minus** s. *parvifolium* s. *Sajor papa daun kitjil* s. *Uta mutu (4)* s. *Gara manaddi* l. e. sajor amarum — *Apocynum reticulatum* L. (1767); Murr. Syst. 268. 8; Lour. Coch. 208. 1; Murr. Prs. Syst. 271. 8; Willd. Sp. I. 1261. 10 (ubi Poir. absque fig. indic.); Poir. Enc. Sppl. I. 407. 16; IV. 140; Sprng. Gesch.; R. & S. S. V. IV.

pag. tab.

406. 7; Hssk. Clav.; Don Dichl. IV. 81. 7; Dtr. Syn. I. 653. 9; Pritz. Indx. (absq. fig. indic.); — A. indicum Lam. Enc. I. 211. 4; (cf. R. & S. l. c.); Hssk. Clav.; Kstl. mdph. 1058; — *Gymnema tingens* W. A. Contrib. 45. 7 ?; Dtr. Syn. II. 896. 8; — *Bidaria tingens* Decsn. ? DC. Prdr. VIII. 623. 1; Miq. Flor. II. 497. 2 ?

76. 40. 1. **Olus crudum majus** s. *longifolium* s. *Sajor pepe daun banaar* — *Cansjera* L. Brm. Indx. alt.; Hssk. Clav.; — *Marsdenia angustifolia* Wght. Contrib. 40. 3 ?; Don Dichl. IV. 131. 13 ?; DC. Prdr. VIII. 614. 6 ?; Miq. Fl. II. 492. 3 ? — *Pergularia angustifolia* Dtr. Syn. II. 824. 17 ?

77. 41. 1. **Funis tertianarius major** s. *Wari babon* s. *Tali babat* s. *Uüe wanai* s. *Funis niger latifolius* — *Artabotrys* sp. Teysm. in litt.

77. 41. 2. „ „ **minor** s. *Wari merâra* s. *Tali item daun kitsjil* l. c. funis niger parvifolius — *Cansjera* Brm. Indx. alt.; Hssk. Clav.; — *Menispermum affin.* ! Lam. Enc. IV. 103. Obs.

78. 42. „ **muraenarum latifolius** s. *Tali pisang* s. *Wali mone* l. c. funis rottangiformis s. *Wali metie* l. c. funis niger s. *Sahid mutira* — *Uvaria zeylanica* L. (3987); Brm. Ind. 124; Lam. Enc. I. 596. 3; Willd. Sp. II. 1261. 1 (ubi uti apud Prs. „tom. IV." cit.); Prs. Syn. II. 94. 1; Poir. Enc. Sppl. II. 685; Prtz. Indx. (appen. Don Dichl. I. 92. 1); — *Unona Musaria* Dun. DC. S. V. I. 486. 2; DC. Prdr. I. 89. 2; Bl. Bijdr. 39; Don Dichl. I. 93. 2; Dtr. Syn. III. 299. 2; — *Uvaria hirsuta* Bl. Fl. Jav. Anon. 22; Hssk. Clav.; — *U. macrophylla* Rxb. W. A. Prdr. I. 9. 29 not.; — *U. moluccana* Kstl. mdph. 1707.

78. „ „ **angustifolius** s. (nom. indig. eadem ac praecedentis) — *Unona Narum* Dun. ? DC. S. V. I. 488. 1 ? — *Unona argentea* Bl. Fl. Jav. Anonac. 24 ? Hssk. Clav. (absque ?); Wlp. Rprt. I. 78. 29 ? — *U. grandiflora* Rxb. W. A. Prdr. I. 9. 29 ?

79. „ **dentarius** s. *Tali gasaegigi* s. *Asaiks* l. c. dentifricium s. *Lahae* — *Uvaria littoralis* Bl. ? s. *U. latifolia* Bl. ! Hssk. Clav.

79. „ „ **niger** s. *Aua ihe metira* — ? ? fructibus oblongis edulibus.

80. 43. 1. **Madarum silvaticum latifolium** s. *Wali banaar* s. *W. lani ela* — *Ficus* sp. scandens Hsskl.

80. 43. 2. „ „ **parvifolium** s. *Wali laua moun* — *Ficus* sp. scandens Hsskl.

80. „ „ **vagum** s. pilosum s. *Wali heri* s. *Tombus toli* — *Ficus* sp. scandens Hsskl.

81. „ „ IV. s. *Wali* s. *Wali metie* — *Salulo funicularis* Rmph. V. p. 43. cap. 23 (nec 42 uti in Rmph. cit.).

82. 44. 1. **Funis felleus** s. *Patra waly* s. *Brutta waly* s. *Andra w.* s. *Anda w.* l. c. amarus s. felleus funis — *Menispermum crispum* L. (7480); Brm. Ind. 216 (qui uti Miq. „Fne. quadr." citat); Willd. Sp. IV. 827. 12; Prs. Syn. II. 627. 11; Poir. Enc. Sppl. II. 685; Sprng. Gesch.; Pritz. Indx.; — *M. tuberculatum* Lam. Enc. IV. 96. 6; — *Cocculus*

pag. tab.

crispus DC. S. V. I. 521, 7; DC. Prdr. I. 97. 17; Don Dichl. I. 106. 21; Hassk. Clav.; Kstl. mdph. 499; Hsskl. Cat. 172. 6; — *Tinospora crispa Miers.* Miq. Fl. I. ii. 77. 1 (qui lapsu calami *funem quadrangularem* citat cum „pag. 83." sed locum justum).

82. **Serratula amara parvifolia** s. *Daun cucureng* s. *Ampadu tana* l. e. felle terrae — *Compositae scandens* quaedam Hsskl.

83. 44. 2. **Funis quadrangularis** — *Cissus quadrangularis* L. (955); *Lour.* Coch. 106. 3; Lam. Enc. I. 30. 4; Willd. Sp. I. 657. 8; Prs. Syn. I. 143. 9; Poir. Enc. Suppl. II. 685; R. & S. S. V. III. 310. 13; DC. Prdr. I. 628. 14; Don Dichl. I. 690. 14 (qui ad DC. fig. haud indic.); Hassk. Clav.; Kstl. mdph. 1198; Dtr. Syn. I. 500. 1 (absq. fig. indic.); Span. Tim. 184. 160; Hsskl. Cat. 166. 8; Miq. Flor. I. ii. 608. 22; — *Vitis quadrangularis* Willd. W. & A. Prdr. I. 125. 410; (Miq. Ann. Lgd. Bat. I. 86, 41.)

83. „ **plagula** s. *Utu mina* l. e. pingue olus — *Euphorbiaceae* quaedam ? Hsskl.

84. 45. **Funis arborum minor** s. *Wali kitjil* s. *W. tana mena* — *Hederae arboreae* accedens Brm. Obs. ad Rmph. 86; — *Ficus sp.* scandens Hsskl.

84. „ „ II. **alba** — *Ficus sp.* scandens Hsskl.

85. „ „ III. **odorata** s. *Wali bawar* l. e. W. mangiferus — *Ficus sp.* ? scandens Hsskl.

85. „ „ IV. **minima** — ? ?

86. 46. **Jasminum litoreum** II. (I. cf. p. 51) s. *Pharmacum litoreum* s. *Gambir laut* s. *Wapele* s. *Wale pati lohalu* l. e. funis litoreus albus s. *Biridjeru* l. s. aquarum ara — *Jasminum glandiferum foetidum* Brm. Zeyl. 127; — *Volkameria inermis* L. (4631); Brm. Ind. 138; Lour. Coch. 471. 1; Willd. Sp. III. 383. 3; Prs. Syn. II. 144. 4; Poir. Enc. VIII. 688. 1; Hassk. Clav.; — *Clerodendron inerme* Grtn. Kstl. mdph. 881; Span. Tim. 329. 561; Hsskl. Cat. 135. 1; Dtr. Syn. III. 616. 2; Wlp. Rprt. IV. 112. 58; DC. Prdr. XI. 660. 7; Miq. Flor. II. 868. 1.

88. 47. 1. **Rubus moluccus parvifolius** s. *Kuru hitu* l. e. gallus cucuriens s. *Gonggong* s. *Gohunggong* — *Rubus parvifolius* L. (3757); Brm. Ind. 117; Willd. Sp. II. 1083. 9; Poir. Enc. VI. 246. 32; Spreng. Gesch.; DC. Prdr. II. 564. 75; Don Dichl. II. 538. 102; Hassk. Clav.; Kstl. mdph. 1460; Dtr. Syn. III. 173. 113 (oppos. W. A. l. infr. cit.); — *R. paniculatus* Hab. sec. Hrb. W. A. Prdr. 299. 920. Obs.; — *R. acuminatissimus* Hsskl. Cat. 266. 4; Hsskl. Flor. (B. Z.) 1844. 585; Wlp. Rprt. V. 649. 1; Miq. Flor. I. i. 377. 5.

88. 47. 2. „ „ **latifolius** s. (nom. indig. sed ac praeced.) — *Rubus moluccanus* L. (3763); Brm. Ind. 118; Lour. Coch. 397. 1; Willd. Sp. II. 1086. 17; Poir. Enc. VI. 247. 38; Prs. Syn. II. 52. 27; Spreng. Gesch.; DC. Prdr. II. 566. 97; Don Dichl. II. 540. 132; Hassk. Clav.; Kstl. mdph. 1461; Dtr. Syn. IV. 175. 144; Prits. Indx. (absq. fig. indic.); Miq. Flor. I. i. 382. 16.

pag. tab.

89. 48. **Frutex globulorum femina** s. *Calli calli* s. *Kli tji* s. *Kalitsji* s. *Ragare* s. *Tambu nane* s. *Sabe* — *Acacia, quae lobus echinatus* s. *oculus cati* Brm. (Zeyl. 4) Obs. ad Rmph. 91; — *Guilandina Bonduc* L. (3002) Obs. ad Rmph. 91; Brm. Ind. 99; Lam. Enc. I. 434. 1; Willd. Sp. II. 534. 1; Prs. Syn. I. 461. 1; Don Dichl. II. 429. 1; Hassk. Clav.; W. A. Prdr. I. 280. 867; Kstl. mdph. 1321; Spam. Tim. 200. 310; Dtr. Syn. II. 1426. 1; Prts. Indx.; Miq. Fl. I. c. 113. 1; — *G. B. α. major* DC. Prdr. II. 480. 1. *α.*

91. 49. 1. „ „ **majorum** s. *Globuli majores* s. *Calli calli besaar* s. *Kliutji besaar* s. *K. lacki-lacki* L. s. mas s. *Sebit ela* — *Acacia, quae lobus echinatus* &c. Brm. Zeyl. 4. (var. ex Brm. Obs. 91); — *Guilandina Bonducella* L. (3003); Brm. Ind. 99; Lour. Coch. 325. 1; Willd. Sp. II. 534. 2; Prs. Syn. I. 461. 2; Kstl. mdph. 1322; Don Dichl. II. 429. 2; Prits. Indx.; — *G. Bonduc Ait. β. minor* DC. Prdr. II. 480. 1. *β*; — *G. Bonduc* L. W. A. Prdr. I. 280. 876; Dtr. Syn. II. 1426. 1 (absq. fig. indic.); Spam. Tim. 200. 310; Miq. Fl. I. c. 113. 1.

94. 50. **Nugae silvarum littoreae** s. *odoratae* s. *Calli calli puote* s. *Sebit laut* — *Acacia gloriosa Colutene folio* &c. Brm. (Zeyl. 4) Obs. ad Rmph. 95; — *Guilandina Nuga* L. (3004); Brm. Ind. 99; Lam. Enc. I. 435. 3; Prits. Indx.; — *Caesalpinia Nuga* Ait. Willd. Sp. II. 533. 3; DC. Prdr. II. 481. 1; Don Dichl. II. 430. 1; Hassk. Clav.; Kstl. mdph. 1323; Dtr. Syn. II. 1492. 1; Miq. Flor. I. c. 106. 1; Wlp. Ann. IV. 598. 1.

94. „ „ **terrestres** s. *Calli calli kitsjil* s. *Sebit partum* — *Caesalpinia* ? Hassk.

124. „ „ **silvestris** s. *Sebit utan* — *Zombasylarve* ? Hassk.

95. 49. 2. „ „ **minimae** s. *Calli calli kitsjil* s. *Umpay* s. *Camarnagi* ? — *Guilandina Nugae* L. *β.* Brm. Ind. 99; — *G. microphylla* DC. Sprng. Gesch.; DC. Prdr. II. 480. 2 ? Don Dichl. II. 429. 4; Kstl. mdph. 1322 (ubi „tb. 149“); Dtr. Syn. II. 1426. 13 (ubi „fig. 1“ cit.); — *Acacia rousiana* DC. ? W. A. Prdr. I. 277. 861 ?; — *A. Hasperiana* Zipp. *γ. subrenosta* Miq. Flor. I. c. 10. 10 ?; Wlp. Ann. IV. 684. 452.

97. **Palmijuncus** s. *Palma juncea* s. *Rottang* s. *Uri* s. *Rowran* s. *Ua* s. *Prajulin* s. *Kaöe* s. *Kaöea* s. *Rottang.*

98. 51. „ **calapparius** s. *Rottan calappa* s. *Ua balulu* L. s. Rottana pilosa s. *Ua arori* L. s. Rott. calappa s. *Ua mamina* — *Calamus* (L. Sprng. Gen. 1308.) *Rotang* L. (2828. *α*); Brm. Ind. 84; Murr. Prs. Syst. 362. 1; Willd. Sp. II. 202. 1 (ubi „pag. 68 tb. 151“ citat. uti apud Prs.); Prs. Syn. I. 383. 1; Poir. Enc. Sppl. IV. 764; Schlt. S. V. VII. 1322. 1; Hassk. Clav.; Dtr. Syn. II. 1064. 1; — *C. petraeus* Lour. Coch. 260. 1; Poir. Enc. VI. 303. 1; — *Daemonorops calapparius* Bl. Rmph. III. 7. 4; Miq. Flor. III. 103. 88; — *Calamus calapparius* Mrt. Plm. III. 331. 467; Kth. En. III. 208. 17; Dtr. Syn. V. 892. 17; — *Calamus* L. Endl. Gen. 1736; Man. Gen. 765. 2.

ag. tab.

101. 52. **Palmijuncus niger** s. *Rottang itam* s. *Ua mette* s. *R. tobo* s. *Ua tobu* l. c.; Arundo saccharifera — *Calamus* (L. Sprng. 1308) *Rotang* L. Brm. Ind. 84; Pritz. Indx.; — *Cal. Rot. L. β.* (2528. β); Murr. Prs. Syst. 362. 1; — *C. rudentum* Lour. Willd. Sp. II. 203. 6; Sprng. Gesch.; — *C. niger* Willd. Sp. II. 203. 4; Poir. Enc. VI. 306. 9; Prs. Syn. I. 382. 4; — *Daemonorops melanochaetes* Bl. ? Schlt. S. V. VII. 1333. Obs. 1; Hassk. Clav.; Bl. Rmph. III. 5. 1 ?; Mrt. Plm. III. 202. 1; Dtr. Syn. V. 294. 1; Miq. Fl. III. 66. 2 ? (ubi „tom. IV." cit.) cf. Wlp. Ann. III. 480. 38; — *D. niger* Bl. Rmph. III. 5. 2; Wlp. Ann. III. 480. 38; Mrt. Plm. III. 330. 462; Rosenth. Diaphor. 1093; — *Daemonorops* Bl. Endl. Gen. 1710; Msn. Gen. II. 265. 5.

102. 53. „ **albus** s. *Rottang puti* s. *Ua puti* s. *Ua ela* s. *Ua ahun taya* s. avium funis — *Arundo Rotang zeylanica spinosissima major* &c. Brm. Zeyl. 36; — *Calamus* (Sprng. Gen. 1308.) *Rotang* L. Brm. Ind. 84; Pritz. Indx.; — *C. Rotang* L. γ. (2528. γ.); Murr. Prs. Syst. 362. 1; — *C. rudentum* Lour. Coch. 260. 2; Poir. Enc. IV. 304. 2 (ubi „tom" haud indic.); Schlt. S. V. VII. 1327. 7; Hassk. Clav.; Kth. En. III. 210. 28; Dtr. Syn. II. 210. 28; Hsskl. Cat. 63. 7; Dtr. Syn. V. 293. 28; — *C. albus* Prs. Mrt. Plm. III. 342. 543; Wlp. Ann. III. 491. 75; Miq. Flor. III. 137. 54; — *Calamus* L. Endl. Gen. 1736.

104. „ „ **gramineus** s. *minor* s. *Rottang aloe* s. *Ua lahun* (*laun*) *sohi* l. c. Rott. fol. Zingiberis — *Calamus Rotang* L. Brm. Ind. 84; — *C. rudentum* Lour. *β. gramineus* Schlt. S. V. VII. 1327. 7. β; — *C. adspersus* Bl. Rmph. III. 40. 6?; Mrt. Plm. III. 340. 530 ?; — *C. gramineus* Bl. Mrt. Plm. III. 342. 548; Miq. Flor. III. 138. 57.

105. 54. 2. „ **verus** s. *angustis* s. *Rottang tani* s. *R. babat* — *Calamus* (L. Sprng. 1308.) *Rotang* L. Murr. Syst. 362. 1; Pritz. Indx.; — *C. Rot. L. δ.* (2528. δ.); — *C. verus* Lour. Coch. 261. 4; Willd. Sp. II. 203. 2; Poir. Enc. VI. 304. 4; Mrt. Plm. III. 342. 541.

106. 54. 2. „ „ **angustifolius** s. *Rottang tani* s. *Ua hellis* l. c. fimbriatus — *Calamus Rotang* L. Brm. Ind. 84; — *C. oblongus* Schlt. S. V. VII. 1323. 5; Hassk. Clav.; Dtr. Syn. II. 1064. 5 (absq. fig. indic.); Hsskl. Cat. 64. 12; — *C. Rumphii* Bl. Rmph. III. 38. 4; — *C. platyacanthos* Mrt. Plm. III. 205. 6; Kth. En. III. 205. 4; Dtr. Syn. V. 291. 4; — *Daemonorops elongatus* Bl. Rmph. III. 16. 7 ?; — *D. longipes* Griff. Plm. III. 206. 6; — *D. Rumphii* Mrt. Plm. III. 331. 466; Wlp. Ann. III. 481. 42 (ubi uti apud Miq. fig. haud indic.); Miq. Flor. III. 103. 34; Rosenth. Diaphor. 1093.

106. 54. 1. & A. „ „ **latifolius** s. *Rottang tani* (*) *dona krusar* s. *R. bulu* l. c. bambusae s. *Ua lan rana* s. *Ulema* s. *Rottang ary ary* s. *Ua ary* — *Arundo Rotang zeylanica spinosissima major* &c. Brm. Zeyl. 36; — *Calamus* (L. Sprng.

---

*) ex errore typographico „tani" impressum.

pag. tab.

Gen. 1308.) *Rotang* L. Prits. Indx.; — *C. verus* Lour. Willd. Sp. II. 203. 2; Spreng. Gesch.; Kuth. En. III. 206. 15; Dtr. Syn. V. 292. 13 ? (ubi „tab. 154" cit.); — *C. oblongus Hsskl.* β. Schlt. S. V. VII. 1325. 8. β; Hssch. Clav.; Hsskl. Cat. 61. 12. β; — *C. strictus* Bl. Rmph. III. 109 ?; Miq. Fl. III. 86. 1 ?; — *C.? pisicarpus* Bl. Rmph. III. 39. 5; Mrt. Plm. 340. 531 (ubi „tab. 55. fig. 4" cit.) & 342. 541. Obs.; Miq. Fl. III. 182. 45; — cf. infr. p. 109. t. 55. 1.)

107. **Palmijuncus [illegible]** — *Calamus oblongus Rmp.* γ. Schlt. S. V. VII. 1323. γ; Hssch. Clav.; — *C. latifolius* Rxb. ? Kunth. En. 207. 9 ?

107. „ **palembanicus** — *Daemonorops palembanicus* Bl. Rmph. III. 20. 10; Mrt. Plm. III. 330. 463; Wlp. Ann. III. 480. 39; Miq. Fl. III. 102. 33.

108. 55. 1. „ **verus latifolius** (in explicatione tabulae) — *Calamus* (L. Spreng. Gen. 1308) *Rotang L.* Brm. Ind. 81; Murr. Prs. Syst. 362. 1; — *C.? pisicarpus* Bl. Wlp. Ann. III. 490. 63 (ubi uti apud Miq. „fig. 4" cit.); Miq. Fl. III. 132. 45 (qui Syn. C. obl. & C. veri Mrt. exclud.); — *Calamus* L. Endl. Gen. 1736; Msn. Gen. II. 265. 2.

108. „ **viminalis** s. *Rottang fara* — *Calamus viminalis* Hsskl. (nec W.) Miq. Flor. III. 120. 19.

109. 55. 2. „ „ s. **Bouroene** s. *Wanitette* s. *Wanisse* — *Calamus* (L. Spreng. Gen. 1308.) *Rotang* L. Brm. Ind. 84; Prits. Indx.; — *C. Rot. L.* ε. (2528. ε.); Murr. Prs. Syst. 362. 1; — *C. viminalis* Willd. Sp. II. 203. 5 (qui uti Prs. fig. haud indic.); Prs. Syn. I. 382. 5; Poir. Enc. VI. 306. 9 (ubi „pag. 106. tb. 55") cf. l. c. 12; Schlt. S. V. VII. 1326. 9; Hssch. Clav.; Bl. Rmph. III. 45. 10. (cf. 47. Obs.); Dtr. Syn. II. 1064. 9; Kuth. En. III. 205. 8. β; Hsskl. Cat. 63. 8; — cf. *C. diversus* Lour. Coch. 262. 6 ?; Schlt. l. c. 1332. 13. & *C. fasciculatus* Rxb. Kuth. En. III. 208. 18; Dtr. Syn. V. 292. 16; — *C. borneensis* Mrt. Plm. III. 336. 498; Wlp. Ann. III. 486. 80; Miq. Flor. III. 121. 20; — *Calamus* L. Endl. Gen. 1736; Msn. Gen. II. 265. 2.

109. „ „ „ **altera** s. *Ue kaay* i. e. Rottang ambalaun — ? ?

110. 56. „ **equestris** s. *Rottang tajatoeni* s. *Tjjeroni* s. *R. casso* i. e. filamentosus s. *Ue casso* s. *Ue pola pola* — *Calamus* (L. Spreng. Gen. 1308; Endl. Gen. 1736; Msn. Gen. II. 265. 2.) *Rotang L.* Brm. Ind. 84; Prits. Indx.; — *C. Rot. L.* ζ. (2528. ζ.); — *C. diversus* Lour. Coch. 262. 6 ?; Schlt. S. V. VII. 1332. 13 ?; — *C. equestris* Willd. Sp. II. 204. 7; Prs. Syn. I. 382. 7; Spreng. Gesch.; Schlt. S. V. VII. 1330. 11; Hssch. Clav.; Bl. Rmph. III. 61. 22; Poir. Enc. VI. 306. 10 („fig. tant."); Dtr. Syn. II. 1064. 11; Kuth. En. III. 204. 1; Hsskl. Cat. 64. 13; Mrt. Plm. III. 307. 1; 340. 532; Dtr. Syn. V. 291. 1; Miq. Fl. III. 133. 46.

111. 57. 1. „ „ **crassiculmus** s. *Rottang tajatoeni* — *Calamus* (L. Spreng. 1308.) *Rotang* L. Brm. Ind. 84; — *C. Rot. L.* ζ (2528. ζ.); — *C. equestris* Willd.

tab

Sp. II. 204. 7; Prs. Syn. I. 382. 7; Dtr. Syn. II. 1064. 11 (absq. fig. indic.); V. 291. 1 (ubi „tb. 95" citat.); — *C. eq. β. major* Schlt. S. V. VII. 1330. 11. β; Hassk. Clav.; Mrt. Plm. III. 207. 1; Kth. En. III. 204. 1; Hsskl. Cat. 64. 3; — *C. javensis* Bl. Miq. Fl. III. 125. 28 (cf. p. 183. 46.); — *C. maritimus* Bl. Rmph. III. 31; „expungendus, verosimile ad speciem unam alteramve jam enumeratam pertinens" Miq. l. c. 139. 61[b]; — *Calamus* L. Endl. Gen. 1736; Msn. Gen. II. 265. 2.

112. **Palmijuncus equestris** s. *Rottang cara* s. *Uo cara* s. *Cadat* — *Calamus Casa* Bl. Rmph. III. 31; Mrt. Plm. III. 342. 547; Wlp. Ann. III. 491. 79; Miq. Flor. III. 138. 58.

113. 57.2. **Salacca** (*) s. *Rottang Salack* s. *Salack* — *Hiddula* Brm. (Zeyl. 121) Obs. ad Rmph. 114? — *Calamus Rotang* L. Brm. Ind. 84; Prts. Indx.; — *C. Rot. L. η.* (2528. η); — *C. Zalacca* Grtn. Wlld. Sp. II. 204. 8; Poir. Enc. VI. 307. 12; Sppl. V. 610; — *Salacca* (*Zalacca* Rewdt. Endl. Gen. 1737; Msn. Gen. II. 265. 1.) *edulis* Rewdt. Syll. (Flora, B. Z.) II. 3; Hassk. Clav.; Schlt. S. V. VII. 1333. Obs. 3; Bl. Rmph. II. 159. 1; Kstl. mdph. 290; Hsskl. Cat. 303. (64) na. 321; Miq. Flor. III. 61. 2; — *Z. Blumeana* Mrt. Plm. III. 201. 2; Kth. En. III. 203. 2; Dtr. Syn. V. 435. 2.

114. 58.1. et A—D **Palmijuncus Draco** s. *Rottang djernang* s. *djernang* s. *Jernang* — *Calamus* (L. Spreng. Gen. 1308.) *Rotang* L. Brm. Ind. 84; Murr. Prs. Syst. 263. 1; Prts. Indx.; — *C. Draco* L. *δ.* (2528. δ.); Wlld. Sp. II. 203. 3; Prs. Syn. I. 382. 3; Spreng. Gesch. (ubi „tab. 48" citat.); Poir. Enc. VI. 305. 7; Hayn. Arzngw. IX. 3; Schlt. S. V. VII. 1323. 3; Hassk. Clav.; Kstl. mdph. 289; Dtr. Syn. II. 1064. 3; Kth. En. III. 210. 26; Dtr. Syn. V. 293. 25; — *Daemonorops Draco* Mrt. Plm. III. 205. 8; Bl. Rmph. III. 8. 5 (Medioer. & quoad fig. fruct. fals.); Miq. Flor. III. 95. 22; — *Calamus* L. Endl. Gen. 1736; Msn. Gen. II. 265. 2.

116. „ „ e **Bantam Javae insulae** — *Daemonorops atrovirens* Bl. Rmph. III. 13. 6.

117. 58.2.&E. „ **acidus** s. *Rottang assam* — *Calamus oblongus* L. Brm. Ind. 84; Prts. Indx.; — *C. barbatus* Bl. Rmph. III. 42. 7; — *Daemonorops barbatus* Mrt. Plm. III. 330. 458; Wlp. Ann. III. 480. 34; Miq. Flor. III. 100. 29.

119. **Bulu rottang** i. e. Bambusa Calamoides s. (male) *Rottang bulu* i. e. Calamus bambusoides (cf. p. 106.) — a Rumphio alibi *Bulu tuy* (cf. IV. p. 7) dicitur; — *Dinochloa Tjankorreh* Büse? (cf. Miq. Fl. III. 416) Hsskl.

120. 59.1. **Palmijuncus laevis** s. *Rottang utan* i. e. Calamus silvestris s. *Walo* s. *Wale* s. *Waro*, *Waro* s. *Ayawara* s. *Urisam* — *Flagellaria indica* L. (2606); Brm. Ind. 85 (ubi „fig. 2." cit.); Lam. Enc. II. 502. 1; Lour. Coch. 262. 1; Wlld. Sp. II. 263. 1 (ubi vel apud

---

(*) Potius (nota expressionem ambiguitatem litterae „Z" Salacca attribuenda erit, vel jam Thunberg Reise (Germ. transl.) II. 251 (Salak, Salacke, Salacke) jam scripsit et scripsit Rewdt. l. c.

pag. tab.

Schlt. fig. 2 alt.); Prs. Syn. I. 396. 1; Schlt. S. V. VII. 1492. 1; Hassk. Clav.; Katl. mdph. 206 (ubi „tom. VI“); Math. En. III. 370. 1; Hsskl. Cat. 27. 1; Pritz. Indx. (ubi fig. haud indic.); Miq. Fl. III. 249. 1.

121. 59.2. **Cantharifera** s. *Daun gundi* l. e. folium gatti s. cantharus s. *Sube lappasto* s. *Aptiho* l. e. arbor excipuli s. *Nita alta* l. c. diaboli allata s. *Gindi saytong* l. v. canthara diaboli s. *Gada gada* — *Bandura zeylanica in extremo foliorum folliculum pyriformem appensum habens* Brm. Zeyl. 42; — *Nepenthes* L. Brm. Obs. ad Rmph. 121 in explic. tab.; Endl. Gen. 2167; Mss. Gen. II. 247 (uterque absq. sign. fig.); — *N. destillatoria* L. (6913); Brm. Ind. 190; Pritz. Indx. (absq. fig. indic.); — *Phyllamphorus mirabilis* Lour. Coch. 744. 1. ad.; — *Nepenthes indica* α. Poir. Enc. IV. 438. 1 ? Sppl. II. 78; — *N. Phyllamphora* Willd. Sp. IV. 874. 6; Poir. Enc. Sppl. IV. 66. 3; Sprng. Gesch.; Brongn. Observ. in Mhr. Verm. Schrft. II. 651; Hassk. Clav.; Bl. Mus. II. 7. 2; Miq. Flor. I. 1. 1069. 1.

122. „ altera s. maxima — *Nepenthes maxima* Rnwdt. ? Hsskl. (cf. Bl. Mus. II. 8. 7; Miq. Fl. I. 1. 1075. 12).

Lib. 8.

De plantis domesticis tam victui quam medicinae et decori inservientibus.

125. 60. **Musa** s. *Amusa* s. *Pisang* s. *Kedang* s. *Bye* s. *Uuting* s. *Cefo* s. *Kulo* s. *Urij* s. *Temo* s. *Tachye* — *Musa Seraphionis* Brm. Zeyl. 164; — *M. paradisiaca* L. (7536); Brm. Ind. 217; Lam. Enc. I. 366. 1; Willd. Sp. IV. 893. 1; Schlt. S. V. VII. 1287. 1 (ubi omnes Rumphii varietates enumerantur); Katl. mdph. 206; Kch. Wchschr. 1863. 28; Hasskarl. Scitam. 42. 20 (cum ?); — *M. Sapientum* Willd. Rxb. Flor. II. 484; Miq. Flor. III. 587. 1.

130. „ **sativae** s. *domesticae* subsequentes Rmph. enumerat species et adnotat: „omnes fere binas habere varietates, marem et feminam, quae magis flavescit & meliorem gerit substantiam; maris fructus est longior durior et viridior.“

130. „ **corniculata** s.

1. *Pisang tando* s. *P. kay* s. *P. swechas* — *Musa corniculata* Lour. Coch. 791. 4. opponente Schlt. l. c. 1289. 1. & 8; — *M. paradisiaca* L. α. Coll. sec. Schlt.; — *M. paradisiaca* L. Lam. Enc. I. 365. 1; Hassk. Clav.; — *M. paradisiaca* L. α. 1. *corniculata* Dsv. Schlt. l. c. 1.

131. 1ᵇ. *P. rarbou* s. *P. Ochy ochy* a Rumphio praecedentis varietas habetur.

131. 2. *P. gabba gabba* — *Musa paradisiaca* L. α. 10. *Gabba* Dsv. in Schlt. l. c. 1289. 10; — *M. paradisiaca* L. var. Hassk. Clav.

131. 60. C 3. *P. Crubo* s. *P. ero* s. *P. Ubi* s. *prompana* — *M. parad.* L. α. 15. *Cru* Dsv. Schlt. l. c. 1290. n. 15; Hassk. Clav.

b. *tschi tacks* — „ „ 16. *Croiachi* Dsv. Schlt. l. c. 1290. n. 16.

pag. tab.

131. 60.G 3. *P. Creho* s. *P. Cre* s. *P. Uki* a. *batu* — *M. parad.* L. α. 17. *Crebata* Dev. Schlt. l. c. 1290. α. 17.

131. 4. *P. djernang* l. e. aenum — *M. par.* L. α. 21. *djernang* Dev. Schlt. l. c. 1290. α. 21; — *M. par.* L. *var.* Hasch.

131. 5. *P. culit tabal* s. *P. baratsjo* s. *Cajo Caratsje* l. e. aureum s. *P. balonger* s. *P. warrapuu* — *M. par.* L. α. 19. *Baratsjo* Dev. Schlt. l. c. 1290. α. 19; — *M. par.* L. *var.* Hasch.

131. 60.OD 6. *P. medji* s. *Musa mensaria* s. *P. radjo* s. *Byo rohiha* — *Musa seminifera* Lour. Coch. 791. 1; — *M. parad.* L. α. 14. *mensaria* Dev. Schlt. l. c. 1290. α. 14; Hasch. Clav.

7. *P. radja* s. *Musa regia* — *Musa parad.* β. 37. *radja* Dev. Schlt. l. c. 1291. 37; — *M. sapientum* Coll. Hasch. Clav.

132. 8. *P. mero* s. *P. outsja pau* s. *P. pulja paru* — *M. parad.* L. α. 20. *Catsja pau* Dev. Schlt. VII. 1290. α. 20; — *M. parad.* L. Hasch. Clav.

132. 9. *P. salpitado* — *Mus. paradisiaca* L. α. 18. *salpirado* Dev. Schlt. l. c. 1290. α. 18; — *M. par.* L. *var.* Hasch. Clav.

132. 60.E 10. *P. serangi* — *Mus. parad.* L. β. 26. *serangi* Dev. Schlt. l. c. 1290. β. 26; — *M. Sapientum* Coll. Hasch. Clav.

132. 60.F 11. *P. batu* l. e. lapidea s. *P. bidji* l. e. seminosa — *Musa Troglodytarum* L. β. (7538, β.); Brm. Ind. 218; Willd. Sp. IV. 894. 5. β; — *M. seminifera* Lour. Coch. 791. 1; — *M. parad.* L. β. 27. *Bidji* Dev. Schlt. l. c. 1290. β. 27; — *M. Balbisiana* Coll. Schlt. S. V. VII. 1296. 9. (ubi „fig. 4" citatur); Hasch. Clav.; Dtr. Syn. II. 1199. 9 (ubi 4 cit.); Horanin. Scit. 42. 16 (ubi „tb. 61" cit.).

132. 12. *P. abu* l. e. cinerea s. *P. soldado* l. e. militum s. *P. alphora* — *M. parad.* L. β. 31. *Abu* Dev. Schlt. l. c. 1291. β. 31; — *M. Sapientum* Coll. Hasch. Clav.

132. 13. *P. bomber* s. *Kula keker* s. *Uru revel* — *Musa nana* Lour. Coch. 791. 3; — *M. paradisiaca* L. β. 34. *bomber* Dev. Schlt. S. V. VII. 1291. 34; — *M. Sapientum* Coll. Hasch. Clav.

132. 14. *P. canaya puti* s. *P. susu* l. e. lactea s. *Byo tution* l. e. simiarum? — *Musa nana* Lour. *var.* ? Lour. Coch. 791. 3; — *M. paradisiaca* L. β. 36. *canaya puti* Dev. Schlt. l. c. 1291. β. 36; — *M. Sapientum* Coll. Hasch. Clav.

132. 15. *P. canaya kitsjil* s. *Tema telile* — *Musa paradisiaca* L. β. 38. *Grngi* Dev. Schlt. l. c. 1291. β. 38; — *M. Sapientum* Coll. Hasch. Clav.

133. 16. *P. balang trang* l. e. lanua clarus — *M. parad.* L. β. 39. *trang* Dev. Schlt. l. c. 1291. β. 39; — *M. Sapientum* Coll. Hasch. Clav.

137. 61.2. **Musa Uranoscopus** l. e. coeli spectator s. *Pisang tundjuc langhit* s. *Tourat langhit* l. e. coeli baculum s. *Tuca duffa* (id. significans) s. *Tema tenalle louh* — *Musa uranoscopus* Rmph. Lour. Coch. 792. 5; Miq. Flor. III. 589. 9; — *M. Troglodytarum* L. (7538); Brm. Ind. 218; Lam. Enc. I. 366. 3; Murr. Prs. Syst. 943. 3; Willd. Sp. IV. 894. 5; Prs. Syn. I. 343. 3; (fere omn. absq. fig. indic.); Sprng. Gesch.; Schlt. S. V.

pag. tab.

VII. 1297. 12; Hasak. Clav.; Dtr. Syn. II. 1199. 2; Horanin. Beit. 41. 4; Keb. Webschr. 1863. 31; — *M. paradisiaca L. β.* 42. *Troglodytarum* Dsv. Schlt. l. c. 1291. 42.

138. 64.3. **Musa alphurica** s. *ceramica* s. *Pisang alphuru* s. *P. ceram* s. *P. batu* s. *Kula batuan* — *Musa alpharica* Rmph. Miq. Flor. III. 589. 7; — *M. paradisiaca L. α.* 12. *alpharica* Dsv. Schlt. B. V. VII. 1289. *α.* 12; — *M. Berteroniana* Coll. Schlt. l. c. 1294. 5; Hasak. Clav.; Dtr. Syn. II. 1199. 5; Horanin. Beit. 42. 16; — *M. parad. L. β. sapientum* Kch., forma Keb. Webschr. 1863. 29.

138. 61.1. „ **simiarum** s. *Jacki* l. c. Pisang simiarum s. *Kula bey* s. *Bye lattan* (cf. supr. 132. 11.) — *Musa simiarum* Rmph. Miq. Flor. III. 589. 6; — *M. acuminifera* Lour. Coch. 791. 1; — *M. paradisiaca L. β.* 40. *Jacki* Dsv. Schlt. l. c. 1291. *β.* 40; — *M. acuminata* Coll., Schlt. l. c. 1296. 10; Hasak. Clav.; Dtr. Syn. II. 1199. 10; Horan. Beit. 41. 14; — *M. discolor* hrtor. Keb. Webschr. 1863. 30.

139. „ **silvestris** s. *Pisang utan* s. *Kula abbal* s. *Fona* s. *Caffe* — *Musa acuminifera* Lour. Coch. 791. 1. (cum tab. 61); — *M. paradisiaca L. β.* 29. *Caffe* Dsv. Schlt. B. V. VII. 1290. *β.* 29; — *M. textilis* Nee Schlt. VII. 1297. 11; Hasak. Clav.; Forb. fibr. plat.; Horanin. Beit. 41. 15; Keb. Webschr. 1863. 30.

139. „ „ **mindanensis** — plurima citata antecedentia; — *Musa mindanensis* Rmph. Miq. Flor. III. 585. 3.

139. „ „ **amboinensis** Rmph. Miq. Flor. III. 588. 4; Horanin. Beit. 42. 17. (nomina indigena ead. ac praeced.).

140. 62.1. **Folium mensarium album** s. *Daun medji puti* s. *Lerin* s. *Kalin* s. *Pisang binkegheck* l. c. Musa silvestris — *Musa Bihai* L. Sp. I. Brm. Ind. 218 (ubi fig. 2 cit.); Prits. Index. (absq. fig. indic.); — *Heliconia Bihai* L. Mat. II. (1653. ubi fig. 2 cit.); Hasak. Clav.; *H.? s. Strelitziae sp.* Wlld. Sp. I. 1189. Obs.; — *H. indica* Lam.? cf. R. S. & V. V. 592. 10 et Observ.; — *Phrynium sp.?* Horan. Beit. 12 adnot.; — *Heliconia sp.?* Teysm. in litt.

140. „ „ **nigrum** s. *Daun medji itam* s. (nom. indig. reliq. eadem ac praecedentis) — var. *angustifolia* praecedentis? Hasskl.

141. 62.2. „ „ **rubrum** s. *Kokin merah* s. *Rind mera* s. *Folium buccinarum latifolium* s. *rubrum* s. *Rieu* s. *Rita* l. c. infundibulum — *Heliconia sp.?* s. *Strelitzia sp.* Wlld. Sp. I. 1189. Obs.; — *H. buccinata* Rxb. Flor. II. 494 (cf. not., ubi Wll. tab. 62. f. 2. huc sane pertinentem laudat, nec ad *F. b. asperum* Rumphii.

142. „ **buccinatum album** s. *femina* s. *Rind puti* — ??

142. 62.2. „ „ **asperum** s. *mas* s. *Rind lacki lacki* — *Heliconia buccinata* Rxb. Hasak. Clav.; Horanin. Beit. 40. 26; — *H. indica* Lam. Enc. I. 426. 3; R. S. & V. V. 592. 10 (cf. ibid. 594. 1. Wlld.); — *Heliconiopsis amboinensis* Miq. Flor. III. 590. 1.

pag. tab.

143. 63. **Galanga major** *s. Lanquas s. Lawas s. Galanga s. Lawassa s. Laos s. Lanquas* — *Galanga minor* Brm. Zeyl. 102; — *Maranta Galanga* L. (11); Brm. Ind. 2; Pritz. Indx.; — α. *major* Lam. Enc. II. 587. α; — *Amomum Galanga* Lour. Coch. 7. 8; R. S. S. V. Mnt. I. 561. 4; Kstl. mdph. 277; — *Alpinia Galanga* Sw. Willd. Sp. I. 12. 2; R. S. S. V. I. 20. 4; Ibid. 561. 4; Mnt. I. 17; Bl. En. 58. 1; Hssch. Clav. (ubi tab. 64 citatur); Dtr. Sp. I. 418. 8; Hsskl. Cat. 51. 4 (ubi tom. VI. cit.); Miq. Flor. III. 604. 1; Horsnfd. Sclt. 33. 3 (cum ?); — *Alpinia* L. Endl. Gen. 1632. Msn. Gen. II. 391. 14.

144. 63. d. „ **minor** *s. Lanquas kitsjil s. L. tijradsea* — *Galanga minor* Brm. Zeyl. 102; — *Maranta Galanga* L. Brm. Ind. 2.

145. 64. 1. **Lampujum majus domesticum** *s. Lampujang besaar s. Lere lere s. Lampuian s. Gamougasa s. Soerare (-be)* — *Amomum Zerumbet* L. (5); Brm. Ind. 1; Lour. Coch. 3. 1; Willd. Sp. I. 6. 2; Poir. Enc. Sppl. III. 297; Rxb. ex Miq. Fl. III. 593. 2; Pritz. Indx.; — *A. sp.* Kon. in Rtz. Obs. III. 55. 5 Obs; — *A. silvestre* Lam. Enc. I. 134. 3; — *Zingiber* (L. Endl. Gen. 1622; Msn. Gen. II. 390. 3 (qui uterq. *Lampujang* cit.)) *Zerumbet* Rsc. R. S. I. 565. 2; Dtr. Spec. I. 5. 3; Hssch. Clav.; — *Z. amaricans* Bl. En. 45. 5; Kstl. mdph. 265; Dtr. Syn. I. 13. 18; Spam. Tim. 478. 887; Miq. Flor. III. 593. 5; Rosenth. Diaphor. 1085. (et 129.); Horsnfd. Sclt. 27. 3.

148. „ „ **silvestre**, an idem ac species, quae a König (eumque sequens omnes auctores recentiores) in Rtz. Obs. III. 51. 3; *Lampujo majori proxima* dicitur? — *Amomum montanum* König. l. c.; — *Zingiber montanum* Lnk. Dtr. Spec. I. 52. 5; Hssch. Clav.; Horsnfd. Sclt. 27. 5.

149. „ **minus** *s. Lampujang wangi* i. e. *odoratum* — *Zingiber marginatum* Rxb. Bl. En. 44. 9 (qui huc tab. 64. 2 citat); Hssch. Clav.; Kstl. mdph. 266; Miq. Flor. III. 594. 10; Rosenth. Diaph. (129) 1085.

150. 64. 2. „ **silvestre minus** *s. Lampujang utan kitsjil s. Alea utan s. Cardamomum amboinense s. Boarisa s. Wonaisa minus s. Cardamomum utan* — *Globba marantina* Rsc. R. S. S. V. Mnt. I. 48. 1; Dtr. Spec. I. 78. 1; Hssch. Clav.; Hsskl. Cat. 48. 1; Pritz. Indx.; Teysm. in litt.

151. „ „ **amarum** — *Zingiber amaricans* Bl. Hssch. Clav.

152. 65. 1. **Cardamomum minus** *s. C. medium rotundum s. Capulaga* — *Cardamomum zeylanicum fructu rotundo nigro* &c. Brm. Zeyl. 51; — *Amomum Cardamomum* L. (6); Brm. Ind. 2; Lour. Coch. 4. 3; Willd. Sp. I. 6. 7; Prs. Syn. I. 2. 9; R. S. S. V. I. 28. 1; 569. 1; Mnt. I. 20. & 35. 1; Bl. En. 46. 1; Dtr. Sp. I. 61. 1 (ubi „tab. 132 f. 5. 1" cit.); Hssch. Clav.; Kstl. mdph. 272. (absq. fig. indic.); Dtr. Syn. I. 17. 1 (ubi tb. 5 cit.); Hsskl. Cat. 50. 1; Pritz. Indx.; Miq. Flor. III. 598. 1; — *Amomum* L. Endl. Gen. 1628; Msn. Gen. 391. 11 (qui uterq. tab. 5 cit.).

153. „ **majus** — *Elettaria Cardamomum* White ? Hsskl

p. a. tab.

154. 65. 2. **Bangleum** s. *Bangle* s. *Unin packe*; s. *U. mackey* — *Zingiber Cassumunar* Rxb. Bl. En. 42. 3; Hassk. Clav.; Pritz. Indx.; Miq. Flor. III. 593. 5.

155. 66. 1. **Zingiber majus album** s. *Gingiber* s. *Alya* s. *Alea* s. *Halya* s. *Djahy* s. *Djahe* s. *Loja* s. *Leo* s. *Gara* s. *Garaka* s. *Woraka* s. *Sehy* s. *Sive gia* s. *Kim* — *Zingiber silvestre flavum* Brm. Zeyl. 234; Burm. in Observ. ad Rmph. p. 160 Zingiber bocca „*Z. angustiore folio femina utriusque Indiae alumnus*" esse dicit.; — *Amomum Zingiber* L. (4); Brm. Ind. 1; Lam. Enc. I. 133. 2 (ubi fig. haud indic.); Lour. Coch. 2. 1; Wlld. Sp. I. 6. 1; Prs. Syn. I. 2. 3; Pritz. Indx.; — *Zingiber officinale* Rsc. R. S. S. V. I. 23. 1; 564. 1; Nut. I. 25; Bl. En. 42. 1; Dtr. Spec. I. 50. 1; Hassk. Clav.; Kstl. mdph. 263; Span. Tim. 478. 883; Hsskl. Cat. 40. 1; v. Hall. Zingb. 53; Miq. Flor. III. 593. 1; Horanin. Scit. 27. 1.

156. „ „ **rubrum** s. *Sire sanahan* s. *S. sesahan* l. e. Zingb. milliare — *Zingiber officinale* Rsc. ? v. Hall. Zingb. 53; Horanin. Scit. 27. 1.

161. 66. 2. „ **minus** s. *gramineum album* s. *Alea pade* l. e. oryzae s. *Sehy* s. *Sire lale* s. *Sehy rara* s. *Basse* s. *Woraka* s. *Santy* — *Zingiber gramineum* Bl. En. 45. 11; Hassk. Clav.; Kstl. mdph. 266; Pritz. Indx.; Miq. Flor. III. 595. 12; — *Dymczewiczia graminea* Horan. Scit. 26. 4.

161. „ „ s. *gramineum rubrum* s. (nomin. indigen. eadem ac praecedentis) — *Dymczewiczia graminea* Horan. Scit. 26. 4.

162. 67. **Curcuma domestica** s. *Crocus indicus* s. *Cuning* s. *Cunjet* s. *Cunit* s. *Cunil* s. *Unin* s. *Guratschi* l. e. aurum.

„ „ **major** s. *Cuning besaar* s. *Cunjet seballe* s. *Unin kia* s. *Cunin jera* — *Curcuma radice longa* Brm. Zeyl. 83; ? Brm. Obs. ad Rmph. 168; — *C. rotunda* L. Sp. I. (12); Brm. Ind. 2; Wlld. Sp. I. 14. 1 ?; — *C. longa* L. Syst. X. (13 Obs. 1); Lam. Enc. II. 227. 2; Lour. Coch. 11. 1 (qui tab. 64 cit., ad et R. & S.); R. S. S. V. I. 569. 4. Obs.; 575. 10; Bl. En. 43. 1; Hassk. Clav.; Dtr. Spec. I. 66. 14; Kstl. mdph. 269; Span. Tim. 478. 884; Hsskl. Cat. 49. 1; Hsskl. plnt. Jav. 132. 77; Miq. Flor. III. 595. 1; Horanin. Scit. 23. 16.

164. „ „ **minor** s. *Cuning swarangan* s. *Unin kiri* — *Curcuma longa* L. Bl. En. 45. 1; Miq. Flor. III. 595. 1; — *C. long.* L. *β. minor* Hsskl. Cat. 49. 1. *β.*

164. „ **agrestis** s. *Cunang utan* s. *C. tamman* s. *Tamman badar* s. *T. tihing* — *Scitaminum* quoddam Hsskl.

168. **Zerumbed** s. *Tamma* s. *Tammoe* s. *Carbanga* s. *Kua.*

168. 68. „ **majus** s. *Tammon besaar* s. *Tammon lawac* s. *T. achor* — *Zingiber latifolium silvestre* Brm. Zeyl. 234; — *Curcuma* (L. Endl. Gen. 1623; Msn. Gen. II. 290. 5.) *longa* L. (13. Obs.); Hassk. Clav.; — *Costus arabicus* L. Brm. Ind. 2 ? (ubi pag. 172 cit.); — *Amomum latifolium* Lam. Enc. I. 134. 4 ? — *A. Zerumbeth* König in Rtz. Obs. III. 56. 6 (ubi p. 68—72 cit.); — *Curcuma rotunda* L. Lour. Coch. 12. 2 ?; — *Amomum Zedoaria* Wlld. Sp. I. 7. 3 ? — *Renealmia exaltata* L. Sppl. p. 79.

pag. tab.

(oppos. R. 8. S. V. I. 21. 7; 563. 8); — *Curcuma Zedoaria* Rosc. R. 8. S. V. I. 30. 1; Dtr. Spec. I. 73. 1; Prits. Indx.; Horanin. Scit. 23. 12 (absq. tom. indic.); — *C. Zerumbet* Rxb. R. 8. S. V. I. 573. 2; Bl. En. 46. 4; Hassk. Clav.; Kstl. mdph. 268; Span. Tim. 479. 886; Hsskl. Cat. 49. 4; Miq. Flor. III. 598. 6.

169. **Zerumbed nigrum** s. *Tommon itam* s. *Tommo itam* (a) — *Curcuma caesia* Rxb. R. 8. S. V. I. 573. 3; Mut. I. 42. 3; Hassk. Clav.; Miq. Flor. III. 596. 3; Horanin. Scit. 23. 4.

169. „ **album** s. *Tommon puti* s. *T. bader* — *Curcuma leucorrhiza* Rxb. R. 8. S. V. I. 574. 6; Hassk. Clav.

169. „ **giring** s. *T. giri* s. *T. pha* s. *T. tibing* s. *T. ting* s. *Ting* — *Curcuma viridiflora* Rxb. R. 8. S. V. I. 576. 12; Mut. I. 44. 12; Dtr. Sp. I. 77. 16; Hassk. Clav.; Hsskl. Cat. 49. 2; Miq. Flor. III. 595. 2; Horanin. Scit. 23. 17.

169. „ **frigidum** s. *Tommon dingin* s. *T. utu* s. *T. iles* — *Curcuma Zedoaria* Rxb. ? Hassk.

169. „ **manga** — *Curcuma Amada* Rxb. R. 8. S. V. I. 576. 11 (cf. Mut. I. 44.); Dtr. Spec. I. 76. 15; Hassk. Clav.; Horanin. Scit. 23. 18.

172. 69.1. „ **clavicululatum** s. *Tommon conti(?)* s. *Tempuli* — *Kaempferia Galanga* L. (14. Obs.); — *K. pandurata* Rxb. R. 8. S. V. I. 560. 4; Bl. En. 47. 3; Dtr. Spec. I. 57. 4; Hassk. Clav.; Kstl. mdph. 271; Dtr. Syn. I. 15. 4; Prits. Indx.; Miq. Flor. III. 597. 3; Horanin. Scit. 21. 8.

173. 69.2. **Soncorus** s. *Cantjor* s. *Tejoaker* s. *Kantan* s. *Serco* s. *Pattaerar* s. *Sosale* s. *Soear* s. *Sorer* s. *Samay* — *Kaempferia* sp. aut vald. affin. Brw. Obs. ad Rmph. p. 174; — *Kaempferia rotunda* L. diss. Amb. (cf. 14. Obs.); Bl. En. 69. 2; — *K. Galanga* L. (14. ubi „Sonchorus" scribit.); Brm. Ind. 3; Wlld. Sp. I. 15. 1; Prs. Syn. I. 4. 1; R. 8. S. V. I. 568. 2 (oppos. Lour. Coch. 15. 1 pro parte); Dtr. Sp. I. 56. 2; Hassk. Clav.; Hsskl. Cat. 49. 2; Prits. Indx.; Miq. Flor. III. 597. 2; Horanin. Scit. 21. 1; — *Kaempferia* L. Endl. Gen. 1624; Msn. Gen. II. 290. 7.

175. 69.3. **Gandasulium** s. *Gandasuli* s. *Suli* — *Hedychium coronarium* Kön. in Rtz. Obs. III. 73. 20; Lam. Enc. II. 603. 1; Wlld. Sp. I. 10. 1; Prs. Syn. I. 2. 1; R. 8. S. V. I. 19. 1 (oppos. ibid. 660); Mut. I. 14; Bl. En. 58. 1; Dtr. Spec. I. 31. 1; Hassk. Clav.; Hsskl. Cat. 201. 284 (ubi tom. II. cit.); Prits. Indx. (ubi fig. haud indic.); Miq. Flor. III. 608. 1; Wlp. Ann. VI. 22. 1; Horanin. Scit. 24. 1; — *Hedychium* Kön. Endl. Gen. 1630; Msn. Gen. II. 291. 8.

176. 71.1. **Galanga malaccensis** s. *Lanquas* s. *Bangle malacca* s. *Backey malacca* s. *Asalpu watkan majus* s. *Lawassa malacca* s. *Cumadjura betul* — *Maranta malaccensis* Brm. Ind. 2; Wlld. Sp. I. 14. 3; Prs. Syn. I. 3. 3; Prits. Indx. (absq. fig. indic.); — *Alpinia malaccensis* Rosc. R. 8. S. V. I. 20. 6; Spreng. Gesch.; Bl. En. 60. 3 (ubi tab. 171 cit., sed apud Hsskl. & Miq.); Dtr. Sp. I. 42. 10; Hassk. Clav.; Hsskl. Cat. 51. 5; Dtr. Syn. I. 11. 10; Prits. Indx.; Miq. Flor. III. 605. 3; Horanin. Scit. 34. 17.

pag. tab.

177. 71, 2. **Cannacorus** s. *Flos cannae* s. *Gladiolus indicus* s. *Xiphium indicum* s. *Daun tasbeh* l. e. rosarii folium s. *Bila bila* — *Cannacorus latifolius vulgaris* Trnf. Brm. Zeyl. 63; — *C. indica* L. (1); Brm. Ind. 1; Lour. Coch. 13. 1; R. & S. S. V. Mnt. I. 4; Bl. En. 35. 1; Hassk. Clav.; Span. Tim. 478. 881; — *C. patens* Rsc. Willd. Sp. I. 3. 1; R. & S. S. V. I. 12. 5; 562. 6; — *C. orientalis* Rsc. Dtr. Spec. I. 7. 3; Hassk. Clav.; Pritz. Indx.; Hassk. Balt. 16. 35; — *C. coccinea* Ait. Miq. Flor. III. 613. 9?

178. 179. 72. 1. **Acorum palustre** s. *Acorus* s. *Calmus* s. *Deringo* s. *Conjungu* s. *Caju serangi* l. e. herba (arbor) magorum s. *Agrahon* l. e. radix (arbor) porcina s. *Tacherupo* s. *Peckin sooru* l. e. peckennis cepe — *Acorus asiaticus* &c. Brm. Zeyl. 6. & Obs. ad Rmph. 181; — *A. verus* L. hrt. Cliff. Brm. Ind. 84; — *Orontium cochinchinense* Lour. Coch. 258. 1? (Schlt. S. V. VII. 173. 2 & *Acor. coch.* Schlt. Kth. En. III. 87. 2 not.**, ubi erronee *A. terrestris* Loureiro citatus dicitur); — *A. Calamus* L. Prs. Syn. I. 382. 1; Pritz. Indx. (absq. fig. indic.); — *A. Cal. var. an spec.*? Kstl. mdph. 76; — *A. Cal. β. verus* L. (2527. β.); Lam. Enc. I. 34; Wlld. Sp. I. 199. 1. β; Hassk. Clav.

180. 72. 1. „ **terrestre** — *Acorus Calamus* L. Lour. Coch. 259. 1 (absq. tab. indic.); — *A. terrestris* Rmph. Schlt. S. V. VII. 174. 2; Hassk. Clav.; Dtr. Syn. II. 1167. 2; Kth. En. III. 87. 3; Hsskl. Cat. 59. 1; Miq. Flor. III. 175. 2.

181. 72. 2. **Schoenanthum amboinicum** s. *S. indicum sterile* s. *Juncus odoratus* s. *Sere* s. *Gurame rusa* l. e. horti gramen s. *Hisa* s. *Camadjara* — *Andropogon Schoenanthus* L. (7558); Brm. Ind. 219; Lam. Enc. I. 375. 15; Murr. Syst. 904. 15; Lour. Coch. 793. 1; Murr. Prs. Syst. 915. 16; Wlld. Sp. IV. 916. 33 (uterque uti Prs. & Pritz. absque fig. indic.); Prs. Syn. I. 104. 19; Kth. Enum. I. 493. 51; Kstl. mdph. 105; Hsskl. Cat. 296. (120.) 6; Pritz. Indx.; Miq. Flor. III. 493. 2; cf. Steud. Gram. 387. 298; — *Panicum polystachyum* Brm. Ind. 24 (*Pogonatherum* Trin.); — *Cymbopogon Schoenanthus* Sprng. R. & S. S. V. II. 833. 3; — *Trachypogon Schoenanthus* Nees? Hassk. Clav.

182. „ **alterum** s. *arabicum* — *Andropogon circinnatus* Hchst. Steud. (Steud. Gram. 387. 294)? Hsskl.

185. 73. **Gladiolus odoratus indicus** s. *Tassari* s. *Tecari* s. *Krang gunong* l. e. montanus s. *Tassari* — *Dracaena ensifolia* L. (2476); Lour. Coch. 243. 2; Sprng. Gesch.; Pritz. Indx.; — *Dianella nemorosa* Lam. Enc. II. 276; Prs. Syn. I. 372. 1; Miq. Flor. III. 560. 2 (ubi pag. 145 cit.); — *D. odorata* Bl. En. 13. 3; Schlt. S. V. VII. 360. 2; Hassk. Clav.; Kstl. mdph. 203; Kth. En. V. 51. 9.

186. 74. 1. **Arundo saccharifera** s. *Tebu* s. *Tebe* s. *Tewu* s. *Ugo* s. *Cauwin*

187. „ „ 1, **alba** s. *vulgaris* — *Saccharum officinarum* L. (453); Brm. Ind. 93; Lam. Enc. I. 592. 1; Lour. Coch. 66. 1; Wlld. Sp. I. 321. 4; Prs. Syn.

pag. tab.

I. 102. 4; R. & S. V. II. 285. 2. 1; Hasch. Clav.; Hsskl. Cat. 21. 1; Hsskl. plnt. Jav. 46. 22; Prts. Indx.; Miq. Flor. III. 507. 1; — S. off. α. commune Dayn. Arnold. IX. 30. 31; — S. off. β. [illegible] R. & S. Hsskl. (plnt. Jav. 47. β.) Hsskl.

187. **Arundo saccharifera II.a fusca** — *Saccharum officinarum* L. δ. *luridum* Hsskl.? aut ε. *fumosum* Hsskl.? an *S. fuscum* Rxb. (plnt. Jav. 49. δ. ε.) Hsskl.

187. „ „ II.b **nigra** — „ „ L. ε. *nigrum* Hsskl. (plnt. Jav. 49. ε.)? an *S. violaceum* Tuss. R. & S. V. II. 285. 3? Hsskl.

187. 188. 74.2. „ „ III. **rettanga** (in expl. tab.) s. *Tebu rotang* i. e. calami s. *Tebu manoasti* s. *Trasia* — *Saccharum stamen* Rxb. Hasch. Clav.; Prts. Indx. (cf. R. & S. V. Mant. II. 160. 2*.); — an eadem sp. ac *S. off. α. Calami* Hsskl. plnt. Jav. 46. 22 α? Hsskl.

191. 75.1. **Ova piscium** s. *Sajor tsabe* s. *S. teller ikan* i. e. Olus ovorum piscium s. *Ido ovabo* (eadem signif.) — *Coix Lachryma Jobi* L. (7052); Brm. Ind. 194; utraque autem false citat pro sequenti, uti jam recte admonet Lour. Coch. 673. 1. Obs.; — *Saccharum edule* Hsskl. Flor. (B. Z.) 1842. Beibl. II. 3. 6 (ubi fig. haud indicat.); Hsskl. Cat. 21. 5 (ubi tom. haud indic.); Hsskl. plnt. Jav. 50. 23; Stdel. Gram. 405. 2; Miq. Flor. III. 512. 5.

193. 75.2. **Lachryma Jobi indica** s. *Kaleo* s. *Jele* — *Lachryma Jobi* Brm. Zeyl. 137 & Obs. ad Rmph. p. 192; — *Coix Lachryma* L. (7052) (ubi uti apud Brm. Ind. 194 perperam *Ova piscium*, ad antecedentem speciem pertinentia citantur); Lam. Enc. III. 422. 1; Lour. Coch. 673. 1; Willd. Sp. IV. 202. 1; Prs. Syn. II. 533. 1 (ubi tom. haud indic.); Hasch. Clav.; Kth. En. I. 20. 1; Dtr. Syn. I. 234. 1 (absq. fig. indic.); Prts. Indx.; Miq. Flor. III. 476. 1; — *C. agrestis* Willd. Kaul mdph. 90 (ubi tab. 74. 2* cit.).

194. 75bis. 1. **Sorgum** s. *Milium* s. *Batteri* s. *Botar* s. *Djagonastra*.

194. „ **fuscum** — *Holcus Sorghum* L. (7568); Brm. Ind. 220; Lam. Enc. III. 140. 1; (opp. Poir.); Prts. Indx. (absque fig. indic.); cf. *Oryza sativa*; — *Holcus saccharatus* L. Lour. Coch. 192. 1; Murr. Prs. Syst. 946. 6 (uti Willd. absq. fig. indic.); Willd. Sp. IV. 930. 6; — *Sorghum saccharatum* Prs. Poir. Enc. Sppl. V. 165; R. & S. V. II. 837. 6 (absq. fig. indic.); Miq. Flor. III. 503. 3.

194. „ **album** s. (nomina indig. ead.) — *Sorghum vulgare* Prs.? Hsskl.

196. **Oryza vulgaris** s. *Pady* s. *Pare* (*) s. *Tsjek* — *Oryza sativa* L. (2574, ubi perperam

---

*) Inter nomina indigena varii status considerantur oryzae; nam *Pady* dicitur planta nec spica plantae fertilis; [illegible] [illegible], *Bras* [illegible] Mal., Bahas. Buru. [illegible]; — *Nasi* [illegible] Bali, Cadas. Bantera, Mala. Rom.; — *Pade leggra* [illegible] oryzam [illegible] est *Oryza montana* Lour. Coch. 207. 3; Poir. Enc. Sppl. IV. Schlt. S. V. VII. 1384. 3.

pag. tab.

(omnes sequ.) t. 74 citatur) & Prits. Indx., qui tb. 75[b] citat., dum Oryza e Rumphio nulla ibo est communicata); Schlt. S. V. VII. 1363. 1; Hassk. Clav.; Miq. Flor. III. 368. 1. — cf. Hsskl. plnt. Jav. 6. 8. varr.

196. 1. *Pady djidji* — *Oryza praecox* Lour. Coch. 267. 2; Poir. Enc. Sppl. IV. 688; Schlt. S. V. VII. 1364. 2; — *Or. sativa* L. *var. praecox* Lour. Hassk. Clav.

196. 2. „ *tana* I. e. *foliosa* — *Oryza communissima* Lour. Coch. 267. 1; Schlt. S. V. VII. 1364. 1; — *O. sat. var. communissima* Lour. Hasch. Clav.

196. 3. „ *Salla bulu* — *Or. sat. L. b. salak* Hsskl. plnt. Jav. 8. b.? — (glumis aristisque fuscis, granis sapore optimo.)

196. 4. „ *villosina* — *Or. sat. L. g. ngagel* Hsskl. plnt. Jav. 8. g. ? — (glumis aristisque nigris, granis sapore pessimo).

196. 5. „ *bras pudar* I. e. Pandani odorati — *Or. sat. var.* ? ? Hsskl.; (aristis longis, granis coctis odorem Pandani moschati Rmph. spirantibus).

196. 6. „ *djutam* (nunc djutam R. S. S. V. VII. 1364; — *Or. sat. japonica* Thub. (Jap. 148) ? Hsskl.

201. **Oryza glutinosa** s. *Padi bras pulut* s. *pulu* I. e. viscosum s. *Bera pulu* s. *Cattan*
1. *alba* — *Oryza glutinosa* Rmph. Lour. Coch. 267. 4; Poir. Enc. Sppl. IV. 688; Schlt. S. V. VII. 1364. 4; Hassk. Clav.; Hsskl. Cat. 394. 58; — (O. sativa L. var. Hsskl. plnt. Jav. 8. Obs.).
2. *rubra* s. *Cattan* — *Or. glutinosa* Rmph. Lour. cf. antecend.
3. *nigra* s. *Indjing* — *Or. glutinosa* Rmph. Lour. cf. antecend.

202. 75[bis]. 2. **Panicum indicum** s. *Batton* s. *Battes* s. *Boddam* s. *Hatton* — *Panicum italicum* L. (478); Brm. Ind. 21; Lour. Coch. 68. 2; Wlld. Sp. I. 336. 6; Prs. Syn. I. 81. 9; — *Setaria italica* Pal.? (an viridis Palis.?) R. S. S. V. II. 493. 15; Hassk. Clav.; Knth. En. I. 153. 21; Miq. Flor. III. 467. 7 ? (ubi tab. 175 citat.).

202. **Frumentum indicum** s. *turcicum* s. *saracenicum* s. *Jagung* s. *Jagom castilla* s. *Biro castella* — *Mays* Tournf. s. *Zea* L. hrt. Cliff. Brm. A. Obs. ad Rmph.; — *Zea Mays* L. Hassk. Clav.

203. 76. 2. **Panicum gramineum** s. *Hellong bengala* i. e. P. bengalense s. *Djali* s. *Gudam* s. *Godom* s. *Sautsjoni* — *Cynosurus coracanus* L. (609); Brm. Ind. 29; Lam. Enc. II. 187. 7; Wlld. Sp. I. 416. 4; Prits. Indx. (absq. fig. indic.); — *Eleusine coracana* Grtn. Prs. Syn. I. 87. 1 (absq. tomi indic.); R. S. S. V. II. 581. 1; Kal. mdpb. 98; Knth. En. I. 273. 4; Dtr. Syn. I. 334. 4; Miq. Flor. III. 386. 2 ?

204. 76. 1. **Sesamum indicum nigrum** s. *Gingeli* (*in*) s. *Widjin* item s. *Widjo* s. *Lenga* s. *alatua* s. *Maa* — *Digitalis orientalis Sesamum* Tinf. Brm. Zeyl. 87 & Obs. ad Rmph. 208; — *Sesamum indicum* Rmph. L. (4603); Brm. Ind. 133; Wlld. Sp. III. 359. 3; Prs. Syn. II. 169. 3; Poir. Enc. VII. 125. 2; Hassk. Clav.; Kal. mdpb. 922; Dön Dichl. IV. 234. 1; Span. Tim. 327. 551; Prits. Indx.; Miq. Flor. II. 760. 1; —

pag. tab.

S. ind. Rmph. α. *grandidentatum* DC. Prdr. IX. 250. 1. α; — *Sesamum* L. Msn. Gen. II. 208. 12.

204. **Sesamum indicum album** s. *Widjin puti* — *Sesamum indicum* Rmph. DC. Prdr. IX. 250. 1.

208. 77. 1. **Cannabis indica** s. *Herba stultorum* s. *Ginji* s. *Bangue* — *Cannabis indica* Rmph. Lam. Enc. I. 695. 2. β; Lour. Coch. 883 (add. & corrig.); Hasch. Clav.; Katl. mdph. 404; Frits. Indx.; Keb. Weberbr. II. 397; — (qui omnes fig. haud indicant); — *C. sativa* L. (7430); Brm. Ind. 212; Lour. Coch. 756. 1; (qui fig. haud indicant, excepto Brm. ubi fig. 1 & 2 citat.); Murr. Prs. Syst. 928. 1; Wild. Sp. IV. 763. 1 (qui utramque tab. 180 citat.); Hasch. Clav. (qui fig. haud indic.).

211. 77. 2. „ „ **tertia** s. *Ginji papua* i. e. crispa cannabis — *C. sativa* L. γ. *crispata* Hsskl.: caule brevi, foliorum laciniis minoribus, angustioribus crispato-incurvis (e verbis Rumphii).

212. 78. 1. **Ganja sativa** s. *hortensis* (p. 214) s. *Ramium minus* s. *Ganja* s. *Sami ijine* i. e. chinense s. *Sajur bengala* i. e. olus benghalense s. *Padbae* s. *Oimon* — *Corchorus capsularis* L. (3933); Murr. Syst. 501. 6; Lam. Enc. II. 104. 6; Lour. Coch. 408. 1; Murr. Prs. Syst. 537. 5; Wild. Sp. II. 1216. 7; Prs. Syn. II. 67. 7; Poir. Enc. Sppl. II. 703 (ubi „tb. 58“); DC. Prdr. I. 505. iv; Don Dichl. I. 544. iv; Hasch. Clav.; W. A. Prdr. I. 73. 269; Hsskl. Cat. 206. 3; Katl. mdph. 1950; Dtr. Syn. III. 246. 26; Frits. Indx. (ubi et apud Miq. fig. haud indic.); Miq. Flor. I. n. 194. 1; Forbes fibr. plnt. 241; — *Corchorus* L. Msn. Gen. II. 28. 4 (absq. fig. indic.); — *C.* d? *Ganja* DC. Endl. Gen. 5371. d.

213. 78. 2. „ **agrestis** s. *Ganja utan* s. *Ganja* s. *Sajur hollanda* i. e. olus hollandorum — *Corchorus olitorius* L. (3929); Hasch. Clav.

214. 79. 1. **Ramium majus** s. *Rame* (-mi) s. *Inan* s. *Gambe* — *Urtica nivea* L. Sp. I. (7144); Murr. Syst. 850. 21; Lam. Enc. IV. 643. 3; Murr. Prs. Syst. 695. 21; Poir. Enc. Sppl. IV. 632; Hasch. Clav.; Frits. Indx.; Forbes fibr. plnt. 348; — *U. nivea* L. Sp. II. ? (7139); Brm. Ind. 197; Prs. Syn. II. 550. 70; Sprng. Gesch.; Lam. Enc. IV. 642. 81 ? Hasch. Clav.; — *Böhmeria nivea* Gaud. Prsl. Rpr. I. 165; Dtr. Syn. V. 281. 34; de Vriese plnt. Ind. 146. 309; Miq. Flor. I. n. 253. 13 (ubi fig. haud indic.); Sppl. I. 75; — *B. tenacissima* Gaud. Bl. Mus. II. 211. 505 (ubi fig. haud indic.); — *Procris nivea* Gaud. Dtr. Syn. V. 280. 34.

215. 79. 2. **Crocus indicus** s. *Carthamus indicus* s. *Angkam* i. e. flos ruber s. *Sabid* s. *Kirtim* s. *Kurtem* s. *Cusumba* — *Carthamus* L. Brm. Obs. ad Rmph. 220; — *C. tinctorius* L. (6002, absq. indic. fig.); Brm. Ind. 174; Lour. Coch. 587. 1; Wild. Sp. III. 1706. 1; Hasch. Clav.; Frits. Indx.; Miq. Flor. II. 106. 1.

220. 80. **Indicum** s. *Isatis indica* s. *Tarrom* s. *Tamarram* s. *Tom* s. *Tohom* s. *Entu* s. *Tarbutu* i. e. purpureum s. *Nil* s. *Anil* — *Colutea indica humilis* &c. Brm. Zeyl. 69 & Obs. ad Rmph. V. 225; — *Indigofera tinctoria* L. (5558); Brm. Ind. 170; Lour. Coch. 560. 4;

pag. tab.

Willd. Sp. III. 1237. 48; Prs. Syn. II. 328. 60; Don Dichl. II. 207. 39 (ubi tab. 6 citat.); Pritz. Indx.; Miq. Flor. I. 1. 306. 4 (ubi pag. 270 cit.) oppos. W. A. Prdr. I. 203. 635 Obs.; — *Ind. Anil* L. Lam. Enc. III. 241. 1; Kstl. mdph. 1265; — *γ. orthocarpa* DC. Prdr. II. 225. 33. *γ* ? Don Dichl. II. 208. 41. *γ* ? — *I. tinctoria* L. *α. macrocarpa* DC. Prdr. II. 224. 32. *α* ?; — *I. tinct. L. α. brachycarpa* DC. Hasch. Clav.

222. **Indicum silvestre** s. *repens* s. *Gingay* — *Indigoferae sp.* ? ? Hsskl.

223. „ „ **e Madagascar** s. *Engel*, foliis rosmarini — *Indigofera linifolia* Rtz. *α. angustissima* Miq. (Flor. I. 1. 316. 19) ? ? Hsskl.

224. „ **brasilianum** s. *Coachira*, litorea repens — *Indigofera sp.* ? ? Hsskl.

224. „ **spurium** s. *Pseudo-indicum* s. *Hon*, e Celebes, herba repens Rmph. — ? ? an *Indigofera celebica* Miq. Fl. I. 1. 311. 11 ?

226. **Tabacus** s. *Tabaco* s. *Tambaco* s. *Hoa* — *Nicotiana* L. Cliff. Burm. Obs. ad Rmph. 227; — *N. fruticosa* L. Lour. Coch. 136. 1; — *N. Tabacum* L. Hasch. Clav.; Miq. Flor. II. 670. 1.

227. 81. **Ananas domestica** s. *Melostrobilus* s. *Ananas* s. *Nanas* s. *Uri bengala* s. *U. mangala* i. e. Musa bengalensis s. *Capa nanas* s. *Pangran* s. *Manas* s. *Unglay* — *Bromelia foliis spinosis* L. hrt. Cliff. Brm. Observ. ad Rmph. 231; — *B. Ananas* L. (2264); Brm. Ind. 79; Lam. Enc. I. 116. 6; Lour. Coch. 237. 1; Willd. Sp. II. 7. 1; Hasch. Clav.; Pritz. Indx.; — *Ananas sativus* Schlt. S. V. VII. 1283. 1; — *Ananassa sativa* Lindl. Kstl. mdph. 153; Dtr. Syn. II. 1087. 1; Hsskl. Cat. 38. 1; Miq. Flor. III. 584.

228. „ „ **mas** — *A. sat. Lindl. α. polycephala* Hsskl. (plant. Jav. 125); — an *A. monstrosa* s. *septemcoronata* Schlt. S. V. VII. 1285. ? ?

229. „ „ **foemina** — *A. sat. Lindl. β. rubra* Hsskl. Cat. 38. 1. *β*; — an *A. pyramidalis* Mill., *sed providere Pine Apple* Schlt. l. c. 1284. 2 ?

229 „ **alba** s. *semisilvestris* (Schlt. l. c. 1284. Obs. 1.) — *Ananassa sativa* Lindl.

230. „ **silvestris** — *Pandanus litoreus* s. *Keber* Rmph. Tom. IV. 145.

231. 82. 1. **Blitum indicum domesticum** s. *Sajor bajang* i. e. olus umbratile s. *Jagna bajang* s. *Bajam* s. *Nado* s. *Ugo bajo* s. *Utta bajo* s. *U. bada* s. *Labah* s. *Hunlapal* s. *Tajal*; sunt species sequentes:

231. „ „ I. **album** s. *Bajam siamsium* — *Amarantus polygamus* L. (7169), (qui uno cum Willd. & Pritz. fig. haud cit.); Lour. Coch. 685. 2; Brm. Ind. 199 (ubi fig. 2 cit.); Lam. Enc. I. 116. 1; Willd. Sp. IV. 384. 9; Hasch. Clav. cum ?; Kstl. mdph. 1443; Pritz. Indx.; — *A. oleraceus* L. Brm. Ind. 198; Hsskl. plant. Jav. 430. 922; Miq. Flor. I. 1. 1033. 9; — *Euxolus polygamus* Moq. DC. Prdr. XIII. n. 272. 1 (absq. loci indic.)

231. „ „ II. **sanguineum** s. *Bajang siamsium* — *Amarantus tristis* L. Brm. Ind. 199 (ubi fig. 2 cit.); — *A. paniculatus* Moq. (DC. Prdr. XIII. n. 257. 12.) Hsskl.

pag. tab.

231. **Blitum indicum II. maculosum amboinicum** — *Amarantus paniculatus* Moq. var. (foliis superioribus tantum maculatis, plurimis viridibus, panicula laxiori lobata ex Rmph.) an *δ. strictus* Moq. (DC. Prdr. XIII. II. 257. 12. δ) ? Hsskl.

232. „ „ **III. rubrum** s. *Bajang mera* — *Amarantus melancholicus* L. (DC. Prdr. XIII. II. 262. 16) ? ? Hsskl.

232. 82. 2. „ „ **IV. terrestre** s. *repens* s. *Bajang tana* — *Amarantus tristis* L. (7172; Brm. Ind. 199 (ubi Blit. II. citatur); Lam. Enc. I. 116. 6; Lour. Coch. 686. 3; Willd. Sp. IV. 385. 23; Prs. Syn. II. 560. 13; Dtr. Syn. I. 862. 29; Hassk. Clav.; Kstl. mdph. 1443; DC. Prdr. XIII. II. 260. 12; Prits. Indx.; Miq. Flor. I. I. 1031. 3 (ubi Blit. II. & p. 231. cit.).

232. „ **peruvianum** s. *Quinoa* seu potius *Amarantus* Rmph. p. 237 — *Chenopodium Quinoa* Willd. (DC. Prdr. XIII. II. 66. 23) Hsskl.

233. „ **brasilianum** s. *Caltalou* — ? ?

234. 83. 1. „ **spinosum** s. *agreste* s. *Bajang baduri* s. *B. utan* — *Amarantus indicus spinosus* Brm. Zeyl. 18 et Obs. ad Rmph. 236; — *A. spinosus* L. (7188); Brm. Ind. 200; Lour. Coch. 687. 6; Lam. Enc. I. 118. 22; Murr. Syst. 854. 24; Murr. Prs. Syst. 890. 24 (absq. indic. fig.); Willd. Sp. IV. 393. 34; Prs. Syn. 560. 35; Hassk. Clav.; Kstl. mdph. 1444; Dtr. Syn. I. 863. 41; Prits. Indx.; — *A. spin. β. viridicaulis* Hsskl. Cat. 83. 3. B. cf. Hsskl. plnt. Jav. 432. 324; — *A. spin. δ. rubricaulis* Hsskl. Flor. (B. Z.) 1842. Beibl. II. 80. 79; Hsskl. Cat. 83. 3. A; Hsskl. plnt. Jav. 432. 324 (loco posimo dicitur); DC. Prdr. XIII. II. 260. 13. δ; Miq. Flor. I. I. 1031. 4.

234. „ „ v. [illegible] s. *Bajam* — ? ?

235. 83. 2. „ **frutescens** s. *Bajang besaar* s. *B. pohon* s. *Pantsja* s. *Pantsja laka* s. *Bajam laker* — *Achyranthes muricata* L. (1656); Brm. Ind. 63; Willd. Sp. I. 1193. 5; Spreng. Gesch.; Hassk. Clav.; — *A. amaranthoides* Lam. Prs. Syn. I. 259. 25; R. & S. V. 552. 7 Obs.; — *Deeringia celosioides* RBr. Prdr. 413; Rxb. Flor. II. 611. (oppos. Miq. l. infr. cit.); Kstl. mdph. 1444; Prits. (absq. fig. indic.); — *Cladostachys arborescens* Don Dtr. Syn. I. 861. 1; — *C. muricata* Moq. DC. Prdr. XIII. II. 235. 1; — *C. frutescens* D. Don. Miq. Flor. I. I. 1026. 1; — *Cladostachys* D. Don. Endl. Gen. 1974; Msn. Gen. II. 282. 33.

236. 84. **Amarantus japonicus** s. *Bajang cukercile* s. *Bara ajam* i. e. crista galli — *Celosia cristata* L. Syst. X. (1663); Willd. Sp. I. 1198. 4; Prs. Syst. I. 259. 1; Rxb. Flor. II. 508; Poir. Enc. V. 36. 4; R. & S. V. V. 527. 5; Hassk. Clav.; Kstl. mdph. 1442; Dtr. Syn. I. 861. 3; — *C. castrensis* L. Lour. Coch. 220. 1; R. & S. V. V. 529. 9; — *C. crist. L. α humilis* Hsskl. Flor. (B. Z.) 1842. Beibl. II. 20. 80; Hsskl. Cat. 84. 3; — *C. crist. Moq. γ. splendens* Moq. DC. Prdr. XIII. II. 242. 13. γ; Miq. Flor. I. I. 1027. 4.

pag. tab.

236. **Amarantus vulgaris** s. *Bajang Cabrytte* i. e. crista galli — *Celosia castrensis* L. (1666); Brm. Ind. 65 (ubi tb. 84 citat.); Hassk. Clav.; (*C. cristata* Moq. α. *castrensis* Moq. DC. Prdr. XIII.II. 242. 13. α.; — *C. crist.* L. B. *comitata* Hsskl. Cat. 84. 3. B.)

237. „ **caudatus** s. *spicatus* s. *cauda felis* s. *Bajang ekor kutjing* — *Celosia argentea* Moq. (DC. Prdr. XIII.II. 242. 14)? Hsskl.

237. „ **versicolor** s. *tricolor* s. *psittaci herba* s. *Bajang caramba* s. *B. bunga* i. e. flos — *Amarantus tricolor* L. Hassk. Clav.; (— *A. melancholicus* Moq. β. *tricolor* Moq. DC. Prdr. XIII. 262. 16. β.)

237. „ „ var. *foliis obscure rubentibus*, intermixto pauco viridi colore — *Amarantus melancholicus* Moq. β. *tricolor* Moq. 2° *viridis et ruber* Weinm. (DC. Prdr. XIII.II. 1262. 16. β. 2°.)

238. 85. **Trongum hortense** s. *Solanum indicum esculentum* s. *Trong* s. *Terong* s. *Terrung* s. *Tohong* s. *Fachi farki* s. *Taron* s. *Tolan* s. *Sp.*

„ „ I. **fuscum** s. *Trong mera* — *Melongena fructu oblongo* Hrm. Zeyl. 157. & Obs. ad Rmph. 240; — *Solanum insanum* L. (1476. & 76); Murr. Syst. 224. 26; Lam. Enc. IV. 298. 41; Murr. Prs. Syst. 234. 26; Willd. Sp. I. 1037. 45; Prs. Syn. I. 226. 65; R. & S. V. IV. 639. 239 Obs.; — *S. Melongena* L. (1475); Brm. Ind. 56; Lour. Coch. 161. 7; Rxb. Flor. II. 248. 5; Poir. Enc. Sppl. V. 370; R. & S. V. IV. 639. 239 Obs.; Hassk. Clav.; Pritz. Indx.; Miq. Flor. II. 653. 37? (ubi pag. 283 cit.); — *S. Melong.* L. α. b. *esculentum* Wlp. Rprt. III. 81. 319. α. b; — fruct. violaceo Don Dichl. IV. 432. 282. β; — *S. esculentum* Dun. Kstl. mdph. 960; DC. Prdr. XIII.I. 355. 616 (lc. male dicitur).

238. „ „ II. **album** s. *Trong puti* — *Solanum Melongena* L. α. b. *esculentum fruct. alb.* Wlp. Rprt. III. 81. 319. α. b; Don Dichl. IV. 432. 282. β.

1. *maximum albissimum* s. *Trong tipus* i. e. ... — citat. entered.
2. *minus amboinense* — priore forma fructu minori fusco-albo, deim flavescenti, seminifera.

239. 86. A. 3. *Tomatte* — *Solanum aethiopicum* Lour. Coch. 160. 6 (*S. aeth.* β. *violaceum* Dun. an spec. divers.? Dun. DC. Prdr. XIII.I. 361. 806. β)? Hsskl.

240. 86. 1. „ **agreste spinosum** s. *Trong utan* i. e. silvestre s. *Tabang ...* — *Solanum zeylanicum spinosum folio amplo* Hrm. Zeyl. 218; — *S. indicum* L. (1482, absq. fig. indic.); R. & S. V. IV. 642. 246 ex Willemet; Don Dichl. IV. 433. 288?; Dtr. Syn. I. 706. 202; — *S. insanum* Willd. Hab. Fl. II. 249; — *S. Trongum* Poir. R. & S. V. IV. 644. 252; Hassk. Clav.; Kstl. mdph. 960; Don Dichl. IV. 434. 296; Hsskl. Cat. 143. 91; Wlp. Rprt. III. 84. 832; — *S. Trongum* Poir. β. *Rumphii* Dun. DC. Prdr. XIII.I. 361. 629. β; Miq. Flor. II. 655. 40. β.

241. „ „ **album verum** s. *T. ...* s. *Trong ...* s. *Tr. andjing* i. e. caninum s. *T. ...* i. e. viscosum — *Solanum album* Lour. Coch. 159. 3; Lam. Enc.

pag. tab.

IV, 994; R. S. S. V. IV. 644. 253; Don Dichl. IV 431. 298; Hassk. Clav.; Miq. Flor. II. 655. 41; — *S. album* Lour. *a, Rumphii* Dun. DC. Prdr. XIII.1. 361. 530, *a*.

241. 86. 2. **Trongum agreste rubrum** s. *edule* s. (nom. indig. ead. ac praeced.) — *Solanum pressum* Dun. Poir. Enc. Suppl. III. 773. 199 („tom." haud indic.); R. S. S. V. IV. 644. 264; Hassk. Clav.; Kost. mdph. 960; Don Dichl. IV. 434. 397; Wlp. Rprt. III. 84. 233; DC. Prdr. XIII.1. 362. 531; Miq. Flor. II. 656. 49 (qui uterque tab. haud cit.).

242. 87. 1. **Stramonia indica** s. *Datra* s. *Cubijubung* s. *Casjubung* s. *Lutica* s. *Wentaheer* s. *Barutohese* i. e. herba 10000 aliis herbis aequivalens.

I. *Datra alba* — *Stramonium spinosum* Brm. Zeyl. 221; Observ. ad Rmph. 246; — *Datura Metel* L. (1131); Brm. Ind. 53; Wild. Sp. I. 1009. 5; Prs. Syn. I. 216. 5; Poir. Enc. VII. 462. 6; Rxb. Flor. II. 239; R. & S. V. IV. 305. 4; Kost. mdph. 947; Hassk. Clav.; Dtr. Syn. I. 686. 6; Span. Tim. 337. 654 (ubi tab. 27 cit.); Prits. Indx.; — *D. Hummatu* Brnhrd. d. *muricata* Brnh. Linnaea Littrber. VIII. 142. 10. d; — *D. alba* Nees Don Dichl. IV. 474. 8; Hasskl. Cat. 142. 1; Wlp. Rprt. III. 17. 12; DC. Prdr. XIII.1. 511. 11; Miq. Flor. II. 667. 4; (Wild., Prs., R. & S., Kost., Dtr., Span., Prits. figuram haud indicant.); — *Datura* L. c. *Datra* Brnh. Mrn. Gen. II. 163. 12; Endl. Gen. 3845. c. (qui utrq. tab. 243. cit.).

243 II. *Datra nigra* — *Datura Metel* L. Brnhrd. Linn. Littrb. VIII. 143. 11; Don Dichl. IV. 474. 12; Wlp. Rprt. III. 18. 14; DC. Prdr. XIII.1. 543. 16; Miq. Flor. II. 668. 5 (ubi denuo tb. 87. f. 1. citatur); — *D. Stramonium* L. var. Wll. Hassk. Clav.; — *D. nigra* Hasskl. Cat. 142. 2.

243. 87. 2. III. *Datra rubra* — *Datura fastuosa* L. (1420); Brm. Ind. 53; Murr. Prs. Syst. 228. 4; Wild. Sp. I. 1008. 4; Prs. Syn. I. 216. 4; Rxb. Flor. II. 238; Poir. Enc. VII. 461. 4; R. & S. V. IV. 306. 5; Hassk. Clav.; Kost. mdph. 947; Hasskl. Cat. 142. 3; Prits. Indx. (absq. fig. indic.); Miq. Flor. II. 669. 7; — *D. Metel* L. Lour. Coch. 186. 1; — *D. Hummatu* Brnh. c. *rubra* Brnh. β. β. *plena* Brnh. Linn. Litteratber. VIII. 142. a. β; Wlp. Rprt. III. 17. 12. 13. γ. b; — *D. fastuosa* L. β. *rubra* Don. Don Dichl. IV. 474. 9. γ; DC. Prdr. XIII.1. 543. 13. β; — Autores R. S., Dtr., Prs. Wild. erronee tab. 243. fig. 2. citant.

247. **Capsicum indicum** s. *orientale* s. *Tschili* s. *Ritsja* s. *Lada tschili* s. *Tabe* s. *Tuban* s. *Lada* i. e. *Piper nigrum* s. *Pasoor* s. *Caladupa* s. *Codaryan*.

247. 88. 4. I. *majus rubrum* s. *oblongum* (p. 252) s. *Tschili oper* i. e. *aquosum* s. *T. besaar* i. e. *magnum* s. *T. bumbue* — *Capsicum indicum* Brm. Zeyl. 53; — *C. frutescens* L. (1493); Brm. Ind. 58; Wild. Sp. I. 1051. 5; Poir. Enc. V. 326. 2 (ubi „tb. 38"); Prs. Syn. I. 230. 5; Fingerh. Caps. 17. 6 ? (oppositi fruct. erecti, quos Rumphius pendulos docet); Hassk. Clav.; Kost. mdph. 963; Wlp. Rprt. II. 34. 6 ?; Prits. Indx.; DC.

pag	tab	
		Prdr. XIII. i. 413. 2 ? Miq. Flor. II. 660. 12 (ubi etiam „C. rubrum Rmph. l. c. p. 248. fig. 3" citatur, cf. III.)
247.		II. *majus rubrum erectum* — *Capsicum cordiforme majus* Fingerh. Caps. 30. 24. c. tb. IX. fig. e. Hskl.
248.	88. 1.	II*. *minus rubrum* (fructibus longissimis pendulis) s. *Tschili* [illegible] s. *Tabe* [illegible] — *Capsicum indicum* Brm. Zeyl. 53; — *C. frutescens* L. (1499); Brm. Ind. 58; Wlld. Sp. I. 1051. 5; Prs. Syn. I. 230. 5; Nees Wlp. Rprt. III. 34 (*); — *C. pendulum* Wlld. c. *coeruleum* Fingerh. Caps. 26. 18. c.; Hssk. Clav.; Wlp. Rprt. III. 36. 18. γ; DC. Prdr. XIII. 425. 39. γ; — *C. frutescens* L. β. *minus* Miq. Flor. II. 660. 12. β. (ubi pag. 243 et fig. 2 citat.)
249.	88. 2.	2. *minimum rubrum* (fructibus brevibus rotundis erectis) — *Capsicum baccatum* L. Lour. Coch. 157. 2; Wlld. Sp. I. 1050. 2; Poir. Enc. V. 325. 4; R. S. S. V. IV. 561. 17; Prits. Index.; — *C. frutescens* L. γ. *minus* Fingerh. Caps. 17. 6. δ; Kstl. mdph. 963; Wlp. Rprt. III. 34. 6. β; DC. Prdr. XIII. i. 413. 2. β.
249.	88. 3.	III. *minus flavum* s. *Tschili* [illegible] s. *Tabe* [illegible] — *Capsicum indicum* Brm. Zeyl. 53; — *C. frutescens* L. (1499); Brm. Ind. 58; Lour. Coch. 158. 3; Wlld. Sp. I. 1051. 5; Prs. Syn. I. 230. 5; R. S. S. V. IV. 563. 15; Nees Wlp. Rprt. III. 34 (*). 1; — *C. pyramidale* Mill. Fingerh. Caps. 15. 3; Hssk. Clav.; Kstl. mdph. 963; Wlp. Rprt. III. 33. 3; Miq. Flor. II. 661. 13 (ubi pag. 247 cit.); — *C. pyr.* Mill. γ. *longecornu* Dun. DC. Prdr. XIII. i. 414. 5.
253.	89.	**Mirabilis vespertina** s. *prunus* (p. 255) s. *Jasminum marinum* s. *Solanum odoriferum* s. *Bunga* [illegible] s. *parvae temporis* flos s. *Natja* s. *Nolja* s. *Cambang* [illegible] s. *Cambang* [illegible] l. e. flos vespertinus — *Mirabilis peruana* Dale (Brm. Zeyl. 124); — *Jalappa* [illegible] *flore* Brm. Zeyl. 124. & Obs. ad Rmph. 255; — *Mirabilis Jalappa* L. (1400); Brm. Ind. 53; Lour. Coch. 122. 1; Poir. Enc. IV. 490. 1; Wlld. Sp. I. 994. 1; R. S. S. V. IV. 1. 2; Hssk. Clav.; Kstl. mdph. 437; Drr. Syn. I. 590. 2; Span. Tim. 342. 703; Prits. Index.; DC. Prdr. XIII. ii. 427. 1; Miq. Flor. I. i. 989. 1.
253.		I. *purpurea* — *Jalapa flore purpureo* Trnf. (Inst. 129); — *Mirabilis Jalappa* L. α. β. *purpurea* (R. S. l. c. α.)
253.		II. *albumina* — „ „ *exalbido* „ („ „); — „ „ L. γ. β. *exalbida* (R. S. l. c. γ.)
253.		III. *flava* — „ „ *flavo* „ („ „); — „ „ L. β. β. *flava* (R. S. l. c. β.)
253.		IV. *rubens fragrans* — *Mirabilis dichotoma* L. α. *flore rubro* R. S. (S. V. IV. 1. 1. α; DC. Prdr. XIII. ii. 428. 2.) Hskl.
253. 255.		V. *diversicolor* — *Jalapa flore ex rubro, luteo et albo mixto* Trnf. (Inst. 129); — *Mirabilis Jalappa* L. β. *variegata* Hskl.

pag. tab.

255. VI. *floris dimidia pars purpurea altera flava* — *Mirabilis Jalappa* L. *β. bicolori* Hsskl.

VII. „ „ „ „ „ *alba* — *Jalapa flore ex albo & purpureo dimidiatim commixtis notato* Trnf. (Inst. 129); — *Mir. Jal. β. bicolori* Hsskl.

256. 90. **Lacca herba** s. *Balsamina femina indica* s. *Lacca kitjil* i. e. parva s. *L. ambon* s. *Batjar* s. *Betjar* s. *Alhelis ambon* s. *Inse ayer* i. e. Alcauna aquosa s. *Mardrai* — *Balsamina* Brm. Zeyl. 41. & Obs. ad Rmph. 258; — *Impatiens Balsamina* L. (6796); Brm. Ind. 187; Lam. Enc. I. 363. 6; Lour. Coch. 676. 3; R. S. S. V. V. 349. 10; Hsskl. Cat. 252. 1; Pritz. Indx.; Miq. Flor. I. ii. 130. 1; — *I. Bals.* L. 1. *vulgaris α. hortensis* W. A. Prdr. I. 136. 411. 1. *α*; — *Balsamina hortensis* DC. Kstl. mdpb. 1902; Spns. Tim. 185. 171.

256. I. *coccinea* s. *Lacca api* i. e. ignea — *Impatiens coccinea* Sims. R. S. S. V. V. 349. 11; — *Balsamina coccinea* Rxb. Flor. ed. Carey Hnsch. Clav.

256. II. *purpurea* — *Balsamina fasciculata* DC. Hnsch. Clav.

257. III. *alba* — *Balsamina Tilo* DC. Hnsch. Clav. (qui Pilo scribit).

258. IV. *e Sina* s. *Kim hong* — *Balsamina hortensis* Desp. (DC. Prdr. I. 685.) flor. variegatis Hsskl.

259. 91.1. **Matricaria sinensis** s. *Parthenium sinense* s. *Serone* s. *Kiekhoe* — *Chrysanthemum indicum* L. (6110); Brm. Ind. 182; Lour. Coch. 610. 1; Wlld. Sp. III. 2147. 17; Prs. Syn. II. 461. 17; Hnsch. Clav.; Pritz. Indx.; — *Pyrethrum indicum* Cass. DC. Prdr. VI. 62. 48.

259. I. *alba* — *Pyrethrum indicum* Cass. (Miq. Flor. II. 86. 2); — *Tanacetum indicum* Schltz. Bip. (Wlp. Rprt. VI. 225. 56) *β. albo* Hsskl.

II. *lutea* — *Pyrethrum sinense* Sabin (Miq. Flor. II. 86. 3); — *Tanacetum sinense* Sch. Bip. (Wlp. Rprt. VI. 225. 57) *β. flavo* Hsskl.

259. III. *rubra* — *Tanacetum sinense* Sch. Bip. (Wlp. Rprt. VI. 225. 57) *β. purpureo* Hsskl.

261. 91.2. **Artemisia latifolia** s. *Rara tschina* i. e. fomes sinensis ignitarius s. *Gjufu* s. *Hyae* — *Artemisia vulgaris* L. Brm. Ind. 177; ? Lour. Coch. 600. 1; Miq. Fl. II. 87. 1 ? — *A. indica* Wlld. Sp. III. 1846. 66; Prs. Syn. II. 413. 68; Kstl. mdph. 704; Wght. Icon. 1112; Miq. Flor. II. 87. 2 ? — *A. vulg. L. γ. indica* Poir. Enc. Sppl. I. 466. 30. *γ*; — *A. moxa* Bess. Hnsch. Clav.; Pritz. Indx.

261. „ „ **rubra** s. *silvestris* — *Artemisia grata* Wll. (DC. Prdr. VI. 114. 113) ? ? Hsskl.

263. 91.1.? **Basilicum indicum hortense** s. *Ocimum indicum* s. *Selasi* *utan* s. *S. mihi* s. *Selasi* — *Ocimum indicum* Brm. (Zeyl. 175) Obs. ad Rmph. 264; — *O. Basilicum* L. Brm. Ind. 129; Lam. Enc. I. 383. 1; — *O. sanctum* L. Hnsch. Clav.; Pritz. Indx.; — *O. Basilicum L. α. pilosum* Bnth. Dec Dichl. IV. 270. 2. *α*; Wlp. Rprt. III. 464. 2. *α*; DC. Prdr. XII. 32. 2. *α*; Miq. Flor. II. 937. 2. *α*.

263. I. *fuscum* — an cit. Henschelii (O. sanctum L. DC. Prdr. XII. 38. 26) huc pertineat ?

pag. tab.

— opponunt praeter odorem, quem nullum dicit Bnth. (DC. l. c.) corolla, albo purpureo-lineata in nostro, quae in O. sanct. pallide purpurascens dicitur.

263. II. *album* — *Ocimum Basilicum* L. α. *album* Bnth. (DC. Prdr. XII. 33. 2. α.) ? Hsskl.

263. ?. *pressum* — *Ocimum Basilicum* L. α. *pilosum* Bnth. (DC. Prdr. XII. 33. 2. α.) ? Hsskl.

263. 92.1? III. *nigrum* — *Ocimum Basilicum* L. Lour. Coch. 449. 1; — *O. Bas.* ζ. *purpurascens* Bnth. Miq. Fl. II. 937. 2. ζ (qui quaerit, an tab. & fig. sane huc ducenda ?)

265. 92.2. **Basilicum agreste** s. *Burru burru* s. *Selasih* s. *Comangi* utan s. *Uru uru* s. *Lampas* s. *Lalukan* s. *Busu busu* s. *Caju* [illegible] [illegible] l. e. herba piscis salini s. *Luffe luffe* = *Ocimum tenuiflorum* L. (4339, Sp. I.); Brm. Ind. 129; Willd. Sp. III. 164. 19; Prs. Syn. II. 134. 20; Sprng. Gesch.; Hssch. Clav.; Knl. mdph. 816; — *O. gratissimum* L. am. acad. & Syst. X. (4333, ubi fig. haud indic.) cf. ibid. Observ.; Hssch. Clav.; Prtz. Indx.; — *O. sanctum* L. Don Dichl. IV. 672. 17; Dtr. Syn. III. 375. 58; Wlp. Rprt. III. 488. 18; DC. Prdr. XII. 38. 25; Miq. Flor. II. 939. 5.

266. 93.1. **Ocimum citratum indicum** s. *Comangium* s. *Comangi* s. *Lamangis* s. *Kindperong* — *Ocimum tenuiflorum* L. Syst. X. (4339); Hssch. Clav.; — *O. minimum* L. Brm. Ind. 129; Hssch. Clav.; Knl. mdph. 816; Prtz. Indx.; — *O. africanum* Lour. Coch. 449. 4; — *O. Basilicum* L. β. *anisatum* Bnth. Don Dichl. IV. 670. 2. β; Wlp. Rprt. III. 484. 2. β; DC. Prdr. XII. 32. 2. β; Miq. Flor. II. 937. 2. β; — Mea opinione descriptio Rumphii (foliis pleraque sinuosa & convoluta) potius ad *Ocim. Basilicum* L. ζ. *difforme* Bnth. DC. (l. c. ζ.) ducenda, dum icon magis ad β. *anisatum* pertinere videtur.

267. 93.2. **Mentha crispa** s. *Selasih kasjil* — *Mentha hispanica cumpanides odorata* Brm. Zeyl. 168 ? — *Ocimum menthoides* Brm. Ind. 129. & Obs. ad Rmph.; Lam. Enc. I. 387. 17; Hssch. Clav.; Prtz. Indx. (— *Geniosporum prostratum* Bnth. DC. Prdr. XII. 46. 5).

268. **Portulaca indica** s. *Gelang*.

I. *major sativa* s. *Gelang puti* l. e. alba s. *G. tafina* l. e. sinensis — *Portulaca oleracea* L. Hssch. Clav.; — *P. oler.* L. β. *sativa* DC. (Prdr. III. 353. 1. β.) Hsskl.

II. *rubra* s. *Gelang babi* l. e. suina — *Portulaca oleracea* L. α. *silvestris* DC. (Prdr. III. 353. 1. α.) Hsskl.

III. *minima* s. *Gelang tana* l. e. terrestris — *Portulaca quadrifida* L. β. *meridiana* Miq (Flor. I. i. 1061. β.) Hsskl.

IV. *litorea* s. *Gelang pasir* l. e. arenaria — *Portulaca quadrifida* L. (Hsskl. plnt. Jav. 437. 329.) Hsskl. (cf. Rmph. Tom. VI. 166).

V. *marina* s. *Gelang laut* — *Portulacinum marinum* Rmph. VI. p. 165. t. 72. 1.

269. 93.3. **Levisticum indicum** s. *Maja maja* s. *Mica micra* s. *Timo timo* s. *Gami* — *Ruscus* [illegible] *cedaminum* Lour. Coch. 224. 1; cf. R. S. S. V. VI. 491. 3 Obs.; — *Ligusticum striatum* Hsk. ? ? Hssch. Clav. (an DC. Prdr. 168. ? ? an potius *L.* ? *nepalense* Don

pag. tab.

DC. Prdr. IV. 159. 16 ?); — Wightii Icones 567 (*Apium involucratum* Rxb.) & 569 (*Cnidium diffusum* DC.) aliquot accedunt, sed prior foliorum laciniis terminalibus elongatis linearibus praeter signa caetera sat differt; ulterior magis quadrat nostrum, etsi foliorum laciniae magis densae & umbellae magis compactae evadunt.

270. **Carum** s. *Cuminum indicum* s. *Ammi* s. *Adjowan* s. *Djintan* *swa* i. e. Cuminum instar arenae pusillum s. *Dj. bengala* i. e. bengalense — *Ptychotis Ajowan* DC. Hassk. Clav.

270. **Amedium** — *Ptychotis Roxburghiana* DC. Hassk. Clav. (qui erronée Djintam bengala huc citat.)

271. **Massi** e Java s. *Petroselinum javanicum* — ? ? (Umbellifera quaedam incertae affinitatis; *Massi* nomen javanicum etiam *Carum Carvi* L. inderet; Rumphius autem dicit: „*Adjowan* gilvum habet Carvi colorem", indique Carum Carvi Rumphio sufficienter notum, nostrae plantae alienum esse debet.)

271. **Sempervivum indicum majus** s. *Ubat planta indica* s. *Lida buaya* i. e. lingua crocodili s. *Lidah* *tetekan* i. e. lingua draconis s. *Ilat buaya* s. *Cadara* — *Aloë perfoliata* L. *A. vera* L. Hassk. Clav. (— *A. barbadensis* Mill.; Kunth En. IV. 531. 85.)

272. **Aloë americana** s. *Bajang* s. *Meil* — *Agave americana* Kunth. En. V. 819. 1) Hasskl.

273. 94. „ „ **parva** s. *Ananas silvestris* s. *Nanas utan* s. *Ananas buaya* i. e. crocodili — *Agave vivipara* L. (2511); Lam. Enc. 1. 52. 3; Willd. Sp. II. 193. 2; Prs. Syn. I. 380. 2; Schlt. S. V. VII. 727. 12; Hassk. Clav. (qui Aloë vivip. dixit); Pritz. Indx.; Forbes Sbr. plate. 45; — *A. Cantala* Rxb. Kunth. En. V. 837. 35; Miq. Fl. III. 583. 1; — *Bromeliae spec.* Slm. Dyck (hrt. 1834); Kunth. En. V. 838. (*); — *Agave Rumphii* Hasskl. Flor. (B. Z.) 1842. Beibl. II. 5. 18; Hasskl. Cat. 37. 1; Slm. Dyck in Kch. Wchschr. 1860. 54 & 55; 1861. 179. 15 & 181. 19 ?

275. 95. **Planta anatis** s. *Tsjakkar bebe* i. e. pennatis s. *Aphuna hissjil* s. *A. mabino* s. *Alabahe* s. *Cabi manguu* i. e. auris hirci — *Cotyledon laciniata* L. (3342); Brm. Ind. 106; Lour. Coch. 352. 1; Hassk. Clav.; Pritz. Indx.; — *Kalanchoë laciniata* DC. Prdr. III. 395. 8; Kstl. mdph. 1370; Don Dichl. III. 108. 2; Hasskl. Cat. 170. 1; Miq. Flor. l. c. 728. 1; — *Verea laciniata* Walers. Dtr. Syn. II. 1328. 7; Pritz. Indx.

277. **Oxys lutea indica** s. *Daun assam kitsjil* i. e. folium acetosum parvum s. *Mala mala* s. *Semangi* — *Oxys flore luteo* &c. Brm. Zeyl. 178. & Observ. ad Rmph.; — *Oxalis corniculata* L. Brm. Ind. 107; Lour. Coch. 350. 2; Hassk. Clav.

277. **Lapathum hortense** s. *Acetosa hispanica* s. *Patientia* s. *Sayur assam* i. e. olus acidum — *Rumex Patientia* L. (DC. Prdr. XIV. 61. 42) Hasskl.

278. 96. 1. **Crotalaria** i. e. multum sonans s. *Kriring keringan* s. *Kerring kerring* s. *Pradjitan* s. *Gering geringan*

I. *major* s. *latifolia* s. *Simmi* s. *Kerring major* — *Crotalaria anoncata floribus luteis* Brm. Zeyl. 80. & Observ. ad Rmph. 279; — *C. retusa* L. (5353); Brm. Ind. 155; Lam.

pag. tab.

Enc. II. 196. 11; Willd. Sp. III. 976. 13; Prs. Syn. II. 281. 18; DC. Prdr. II. 125. 14; W. A. Prdr. I. 187. 577; Hssch. Clav.; Kstl. mdph. 1249; Dtr. Syn. IV. 935. 37; Prits. Indx.; Miq. Flor. I. i. 330. 13 (ubi tb. 196 cit.)

278. II. *minor* s. *angustifolia* s. *Pica* s. *Kerang minor* — *Crotalaria quinquefolia* L. (DC. Prdr. II. 135. 130); Hssch. Clav.

279. III. *agrestis* s. *Sinchi* — *Crotalaria verrucosa* L. (DC. Prdr. II. 126.; Miq. Flor. I. i. 331. 17); Hssch. Clav.; — opponunt flores parvi, legumina 1-sperma et habitus herbaceus procumbens s. repens spithamaeus plantae Rumphianae.

280. 94. 2. **Lagansa alba** s. *mas* s. *Lagansa* s. *Calagansa* s. *Sajor* mamma l. e. Olus lactarium s. *Boengui* l. e. foetorem spirans odoratus s. *Tajore mamma* s. *Bolma* — *Sinapistrum indicum spinosum* etc. Brm. Zeyl. 216. & Obs. ad Rmph. 281; — *Cleome icosandra* L. Dss. amb. (4697. Obs.); Lour. Coch. 463. 2 (ubi tab. apud Sebit. fig. 3 cit.); Lam. Enc. IV. 319. 5; Sebit. S. V. VII. 47. 78; Kstl. mdph. 1618; — *Polanisia icosandra* W. A. Prdr. I. 22. 78 (male ic. dicitur); Hssch. Clav.; Prits. Indx. (qui uti Hssch. *icosandra* H. S. cit. quae haud existit); — *P. viscosa* DC. Span. Tim. 164. 25; Miq. Flor. I. ii. 96. 1.

280. 96. 3. „ **rubra** s. *flore* s. *femina* (cf. expl. ic.) s. (nom. indigena eadem ac praecedentis) — *Sinapistrum indicum pentaphyllum* &c. Brm. Zeyl. 216. & Obs. ad Rmph. 281; — *Cleome pentaphylla* L. Lour. Coch. 467. 1 (ubi tab. apud Sebit. fig. 2 cit.); Lam. Enc. IV. 317. 2; Sebit. S. V. VII. 24. 3 ?; Hssch. Clav.; Kstl. mdph. 1617; Prits. Indx.; — *Gynandropsis pentaphylla* DC. W. A. Prdr. I. 21. 67; Wlp. Rprt. I. 193. 1; — *G. affinis* Bl. Span. Tim. 164. 26; Miq. Flor. I. ii. 96. 1.

282. **Sinapi sinense album** s. *Sasawi tefina* — *Cleome viscosa* L. Dss. amb. (4698, ubi tb. 96 f. 2 cit.); Hssch. Clav.; — *Sinapis brassicata* Lour. (Coch. 485. 2) Hsskl. (quae = *S. juncea* L. ? DC. Syst. II. 619. 11; Prdr. I. 218. 11.)

282. „ „ **nigrum** s. *Sasawi tefina* — *Sinapis chinensis* Lour. (Coch. 485. 1). Hsskl. (quae *S. brassicata* L. ? (DC. S. V. II. 619. 12) Prdr. I. 219. 13).

282. „ **indigenum** s. *amboinicum* s. *Sasawi* anten — *Sinapis sp.* ? Hsskl. („parvifolium, quod folia gerit inciniata et angulosa, floresque ac semina nostrati vulgari similia, unde inutile est, haec amplius describere“ Rmph.

283. 97. 1. **Gallinaria acutifolia** s. *Sajor ayam* l. e. olus gallinae s. *Olus mamma*, *Olus nigrum* s. *Sajor prito* l. e. olus nigrum s. *Kali kili* s. *Aptuna mana* s. *Katepping* s. *Tawera* — — *Senna spinifolia* &c. Brm. Zeyl. 213. & Observ. ad Rmph. 284; — *Cassia Sophera* L. Syst. X. & Sp. II. (2979); Brm. Ind. 97; Lam. Enc. I. 649. 35; Lour. Coch. 326. 4; Willd. Sp. II. 525. 43; Prs. Syn. I. 458. 54; Poir. Enc. Sppl. II. 709; DC. Prdr. II. 492. 31; Hssch. Clav.; W. A. Prdr. I. 287. Kstl. mdph. 1330; 883; Dtr. Syn. II. 1480. 49; Span. Tim. 201. 324; Prits. Indx. (absq. fig. indic.); Miq. Flor. I. i. 92. 7; — *Chamaefistula Sophera* Don Dichl. II. 1152. 27; — *Cassia esculenta* Rxb. ? Hsskl. Hssch. Clav.; — *C. occidentalis* L. e. *Sophera* Vogel Wlp.

pag. tab.

Rprt. I. 816. 39; — C. occ. L. γ. aristata DC. Hasskl. plnt. Jav. 406. 299; — C. occidentalis L. Miq. Flor. I.i. 94. 9 (quoad descript. nec iconem Miq., qui „Galinaria" scribit).

283. 97.2. **Galinaria rotundifolia** s. minor s. porrifolia (p. 284) s. (nomin. indigen. sad. ac praeced.) — Cassia obtusifolia L. Sp. II. (2964). (quam Miq. exclud.); Brm. Ind. 95; Lam. Enc. I. 649. 35; Lour. Coch. 323. 2; Wlld. Sp. II. 516. 9; Hassk. Clav.; Prits. Indx. (absq. fig. indic.); — oppon. Vogel Wlp. Rprt. I. 817. 49; — C. Tora L. am. acad. (2961); Poir. Enc. Sppl. II. 702; DC. Prdr. II. 493. 47; Hassk. Clav.; Wlp. Rprt. I. 817. 48; Dtr. Syn. II. 1462. 78; Span. Tim. 200. 320; Miq. Flor. I.i. 95. 11; — C. Tagera Lam. Hasskl. Hassk. Clav.

285. 98. **Amica nocturna** s. Sundal malam s. Sede malam i. e. nox est s. Tuna malam i. e. sponsum noctis — Hyacinthus indicus tuberosus serie albus Brm. (Zeyl. 129) Obs. ad Rmph. 286; — Polianthes tuberosa L. β. (2486. β.); Brm. Ind. 83; Lour. Coch. 253. 1; Wlld. Sp. II. 164. 1; Prs. Syn. I. 374. 1; Poir. Enc. VIII. 129; Schlt. S. V. VII. 625. 1; Drap. Hrb. IV. 272; Hassk. Clav.; Dtr. Syn. II. 1111. 1; Prits. Indx.; Miq. Flor. III. 524. 1; — Polianthes L. Endl. Gen. 1103; Men. Gen. II. 303. 15.

286. 99. **Flos Susannae** s. Bunga Susanna s. Anggrek tana i. e. Orchidea terrestris — Orchis amboinensis floribus albis fimbriatis Herm. Parad. 209; Brm. Obs. ad Rmph. 288; — Orchis Susannae L. (6803); Brm. Ind. 188; Lour. Coch. 638. 1; Wlld. Sp. IV. 8. 1 (ubi nil apud Miq. fig. 2 tantum cit.); Prs. Syn. II. 502. 1 (ubi tab. 287. fig. 2 cit.); Sprng. Gesch.; Hassk. Clav.; — Platanthera Susannae Lndl. Orch. 295. 49; Miq. Flor. III. 714. 3.

287. **Marcabubay** e Manila — Orchidea terrestris quaedam (radices Sinenses saccharo condiunt.)

287. **Flos Susannae minor** — Orchidea terrestris quaedam.

287. **Satyria** e Sina s. Po-sang-tjau i. e. mater sine prole — Orchidea terrestris quaedam.

288. 100.1. **Flos impius** s. Bunga harem tjada i. e. flos profanus s. B. tjupo i. e. patinae parvae s. B. mata hari i. e. solis s. B. tengo hari i. e. meridiei s. B. castela i. e. hispanorum s. Tobu — Alcea sp. Brm. Obs. ad Rmph. 289; — Pentapetes phoenicea L. (5000); Brm. Ind. 144; Lour. Coch. 497. 1; Wlld. Sp. III. 727. 1; Poir. Enc. V. 159. 12; Prs. Syn. II. 241. 1; Don Dichl. 635. 1; W. A. Prdr. I. 67. 248; Hassk. Clav.; Hasskl. Cat. 205. 904. 1; Dtr. Syn. IV. 802. 1; Prits. Indx. (absq. fig. indic.); Miq. Flor. I.ii. 180. 1.

289. 100.2. „ **globosus** s. globularis s. Bunga knop s. Bubua baradja s. Adas adasan — Amaranthoides lychnidis folio, capitulis purpureis Brm. Zeyl. 15 & Obsrv. ad Rmph. 290; — Gomphrena globosa L. (1837); Brm. Ind. 72; Lam. Enc. I. 119. 1; Murr. Syst. 264. 1; Murr. Prs. Syst. 278. 1; Lour. Coch. 218. 1; Wlld. Sp. I. 1321. 1; Prs. Syn. I. 257. 1; R. & S. S. V. V. 537. 1; Hassk. Clav.; Dtr. Syn. [illegible]. 1; DC. Prdr.

pag. tab.

XIII. c. 409, 62 (solummodo sec. cit. patriae); Prits. Indx. Miq. Flor. I. r. 1060. 1.

290. **Flos globosus albus** s. (nom. indig. eadem ac praeced.) — *Gomphrena globosa* L. fl. albo.

291. **Majana** s. *Majani* s. *Miani* s. *Ae ute basure* s. *Daun hati hati* i. e. folium cordis s. *Amaira lauut* i. e. Herbae coerulea s. *Ilet*

I. *M. alba* s. *M. puti* — *Ocimum frutescens* L. Brm. Indx. alt., Hasch. Clav.; — *Coleus scutellarioides* Bnth. Miq. Flor. II. 949. 3 (ubi pag. 290 cit.).

292. 101. II. *M. rubra* s. *M. merah* — *Ocimum zeylanicum perenne odoratissimum latifolium* Brm. (Zeyl. 174). Obsrv. ad Rmph. 292; — *O. frutescens* L. Sp. I. (4332); — *O. gratissimum* L. Sp. II. (4333. b, ubi tab. 201 dic., cf. Obsrv.); Brm. Ind. 130; — *O. scutellarioides* L. Sp. II. (4342); Lam. Enc. I. 386. 11; Willd. Sp. III. 166. 26; Spreng. Gesch.; Hasch. Clav.; Prits. Indx.; — *Coleus scutellarioides* Bnth. Katl. mdph. 817; Miq. Fl. II. 949. 3 (ubi p. 290 cit.); — *Orthosiphon stamineus* Bnth. Teysm. in litt. sed erronee; — mihi potius *Coleus inflatus* Bnth. (DC. Prdr. XII. 73. 11), quam Miquelius (l. c. a.) varietatis loco ad *C. scutellarioidem* ducit.

293. 102. 1. **Melissa lotoria** s. *Dilem* s. *Dalem* s. *Daun pappar* s. *D. combing* i. e. folium pastillorum s. f. hircinum s. *Sucrum oco* i. e. Marrubium rubrum s. *Aylaun sata* s. *A. tabine* i. e. fol. odoratum — *Solrise* s. *Ocymi* sp. fol. maculi. Desr. Lam. Enc. III. 680; — *Coleus atropurpureus* Bnth. ? Wlp. Rprt. III. 516. 12 ?; DC. Prdr. XII. 74. 11 (ubi tab. 101 cit.); Miq. Flor. II. 951. 6; — *Pogostemon menthoides* Bl. Teysm. in litt. — mihi potius *C. bicolor* Bnth. *β. rubrovirens* Hsskl. (Cat. 129. 2. B; Miq. Fl. II. 954. 14) (*).

294. 102. 2. **Marrubium album amboinicum** s. *Nepeta amboinica* s. *Daun hati hati* i. e. folium cordiforme s. *Baupon bangon* s. *Sucun* s. *Aylaun hatu* s. *A. tabine* s. *Yarach* — *Nepeta indica* L. (4180. Obs.); — *Coleus amboinicus* Lour. Coch. 452. 1 (ubi uti apud Spreng. tab. 72 cit.); Prs. Syn. II. 135. 1; Hasch. Clav.; Katl. mdph. 817; Prits. Indx.; Miq. Flor. II. 948. 2; — *Plectranthi* sp. Mllr. Hasch. Clav.; — *Coleus aromaticus* Bnth. Don Diehl. IV. 689. 5; Wlp. Rprt. III. 514. 6; Dtr. Syn. III. 383. 6; DC. Prdr. XII. 72. 6 ? — (Don, Wlp., DC. fig. 3, Dtr. figura haud indicant!)

295. „ „ **acuminatum** s Bande — *Coleus sp.* ? Hsskl. (foliis parvis, acuminatis, tenuibus, subtus haud lanatis, caulibus tetragonis, ad nodos fuscis).

296. 102. 3. **Majana aurea** s. *Majani mas* — *Ocimum scutellarioides* L. Brm. Ind. 130; Hasch. Clav.; Prits. Indx.; — *β.* Lam. Enc. I. 385. 11. *β*; — *Coleus scutellarioides* Bnth.

---

*) Herba repens, caule inferne teretis glabro, superne angulato purpurascenti, [illegible] pubescente, foliis utrimque [illegible] quam latioribus majoribus, crassiusculis fragilibus, [illegible] profunde serratis, serraturis [illegible], hirtis, supra viridibus opacis, subtus [illegible], nervis purpurascentibus, [illegible]; in [illegible] foliis crenato aut crenato-dentato?

pag. tab.

Wlp. Rprt. III. 515. 7; DC. Prdr. XII. 75. 9; — *C. sc. β. Blumei* Miq. Fl. II. 950. 3. *β*.

297. 103. 1. **Sonchus amboinicus** s. *Patta cameli* l. e. fractus clavus s. *Sajor* [illegible] l. e. olus faciei amoenae s. *Wangi malaro* l. e. solis tutamen s. *Tepil* [illegible] s. *Limeyo* s. *Goe tafoy* s. tuba l. e. anserin palmipes — *Cacalia sonchifolia* L. (6277); Brm. Ind. 176; Lam. Enc. I. 530. 16; Lour. Coch. 593. 3; Wlld. Sp. III. 1730. 20; Hassk. Clav.; — *Emilia sonchifolia* DC. Prdr. VI. 302. 1; Dtr. Syn. IV. 1406. 1; Hsskl. plat. Jav. 536. 398; Miq. Flor. II. 101. 4; — *Crassocephalum sonchifolium* Less. Kstl. mdph. 719; Span. Tim. 323. 485; — *Emilia sagittata* Hsskl. Cat. 103. 2.

298. 103. 2. „ **volubilis** s. *Wangi malaro tali* s. *Wari anenor* s. *Nya anenor* s. *Ular minjak* l. e. anguis laevis — *Conyza pubigera* L. (6217); Lam. Enc. II. 84. 8; Wlld. Sp. III. 1921. 6; Sprng. Gesch.; Hassk. Clav.; Kstl. mdph. 664; Pritz. Indx. (absq. fig. indic.); — *Cacalia procumbens* Lour. Coch. 593. 1; Hassk. Clav.; — *Gynura sarmentosa* DC. Prdr. VI. 298. 2; Dtr. Syn. IV. 1404. 1; Miq. Flor. II. 97. 4.

299. 104. 1. „ „ **javanus** s. *Bilemias* s. *Bolemas* s. *Walemias* — *Baccharis indica* L. Brm. Ind. 179; Lam. Enc. I. 346. 7; — *Conyza pubigera* L. Lour. Coch. 604. 1; — *C. prolifera* Lam. Enc. II. 84. 7 ?; Wlld. Sp. III. 1926. 22; Sprng. Gesch.; Hassk. Clav.; Kstl. mdph. 641 (ubi „tb. 103"); Pritz. Indx.; — *Ferronia prolifera* Dcne. DC. Prdr. V. 65. 290 (ex Dcne. oppos. DC.); Span. Tim. 321. 467; — *Microglossa volubilis* DC. Prdr. V. 320. 1; (Miq. in de Vries. plnt. Ind. bat. 133. 267; Miq. Fl. II. 34. 4; — *Pluchea indica* Less. Span. Tim. 322. 472 ? (ubi „fig. 2." citat.)

301. 104. 2. **Herba sentiens** s. *H. viva* s. *H. amoris* s. *Daun takut manusia* l. e. hominum timor s. *D. idop* l. e. fol. vivum s. *Curung curung* s. *Igu igu mai* (cf. VI. p. 43.) l. e. aemulus colappi s. *Cage cage* s. *Sit* s. *Caje* [illegible] s. *Aylana mahay* l. e. fol. vivum s. *Tojet tojit* — *Oxys indica tamarindi foliis, floribus umbellatis* Brm. Zeyl. 178. Obs. ad Rmph. 305; — *Oxalis sensitiva* L. (8375); Brm. Ind. 107 (uti Pritz. & Zucc. absq. signif. fig.); Lour. Coch. 350. 1; Lam. Enc. IV. 688. 84; Wlld. Sp. II. 804. 93; Prs. Syn. I. 519. 102; Zucc. Oxal. 183. 81; Zcc. Oxal. Nachtr. 272. 105; W. A. Prdr. I. 142. 466; Hsskl. Cat. 251. 3; — *Biophytum sensitivum* DC. Prdr. I. 690. 1; Don Dichl. I. 763. 1; Hassk. Clav.; Kstl. mdph. 1909; — *Oxalis Reinwardtii* Zucc. Miq. Flor. l. c. 134. 1; adnotandum est, Zuccarinium plantam Rheedeanam, quam a *O. sensitiva* (= planta Rumphiana) separavit, nomine Reinwardtii ornasse, quod nunc Miquelius plantae Rumphianae imposuit addita diagnosi Oxalidis Reinw. Zucc. Ox. Nachtr. p. 274. 105 (*).

303. **Herba Mimosa** *Acosiae* s. *Cami-ongi* — *Mimosa pudica* L. Sp. I. (7664).

304. **Caboe cabanea** — *Mimosa ?* sp. ? ? Hsskl.

304. **Aeschynomene Theophrasti** s. *Anonymus Garciae* — *Herba cum foliis Polypodii* C. Bauh. Pin. 359. — E citato Apollodori & Plinii (Rmph. l. c.) Sprengelius (Gesch.

pag. tab.

I. 46.) hanc *Averrhoam Carambolam* s. *Mimosam polyacantham* esse censet; prior autem certe huic aliena, nam Rumphius hanc bene novit et alio loco describit; — *Hedysarum annuum majus zeylanicum Mimosae foliis* Brm. Zeyl. 119; — *Arachyneurus aspera* L. (5488); Brm. Ind. 169; — cf. Stapel. ad Theophr. p. 320a.

304. **Similis planta peruana** — *Mimosa dormiens* H. B. K. (DC. Prdr. II. 428. 27.) ? ? Hsskl.

304. **Altera „ „ supra terram effusa** — *Mimosa humilis* H. B. (DC. Prdr. II. 427. 19) ? ? Hsskl.

304. **Pina hui huitzli** s. *herba verecunda* Nieremb. s. *Cozauhcatl* l. s. herba somnolenta e Mexico — *Mimosa casta* L. (DC. Prdr. II. 429. 38) ? Hsskl.

304. **Planta sentiens Hispanorum** e Philippinis, Nieremberg — ? ? (caules erecti 10—12 e radice una, folia in caule quoque 12 in 4 ordines disposita ad 2 poll. distantiam, cum iis *Lotus urbanae* (Melilotus offic.) convenientes, flores coerulei, alabastra linguaeformia, petala 3 parva; planta tacta aut halitu sensitiva e verb. Rmph.)

305. **Arbor pudica** Scalig. — *Arbor malevarensis* C. Bauh. *Histor.* 512. VII; — *Mimosa pudibunda* Wlld. (Sp. IV. 1032) ? ? Hsskl.

306. **Herba viva** e Tabago insula gallorum — si flores „ex multis petalis fere instar florum *Calthae*, coloris laete violacei" haud laudarentur, tota reliqua herbae descriptio opinionem duceret, hoc loco *Onocleam sensibilem* L. (7738) descriptam esse cf. Bod. Stapel. in Theophr. p. 320b, qui praeter Virginiam etiam *Indiam occidentalem* patriam esse dicit.

305. „ „ s. *casta Pisonis* I. e *Brasilia*, arbuscula flagellosa, spinulosa, foliorum forma & sensitiva qualitate cum aliis hrb. viv. convenientes — ? ?

306. „ „ s. *casta Pisonis* II. e *Brasilia*, herba marina, foliis certam adferentibus mortem, radicibus hujus antidotum praebentibus — ? ?

306. 105. **Tulipa javana** — *Amaryllis* L. Brm. Obs. ad Rmph. 307; — *A. zeylanica* L. Sp. II. Syst. X. (2337); Brm. Ind. 81; Wlld. Sp. II. 56. 29; Bl. En. 24. 21; Pritz. Indx.; — *Crinum zeylanicum* L. Syst. XII. (2327); Lour. Coch. 245. 2; Schlt. R. V. VII. 867. 6; Hassk. Clav.; Kstl. mdph. 143; Hsskl. Cat. 36. 162. 1; Kth. En. V. 573. 58. α bosc; — *C. moluccanum* Rxb. Hbm. Amer. 83. 64; Mlq. Fl. III. 581. 4; — *Amaryllis ornata* Lam. Enc. I. 128. 18; — *C. ornatum* Hrb. ζ *moluccanum* Hrb. Kth. En. V. 575. 38. ζ.

306. 106. **Arum indicum sativum majus** s. *Aron* s. *Sira negri* l. s. Arum domesticum s. *Sika* s. *Hila* s. *Oli* s. *Sente* — *Arum maximum zeylanicum macrorhizon* Brm. Zeyl. 34; — *A. indicum* Lour. Coch. 655. 10; — *A. macrorrhizon* Lam. Enc. III. 12. 20; Hassk. Clav.; Pritz. Indx.; — *Caladium? macrorrhizon* RBr. Prdr. 336. (169) ? (vix conveniens); Poir. Enc. Sppl. IV. 340; — *Colocasia indica* Kth. En. III. 39. 8 (fid. Lour.); Hsskl. Flor. (R. Z.) 1842. Beibl. II. 8. 34; Hsskl. Cat. 55. 3; Wlp. Ann. I. 759. 9 (oppos. Hsskl. pl. Jav. 146); Dtr. Syn. V. 354. 8; — *Alocasia macror-*

pag. tab.

rhiza Schtt. Miq. Flor. III. 205. 1; — *A. indica* C. Kch. Append. Ind. sem. hrt. berol. 1854. 4. 1; C. Kch. Wchschr. 1863. 329.

308. I. *nigrum* s. *Bira negri* item est optima caule fusco-nigricante — citata antecedentia.

308. II. *fuscum* s. „ „ *mera* — Colocasia, radice Koth. *β. atroviridis* Hskl. Flor. l. c.; Cat. l. c. *β.*

308. III. *album* s. „ „ *puti* — „ „ „ *γ. pallida* Hskl. l. c. (est vilissima Rmph.)

310. 107. **Arum silvestre** s. *Bira utan* s. *Hila* s. *H. abbal*.

I. *latifolium* s. *majus* s. *Hila ala* l. e. arum draconis — *Arum sagittaefolium* L. (6994); — *Caladium sagittaefolium* Willd. Hssch. Clav.; Prtz. Indx.; — *Alocasia* sp. C. Kch. app. Ind. hrt. berol. 1854. 2. 1 adnot.; — *A. montana* Schtt. ? Miq. Flor. III. 209. ? ? quoad descrpt. — Rosenth. Diaphor. 1089 ? — *A. macrorrhiza* Schtt. ? Miq. l. c. 200. 1. (quoad descrpt.) ? — *A. longiloba* Miq. ? (quoad icon.) Miq. l. c. 207. 4. (qui in descriptione tres spec. confusas dicit.)

II. *medium* s. *vulgare* s. *minus* s. *Bira patsjuri* l. e. Arum lucens — *Alocasia montana* Schtt. Hskl.

312. 108. „ **aquatilicum** s. *Bira ayer* s. *Anappur ayer* l. e. Dracunculus aquaticus — *Arum ovatum* L. (6999); Brm. Ind. 193; Lam. Enc. III. 11. 17; Prtz. Indx.; — *Caladium ovatum* Poir. Enc. V. 142; Willd. sec. Hssch. Clav. etsi Willd. ipse (Spec. IV. 488. 3) plantam Rmph. longe aliam et forte diversi generis dicit; — *Aglaonema oblongifolium* Kth. En. III. 55. 3; Miq. Flor. III. 216. 3; Rosenth. Diaphor. 1089.

313. 109. „ **aegyptiacum** s. *Caladium sativum* s. *Keladi* s. *Tallas* s. *Aladi* s. *Bete* s. *Ima* s. *Kedu* s. *Ou* s. *Tijamma* — *Colocasia vera* C. Bauh. Brm. Zeyl. 69 & Obs. ad Rmph. 317; — *Arum Colocasia* L. (6987); Brm. Ind. 192; Lour. Coch. 653. 6; Willd. Sp. IV. 481. 11; Prs. Syn. II. 574. 11; Hssch. Clav.; Katl. mdph. 70; Prtz. Indx.; — *A. peltatum* Lam. Enc. III. 13. 21; — *Caladium* Poir. Enc. V. 142; — *Colocasia antiquorum* Schtt. Kth. En. III. 37. 1; Wlp. Ann. I. 768. 1; Dtr. Syn. V. 354. 1; Miq. Flor. III. 202. 1; — *C. vera* Rmph. Hskl. Flor. (B. Z.) 1842. Beibl. II. 8. 35; Hskl. Cat. 55. 4; — *Colocasia* Ray Men. Gen. II. 270. 29.

314. I. *Keladi alang* s. *Ima alang* s. *I. kekin malona* l. e. ingens Cucurbita s. camalonga, ob radicis similitudinem; petiolis viridibus — *C. antiq.* C. *monorrhiza* (Hskl. Cat. 55. 4. C.) *viridis*.

314. II. *Keladi bulu* l. e. bambusae s. *Ima tabalo* (in context. tab. *tabala*) — ? ? stipite crasso procumbente, ad oryzae longitudinem, fibroso, foliis & floribus minoribus.

314. III. *Keladi annas* l. e. Caladium cum prole s. *Ima bata* — *Coloc. antiq.* A. *polyrrhiza* Hskl. (Cat. 55. 4. A.) *nigra* Hskl.

314. IV. *Keladi trilaur* l. e. oviforme s. *Ima maneuru* — *Coloc. antiq.* A. *polyrrhiza* AA. *pallida* Hskl. (Cat. 55. 4. AA.)

pag. tab.

314. V. *Kelady maradja* s. *Ina Masiahóei* = *Color. antiq.* B. *intermedia* Hsskl. (Cat. 55. 4 B.)? (propropens longas tenuesque gerens radices, quae plantulas proferunt.)

314. VI. *Kelady goranto* s. *Ina lekia mahina* l. e. Caladium scriptum — *Col. antiq.* C. *monorrhiza* CD. *scripta* Hsskl. (Cat. 55. 4. CD.)

314. VII. *Kelady uwapi* l. e. Calad. odoratum s. *Ina lekermani* — *Color. antiq.* C. *monorrhiza Hsskl.* CC. *rubrinervis* Hsskl. (Cat. 55. 4. CC.)?

VIII. *Kelady tauwer* s. *Ina apper* l. e. villosum — *Col. antiq.* C. *monorrhiza Hsskl.* CA. *minor* Hsskl. (Cat. 55. 4. CA.)?

318. 110.1. **Caladium aquatile** s. *aquaticum* s. *Kelady ayer* s. *K. candhaei* l. e. nihil interest, vilis s. *K. babi* l. e. suinum s. *Sabu sarcar* — *Colocasia* s. *Arum zeylanicum minus cauliculis viridantibus* Brm. (Zeyl. 69) Obs. ad Rmph. 319; — *Arum coerulescens* L. (6986); Brm. Ind. 192. & Indx. alter.; Lour. Coch. 664. 7; Pritz. Indx. (absq. fig. indic.); — *A. peltatum* Lam. *β.* Lam. Enc. III. 13. 21. *β*; — *Caladium* (Poir. Enc. V. 143.) *coerulescens* Vnt. Wlld. Sp. IV. 489. 6; Prs. Syn. II. 576. 8 (ubi tab. 100 cit.); Hssch. Clav.; — *C. nymphaeaefolium* Wlld. Hssch. Clav.; — *Colocasia coerulescens* Schtt. Kstl. mdpb. 73; Knth. En. III. 37. 3 (cf. 38. 4); Hsskl. Cat. 302. 303. 4; — *C. esc. γ. aquatilis* Hsskl. plnt. Jav. 150. 99; — *C. antiquorum Schtt. var.* ? Knth. En. III. 37. 1; — *C. antiq. β. nymphaeifolia* frm. *humilior* Miq. Flor. III. 203. 1. *β.* frm. (ubi p. 3. 1846. fig. 110 loco: p. 318. tab. 110. fig. 1. citat.).

318. „ „ s. *Kelady sula* s. *K. manis* l. e. Caladium dulce = *Colocasia antiquorum* Schtt. B. *intermedia* Hsskl. (Cat. 55. B.) ? ?

319. **Arisarum amboinicum** s. *Calamojang* s. *Biru kitifil* — *Dracunculus indicus folio trifido* Brm. Zeyl. 89. & Obs. ad Rmph. 320; — *Arum trilobatum* L. (6993); Brm. Ind. 193; Lam. Enc. III. 10. 12; Lour. Coch. 652. 4; Wlld. Sp. IV. 485. 16; (Müll.) Prs. Syn. II. 574. 16; Hssch. Clav.; Pritz. Indx. (absq. fig. indic.); — *Typhonium divaricatum* Dcne. Knth. En. III. 26. 1; Bl. Rmph. I. 130. 1; de Vriese, plnt. Ind. 151. 335; Miq. Flor. III. 192. 1.

321. 111.1. „ **cucullatum** s. *Daun cassie* l. e. folium sacerdotum s. *Sajor babi* l. e. olus suinum s. *S. bandan* s. *Appu* s. *Appa* au l. e. humile nec magnanimus s. *Sambeng* — *Arum humile zeylanicum latifolium* Brm. Zeyl. 34 ? — *Arum peregrinum* L. (6991, ubi fig. haud indic.); Hssch. Clav.; Pritz. Indx.; — *Homalomena ? calyptrata* Knth. En. III. 57. 4; Dtr. Syn. V. 358. 4; — *Colocasia ? humilis* Hsskl. Flor. (B. Z.) 1842. Beibl. II. 10. 28; Hsskl. Cat. 56. 12; Hsskl. plnt. Jav. 153. 93; Wlp. Ann. I. 759. 10; Miq. Flor. III. 204. 4 (ubi adnotatur: „Synonymum Rmph. a Rxb. ad *Schismatoglottidem calyptr.* ductor)"; — *Schismatoglottis longispatha* Miq. Flor. III. 214. 2 (ubi tab. 8 citat.); Rmpth. Diaphor. 1089.

322. 111.2? **Dracunculus amboinicus** s. *Calemojang* s. *Sruts* s. *Anapal* s. *Anapur* s. *Unapur* s. *Napur* — *Arum zeylanicum minus sagittariae folio* Brm. Zeyl. 34 ? — *A. divaricatum* L.

pag. tab.

(6992, ubi fig. haud indicatur); Hassk. Clav.; Pritz. Indx.; — *Homalonema* Schtt. Endl. Gen. Suppl. III. 1695.

I. *nigra s. mas* — *Calla occulta* Lour. Coch. 631. 6 ? Hassk. Clav.; — *Homalonema aromatica* Schtt. ? Knth. En. III. 56. 22 ? — *Zantedeschia foetida* C. Kch. Append. Indic. sem. hrt. berol. 1854. 9. 7; — *Homal. cordata* Schtt. Miq. Flor. III. 211. 3 (ubi tb. III. fig. 2 citatur) „num ad *cordatam* s. *albam* referenda sit, non satis liquet". —

322. 111. 2? II. *albus* s. *femina* — *Homalonema alba* Hsskl. Flor. (B. Z.) 1842. Beibl. II. 10. 40; Hsskl. Cat. 57. 306. 1; Miq. Flor. III. 211. 2; — *Zantedeschia alba* C. Kch. append. Indic. sem. hrt. berol. 1854. 9. 7. not.

323. 111. 2? III. *ruber* s. *Beleituan* l. e. lima plana s. *Pattatamal* — *Calla rubescens* Rxb. ex Knth. En. III. 56 (*) & 57. 5; — *Homalonema rubescens* Knth. En. III. 57. 5; Dtr. Syn. V. 368. 5; — *H. rubra* Hsskl. Flor. (B. Z.) 1842. Beibl. II. 11. 41; Hsskl. Cat. 57. 2; — *Zantedeschia rubra* C. Kch. Append. Ind. sem. hrt. berol. 1854. 9. 7. (cf. 9. 9. not.).

324. 112. **Tacca sativa** s. *Tacca* s. *Tao* s. *Taja* s. *Ty* s. *Leuker* — *Dracunculus zeylanicus polyphyllus caule aspero maculis viridifuscis* &c. Brm. (Zeyl. 90.) Obs. ad Rmph. 326; — *Dracontium polyphyllum* L. (7009); — *Tacca pinnatifida* L. fil. Lour. Coch. 368. 1; Wlld. Sp. II. 200. 1; Sprng. Gesch.; Pritz. Indx.; (oppon. Poir. Enc. VII. 548; Schlt. S. V. VII. 166. 1; Knth. En. V. 458. 1*. ex Rxb.); — *Arum campanulatum* Rxb. (Flor. Ind.) Flor. (B. Z.) 1823. 489; Hassk. Clav.; Knth. l. c.; — *A. Rumphii* Gaud. Kstl. mdph. 72; — *Amorphophallus sativus* Bl. Rmph. I. 146. 5 ? Knth. En. III. 33. 5 ? (ic. male sec. ? huc referenda ?); — *A. variabilis* Bl. Rmph. I. 140. 1; Obs., ejusd. 146. 1. Obs.; — *Conophallus ? sativus* Schtt. ? Miq. Flor. III. 199. 4.

325. 361. **Tacca** s. *Taccae* sp. ex Ind. occ. — *Manihot* J. Bauh. (hist. II. 794); — *Jatropha Manihot* L. (7294).

326. **Erva de Sta Maria** s. *Dracunculi sp. major* Piso — *Aroidea quaedam* ?

326. 113. 1.? **Tacca phallifera** s. *latifolia* s. *T. besaar* l. e. magna (forsan ad sequentem pertinet) s. *T. utan* l. e. silvestris — *Tacca dubia* Schlt. S. V. VII. 167. 2; Hassk. Clav.; Dtr. Syn. II. 1198. 2; Knth. En. V. 460. 2; Pritz. Indx. (absq. fig. indic.)

326. 113. 2. **Taccae fungus** s. *Tacca calai* l. e. fungus s. *T. besaar* l. e. magna (?) — *Arum campanulatum* L. Rxb. Flor. (B. Z.) 1823. 489; Knth. En. V. 460. 2*; — *A. Rumphii* Rudj. Hassk. Clav. (Rudj. ? ?, forsan lapsu calami pro: Gaud.) Kstl. mdph. 72; Steud. Nomencl. I. 143; Rosenth. Syn. 139; — *Amorphophallus campanulatus* Bl. Rmph. I. 140. 1; Knth. En. III. 32. 1; Hsskl. Cat. 54. 1; Dtr. Syn. V. 353. 1; Miq. Flor. III. 201. 1; Rosenth. Diaphor. 1087; — (— cf. Schlt. S. V. VII. 162. 2. Obs.).

pag. tab.

327. **Bistipan** Pyrard s. *Toccar sp. e Maldivis* — *Brachygynthia variabilis* Schtl. ? cf. nomina peregrina Miq. Fl. III. 200. 1.

328. 114. **Tacca litorea** s. *T. laut* s. *T. jawina* (cf. p. 330) s. *Rapa* s. *Calapale* s. *Sayul tobarus* — *Tacca pinnatifida* Forst. Willd. Sp. II. 200. 1; Prs. Syn. I. 382. 1; Poir. Enc. VII. 548 (ubi „pag. 308"); Bl. En. 83. 1; Schlt. S. V. VII. 167. 1 (ubi p. 338 tb. 114 cit.); Hassk. Clav.; Dtr. Syn. II. 1198. 1; Kth. En. V. 458. 1; Prits. Indx.; Miq. Flor. III. 577. 1; — *Tacca* Forst. Endl. Gen. 1204; Mss. Gen. II 307. 1.

329. 115. „ **montana** s. *T. gunung* s. *T. utan kitjil* i. e. silvestris minor s. *T. mas* s. *T. rubra* (p. 331) s. *Lami* s. *Walrur* s. *Boorung pali utan* i. e. Allium silvestre album s. *Sa-hula* s. *Henne* s. *Donda* — *Ampelodaphyllum* Trat. s. *Pedophyllum* L. Brm. Obs. ad Rmph. 331; — *Tacca* Frst. Endl. Gen. 1204; Mss. Gen. II. 307. 1.

I *minor* s. (nom. indig. enumerata) — *Tacca palmata* Bl. En. 83. 2 (ubi icon bona!); Hassk. Clav.; Kstl. mdph. 77; Prits. Indx.; — *T. montana* Rmph. α. *minor* Schlt. S. V. VII. 168. 3 (qui tab. ad sequent. cit.); Hassk. Clav.; Dtr. Syn. II. 1198. 3; — *T. Rumphii* J. C. Schauer Kth. En. V. 460. 3; Miq. Fl. III. 577. 2; Rosenth. Diaphor. 1082.

II. *major* s. (nom. eadem ac praeced.) s. *Lami hate* — *Tacca montana Rmph. β. major* Rmph. Schlt. S. V. VII. 168. 3. β. (cum tabula); Hskl. Cat. 34; — *Tacca palmata* Bl. ? Miq. Flor. III. 577. 3 !

Lib. 9.

Convolvuli & herbae reptantes.

333. 116. 1. **Piper longum** s. *Macropiper* s. *Tsjabe* s. *Lada pandjang* s. *Tabe*, *Tjabe* s. *Tabea* s. *Ma-rica amme* s. *Maritsja amme* s. *Malisa ronui* i. e. Piper siriboides s. siriforme s. *Pim-pelim* s. *Lail* s. *Amma rite eile* i. e. siri in frustulis s. *Bidortiaga* — *Piper Amalago* L. (235); Prits. (absq. fig. indic.) Indx.; — *P. longum* L. (234, ubi tom. 3 & fig. 2 cit.); — de citatis Linnaei cf. Miq. Pip. 258; — Brm. Ind. 14; Radermach. Beschr. 27. 68; Lour. Coch. 40. 5; Dtr. Sp. I. 683. 161 (ubi f. 2 cit.); — *P. plantagineum* Lam. Poir. Enc. V. 460. 5; — *P. Chaba* Hnt. R. S. S. V. Mnt. I. 239. 105*; Bl. En. 66. 7; Hassk. Clav.; Kstl. mdph. 449; Dtr. Syn. I. 120. 184; — *Chavica of-ficinarum* Miq. Piper. 256. 20; Miq. Flor. I. ii. 444. 17 (non foliis oppositis erroneo!) — *Chavica* Miq. Endl. Gen. Sppl. IV. ii. 1823. 1.

334. „ „ **americanum** s. *Tlatlan tzaya* Nierenbrg. — *Polymorpha petiolata*.

334. „ „ **e Philippinis** s. *Bupo boyo amboa* Nierenbrg. — *Chavica ? parvifolia* Miq. (Pip. 276. 39. 2) ?; cf. Hskl. Flor. (B. Z.) 1864, 59.

335. „ „ „ s. *Bupo boyo amoo* Nierenbrg. — *Chavicas Beile* Miq. (Pip. 228. 9) affin. ? ?

pag. tab.

335. **Piper album & nigrum** = *Piper nigrum* L. (Miq. Pip. 308. 1 & prima, 309 secunda alinea) Hsskl.

336. 116. 2. **Sirii folium** s. *Sirium* s. *Tombul* s. *Betel* s. *Betele* s. *Siri* s. *S. daun* s. *Sere* s. *Bido morou* ? s. *Basse* s. *Leko* s. *Amme* s. *Ammo* s. *A. laun* s. *Camal* s. *Camelaun* s. *Laukio* — *Saururus volubilis Convolvuli majoris folio Betele Tembul* Brm. (Zeyl. 236) Observ. ad Rmph. 340; — *Piper Malamiris* L. (232); Brm. Ind. 14; Poir. Enc. V. 462. 11; Prs. Syn. I. 31. 6; Vhl. Enum. I. 327. 47; R. & S. V. I. 306. 77 (oppon. Rxb. R. & S. V. Mnt. I. 236. 77); Prits. Indx. (aliq. fig. indic.); — *P. Betle* L. Rademach. Beschr. 27. 68; Lour. Coch. 39. 4; R. & S. V. Mnt. I. 236. 82; Kstl. mdph. 451; — *P. longum* L. Poir. Enc. V. 461. 8; Willd. Sp. I. 161. 12; Bl. En. 69. 19; Dtr. Syn. I. 121. 36; Hsskl. Cat. 71. 13; — *Chavica Betle* Miq. Pip. 228. 2. (cf. not. [9]); Miq. Flor. I. ii. 439. 2; — *Chavica* Miq. Endl. Gen. Sppl. II. 1823 1.

340. 117. **Siriboa** i. e. Sirium frugiferum s. *Bido Masoffo* s. *B. marea* ? (p. 337. Nom.) s. *Sepe lerke* s. *Cannaner* — *Piper qui Saururus foliis septemnerviis oblongo-acuminatis* Brm. Zeyl. 193; — *Saururus, folio lato Betelee dicta* Brm. (Zeyl. 236. & 46) Observ. ad Rmph. 342; — *P. Siriboa* L. (233); Brm. Ind. 14; Rademach. Beschr. 27. 68; Willd. Sp. I. 161. 10; Poir. Enc. V. 462. 9; Prs. Syn. I. 31. 10; Vhl. En. I. 332. 60; Poir. Enc. Sppl. V. 159; R. & S. V. I. 311. 100; Bl. En. 71. 24; Dtr. Spec. I. 682. 168; Hassk. Clav.; Kstl. mdph. 452; Hsskl. Cat. 72. 24; Prits. Indx. (omnes fere fig. 2 cit.); — *Chavica Siriboa* Miq. Pip. 224. 1 (excl. *forma* [illegible] amento dextro); Miq. Flor. I. ii. 438. 1; — *Chavica* Miq. Endl. Gen. Sppl. IV. ii. 1823 1; — seq. varietates:

I. *alba* s. *S. puti* s. *S. ayer* i. e. aquosa cf. Miq. Pip. 227. a.

II. *cambing* i. e. hircina cf. Miq. Pip. 227. b.

III. *fragrans* s. *S. calilawan* i. e. corticis Calilawan odorem gratum respirans Miq. Pip. 227. c.

342. 118. 1. **Sirium silvestre** I. s. *album* s. *caeruleum* s. *Siri utan* s. *S. candhaal* i. e. publicum s. *Ammelaun alhar* s. *Camelaun abbal* — *Chavica Malamiris* Miq. Pip. 245. 11 ? (in contextu); Miq. Flor. I. ii. 442. 10 ?

343. 118. 2. " " II. s. *Amaelaun halal* s. *Siriboa silvestris* — *Chavica Malamiris* Miq. Pip. 245. 11; Miq. Flor. I. ii. 442. 10.

344. 119. 1. " **terrestre** s. *Siri tana* s. *Cado cado* s. *S. endjing* i. e. caninum s. *Ammelaun une* i. e. terrestre — *Chavica* (II. *Sphaerostachyae*) sp. ? Miq. Pip. 281. adnot.; — *Ch. sphaerostachya* Miq. Flor. I. ii. 446. 25 ?

345. 119. 2. " **frigidum rotundifolium** s. *rubrum* s. *Siri utan dingin* s. *S. dingin* s. *Calambou* s. *Ammelaun alhar mawwere* i. e. S. insularum s. *A. talim mahina* i. e. S. silvestre femina s. *Bodo* — *Piper diffusum* Vhl. En. I. 333. 63; Sprng. Gesch.; Poir. Enc. Sppl. IV. 456. 107; R. & S. V. I. 312. 104 (ubi fig. 3 cit.); R. & S. V. Mnt. I.

pag. tab.

239. 104; Bl. Enum. 73. 29; Hassk. Clav., Kstl. mdph. 453; Hskl. Cat. 72. 23; Miq. Pip. 327. 16; — *Chavica sarmentosa* Miq. Flor. I. II. 441. 8 ?

345. **Sirium frigidum latifolium** s. *album* s. (nom. indig. eadem ac praeced.) — *Piper album* Vhl. Enum. I. 334. 65.

346. 120. **Ubium vulgare** s. *bulbosum* s. *Ubi* s. *Ima* s. *Lami* s. *Uhy* s. *Hori* s. *Heli* s. *Lata* — *Rhizophora indica* s. *Inhame rubra* &c. Brm. (Zeyl. 206) Obs. ad Rmph. 349; — *Dioscorea oppositifolia* L. (7460); Murr. Syst. 889. 9; Murr. Prs. Syst. 931. 9; Hassk. Clav.; Kth. En. V. 390. 87; Prits. Indx.; — *D. alata* L. Lam. Enc. III. 230. 1; Lour. Coch. 765. 1; Bl. En. 22. 7; Kstl. mdph. 229; Hskl. Cat. 33. 5; — *D. vulgaris* Miq. Flor. III. 572. 9; Roemth. Diaphor. 1091.

I. *bursaeforme.*

II. *fasciaeforme* s. *U. lacki lacki* i. e. U. mas — a. *album*; — b. *rubrum.*

III. *gallinaceum* (instar gallinae deplumatae) s. *U. ayam* (*) i. e. gallinae s. *Hori manu.*

350. 121. „ **digitatum** — *Dioscorea alata* L. Brm. Ind. 214; Lour. Coch. 765. 1; Wild. Sp. IV. 792. 11; Bl. En. 22. 7; Hassk. Clav.; Kstl. mdph. 229; Hskl. Cat. 33. 5; Prits. Indx.; Miq. Flor. III. 572. 8; — *β.* Lam. Enc. 230. 1. *β*; — *D. rubella* Rxb. Kth. En. V. 390. 80.

121. I. *majus* s. *Ubi daun* [illegible] s. *U. ...* s. *Heli machilaun* s. *Hori m.* s. *H. ...*

122. II. *minus* s. *delicatius* s. *Ubi dongan* i. e. manus s. *Aisa* s. *U. djari* i. e. digitatum s. *U. ... * i. e. flabellum s. *Kali ...* s. *Hori* s. i. e. Ubium digitatum.

351. 122. „ **anguinum** s. *Ubi ular* s. *Heliayo* s. *Horiaya* — *Dioscorea oppositifolia* L. *β.* Brm. Ind. 215; *γ.* Lam. Enc. III. 230. 1. *γ*; — *D. opp.* L. (sinq. *β.*) Lour. Coch. 766. 2; Kth. En. V. 390. 87; — *D. alata* L. *β. anguina* (Miq.) Wild. Sp. IV. 792. 11. *β*; Prs. Syn. II. 621. 13. *β*; Hassk. Clav.; Miq. Flor. III. 572. 8. *β* ?; — *D. anguina* Rxb. accedens sed diversa Kth. En. V. 390. 81.

351. 122. D. E. „ **Draconum** s. *U. ...* i. e. crocodili — ? ? *Dioscorea* radicibus medio planis in brachia v. ramificationes extensis, bulbulis axillaribus contortis ab antecedente haud diversa videtur.

353. 123. „ **anniversarium** i. e. perenne s. *Ubi ...* s. *U. ...* i. e. hastae forma — *Dioscorea spiculata* Bl. En. 22. 6 ?; Hassk. Clav.; Kstl. mdph. 230 ?; Hskl. Cat. 34. 6; Kth. En. V. 390. 83 ?; Prits. Indx.; Miq. Flor. III. 573. 12 ?; Roemth. Syn. 1081.

354. 124. „ **pomiferum** s. *Ahus* s. *Cobaro* s. *Cafoto* — *Rhizophora indica. Inhame rubra* &c. Brm. (Zeyl. 206); — *Rhizophora zeylanica, Scammonii folio angulari radice rotunda tuberosa* Brm. (Zeyl. 207) Obs. ad Rmph. 365. — *Dioscorea bulbifera* L. (7457); Brm. Ind. 214; Murr. Prs. Syst. 931. 6; Lam. Enc. III. 232. 8; Wild. Sp. IV. 793. 12; Prs. Syn. II. 621. 14; Bl. Enum. 23. 11; Hassk. Clav.; Kstl. mdph.

*) In translatione latina „rubra maiora vocatur Ubi ayam", dum contra textus originalis hollandicus dicit: „ronde (globosa)" nec „roode (rubra)".

pag. tab.

299; Span. Tim. 479. 897; Prits. Indx.; Miq. Flor. III. 574. 18; — *Helmia bulbifera* Kth. En. V. 435. 25.

354. **Ubium pomiferum silvestre** s. *Ubao* — an antecedentis var. *major* ? ? Hsskl.

355. **Inhame** S[t]. Thomae, e Africa in Brasiliam introducta, ibique *Cara* dicta, Piso, — *Dioscorea sativa* L. Spreng. Gesch. II. 68 ? ?; — sed differt haec (Kth. En. V. 340. 17) praeter patriam (India) foliis alternis, subrotundo-ovatis 9—13-nerviis; — *D. sativa* Griseb. (e Brasil.) Kth. l. c. 326. 1 — *D. heptaneura* Vell. diff.: foliis sparsis, ramis teretibus; — *D. quaternata* Wlt. Kth. l. c. 336. 17 (D. sativa L. Cliff.); fol. sparsis, oppositis aut quaternis, caule compressiusculo angulato ?

356. 125. **Ubium ovale** s. *Ubi batas* l. e. frugiferum s. *Elen* s. *Artan* — *Dioscorea bulbifera* L. (7457, ubi tab. haec haud citatur); Prits. Indx.; Miq. Flor. III. 574. 18 (com ?); — *D. bulb.* L. β. Hassk. Clav.

356. II. *minor* — ? ?; — spec. forma & colore radicum diversae, globosae sunt radices aut oblongae, rubrae aut albae.

357. 126. **Combilium** s. *Combili* s. *Gembe* s. *Zeube* s. *Oppa* s. *Saku* s. *Siabo* s. *Sisia* s. *Bihaua* s. *Betty* s. *Bitsy* — *Dioscorea foliis cordatis, caule aculeato* &c. Brm. Obsrv. ad Rmph. 359; — *Dioscorea aculeata* L. (7455); Brm. Ind. 214; Lam. Enc. III. 232. 9; Murr. Syst. 888. 4; Lour. Coch. 768. 6; Murr. Prs. Syst. 931. 4; Willd. Sp. IV. 792. 8 (qui uti Prs., et Kstl. „tb. 128" cit.); Prs. Syn. II. 621. 9; Bl. En. 23. 13; Hassk. Clav.; Kstl. mdph. 229; Hsskl. Cat. 34. 14; Prits. Indx.; Kth. En. V. 398. 99; Miq. Flor. III. 574. 21; — Linné tabulam justam quidem citat, sed „*Ubium ovale*" hanc dicit.

357. I. *vulgare* — cit. jam enumerat
357. II. *oblongum* s. *Combili bulu* i. e. bambusaceum
357. „ *optimum* s. *C. fanuari*
358. III. *rubrum* s. *C. mera*
358. „ *album* s. *C. tajampudaba*

} varietates unius speciei esse videntur.

359. 127. **Ubium quinquefolium** s. *Ubi utan* l. e. silvestre s. *U. petiomon* s. *Abey* s. *Agoel* s. *Tord* s. *Pote* s. *Jai* s. *Lahi* s. *Abubo* s. *Aforo* s. *Samoan* s. *Kabo* — *Dioscorea foliis digitatis caule spinoso* L. Cliff. Brm. Obsrv. ad Rmph. 361; — *D. pentaphylla* L. (7463); Brm. Ind. 213; Murr. Syst. 888. 1; Lam. Enc. III. 234. 10; Murr. Prs. Syst. 930. 1; Willd. Sp. IV. 789. 1; Prs. Syn. II. 621. 1; Bl. En. 20. 1. 9; Hassk. Clav.; Kstl. mdph. 230; Hsskl. Cat. 33. 1 ?; Prits. Indx.; — *D. demona* Rxb. (Flor. III. 805); oppos. Kth. En. V. 439. 29; — *D. triphylla* L. ? Hsskl. Cat. 33. 2 ? — *D. Kleiniana* Kth. En. V. 394. 91; Miq. Flor. III. 573. 16. (partim.)

I. *album*, radice intus alba.

II. *rubrum* s. *auruo* s. *Waerat*, radice pusilla intus rubra.

III. *fumum* s. *nigrum*, radice interne nigricante, cortice fusca.

pag. tab.

360. **Mandihoca** s. *Yuca brasiliensium* cf. supr. V. 386.

361. 128. **Ubium silvestre** s. *trifoliatum* (in explic. tab.) s. *Gadong* s. *Ondo* s. *Ubi utan* s. *Hayero* s. *Hayela* s. *Ulibita* s. *Ubulibota* s. *Sirappa* s. *Sirappu* s. *Batule* — *Dioscorea triphylla* L. (7464); Brm. Ind. 214; Murr. Syst. 888. 2; Lam. Enc. III. 231. 16; Murr. Pre. Syst. 930. 2; Willd. Sp. IV. 790. 2; Kstl. mdph. 230; Prits. Indx.; — *D. hirsuta* Bl. En. 21. 4. ♂; Spau. Tim. 479. 816; Hssch. Clav.; Hskl. Cat. 33. 3; Miq. Flor. III. 575. 19; Rsenth. Diaph. 1083; — *Helmia hirsuta* Kth. En. V. 438. 28.

364. **Calot** e Philippinis insul. Nieremberg. — (e nomine indig.) *Dioscorea triphylla* L. Blanco Flor. (ed. I.) 799. (ed. II. 551. Kth. En. V. 392. 90.)

364. 129. **Ubium polypoides** s. *Ubi poeta* l. e. polypi (caput repraesentans) s. *Canjalat* s. *Carjalat* s. *Anjalut* s. *Ubi utan* s. *Uhe waled* s. *U. talla* s. *Bontoja* — *Roxburghia* Jon. Endl. Gen. 1197; Men. Gen. II. 305. 84.

364. 129. I. *album* s. *vulgare* s. (nom. indig. citata) — *Stemona tuberosa* Lour. Coch. 490. 1; Poir. Enc. Sppl. V. 244; — *Roxburghia gloriosoides* Rxb. Bl. En. 9. 1; Hssch. Clav.; Kth. En. V. 287. 1; Prits. Indx.; — *R. javanica* Kth. Miq. Flor. III. 567. 1; — mihi potius ad *R. gloriosoidem* pertinere videtur, Hskl.

365. II. *nigrum* s. *Canjalat itam* — *Roxburghia moluccana* Bl. En. 9. 2; Hssch. Clav.; Kth. En. V. 289. 3; Miq. Flor. III. 567. 2.

367. **Batatta** s. *Batatas* s. *Ubi tamela* s. *Ima* c. s. *Lata* s. s. *Casela* l. e. hispanica (castiliana) — *Convolvulus indicus Batatas* Brm. Obs. ad Rmph.; — *Batatas* Brm. Zeyl. 44; — *Conv. Batatas* L. (1229); Brm. Ind. 44; Lour. Coch. 131. 6; Willd. Sp. I. 853. 32; Dtr. Syn. I. 675. 278; Hskl. Cat. 139. 6; Prits. Indx. (obsq. fig. indic.); — *Ipomaea Batatas* Prs. Syn. I. 178. 34; Poir. Enc. VI. 14. 17; R. S. S. V. IV. 218. 40; Hssch. Clav.; Kstl. mdph. 865; Span. Tim. 340. 683 (uti Kstl. absq. fig. indic.); — *Batatas edulis* Chois. Don Dichl. IV. 260. 1; DC. Prdr. IX. 338. 7; Miq. Flor. II. 599. 1.

368. 130. 2. I. *rubra*, radicibus purpureo rubentibus, caulibus & nervis foliorum rubris, foliis teneris pallide fuscis, vetustis interne glaucis — R. S. 1. c. *β*; DC. l. c. 3° & 1° partim.

368. 130. 1. II. *alba*, radicibus albis, majoribus rectioribus, caulibus pallide virentibus, foliis viridibus — cf. DC. l. c. 1° partim.

III. *mixta* „ex utrisque coloribus radice".

370. 131. **Batatta mammosa** s. *Ubi rufa* s. *Bonpema* s. *Aogena* s. *Ingomara* s. *Hayale* l. e. Ubium convolvulaceum — *Convolvulus mammosus* Lour. Coch. 132. 1; Poir. Enc. Sppl. III. 471. 186; R. S. S. V. IV. 275. 70; Hssch. Clav.; Prits. Indx.; — *Ipomoea mammosa* Chois. Don Dichl. IV. 267. 204; DC. Prdr. IX. 389. 267; Miq. Flor. II. 600. 51.

372. 132. 1. **Glans terrestris customalis** s. *Buen sabrua* l. e. folium transmarinum s. exoticum s. *Dawa hado* s. *Kelia* s. *Sabrung* — *Labiata* s. *Leguminosa* Lam. Enc. III. 347; —

pag. tab.

Coleus tuberosus Bnth. Don Dichl. IV. 686. 29; Wlp. Rprt. III. 520. 29 ?; Dtr. Syn. III. 384. 29 ?; DC. Prdr. XII. 79. 41; Miq. Flor. II. 953. 19.

373. 132. 2. **Cacara bulbosa** s. *Ingomaas* s. *Angrea* s. *Singomaas* — *Dolichos bulbosus* L. (5342, qui uti Prs. fig. haud indic. & *Caracu* scrib.); Brm. Ind. 160; Lam. Enc. II. 299. 19; Prs. Syn. II. 297. 7; Poir. Enc. Sppl. II. 66; Lour. Coch. 534. 9; Hssk. Clav.; Prits. Indx.; — *Pachyrrhizus angulatus* Rich. DC. Prdr. II. 402. 1; Don Dichl. II. 361. 1; W. A. Prdr. I. 251. 774; Kstl. mdph. 1300; Span. Tim. 196. 279; Hsskl. Cat. 280. 4; Miq. Flor. I. I. 191. 1 (qui, uti plurimi autorum, figuram haud citat & uti *Hasskarl Clav.* perperam *glandem terrestrem* (antecedentem plantam) hoc loco citat.)

374. 133. **Lobus quadrangularis** s. *Boter*, a forma glandulae s. tumoris *Boter* dictae, s. *Calebei* s. *Calearea* — *Phaseolus sp.* Burm. Obsrv. ad Rmph. 374; — *Dolichos tetragonolobus* L. (5334); Brm. Ind. 159; Lam. Enc. II. 296. 11; Lour. Coch. 532. 4; Willd. Sp. III. 1040. 11; Prs. Syn. II. 297. 11; Sprng. Gesch.; — *Psophocarpus tetragonolobus* DC. Prdr. II. 403. 1; Don Dichl. II. 362. 1; W. A. Prdr. I. 252. 776; Kstl. mdph. 1301; Wlp. Rprt. I. 781. 3; Hssk. Clav.; Hsskl. Cat. 281. 2; Dtr. Syn. IV. 1187. 1; Hsskl. plnt. Jav. 386. 281; Prits. Indx.; Miq. Flor. I. I. 181. 1.

375. 134. **Dolichus sinensis** s. *Phaseolus sinensis* s. *Katjang sina* s. *Utti* s. *Tojolum* — *Dolichos sinensis* L. (5330); Brm. Ind. 158; Lam. Enc. II. 293. 1; Lour. Coch. 531. 1; Willd. Sp. III. 1038. 3; Prs. Syn. II. 296. 3; Sprng. Gesch.; DC. Prdr. II. 399. 25; Don Dichl. II. 359. 32; Hssk. Clav.; Kstl. mdph. 1299; W. A. Prdr. I. 250. 771. α; Span. Tim. 196. 273; Wlp. Rprt. I. 780. 20; Hsskl. Flor. (B. Z.) 1842. Beibl. II. 72. 30 (ubi tb. 137 cit.); Dtr. Syn. IV. 1189. 10; Prits. Indx.; — *Vigna sinensis* Savi α. Hsskl. Cat. 279. 2; Hsskl. plnt. Jav. 386. 278; Miq. Flor. I. I. 187. 1. α.

376. 135. 1. **Lobus machaeroides** s. *Cacara parrang* a lata siliquarum forma, quae laminam refert cultrum, *Parrang* dictum — *Phaseolus indicus siliqua magna falcata* &c. Brm. Obs. ad Rmph.; — *Dolichos ensiformis* L. (5350); Brm. Ind. 160; Lam. Enc. II. 295. 9; Lour. Coch. 531. 3; — *D. gladiatus* Willd. Sp. III. 1039. 9; Prs. Syn. II. 297. 9; Poir. Enc. Sppl. II. 495. 39; — *Canavalia gladiata* DC. *β. machaeroides* DC. Prdr. II. 404. 3. *β*; Don Dichl. II. 326. 4. *β*. (ubi pag. 135. t. 1. cit.); — *C. gladiata* DC. W. A. Prdr. I. 253; 777; Kstl. mdph. 1301; Span. Tim. 196. 281; Miq. Flor. I. I. 216. 4; — *C. machaeroides* DC. Hsskl. Cat. 278. 3.

377. 135. 2. **Phaseolus balicus** s. *Katjang baly* s. *Undi* s. *Undis* s. *Bindalo* s. *Bindaro* — *Cytisus folio molli incano* &c. Brm. (Zeyl. 86) Obs. ad Rmph.; — *Cytisus Cajan* L. am. acad. (5440. Obs.); Lour. Coch. 565. 1; — *Cajanus flavus* DC. Hssk. Clav.; — *C. indicus* Sprng. Miq. Flor. I. I. 174. 1.

378. 136. **Cacara** s. *Phaseolus perennis* s. *Colombo* — *Dolichos ligneus* L. (5348); Brm. Ind. 160; Willd. Sp. III. 1049. 10; Lam. Enc. II. 298. 22 (ubi nec pag. nec tab. cit.); Prs.

pag. tab.

Syn. II. 298. 37; Spreng. Gesch.; Dsn Dichl. II. 357. 1; Hassk. Clav.; Pritz. Indx.; Miq. Flor. I.1. 184. 5 (ubi „*Cacara perennis*" cit.); — *D. altissimus* L. Lour. Cochb. 533. 8; — *Lablab vulgaris* Savi W. A. Prdr. I. 250. 772; Wlp. Rprt. I. 781. 1; Dtr. Syn. IV. 1202. 1.

380. 137. **Cacara alba** s. *C. puti* s. *C. lengir* — *Phaseolus maximus perennis floribus spicatis albis* &c. Sloan Drm. Obs. ad Rmph.; — *Dolichos albus* Lour. Cochb. 534. 8; Prs. Syn. II. 298. 34; Poir. Enc. Sppl. II. 498. 52; — *Lablab perennans* DC. Prdr. II. 402. 6. (ex Lour.); Dsn Dichl. II. 361. 6; Hassk. Clav.; Kstl. mdph. 1300; Pritz. Indx. (qui uterque *perennis* scrib.); Miq. Flor. I.1. 191. 4 (ubi „*Cacara*" cit.); — *L. vulgaris* Savi W. A. Prdr. I. 250. 772; Wlp. Rprt. I. 781. 1; Dtr. Syn. IV. 1202. 1; — *L. cultratus* DC. Teysm. in litt.

381. 138. „ **nigra** s. *C. djule* s. *jule* s. *Mabóa* — *Dolichos unguiculatus* L. (5332, ubi fig. 1. cit.); Brm. Ind. 158; Lam. Enc. II. 294. 5; Lour. Cochb. 531. 2; Willd. Sp. III. 1039. 6; Prs. Syn. II. 296. 6 (ubi tom. 6 cit.); Hassk. Clav.; Pritz. Indx.; Miq. Flor. I.1. 18. oppos.; — *Mucuna capitata* DC. W. A. Prdr. I. 255. 786?; Dtr. Syn. IV. 1163. 6; Miq. Flor. I.1. 212. 2??; ibid. 228. 3?? — *Dolichos dasycarpus* Miq. Flor. I.1. (186. 11) 228. 3?; — *Canavalia sp.* ? Miq. l. c. 228. 3.

382. **Phaseolus scriptus** s. *Katjang tulis* — ?? foliis minoribus glabris pallide virentibus, floribus pusillis albis, leguminibus tenuibus planis, formae vulgaris, dein gilvis, seminibus albis, nigris striis copiose variegatis, edulibus; — in Amboina introducta planta, alte scandens.

382. **Faba rubra** — exotica, antecedente robustior, floribus albis, leguminibus planis, majoribus & robustioribus quam priorum (specierum supra laudatarum), sordide rubris albescentibus, edulibus etsi valvis crassiusculis.

383. 139.1. **Phaseolus minor** — *Dolichos Catjang* L. (5353, qui uti Murr., Willd., Prs. fig. haud indic.); Brm. Ind. 161; Murr. Syst. 659. 29; Lam. Enc. II. 299. 28; Lour. Cochb. 538. 14; Murr. Prs. Syst. 698. 28; Willd. Sp. III. 1051. 46; Prs. Syn. II. 298. 65; DC. Prdr. II. 399. 23; Dsn Dichl. II. 358. 30; Hassk. Clav.; Kstl. mdph. 1299; Spun. Tim. 196. 275; Pritz. Indx.; — *Vigna Catjang* Endl. Dtr. Syn. IV. 1194. 4; Miq. Flor. I.1. 188. 2 (qui hanc pro varietate formae *V. sinensis* sumit, quae autem toto habitu altiori & leguminibus crassioribus pendulis diversa).

I. *albus* s. *javanus* s. *Katjang puti* (floribus albis, leguminibus glabris (6" longis) albicantibus dein gilvis, seminibus oblongis utrinque rotundatis albis, hilo nigro) — *Vigna Catjang* Endl. α. *alba* Hsskl.

II. *ruber* s. *amboinicus* (*-ensis*) s. *Katjang merra* s. *Arile* s. *Abal ila* s. *L'ai* s. *Tali* — (floribus vexillo extus gilvo intus pallide coeruleo, basi luteo-maculato, leguminibus (4—6" longis) maturis fumaceis, seminibus utrinque truncatis, cylindricis, quam in α. minoribus, fuscis, hepaticis, lividis s. nigris) — *Vigna Catjang* Endl. β. *ruber* Hsskl.

pag. tab.

386. 139. 2. **Phaseolus minimus** s. *Katjang hidjau* s. *idju* l. c. viridis s. *Ahna* s. *A. mungku* s. *A. udeu* s. *Cajo krun* s. *Fao* s. *Lrotan* — *Phaseolus radiatus* L. (5324); Murr. Syst. 666. 13 (ubi „tom. VI."); Lam. Enc. III. 74. 13; Lour. Coch. 529. 5; Willd. Sp. III. 1036. 20; Prs. Syn. II. 296. 26 (qui utarque tom. VI. cit.); Hassk. Clav.; Kal. mdpb. 1297 (ubi „tab. 138"); Hsskl. Cat. 279. 20; Prits. Indx.; Miq. Flor. I. i. 198. 8 (ubi p. 384 cit.); oppos. W. A. Prdr. I. 246. 758.

387. „ „ **silvestris** s. *Katjang utan* l. c. marinus — (ramis procumbentibus repentibus tenuissimis, teretibus pilosis, foliis subrotundo-ovatis (2" long., 1" lat.) obtusis tomentosis, floribus pusillis albis purpurascentibus, leguminibus quam *P. Catjang* brevioribus, digitum longis, ultra culmum crassis, glabris, seminibus plurimis rubentibus, quam *P. Catjang* duplo minoribus) — *Glycine mollis* W. A. ? aut aff. ? Hsskl.

388. 140. **Cadelium** s. *Phaseolus niger* s. *Kadelee* s. *Autham* — *Phaseolus erthocaulis Fabii Columnae s. fructus nigro* &c. C. Bauh. Brm. (Zeyl. 190) Obs. ad Rmph. 389; — *Ph. Max* L. (5326); Brm. Ind. 158; Willd. Sp. III. 1036. 21; Prs. Syn. II. 296. 27; Poir. Enc. Sppl. II. 12; Don Dichl. II. 346. 63; Hassk. Clav.; Kal. mdpb. 1298; Hsskl. Flor. (B. Z.) 1842 Beil. II. 70. 26; Prits.; oppos. W. A. Prdr. I. 246. 756; — *β.* Lam. Enc. III. 75. 15. *β*; — *Dolichos Soja* L. Lour. Coch. 537. 13; — *Soja hispida* Mnch. Hassk. Clav.; Prits. Indx.; — *Phaseolus radiatus* L.' Miq. Fl. I. i. 197. 8; — Hassk. & Prits. *S. hirsuta* DC. scribunt, quae haud exstat.

389 „ s. Bali (florib. albo-purpurascentibus; seminibus albis) — var. antecedentis ?

389. **Phaseolus cylindraceus** s. *Katjang Djintam* (juxta oblongam cumini formam) — *Phaseolus sp.* indeterminata ! Miq. Flor. I. i. 202. 1 (qui „Ph. cylindricus" scrib.)

390. 141. 1. **Canavalia litorea** s. *C. laut* — *Phaseolus zeylanicus marinus folio pingui & crasso* Brm. (Zeyl. 189) Obs. ad Rmph. 391; — *Dolichos Lablab* L. (5329) ? dim. hrb. amb.; — *Lablab microcarpus* DC. Prdr. II. 402. 6; Don Dichl. II. 361. 5; Hassk. Clav.; Kal. mdpb. 1300; Prits. Indx.; Miq. Flor. I. i. 190. 3 (ubi „Canavalia" cit.); — *L. vulgaris* Savi W. A. Prdr. I. 250. 772; Wlp. Rprt. I. 781. 1; Dtr. Syn. IV. 1202. 1.

391. 141. 2. **Phaseolus maritimus** s. *marinus* s. *litoreus* s. *Katjang laut* — *Phaseolus marinus, fl. flavis, folio molli albo eduli zeylanicus* Brm. (Zeyl. 190) Observ. ad Rmph.; — *Ph. marinus* Brm. Prits. Indx.; — *Phaseolus sp.* indeterminata an *Dolichos* ? Miq. Flor. I. i. 202. 2.

392. **Canavalia pilosa** s. *C. bulu* s. *Mukka* — *Phaseolus indicus herbaceus, lobis villosis pungentibus minor* Brm. (Zeyl. 191 (cf. spec. seq.)) Observ. ad Rmph.; — *Dolichos pilosus* Willd. Hassk. Clav. (qui tab. 142 citat), sed hic jam e diagnosi (Willd. Sp. III. 1043. 20) leguminibus linearibus hirtis, foliolisque ovato-lanceolatis et e descript. superne scabris differt; — *Mucuna utilis* Wll. Wght. Ic. 280 valde accedit, nisi racemis multifloris differret; — *M. velutina* Hsskl. Cat. 277. 1 (quam Bth. plnt. Jungh.

pag. tab.

237, 3, utrumque sequens Miq. Fl. I. l. 219. 2 ad *M. capitatum* DC. (W. A. Prdr. I. 255. 786; ducerunt, sed *inflorescentia racemosa* opponere videntur) via diversa, ad corollis alba (cf. Hsskl. Flor. (B. Z.) 1842. Beil. II. 77. 35; Wlp. Rprt. II. 90. 1.)

393. 142. **Cacara pruritus** s. *C. gatal* s. *Daun gatal ayer* l. e. folium pruriens aquaticum s. *Mabho* s. *Mobho utan* s. *Abbar* l. e. silvestris mabha s. *Hengube* — *Phaseolus indicus, lobis villosis pungentibus, minor* Brm. Zeyl. 191; — *Ph. zeylanicus, lobis undiquaque pilosis* &c. Brm. (Zeyl. 191) Observ. ad Rmph. 394; — *Dolichos pruriens* L. (5337, qui ubi Brm. & Willd. tom. VI. cit.); Brm. Ind. 159; Lam. Enc. II. 294. 8; Lour. Coch. 533. 5; Willd. Sp. III. 1041. 16; Poir. Enc. Sppl. II. 8; — *Stizolobium pruriens* L. Prs. Syn. II. 299. 6; — *Mucuna pruriens* DC. Prdr. II. 405. 4; Don Dichl. II. 364. 4 (ubi pag. 142 cit.); Hssch. Clav. (qui ubi Hsskl. t. 143 cit.); Katl. mdpb. 1303; Span. Tim. 196. 283; Hsskl. Cat. 277. 2; — *M. prurita* (*) Hook. W. A. Prdr. I. 255. 785; Dtr. Syn. IV. 1103. 5; Miq. Flor. I. l. 211. 1; — *Dolichos pilosus* Klein. Prits. Indx.

395. 143. **Camalenga** s. *Condor* s. *Bigeho* s. *Caruel* s. *Tambel* — *Cucurbita seminum margine integro tumido* L. Cliff. Brm. Observ. ad Rmph. 396; — *C. Pepo* L. Lour. Coch. 728. 2; — *C. farinosa* Bl. Bijdr. 931; Hssch. Clav.; DC. Prdr. III. 317. 6; Don Dichl. III. 40. 7 (ubi uti apud Bl. & DC. tom. VI. cit.); Span. Tim. 206. 386 (ubi tab. 43 cit.); Hsskl. Cat. 189. 2; — *Benincasa cerifera* Savi Hssch. Clav.; Miq. Flor. I. l. 665. 1.

397. 144. **Cucurbita lagenaria** s. *Calabassa* s. *Labo* s. *Colabbe* s. *Waloe* — *Cucurbita seminibus obsolete bicornibus* L. Cliff. Brm. Obs. ad Rmph. 398; — *C. Lagenaria* L. (7329); Brm. I. d. 209; Lour. Coch. 728. 1; Willd. Sp. IV. 606. 1; Prs. Syn. II. 603. 1; Prits. Indx.; — *C. trumpetta* Lam. Enc. III. 150. γ. *la trompette*; — *Lagenaria vulgaris* Ser. Don Dichl. III. 4. 1; W. A. Prdr. I. 341. 1051; Katl. mdpb. 734; Span. Tim. 205. 369; Roem. Pepon. 60. 1; Dtr. Syn. V. 389. 1; Miq. Flor. I. l. 669. 1 (qui pag. 393 cit.); — *L. vulg. β. Congourda* DC. Prdr. III. 299. 1. β; Hssch. Clav.; Don Dichl. III. 4. 1. β; Roem. Pep. 60. 1. β; — & γ. *depressa* Ser. Hssch. Clav.; — *L. idolatrica* Ser. Teysm. in litt., sed erronee ut mihi videtur; Hsskl.

398 „ „ **silvestris** s. *Calabassa utan* — *Lagenaria vulgaris* Ser. *forma silvestris* Miq. (Flor. I. l. 669. 1. fin.); — *L. cochinchinensis* Roem. γ. Roem. Pep. 61. 2. γ; — *Cucurbita silvestris* Dod. Pmpt. V. ii. 7 ?

398. „ **indica vulgaris** s. *Labu puti* l. e. alba s. *L. panjang* l. e. longa s. *L. frangi* l. e. portugallorum — *Cucurbita Pepo* L. (7334); Brm. Ind. 209; Miq. Flor. I. l. 672. 1; — *C. Melopepo* L. ? Lour. Coch. 729. 3; Hssch. Clav. — Omnes hi autores hanc *Cucurbitam* Rumphii & sequentem *Peponem* confundunt & descriptionem

*) „prurita" melius scribas: pruriens (cfr. Bong.), aut: pruritus sive: pruritiva, nam fructus prurit, nec pruritus est; Mucuna prurit nec prurita est.

pag. tab.

priorie cum icone posterioris citant, quae jam primo adspectu descriptionis utrinque toto coelo discrepant. — Rumphius *Cucurbitae indicae* binas describit formas:

I. — *Lagenaria cochinchinensis* Roem. α. Roem. Pep. 61. 1. α; — (*Cucurbita longa, folio molli flore albo* Joh. Bauh. hist. II. 214.)

II. — *Lagenaria cochinchinensis* Roem. β. Roem. Pep. 61. 1. β.

399. **Pepo indicus** s. *Labu amboa* s. *L. castela* — *Cucurbita Pepo* L. (7324); Brm. Ind. 209; Kstl. mdph. 735; Miq. Flor. I. l. 672. 1.

I. 1. — *Cucurbita Pepo* L. α. *subrotunda* Roem. var. *flava* Roem. Pep. 64. 2. var.

2. — *Cucurbita Pepo* L. β. *oblonga* Roem. Pep. 64. 2. β.

II. — *Cucurbita grisea* Roem. 66. 10 ?

399. 145. III. *fructibus sulcatis* — ? ? — *Lagenaria hispida* Ser. Teysm. in litt. — an *Cucumis cantalupensis* Heberle hoc loco delineatus ? cf. Roem. Pep. 69. 2; Hsskl.

400. 146. 1. **Anguria indica** s. *Melo-pepo indicus* s. *Battiva* s. *Samanca* s. *Tofamanca* s. *Samanca* s. *Sikhar* — *Cucurbita arabicum margine basi dilatato* L. Cliff. Brm. Obs. ad Rmph. 405; — *Cucurbita* ? *Citrullus* L. (7327); Brm. Ind. 209; Lour. Coch. 730. 4; Willd. Sp. IV. 610. 12; Hassk. Clav.; W. A. Prdr. I. 851. 1098 (absq. fig. algn.); Kstl. mdph. 737; Spna. Tim. 306. 387; Pritz. Indx.; — *C. Anguria* Duch. Lam. Enc. II. 158. 4; — *Cucumis Citrullus* Ser. Dec Diebl. III. 28. 15; — *Citrullus edulis* Sprb. Hsskl. Cat. 189. 1; Roem. Pep. 50. 4; Miq. Flor. I. l. 669. 1.

400. „ „ „ **altera** — *Citrullus edulis* Sprb. β. *oblongus* Hsskl. (*Melo indicus fructu oblongo* C. Bauh. *Hivaf.* 311. VII; Joh. Bauh. hist. II. 237. 6.)

Utraque juxta carnis colorem in *album* & *rubrum*, juxta seminis colorem in *nigrum* et *fuscum* sec. Rmph. dividitur.

404. **Melo** — *Cucumis Melo* L. Hassk. Clav.; — Rumphius melones nullis usus dicit, indeque raro culti; et hoc tempore rarius in Java &c. reperiuntur, etsi Miquelius (Flor. I. l. 670. 1) „varietates numerosas" citat.

404. **Cucumis indicus I. vulgaris albus** — *Cucumis sativus* L. Hassk. Clav.; — *C. sat.* β. *flavus* DC. (Roem. Pep. 77. 26. β.) Hsskl.

404. „ II. **bantamensis** — (fructu trigono tuberculoso virenti, dein flavescenti) — *Cucumis trigonus* Rxb. aut *turbinatus* Rxb. ? (Roem. Pep. 78. 31; 79. 38), sed horum fructus glabri dicuntur.

404. 146. 2. „ III. **ahmensis** — *Melothria* L. Cliff. Brm. Obsrv. ad Rmph. 405; — *Cucumis Conomon* DC. Hassk. Clav.; cf. IV. — *C.? Rumphii* Hsskl.; herba pusilla prostrata, foliis subhastato-cordatis acutis integerrimis, 3—5-nerviis; cirrhis simplicibus, floribus solitariis breviter pedunculatis, fructibus (trigonis e descrpt.) pyriformi-oblongis acutis, infra medium paulo constrictis, tuberculosis, graveolentibus, carne molli. (inter *C. pubescentem* Willd. (Sp. IV. 614. 11; Roem. Pep. 73. 13) & *C. maculatum* (Willd. l. c. 13; Roem. l. c. 74. 15) ponendus.)

pag. tab.

404. **Cucumis indicus IV. maximus** — *Cucumis Conomon* Thbg. (Fl. Jap. 324; Roem. Pep. 75. 21) Hsskl. (sed Thbg. fructus oblongos (s. fusiformes Roem.) dicit, quos Rmph. „inferius protuberantes gerentes ventrem ac superius angustum collum" describit.)

406. 147. **Petola longa** s. *P. pandjang* s. *P. tambian* l. v. sinensis s. *Brindra* s. *Tajay coa* l. e. Cucumis oleraceus — *Momordica Luffa* L. (7317, ubi tab. 146 cit.); Brm. Ind. 206; Lam. Enc. IV. 240. 4; Lour. Coch. 734. 2; Willd. Sp. IV. 603. 6; Prs. Syn. II. 593. 6; Poir. Enc. Sppl. IV. 388 (ubi „tab. 148" et „Petola"); Prits. Indx.; — *Luffa Petola* Ser. DC. Prdr. III. 303. 7; Kstl. mdph. 731; Don Dichl. III. 29. 7; Hsskl. Cat. 189. 3; Roem. Pep. 65. 11; Miq. Flor. I. 1. 667. 7; — *L. pentandra* Rxb. W. A. Prdr. I. 343. 1064; Roem. Pep. 65. 13; Dtr. Syn. V. 369. 1; — *L. foetida* Cav. Span. Tim. 206. 375.

407. 148. **Petola anguina** s. *Petola ular* s. *Cucumis anguinus indicus* — *Cucumis fructu siliquam mentiente* Brm. Obs. ad Rmph. l. c.; — *Cucumis anguinus* L. (7337); Brm. Ind. 210; Willd. Sp. IV. 616. 14; Poir. Enc. Sppl. IV. 374; Spreng. Gesch.; Roem. Pep. 77. 28; Prits. Indx.; — *Trichosanthes anguina* L. Lour. Coch. 729. 1; DC. Prdr. III. 314. 1; Don Dichl. III. 38. 1; W. A. Prdr. I. 350. 1093; Hssch. Clav.; Kstl. mdph. 731; Dtr. Syn. V. 370. 1; Miq. Flor. I. 1. 677. 16; — E descriptione Rumphii jure ad *Trichosanthem* nostra planta citatur; equidem *Cucumis anguinus* L., quem L. ad plantam Rumphianam creavit, feliciter a Lamarkio (cf. DC. l. c.) cum *Trichosanthe anguina* L. (7309) conjunctus est.

408. 149. „ „ **acutangula** s. *P. bangala* s. *Djingi* — *Cucumis malabaricus silvestris* Commel. Brm. Obsrv. ad Rmph.; — *Cucumis acutangulus* L. (7352); Brm. Ind. 209; Lam. Enc. II. 74. 7; Lour. Coch. 727. 3; Willd. Sp. IV. 612. 5; Prs. Syn. II. 594. 5; Poir. Enc. Sppl. IV. 374; Spreng. Gesch.; Prits. Indx.; — *Luffa acutangula* Rxb. DC. Prdr. III. 302. 3; Don Dichl. III. 30. 3; W. A. Prdr. I. 343. 1065; Hssch. Clav.; Span. Tim. 206. 373; Hsskl. Cat. 189. 4 (ubi tab. 140 cit.); Roem. Pep. 66. 19; Dtr. Syn. IV. 369. 2; Miq. Flor. I. 1. 668. 10; — *L. pentandra* Rxb. Wlp. Rprt. II. 200. 1.

409. 150. [„ **silvestris** s. *P. utan* s. *Pansevar* l. e. anthelmintica s. *Tambar* — *Cucumis malabaricus amarus* &c. Plukn. Brm. Obsrv. ad Rmph.; — *Bryonia folio angulato* Brm. Zeyl. 48 ? — *Luffa sata-pirima* DC. (Prdr. III. 311. 6) sec. cit. Rheedii Hssch. Clav.; — *Momordica subangulata* Bl. Bijdr. 928; DC. Prdr. III. 311. 6; Don Dichl. III. 36. 8 sec. Bl.; — *Luffa silvestris* Miq. Flor. I. 1. 666. 3; — *L. cordifolia* Bl. Teysm. in litt., cui opponunt fruct. globi & folia quinqueloba (cf. Röm. Pep. 63. 1).

410. 151. **Amara indica** s. *Momordica indica* s. *Balsamina mas* s. *Papare* s. *Paparihan* s. *Pariaa* s. *Kuakaa* — *Momordica zeylanica pampinea fronde fructu longiore* Brm. Zeyl. 161 & Obsrv. ad Rmph. 412; — *M. Charantia* L. (7316); Brm. Ind. 208; Lour. Coch. 724. 1; Lam. Enc. IV. 239. 2; Willd. Sp. IV. 602. 2; Prs. Syn. II. 592. 2; DC. Prdr.

pag. tab.

III. 311. 3; Don Diebl. III. 35. 3 (qui utrumque locum sub icosum citat); Span. Tim. 306. 367; Roem. Pep. 56. 20); Dtr. Syn. V. 367. 2 (ubi tb. 51 cit.); Miq. Flor. I. i. 663. 1; — *M. Charantia* L. α. W. A. Prdr. I. 348. 1066, α.

411. **Amara edulis** s. *Papari sieraeis* = *Momordica muricata* Willd. (Sp. IV. 602. 3) ? β. *macrocarpa* Hsskl., fructibus quam *M. Charantiae* L. majoribus (1' long. & ultra).

413. 152. 1. „ **silvestris** s. *Papari silvestre* s. *P. utan* s. *Paparibon* s. *Paribon abber* — *Bryonia zeylanica foliis quinquepartito* Brm. (Zeyl. 49) Obs. ad Rmph. cum ?; — *Momordica Charantia* L. β. Brm. Ind. 208. β; — *M. Balsamina* L. var. ? Hssch. Clav.; — *M. Charantia* L. Prits. Indx. (absq. fig. indic.); — Burmanni opinioni adhaero et forsan huc spectat *M. muricata* Schrad. (cf. Roem. Pep. 56. 10. Observ.) ? Hsskl.

414. 153. **Poppya** (*) **rotunda** s. *ovra* s. *Sefor* (olim: *poppya* s. *Alaar* s. *Caure olar* l. e. serpentum cibus s. *Sibas langus* s. *Malai caggo* l. e. corvi rostrum = *Momordica subangulata* Bl. Hssch. Clav.; Prits. Indx.; — *Trichosanthes cucumerina* L. β. *acutiloba* Miq. Flor. I. i. 676. 9; an sp. propria ? Miq. l. c.

414. „ **oblonga** s. *ovra silvestris* s. *P. utan* s. (nom. indig. antecedentis) — (Omnes autores qui *Poppyam silvestrem* citant, sequentem aut alteram *silvestrem* clare volunt & tab. 152. 2 addunt) — *Involucraria palmata* Roem. (Pep. 93. 5) ? Hsskl.; opponunt autem flores et fructus 6-loculares (?); flores involucri foliolis semilunaribus ante antheras inclusi; calyx germini connatus, limbo quinquefido stellari laciniis 4 coeruleis s. nigricantibus; corolla calyci inserta; petala 5 simplic, externa, inflexa, flavescentia, ad basin purpurascentia, supra sericantia, trinervia; („In harum centro pentagonum locatur corpusculum purpureum et distinctis antheris ornatum"); fructus globoso-oblongi (quam in *Tr. cucumerina* L. β. majores), sangulati, muriculato-punctati, cortice crasso fragili, 6-loculares (?); semina in globulos 6 virides viscosos conglobata, fusca, margine denticulata.

414. 152. 2. „ **altera silvestris** s. *Amara silvestris* (p. 415, nom.) s. *Olus superciliosum* s. *Ana in lala* s. *Sajor matsogo* s. *Tai me* s. *Utan lapia lari* l. e. *Bagus alas* s. *Sayor mardika* = *Momordica trifoliata* L. (7319); Brm. Ind. 209; Lam. Enc. IV. 242. 8; Willd. Sp. IV. 604. 8; Prs. Syn. II. 593. 8; Poir. Enc. Sppl. IV. 527; Spreng. Gesch.; Knl. mdpb. 733 (ubi „tab. 153"); Prits. Indx. (ubi fig. haud indic.); — *Trichosanthes trifoliata* Bl. Bijdr. 936 (absq. indicat. tomi &c.); DC. Prdr. III. 316. 21; Don Diebl. III. 39. 28; Hssch. Clav.; Dtr. Syn. V. 371. 23 (ubi fig. 3 cit.); Miq. Flor. I. i. 679. 21; — *Involucraria trifoliata* Roem. Pep. 99. 9.

418. 154. 1. **Pomum amoris** I. s. *Tomate* sayur l. s. laciniatum s. sulcatum — *Lycopersicum* Traf. Brm. Obsrv. ad Rmph. 417; — *Solanum Lycopersicum* L. (1468); Brm. Ind. 58; Lamr. Comb. 161. 8; Willd. Sp. I. 1033. 33; Prs. Syn. I. 226. 75; Poir. Enc. Sppl. IV. 525; Nab. Flor. II. 245; Prits. Indx. (absq. fig. indic.); — *Lycopersicum escu-*

*) *Poppya* Rmph. Neck. nunc genus americanorum cf. Rmm. Pep. 59. 27.

pag. tab

lentum Mill. Poir. Enc. Sppl. III. 789. Obs. 3; R. & S. V. IV. 660. 9; Hassk. Clav.; Don Dichl. IV. 443. 9; Kstl. mdph. 961; Wlp. Rprt. III. 101. 9; Miq. Fl. II. 635. 1.

416. II. *rotundum* — *Lycopersicum cerasiforme* Dun. α. *baccis rubris* Don Dichl. IV. 443. 8.

417. 154.2. **Gandola** s. *Uta* s. *Upo* s. *Kindra* s. *Wale* — *Basella* Rheed. Brm. *Zeyl.* 44; DC. Prdr. XIII. II. 222. 1; — *Basella* L. Endl. Gen. 1939; ibid. Sppl. IV. II. 1953 3; Mss. Gen. II. 234. 49 (absq. fig.)

417. I. *album* s. *Uta rumi* s. *Upe lile* — *Basella alba* L. (2171); Brm. Ind. 76 (ubi tab. cit); Lam. Enc. I. 382. 2; Willd. Sp. I. 1514. 2; Poir. Enc. Sppl. II. 703; R. & S. V. VI. 693. 2 (qui quaerit, an tab. huc citanda ?); Hassk. Clav. (qui uti *Lour.* & Prits. tab. cit.); Hsskl. Cat. 82. 2; DC. Prdr. XIII. II. 223. 2; Prits. Indx.; Miq. Flor. I. I. 1023. 2; — *B. nigra* Lour. Coch. 229. 1 (*cf.* R. & S. l. c. 693. 1. Obs.).

417. 154.2. II. *rubrum* s. *Uta bira* s. *Upe bira* — *Basella rubra* L. (2170, ubi fig. haud indic.) Brm. Ind. 76 (qui tab. ad var. antecedent. cit.); Lam. Enc. I. 381. 1; Murr. Syst. 298. 1; Murr. Prs. Syst. 317. 1; Willd. Sp. I. 1513. 1; Poir. Enc. Sppl. II. 703; R. & S. V. VI. 692. 1; Bl. Bijdr. 537; Kstl. mdph. 1436 (ubi „tab. 417"); Dtr. Syn. I. 1015. 1; DC. Prdr. XIII. II. 222. 1.

419. 155.1. **Olus vagum** s. *Sajor canrong* s. *S. rangong* s. *Gangu* l. e. **inquietum** s. *Tealdri* s. *Spinachia indica* (sed erronee) — *Convolvulus reptans* L. Sp. I. (1264); Brm. Ind. 48; Lour. Coch. 133. 11; Willd. Sp. I. 875. 109; Prs. Syn. I. 182. 115; Poir. Enc. Sppl. IV. 140; Spreng. Gesch.; Dtr. Syn. I. 675. 283; Prts. Indx. (absq. fig. indic.); — *C. Medium* L. am. acad. & S. X. (1231, Obs., ubi fig. haud indic.); — *C. repens* Rxb. Flor. II. 68; Hassk. Clav.; — *Ipomoea aquatica* Frsk. *β. reptans* Poir. Enc. VI. 18. 35. β; — *I. reptans* Poir. R. & S. V. IV. 244. 116; Kstl. mdph. 865; Don Dichl. IV. 265. 1; DC. Prdr. IX. 349. 1; Miq. Flor. II. 601. 1.

420. „ „ **palustre** s. *Cancon ayer* s. *Tefecke* — antecedentis forma ? ? (foliis minoribus, basi haud angulatis, integris, concavis aut cucullatis).

421. 155.2. **Flos cardinalis** s. *Jasminum americanum* s. *Quamoclit* (americ.) s. *Bunga tali* l. e. flos funicularis s. *Tembu langit* l. e. coelum spectans s. *Bun batai* s. *Sirura* s. *Bunga jawa* s. *B. hollanda* l. e. flos e Java aut ab Hollandis introductum — *Quamoclit foliis tenuiter incisis* Brm. Zeyl. 197; — *Ipomoea Quamoclit* L. (1271); Brm. Ind. 48; Lour. Coch. 137. 1; Willd. Sp. I. 879. 1; Poir. Enc. VI. 9. 1; Prs. Syn. I. 182. 1; R. & S. V. IV. 205. 1; Rxb. Flor. II. 93; Hassk. Clav.; Kstl. mdph. 864; Span. Tim. 339. 680; Prits. Indx. (absq. fig. indic.); — *Convolv. pennatus* Desrouss. Lam. Enc. III. 567. 107; — *Quamoclit vulgaris* Chois. Don Dichl. IV. 260. 22; Hsskl. Cat. 148. 3; DC. Prdr. IX. 336. 10; Miq. Flor. II. 594. 4.

422. „ **album** — *Ipomoea Quamoclit L. β. alb.* Rxb. (Flor. II. 93. 10. β.); — *Quamoclit vulgaris* Chois. *β. albiflora* Don (Dichl. IV. 260. 22. β.) Hsskl. — Miquelius Flor. II.

pag. tab.

594. 4; varietas alba a *Rumphio* indicata, stirps silvestris indigena Amboinae, „sic huc referenda".

423. 156. 1. **Serratum aquatile** s. *Serune agri* s. *Sajor sampu* l. e. olus muricum s. *Cadong serani* s. *Tafinga tafinga* s. *Amalen* s. *Mautani* s. *Comalone* s. *Sumbereco* s. *Sachi sachi* s. *Sam sarng* l. e. Jasminum humile s. *Gamburong* (p. 426) — *Verbesina* L. am. ac. Hassk. Clav.; — *Wollastonia strigulosa* DC. & aff. Miq. Flor. II. 73. 7; — *Wedelia scaberrima* DC. (Prdr. V. 540. 10. γ.)

423. I. *album* — *Wedelia urticaefolia* DC. γ. *scaberrima* DC. (Prdr. V. 540. 10) ?

423. II. *rubrum* — an varietas antec. ? („haud diversa, sed caule foliorumque nervis fuscis).

426. III. *album lanuginosum* — ? ? foliis majoribus, magis lanuginosis, floribus albidis.

426. 156. 2. **Chamaebalanus japonica** s. *Thou then* s. *Katjang tana* l. e. faba terrestris s. *Katjan japon* l. e. faba japonica — *Arachis hypogaea* L. (5303, ubi fig. haud indic.); Brm. Ind. 162; Lam. Enc. I. 922; Willd. Sp. III. 1001. 1 (ubi tom. 4, nec fig. indicatur uti apud Brm.); Poir. Enc. Sppl. II. 187; DC. Prdr. II. 474. 1 (ubi uti apud Hsskl. Cat. & Miq. tab. 156. cit.); Don Dichl. II. 424. 1; W. A. Prdr. I. 280. 666; Hassk. Clav.; Katl. mdph. 1316; Hsskl. Flor. (B. Z.) 1842. Beil. II. 61. 42; Hsskl. Cat. 273. 1; Hsskl. plnt. Jav. p. 340. 248; Miq. Flor. I. i. 281. 1; — *A. asiatica* Lour. Coch. 522. 1; — *Arachis* L. Endl. Gen. 6601 (absq. fig. indicat. & ubi tom. IV. cit.)

428. **Convolvulus laevis indicus major** s. *Pes elephanti* s. *Tappo gadja* s. *Tappel tana* s. *Buncalunga* s. *Ampas ampas major* s. *Haplaple* (Halale) *major* s. *silvestris* s. *Kaya* s. *Daun rambo* l. e. folium pilosum s. *Ubat* (remedium) *rambo* s. *Balimbalu*.

428. 157. 2. I. *albus* s. *Daun bulan* s. *Wari bulan* — *Convolvulus indicus pes tigrinus* Brm. Zeyl. 71; — *C. peltatus* L. (1288); Brm. Ind. 45; Murr. Syst. 201. 27; Lam. Enc. III. 562. 88; Murr. Pr. Syst. 208. 27; Willd. Sp. I. 860. 60; Prs. Syn. I. 179. 60 (ubi tab. 159); R. & S. V. IV. 283. 97; Sprng. Gesch.; Hassk. Clav.; Katl. mdph. 827; Dtr. Syn. I. 674. 260; Prits. Index; — *Ipomoea peltata* Chois. Don Dichl. IV. 269. 43; DC. Prdr. IX. 359. 69; Miq. Flor. II. 606. 10 (ubi fig. 7 cit.); — omnes autores (excepto solo Miq.) nec „album" nec „fig. 1" citant.

429. 157. 1. II. *ruber* — *Convolvulus peltatus* Prs. an spec. nov. Lam. Enc. III. 562. 88; Hassk. Clav.; — *Ipomoea Rumphii* Miq. Fl. II. 606. 11; Rosenth. Diaph. 1131.

429. III. *niger* — *Ipomoea peltata* Chois. β. *nigricans* Hsskl. (caulis ramique nigricantes, mi folia peltata supra excavata, subtus nervis radiatis rubentibus, corolla purpurascens) — cf. Miq. Flor. II. 606. 11 ad finem.

431. 158. „ „ **minor I. femina** s. *Daun bissol* l. e. alcarum folium s. *Ampas ampas minor* s. *Wari saha* l. e. funis combilli = *Convolvulus bifidus* Vhl. β. Symb. III. 30. β; Willd. Sp. I. 857. 46. β; Poir. Enc. Sppl. III. 474. β; — *Ipomoea cymosa* Bl. R. & S. V. IV. 241. 104; Don Dichl. IV. 272. 83; Hassk. Clav.; DC. Prdr. IX. 371. 154; Miq. Flor. II 613. 32.

pag. tab.

431. **Convolvulus laevis** II. mas — *Convolvulus bifidus* Vhl. Symb. III. 30; Willd. Sp. I. 857. 48; Poir. Enc. Sppl. III. 474*; — *Ipomoea paniculata* Poir. Enc. VI. 16. 26; — *I. bifida* R. S. S. V. IV. 241. 106; Hassk. Clav.; Kstl. mdph. 860; — *Convolvulus gymnus* Desr. Lam. Enc. III. 556. 64; *β. pilosus* Hasskl. Cat. 139. 22. B; — *Ipomoea gymna* R. S. *β. pilosa* Chois. DC. Prdr. IX. 371. 151. *β*; Miq. Flor. II. 613. 32. *β*.

432. „ „ III. s. *Ampat Ampas s. Cantang* l. e. folium concrorum — *Cyclea peltata* Hook. f. & Thom. ? Hsskl.

432. „ **caeruleum** s. *Hayloyle* (*Haylalr*) *bitu* — *Ipomoea sp. dubia* Miq. Flor. II. 620. 51 ad finem (ubi p. 431 cit.); — *Pharbitis* Nil Chois. (DC. Prdr. IX. 343. 15.) *γ. integrifolia* Chois. (l. c.) cf. R. S. S. V. IV. 278 78 Observ. Sprng. pugill. d. c. plane mutrum quadrare videtur.

433. „ **marinum** s. *Saldanella marina indica ladire* s. *Daun caitam cattam* l. e. folium cancri s. *Weddale* s. *Weddor* s. *Latoro* l. e. tarda s. *Latori* s. *Bombori* — *Convolvulus maritimus zeylanicus folio crasso* Brm. (Zeyl. 71) Observ. ad Rmph. 435.

433. 159. 1. *I. major* — *Convolvulus pes caprae* L. (1287); Brm. Ind. 48; *Lour.* Coch. 134. 13; Willd. Sp. I. 876. 113; Prs. Syn. I. 182. 121; Dtr. Syn. I. 677. 205; Prits. Indx. (qui uti alii quoque aut. fig. haud indic.); — *C. bilobatus* Rxb. Flor. II. 73; Hassk. Clav.; — *C. maritimus* Desr. Lam. Enc. III. 550. 44; — *Ipomoea maritima* RBr. R. S. S. V. IV. 249. 133; Kstl. mdph. 864; Span. Tim. 340. 687; Hassk. Clav.; — *I. pes caprae* Sweet Don Diehl. IV. 266. 3; DC. Prdr. IX. 349. 4; Miq. Flor. II. 602. 2.

433. II. *minus* — *Ipomoea reptans* Chois. (DC. Prdr. IX. 350. 7; — cf. *Convolvulus flagelliformis* Rxb. Fl. II. 68. 29) ? Hsskl.

435. „ **vignarium** s. *Gaucong mien* s. *Cattam cattam* *mien* s. *Weddor* *lam* *mien* l. e. parvum s. *Geno geno* — *Ipomoea sp. dubia* Miq. Fl. II. 620. 51 ad fin. (ubi tab. 149 cit.)

159. 2. I. *major* (foliis instar Batatae sed magis cordiformibus) — ? ?

II. *minor* (foliis *Ipom. reptantis* similibus, auriculis oblongo-rotundis, ad insertionem petiolis bimarinulatis, floribus campanulatis albis, in pedunculis 6–7-floris; caule muriculato flagellifero).

436. 160. „ **foetidum** s. *Daun centu* l. e. folium foetoris s. *Wayla bitulo* s. *Hau citut* s. *Casimbucan* — *Campanulae* spec. ? Brm. explic. tab. Rmph. p. 437; — *Paederia foetida* L. (1703, ubi tom. VI. cit.); Lam. Enc. II. 259. 1; Willd. Sp. I. 1219. 1; Prs. Syn. I. 210. 1; Spreng. Gesch.; Rxb. Flor. II. 517. 1; R. S. S. V. IV. 623. 1; DC. Prdr. IV. 471. 1; Hassk. Clav.; Kstl. mdph. 564; Don Diehl. III. 561. 1 (ubi pag. 160. cit.); W. A. Prdr. I. 421. 1800; Dtr. Syn. I. 778. 1 (ubi tom. haud indic.); Span. Tim. 318. 436; Prits. Indx.; Miq. Flor. II. 258. 1 (ubi pag. 1456 cit.); — *Apocynum foetidum* Brm. Ind. 71; Prits. Indx.

pag. tab.

437. **Pseudochina amboinensis** s. malurea s. *Caju tajina* etc. s. *Assaphe tuni* l. e. dentiscalpium verum s. *Saibe maruand* l. e. puellarum dentiscalpium s. *Bana* s. *Wana* s. (erroneo) *Schilthani* s. *Talla talla*.

161. I. *alba angustifolia* = *Smilax foliis petiolatis cordato-oblongis* &c. Brm. Zeyl. 218; — *S. indica spinosa folio Cinnamomi* Brm. (Zeyl. 217) Observ. ad Rmph. p. 440; — *S. China* L. Syst. X. (7441); — *S. zeylanica* L. Sp. I. & Syst. XII. (7439, qui etiam Willd. p. 437 cit.); Brm. Ind. 213; Murr. Syst. 887. 3; Murr. Prs. Syst. 929. 3; Willd. Sp. IV. 776. 6; Prs. Syn. II. 618. 6; Poir. Enc. VI. 467. 6; Sprng. Gesch.; Bl. En. 17. 1; Hassk. Clav.; Kstl. mdph. 716; Hsskl. Cat. 32. 1; Kth. En. V. 24?. 115; Prits. Indx.; Miq. Flor. III. 565. 5.

438. b. *s Ternata* — *Smilax leucophylla Bl. C. heterophylla* Bl. En. 19. 5. C; Kth. En. V. 266. 118. γ; Miq. Flor. III. 566. 10. β; — *S. glyciphylla* Sw. β. Hsskl. Flor. (B. Z.) 1842. Beil. II. 4. 14; Hsskl. Cat. 38. 4. β.

439. II. *nigra* = *Smilaci perfoliatae* Lour. Coch. 763. 1. aff. sec. Lour.; — vix tamen sec. Hassk. Clav.; — tacet Kth. En. V. 260. 120; — an *S. Villandia* Hmlt. (Kth. En. V. 249. 114) ? — Wght. Icon. 906, foliis ovalibus (ad latitudinem brevioribus) et caule inermi differe videtur; Hsskl.

441. **Radix Chinae** s. *Smilax aspera* L.

444. 162. **Ubium nummularium frugiferum** s. *Tali rupas* — *Dioscorea villosa* L. (7459); Murr. Syst. 888. 8 ?; Murr. Prs. Syst. 951. 8 (?); Prits. Indx.; — *S. Nummularia* Lam. Enc. III. 231. 4; Willd. Sp. IV. 792. 9; Prs. Syn. II. 621. 10; Sprng. Gesch.; Bl. Enum. 21. 6; Kth. En. V. 386. 74; Miq. Flor. III. 572. 7; Rosenth. Diaph. 1081; — *D. nummularifolia* L. (quae haud existit) Hassk. Clav.

445. „ „ **floriferum** s. *Tali ubi* — *Dioscorea villosa* L. (7459 Obs. ubi „Funis crepitans" cum hac tab. citatur); — *D. sp.* ? Hassk. Clav.; — *D. Nummularia* Lam. Miq. Flor. III. 572. 7.

446. **Funis crepitans** I. s. *Tali kuboni* l. e. funis crepitans s. *Daun ubi* l. e. folium Ubii pendiferi s. *Ay tabun ubi* — *Cissus vitiginea* L. Sp. I; Syst. X. (952); Brm. Ind. 35. oppos. Murr. Prs. Syst. 164. 1; — *C. sicyoides* L. Prts. Indx.

446. 164. 2. „ „ II. *minor* s. mas. eod. ac antreced. & *Daun bisel* l. e. folium apostematis s. *Sambong tulang* l. e. vinculum ossium s. *Gumi retta retto* l. e. funis crepitans s. *Wori lame lama* — *Cissus repens* Lam. Hassk. Clav.; Hsskl. Cat. 166. 7; Miq. Flor. I. ii. 605. 21 ? — *C. cordata* Rxb. Flor. II. 477. 5 adn. — *Vitis quadricornuta* Miq. Ann. Mus. Lgd. Bat. I. 85. 38.

447. 165. „ „ III. *trifolia* s. (eodem cum antecedentibus nomine) = *Cissus carnosa* Lam. Enc. I. 31. 11; Vhl. Symb. III. 19; Willd. Sp. I. 658. 14; Poir. Enc. Sppl. I. 107. 25; R. S. S. V. III. 313. 27; (?) Hassk. Clav.; Prits. Indx. (oppos. R. S. S. V. Mnt. III. 243. 27.) cf. tb. 166. 2

pag. tab.

447. **Funis crepitans IV.** acetabularia s. *Tali basaru* i. e. funis concordatum s. *Tali ubi utan* i. e. funis Ubii silvestris s. *Wari binnu* — *Cissus trifoliata* Lour. Coch. 105. 1; R. & S. V. III. 318. 22. Obs. (ubi a synonymo Linnaeano diversa habetur); Hassk. Clav.

448. 166. 1. **Vitis alba indica** s. *Papaneu* s. *Panan* s. *Gambas* s. *Courular* s. *Uta maka* i. e. Olus javanorum s. *Upo gabba* i. e. ol. ambuinense s. *Varka* ... s. *Caba* — *Bryonia foliis subrotundis angulatis Momordicae facie* Brm. (Zeyl. 49) Obsrv. ad Rmph. 449; — *B. cordifolia* L. Syst. X. Sp. II. (7343); Brm. Ind. 210 (absq. fig. indic.); — *B. grandis* L. Mnt. I. (7342); Lour. Coch. 731. 3; Willd. Sp. IV. 617. 7; Prs. Syn. II. 594. 6; Sprng. Gesch.; Hassk. Clav.; Katal. mdph. 724; Pritz. Indx. (absq. fig. indic.); — cf. Hsskl. plnt. Jav. 184. 119. Obsrv. (ubi fig. haud indicat.); — *β.* Lam. Enc. I. 496. 3. *β*; — *Coccinia indica* W. A. Prdr. I. 347. 1084. *α*; Wlp. Rprt. II. 208. 1. *α*; Span. Tim. 206. 380; Dtr. Syn. V. 370. 1; — *C. Loureiriana* Röm. Pepon. 93. 3; — *C. grandis* Röm. Miq. Flor. I. i. 673. 1.

450. 166. 2. **Folium causonis** s. *Daun capialao* s. *Daun tacum* s. *Lacong* s. *Aylan ...* i. e. herba pruriens (causon febrem ardentem cum delirio, malaice *Capiala* (-lao) significat) —
I. *album* — *Vitis trifolia* L. Syst. X. (1643); Brm. Ind. 63; Poir. Enc. VIII. 611. 18; Hassk. Clav.; Pritz. Indx. (absq. fig. indic.); — *Cissus crenata* Vhl. Symb. III. 19; Willd. Sp. I. 658. 13; Prs. Syn. I. 142. 18; Sprng. Gesch.; R. S. S. V. III. 313. 25 (cf. 311. 18 Obs.); DC. Prdr. I. 631. 56; Don Dichl. I. 692. 68; Katal. mdph. 1197; Span. Tim. 184. 162; Dtr. Syn. I. 502. 64; — *C. acida* Murr. Syst. 158. 5; Murr. Prs. Syst. 164. 5; — *C. carnosa* Lam. R. S. S. V. Mnt. III. 243. 27; DC. Prdr. I. 630. 38; Don Dichl. I. 691. 42; Hassk. Clav.; — *C. trilobata* Lam. Enc. I. 31. 8 ?; R. S. S. V. III. 313. 25. Obs.; — *C. carnosa* Lam. *α*. W. A. Prdr. I. 127. 420. *α*; Wlp. Rprt. I. 442. 18. *α*; — *C. carnosa* Lam. Miq. Flor. I. ii. 608. 7; — *Vitis pruriens* Miq. Ann. Mus. Lgd. Bat. I. 81. 23 ?

I. *album* = *Vitis paniculata* Miq. Ann. (l. c.) *γ. glabrata* Miq. (l. c.) ? Hsskl.
II. *rubrum* — " " " *β. hirsuta* Miq. (l. c.) ? Hsskl.
III. *litoreum* " " " *γ. ... ...* Miq. (l. c.) ? Hsskl.

452. 167. **Labrusca malaica** s. *Djebu utan* s. *Mera* ... s. *Caruti* ... s. *Lika* ... s. *Gangà* — *V. trifolia* L. sm. ac. (1640. Obs.); — *V. indica* L. Syst. X. (1640. Obs.); Hassk. Clav.; Pritz. Indx.; Miq. Ann. Mus. Lgd. Bat. I. 90. 49; — *V. Labrusca* L. Lour. Coch. 193. 3.

453. 168. **Radix vesicatoria** s. *Akar binasa* i. e. radix perdens s. *Sema* s. *Mehaiatu* s. *Nehulaten* s. *Mehutaeu latu* s. *Aylaru minor* (nomina omnia medicamentum regium s. hostile significant); s. *Caju uarun* i. e. carbo ignitus s. *Aparani* ... — *Plumbago zeylanica, foliis splendentibus Ocymastri, flore ...* Brm. (Zeyl. 195) Obsrv. ad Rmph. 454; — *Pl. rosea* L. (1202); Brm. Ind. 45; Lam. Enc. II. 269. 4; Willd. Sp. I.

pag. tab.

838. 5; Prs. Syn. I. 175. 5; Rxb. Flor. II. 88. 2; Poir. Enc. Sppl. IV. 649; R. & S. V. IV. 4. 5; Drap. Herb. III. 204; Hassk. Clav.; Katl. mdph. 986; Hsskl. Cat. 95. 1; Prits. Indx.

455. 169. 1. **Pes equinus** s. *Pancaga* s. *Daun cucurang domesticum* (cf. p. 469) s. *Coledilli menara* i. e. lumbrici pulvinar s. *Assisilina ...* i. e. folium auris canini s. *Alam ...* i. e. folium infundibuli s. *Aglaun ...* s. *Bissi ...* s. *Paydah* — *Hydrocotyle zeylanica asiatifolia* Brm. Zeyl. 122 & Obsrv. ad Rmph. 456; — *H. asiatica* L. (1903); Brm. Ind. 74; Murr. Prs. Syst. 287. 4; Lam. Enc. III. 152. 4; Wlld. Sp. I. 1362. 7; R. & S. V. VI. 348. 6; Hassk. Clav.; Katl. mdph. 1122; Span. Tim. 207. 406; Prits. Indx. (absq. fig. indic.); Miq. Flor. I.1. 734. 1; — *Trisanthus cochinchinensis* Lour. Coch. 210. 1; Poir. Enc. Sppl. V. 365; Hassk. Clav.

457. 169. 2. **Empetrum acetosum** s. *Daun assam* s. *Tjalatja* s. *Batjam batjam* s. *Hatu ...* (-mer) i. e. cingulum Petrae s. *H. cattas* s. *Uta batu* i. e. olus saxosum s. *Mialbatu ...* s. *Katji*.

I. *album* — *Begonia obliqua* L. (7205); Brm. Ind. 222; — *B. tuberosa* Dryand. Lam. Enc. I. 393. 1; Wlld. Sp. IV. 416. 12; Dl. En. 95. 3; Hassk. Clav.; DC. Prdr. XV.i. 323. 123; — *Diploclinium tuberosum* Miq. Flor. I.i. 685. 2.

II. *rubrum* — *Diploclinium rubrum* Miq. Flor. I.i. 689. 16 ?

III. *cordatum* — *Begonia mollis* A. DC. (Prdr. XV.i. 391. 315.) ? Hsskl.

459. 170. 1. **Serratula amara** s. *Daun cucurang* (-rangh) i. e. folium serrae s. *Ampela ...* i. e. fel terrae s. *Aglaun ...* s. *A. ...* s. *Papayla* s. *Kukurang ...* — *Scutellaria indica* L. (4358); Brm. Ind. 130; Wlld. Sp. III. 175. 15; Poir. Enc. VII. 708. 21; Prs. Syn. II. 136. 20; Prits. Indx.; — *Caranga amara* Vhl. En. I. 100. 1; — *Curanga amara* R. & S. V. I. 138. 1; Mnt. I. 125. 1; — *Curanga amara* Jss. Poir. Enc. Sppl. II. 419; V. 317; Sprng. Gesch.; Katl. mdph. 893; Wlp. Rprt. III. 284. 1; Hsskl. Cat. 145. 1; Miq. Flor. II. 687. 1; — *Gratiola amara* Rxb. (Dtr. Spec. I. 519. 11); Hassk. Clav.; Dtr. Syn. I. 39. 11 (ubi tom. & fig. haud indic.); — *Herpestis ? amara* Bnth. Dun Dichl. IV. 544. 1; Dtr. Syn. III. 617. 1; — *Curanga* Jss. Mem. Gen. II. 220. 90; Endl. Gen. 3941.

460. 170. 2. **Crusta ollae** s. *Carawaci* (-aci scribitur, sed ...) i. e. *caraë* s. *crat* — crusta & *nasi* — oryza cocta s. *Aglaun papamatta* i. e. herba paronychiae s. *Lona luna*.

I. *major* — *Scutellaria indica* L. (4358); Brm. Ind. 130; Wlld. Sp. III. 175. 15; Poir. Enc. VII. 708. 21; Prs. Syn. II. 136. 20; — *Ruellia antipoda* L. Syst. X. Sp. II. (4617); Lour. Coch. 462. 1; Poir. Enc. VI. 360*; Sppl. II. 413; Prits. Indx.; — *R. Anagallis* Brm. Ind. 135; — *Gratiola veronicaefolia* Rtz. Wlld. Sp. I. 103. 6; Prs. Syn. I. 14. 10; R. & S. V. I. 123. 30; Hassk. Clav. (cf. DC. Prdr. XI. 166 & X. 421); — *Bonnaya veronicaefolia* Sprng. Dtr. Spec. I. 556. 3; Span. Tim. 331. 683; Hsskl. Cat. 145. 4; Wlp. Rprt. III. 288. 3; Hsskl. plnt. Jav. 494. 370; Miq.

pag. tab.

Flor. II. 698. 3; — *B. grandiflora* Sprng. Katl. mdph. 682; — *Vandellia crustacea* Bnth. Miq. Flor. II. 690. 1 (ubi tab. 70 fig. 3 cit.)

461. 170.3. II. *minor* s. *parva* (expl. tab. p. 460) — *Capraria crustacea* L. (4560); Brm. Ind. 133[1] Lam. Enc. I. 601. 3; Pelr. Enc. Sppl. II. 90; Prits. Indx.; — *Ruellia antipoda* L. Brm. Ind. 134; — *Gratiola lucida* Rxb. Vbl. En. I. 95. 17; Willd. Sp. I. 103. 5; Hasch. Clav.; — *Vandellia crustacea* Bnth. Wlp. Rpt. III. 282. 4; — *Torenia crustacea* Chm. Schl. Katl. mdph. 888; — *T. asiatica* L. proxim. Hsskl. plan. Jav. 496. 371; — *T. edentula* Griff. Miq. Flor. II. 688. 4 (ubi „*Carnasc*").

461. 170.4. III. *angustifolia* s. *minima* (expl. tab. pag. 460) — *Oldenlandia repens* L. (970. ubi tom. VI. cit., uti apud Wlld.; DC.; W. A.; Spän.; Hsskl.); Lour. Coch. 98. 1; Pelr. Enc. Sppl. II. 413; — *Dentella repens* Frst. Wild. Sp. 1. 972. 1; Prs. Syn. I. 206. 1; Rxb. Flor. II. 159. 1; R. et S. V. V. 24. 1; DC. Prdr. IV. 419. 1; Hasch. Clav.; Katl. mdph. 672; Don Dichl. III. 425. 1; W. A. Prdr. I. 405. 1246; Span. Tim. 317. 479; Hsskl. plan. Jav. 411. 332; Miq. Flor. II. 196. 1.

462. **Herba timoris** s. *Calofino* — *Callitriche verna* L. (cf. W. A. Prdr. I. 339. 1049; Miq. Flor. l. c. 635. 1) Hsskl.

463. **Cucumis marinus** s. *Antimun tiru* s. *Pepinja tiru* — *Melothria indica* DC. Hasch. Clav.

463. 171.1. *ruber* — *Cucumis minima fructu ovali nigro laevi* Sloan. Brm. Observ. ad Rmph. 464; — *Melothria* L. Brm. l. c.; — *Achmandra Blumeana* Röm. ? Miq. Flor. l. c. 657. 1 ?; Rosenth. Diaph. 1144.

463. 171.2. II. *viridis* s. *minor* — *Cucumis bryonoides* &c. Plucke. Brm. Obs. ad Rmph. 464; — *Melothria* L. Brm. l. c.; — *Melothria indica* Lour. Coch. 43. 1; DC. Prdr. III. 313. 3; Katl. mdph. 733; Don Dichl. III. 37. 3; — *Archmandra indica* Wght. Röm. Pep. 32. 1 (ubi pag. 73 cit.); Miq. Flor. l. c. 658. 2.

464. **Corona Ariadnes** s. *Sussuela* l. e. funis lactescens s. *Walobrisi* l. e. nummi folium s. *Nummularia*.

464. 172. I. *punicea* — *Asclepias Sussuela* Rxb. (Don Dichl. IV. 125. 1); — *Hoya coronaria* Bl. Bijdr. 1063; Don Dichl. IV. 127. 21; Hasch. Clav.; Dtr. Syn. II. 892. 21; Prits. Indx.; oppon. Miq.; — *H. velutina* Wght. Don Dichl. IV. 125. 1; — *H. Ariadna* Dcne. DC. Prdr. VIII. 635. 3 (cf. l. c. 2 & 1); Miq. Flor. II. 516. 1 (ubi tab. 182 cit., uti apud Bl. Mus.); Rosenth. Diaphor. 1126; — *H. corona Ariadnes* Bl. Rmph. IV. 31. 2; Bl. Mus. I. 43. 99.

465. II. *lutea* — *Hoya lutea* Dcne. DC. Prdr. VIII. 635. 4; Miq. Flor. II. 519. 9.

466. **Apocynum** s. *Periploca* Bauhini (hist. lib. 15. cp. 16) — (Joh. Bauh. hist. II. 233) *Periploca graeca* L. (DC. Prdr. VIII. 498. 1).

467. 173.1. **Sammeata coruleata** s. *Sajor maccan* s. (male) *S. poppya* — *Apocynum scandens quoddam* Brm. Obs. ad Rmph. 466; — *Contorta* Hasch. Clav.

I. *mas* — *Dischidiae sp.* ? ? Hsskl.

pag. tab.

467. 173. 2. II. *femina* s. *terrestris minor* s. *Sajor maccan darat* s. *Utan marga* l. e. olus litorale — *Scaevola litoralis* Bl. (Bijdr. 1051) ? ? Hsskl.

469. **Olus crepitans** s. *Daun carpo* l. e. folium crepitans s. *Carpo* s. *Utan marga minus* l. e. Olus litorale minus — *Apocynum scandens* quodd. Brm. Obsrv. ad Rmph.; — *Contoria* Hamb. Clav.

469. 174. 1. I. *mas* — ! ! (foliis cordiformibus 2½—3" latis obtusis mucronulatis, umbellulis pauci-floris, folliculis solitariis teretibus acuminatis 8" longis); — an *Hoya latifolia* Don (Miq. Fl. II. 521. 17)?

469. 174. 2. II. *femina* s. *angustifolium* — *Apocynum scandens africanum Convolvuli minoris folio* Plukn. ? Brm. Obsrv.; — e forma „incurva instar acinacis minoris" aliquot ad fig. s. tb. XXVII. Bl. Mus. I. (148. 336) *Dischidiae cochleatae* Bl. accedit.

470. **Nummularia lactea major** s. *Daun pitis* s. *Pitis pitisan major* l. e. nummi herba s. *Wale bissi* l. e. nummi funis s. *Nummularia atrifolia*.

470. 175. 1; I. *fusca* — *Apocynum scandens ex Ind. or.* Plukn. Brm. Obsrv. ad Rmph. 471; — *A. agglomeratum* Poir. Enc. Sppl. I. 407. 15; R. & S. S. V. IV. 407. 14 (— *Marsdenia aggl.* Don DC. Prdr. VIII. 614. 5); Dtr. Syn. I. 853. 11 ? — *Asclepiadea fusca* ? A. DC. in Prdr. VIII. 441; — *Hoya Rumphii* Bl. Bijdr. 1065; Hssck. Clav.; DC. Prdr. VIII. 637. 17; Don Dichl. IV. 127. 29; Dtr. Syn. II. 892. 28; Wlp. Ann. III. 641. 1 (nomen sec. tab. cit.); Prits. Indx. (absq. fig. indic.); Miq. Flor. II. 523. 24; — *H. orbiculata* Wll. Don Dichl. IV. 125. 2; Dtr. Syn. II. 891. 2 (qui utrumque f. 23 cit.) opponente Decaisne in DC. Prdr. VIII. 635. 6; — *Acanthostemma Rumphii* Bl. (Rmph. IV. 29. 1) Mus. I. 58. 142.

470. II. *alba* — *Hoya diversifolia* Bl. Hssck. Clav. (qui tab. 175. 2 huc cit.); — an *Cyrtoceras multiflora* Bnnt. ? Hsskl.

471. III. *albo-purpurea* — ? ? *Hoya macrophylla* Bl. (Miq. Flor. II. 520. 14). ? ? Hsskl.

472. „ „ **minor** s. *Daun pitis kitjil* s. *Pitis pitisan minor* s. *Walebissi minus*.

472. 176. 1. I. *minima* s. *Turuc* (flagellis tenuibus fragilibus vix calamum crassis, articulatis, radicantibus, pendulis, foliis digiti unguem magnis crassiusculis, pinguibus obtuse acutis, pallide virentibus, nunc oblongis rotundisve, floribus axillaribus longe pedunculatis, campanulatis minutis, fructibus geminis, a basi latiuscula attenuatis 1' longis, calamum crassis, sulcatis plano-convexis, seminibus imbricatis, sericeo-comosis) — *Dischidia* RBr. Endl. Gen. 3508; Msn. Gen. 177. 92 (ubi „pag. 470").

473. 176. 2. II. *major* (foliis majoribus ovatis s. ovato-ellipticis acutis, viridibus, ambitu crenatis, floribus axillaribus, quam in antecedenti majoribus, 4—5-nis, fructibus longis (3"), calamum crassis, teretibus, seminibus sericeo-comosis plane imbricatis) — *Apocyni scandentis* vera spec. s. *Cynanchi sp. nov.* Brm. Explic. tab. l. c.

473. 176. 3. **Pustula arborum** s. *Nummularia lupinoides* s. *Daun boba* s. *Fira mahir* i. e. auris animalis Kuskus — *Apocynum* s. *Periploca parasitica* Brm. Obs. ad Rmph. 474; —

pag. tab.

Conchophyllum imbricatum Bl. Bijdr. 1061; Hassk. Clav.; Don Dichl. IV. 136. 1 (ic. male dict.); DC. Prdr. VIII. 631. 1; — *Dischidia ? Collyris* Wll. Hassk. Clav.; Dtr. Syn. II. 886. 7; — *D. imbricata* Std. Hassk. Cat. 127. 5; — *Collyris major* Vhl. Miq. Flor. II. 513. 1; — *Dischidia* RBr. Mem. Wern. II. 177. 92; Endl. Gen. 3506.

476. **Peponaster major** s. *Clematitis amboinica* s. *Tali gorita* l. e. funis polypoides s. *T. rotta rotta* s. *T. tabo* l. e. funis peponiformis — *Aristolochia longa indica aromatica odorata* Brm. (Zeyl. 32) Observ. ad Rmph. 475; — *Aristolochia* sp. Hassk. Clav.; — *A. hastata* W. Jck. (DC. Prdr. XV. 1. 482. 130) ? Hskl.

476. 177. „ **minor** s. *Radix pulorensis* l. e. lumlas Rom s. *Clematitis ramica* s. *Arcus pulo-ron* s. *Tabe iatteen* s. *Teba* t. l. e. summitates arundinis sacchariferae s. *Bemo magnai* l. e. funis pluvialis — *Aristolochia acuminata flore atropurpureo* Brm. (Zeyl. 38) Observ. ad Rmph. 478; — *A. indica* L. (6958, Observ.); Lour. Coch. 646. 1; Prits. Indx.; Hassk. Clav.; DC. Prdr. XV. 1. 479. 120 ?; — *A. Rumphii* Kostelets. Mdph. 465; Hassk. Clav. corrig. p. 216.

479. 178. 1. **Oculus astaci** s. *Mata udang* s. *Baro malacco* s. *Tafoahan* s. *Arian* s. *Olado* s. *Coro* s. *Sambang intan kitjil* — *Cissus glauca* Rxb. ex cit. hrt. malab. VII. tb. 11 ex Rmph. Hassk. Clav.

480. 178. 2. **Olus crepitans mas** s. *Sayur carpus locki locki* s. *Carpus* l. e. folium crepitans s. *Crepitans* — (fol. oppositis nunc cruciatis, crassis oblongis mucronatis, 3" long 1" lat., subtus costatis ovalis, viridibus, subtus pallidioribus, petiolis 5‴ long., alabastris pentagonis, floribus albicantibus, fructibus 3" ascendentibus, geminis basi connatis, latere latissimo angusto sulcato, sed planis, binis aliis gibbosis, seminibus parce comosis) — *Contorta* Hassk. Clav.

481. 179. **Funis lanceae** s. *Tali tacca* s. *Wori tua* l. e. funis anceps s. *Palo airi* l. e. viscum muscarum — (fol. oppositis 6—7" long, 1¼" lat. oblongis s. elliptico-oblongis, nunc apice acutiusculo recurvo, breviter petiolatis; floribus ternis terminalibus, corolla infundibuliformi 5-loba flavescenti odorata; stam. 5; fructibus geminis teretiusculis teretibus 6" longis acuminatis utrinque sulcatis, seminibus (albido-sericeo-comosis) — *Contorta* Hassk. Clav.; — *Apocynea an Pag rosa minor* Rxw. ? Bl. Rmph. II. 38. 3. Habit.

482. 180. **Olus sanguinale** s. *Utta lala* s. *Matta manis* s. *Upu jappa* s. *Popongan* s. *Tamatta* s. *Utta tuur* s. *Sajor Tamor* l. e. olus fatuum — adf. *Cita-merdu* Rheed. VII. tb. 21 sec. Brm. Explic. tab. Rmph.; — *Dioscorea sativa* L. (7458); Murr. Syst. 888. 7; Murr. Prs. Syst. 931. 7; Wlld. Sp. IV. 795. 19; Prs. Syn. II. 621. 21; Prits. Indx.; oppon. Knth. En. V. 340. 17; — cf. RBr. in Horsf. plat. Jav. 246. & seq.; — *D. Cliffortiana* Lam. Enc. III. 230. 7; Poir. Enc. Sppl. IV. 140; Hassk. Clav.; — *D. deltoidea* Wll. sec. Grisb. cf. Knth. l. c., qui a genere hoc excludendum dicit; — *Cardiopteris moluccana* Bl. Rmph. III. 207. 2; RBr. in Hrsf. l. c.; Miq. Flor. I. r. 799. 2.

pag. tab.

483. 181. **Adpendix arborum** s. *Tapanava* i. e. adpendix Gumuti s. *Arengae saccharifereae* — *Pothos latifolia* L. Syst. X. (7019).

181. 1. I. *parvifolia* s. *Tapanava* — *Potho gracili* Rxb. aff. ? Kth. En. III. 165. 9; — *Scindapsus sp.* ? Miq. Flor. III. 181. 12. Adnot.

483. 181. 2. II. *media* s. *Wale-pinan* s. *Kabin mafuhara* — *Pothos scandens* L. Lour. Coch. 650. 1; — *P. gracilis* Rxb. Hassk. Clav.; Kth. En. III. 65. 2. aff.; Dtr. Syn. V. 282. 2; Miq. Fl. III. 181. 12 ? (qui an *Scindapsus sp.* ? quaerit & *P. parvifolium* citat.)

485. 182. 1. III. *latifolia* s. *Adpend. porcellanica* s. *Alaun pinan* s. *Wale pinan* s. *pinpan* i. e. porcellaneas patinas referens s. *Mau (Mau)* i. e. Jonera ligamina s. *Cofo tanan* — *Scindapsus ? Rumphii* Miq. Flor. III. 185. 8; Rosenth. Diaphor. 1089.

486. ᵇ. *minor* — *Tapanava media* p. 483.

ᵃ. *maxima* — *Adpendix laciniata* p. 489.

487. 182. 1. „ **porcellanica crenata** s. *Tapanava badiri* i. e. Tapanava crenata — *Pothos gracilis* Rxb. Prtz. Indx. (absq. fig. indic.); — *P. ? Rumphii* Schtt. Kth. En. III. 65. 4; Dtr. Syn. V. 282. 4; — *Aglaonema marantaefolium* Bl. Rmph. I. 153. 2; Kth. En. III. 65. 2; Dtr. Syn. V. 358. 2; Miq. Flor. III. 216. 1 (ubi fig. 1 cit.)

488. „ **cuscuaria** s. *Tali kuscu* s. *tassu* s. *Wale Makei* i. e. Cusci funis.

I. *angustifolia*, Inflorescentia bromeliacea — ? ? (foliis angustis longis canaliculatis, acute carinatis, 12—14" long. 1‴ lat., trichotomis, basi amplexicaulibus) *Freycinetiae spec.* ? Hsskl.

488. 183. 1. „ „ II. *latifolia* — *Pothos digitata* Jcq. Hassk. Clav.; — *P. ? cuscuaria* Gmel. Poir. Enc. V. 606*; R. & S. V. III. 457. 25; Kth. En. III. 66. 5; Dtr. Syn. V. 282. 5; — *Aglaonema ? cuscuaria* Miq. Flor. III. 217. 10; — *Cuscuaria Rumphii* Schtt. Ann. Mus. Lgd. Bat. I. 130. 1.

489. 183. 2. „ **laciniata** s. *Tapanava laevis* s. *Sambung* s. *Bulu* s. *Mappa* — *Pothos pinnata* L. (7023); Brm. Ind. 193; Willd. Sp. I. 686. 9; Poir. Enc. V. 606. 10 (ubi „tb. 143“); Prs. Syn. I. 147. 9; Sprng. Gesch.; R. & S. V. III. 456. 19; Pritz. Indx.; — *Scindapsus pinnatus* Schtt. Kth. En. III. 63. 6; Dtr. Syn. V. 359. 6; — *Rhaphidophora laceva* Hsskl. plnt. Jav. 155. 95; — *Scindapsus pertusus* Schtt. de Vries. plnt. Ind. 149. 331; Miq. Flor. III. 185. 10.

490. 184. „ **duplo folio** s. *Tapanava kitsjil* — *Ana parua* Rheed. hrt. mal. VII. tb. 40 sec. Brm. Obs. ad Rmph.

490. 184. 1. „ I. *major* — *Pothos scandens* L. (7017); Brm. Ind. 193; Willd. Sp. I. 684. 1; Poir. Enc. V. 604. 5; Prs. Syn. I. 147. 1; R. & S. V. III. 451. 1; Hassk. Clav.; Kth. En. III. 65. 1; Pritz. Indx.; — *Flagellaria repens* Lour. Coch. 263. 2 (650. 1. Obs.); — *Scindapsus officinalis* Schtt. Hskl. plnt. Jav. 158. 96 (ubi fig. haud indic.); — *Sc. pothoides* Miq. ? Miq. Flor. III. 184. 6.

490. 184. 2. „ II. *minor* — *Pothos scandens* L. (7017); Brm. Ind. 193; Willd. Sp. I. 684. 1; Poir. Enc. V. 604. 5; Prs. Syn. I. 147. 1; R. & S. V. III. 451. 1; Hassk. Clav.;

pag. tab.

Kth. En. III. 65. 1; Pritz. Ind.; — *Flagellaria repens* Lour. (cf. 650. 1. Obs.) 263. 2; — *Pothos Roxburghii* de Vriese. ? aut aff. ? Miq. Flor. III. 179. 3. adn.

490. 184. 3. **Adpendix** III. (ad *Samau Batu Gantong* report.) = *Pothos scandens* L. Brm. Ind. 193; Willd. Sp. I. 684. 1; Poir. Enc. V. 604. 5; Prs. Syn. I. 147. 1; R. & S. V. III. 451. 1; Kth. En. III. 65. 1; Hskl. Cat. 58. 1; Hskl. plant. Jav. 160. 98; — *Flagellaria repens* Lour. Coch. 263. 2 (cf. 650. 1. Obs.); — *Pothos Roxburghii* de Vriese. ? aut. aff. Miq. Flor. III. 179. 3. adn.

491. 184. 4. **Cuscuta indica** s. *Rambut putri* l. s. capillitium principissae s. *Daunidan* s. *Daun tali tali* l. s. folium funium s. *Caschut* s. *Caschuta* s. *Cusou* — *Cuscuta zeylanica floribus incarnatis* Brm. Zeyl. 84 & Observ. ad Rmph.; — *Cassyta filiformis* L. (2924); Brm. Ind. 92; Lam. Enc. I. 653. 1; Willd. Sp. II. 467. 1; Prs. Syn. I. 450. 1; Hnsch. Clav.; Nees Laur. 642. 1; Dtr. Syn. II. 1366. 1; Hskl. Cat. 91. 1; Pritz. Ind.; Miq. Flor. I. 1. 977. 1; DC. Prdr. XV. 1. 255. 19; — *Caladium cochinchinense* Lour. Coch. 303. 1.

Tom. VI. Lib. 10.

De herbis agrestibus silvestribus.

1. 1. 1. **Cyperus rotundus** s. *Teki* s. *Tekay* s. *Tikey* s. *Tekil*.

" I. *bulbosus* s. *legitimus* s. *odoratus* (p. 3) s. *Langa* s. *Tambyo* l. s. odorata faba s. *Buru* — *Cyperus hexastachyus* Rttb. R. & S. V. Mnt. II. 113. 126 ex Rxb.; — *C. rotundus* L. Hnsch. Clav. (cum ?); Kth. Enum. II. 58. 157; Hskl. Cat. p. 297. 144. 32; Pritz. Ind.; Miq. Flor. III. 274. 48 (ubi fig. haud indic.).

2. 4. 1. 2. " II. *floridus* s. *mas* s. *Gramen cyperoides* s. *Tekey lacki lacki* s. *Tekaline mas* (p. 6.) — *Cyperus hexastachyus* Rttb. R. & S. V. Mnt. II. 113. 126 ex Rxb.; Hnsch. Clav.; Kth. Enum. II. 58. 17; Pritz. Ind.; — *C. rotundus* L. Hskl. Cat. p. 297. 144. 32.

4. α. *humilior*, (culmo aequipedali, foliosa, foliis angustis longis, spiculis longioribus extensis) — *Cyperus tuberosus* Rttb. ? Hskl. Cat. p. 297. 144. 31; — *C. bulbosus* Vhl. ? Miq. Flor. III. 274. 49 ?

4. β. *altior*, (culmo 2½—3-pedali, triangulari, foliis 2-pedalibus, vix secantibus, canaliculatis, basin versus caulem secanti, involucro 3-phyllo, spiculis fuscis, duris spinulosis) — *Carex laevis* minor Rmph. VI. p. 21.

4. γ. *Gramen bufonum* s. *Rompot codock* s. *Pedangh damong*, (culmo 2—2½ ped. alto triangulari, tenui stricto; angulis secantibus, foliis fasciculatis angustis 1½—2 ped. longis canaliculatis; involucro (nullo) brevi, umbella externa, radiis inaequilongis cruciformi disposito, secantibus; fructibus pedicellatis miliaceis viridi-fuscis) — an huc *Fimbristylis miliacea* Vhl. ? (Kth. En. II. 230. 29). Hskl.

2. III. *inodorus* s. *maritimus* s. *Teeke pantey* s. *Langa laya* — ??

pag. tab.

5. 2.1. **Cyperus longus** s. *Teckee lout* l. e. Sterile s. *Tacheryg lout* s. *Rinjasal* ... — *Cyperus kyllingoides* Vhl. R. & S. S. V. Mnt. II. 90. 41 (ubi Rheed. mal. loco: „Rmph. amb." cit.); Dtr. Spec. II. 229. 63; Hssch. Clav.; Knth. En. II. 94. 245; Prits. Indx.; Miq. Flor. III. 286. 81.

6. 2.2. „ **littoreus** s. *Rumput bulu matta* l. e. gramen ciliare s. *Tiffiko* s. *Capui* ... — *Gramen Dictaccophoron spica turgida cristata* Brm. (Zeyl. 107) Obsrv. ad Rmph.; — *Stipa littorea* Brm. Ind. 29; — *Stipa spinifex* L. (663); — *Spinifex squarrosus* L. Lour. Coch. 794. 1; Wild. Sp. IV. 1129. 1; R. & S. S. V. II. 844. 1; Hssch. Clav.; Knth. En. II. 174. 5; Dtr. Syn. I. 299. 5; Hsskl. Cat. 17. 79. 1; Prits. Indx.; Miq. Flor. III. 474. 1.

7. 3.1. „ **dulcis** s. *Rabu ... s. Teker* — *Andropogon dulce* Brm. Lam. Enc. I. 377. 24. Obs.; — *Hippuris indica* Lour. Coch. 21. 1; Poir. Enc. Sppl. IV. 873. 3; — *Scirpus plantagineus* Rtz. ? Vhl. Enum. II. 251. 21; — *Eleocharis plantaginea* R. & S. S. V. II. 150. 4 ?; Mnt. II. 86. 4. Obs.; Hssch. Clav.; — *E. dulcis* Trin. Hssch. Clav.; Prits. Indx.; — *E. tuberosa* Schlt. Miq. Flor. III. 293. 6.

8. 3.2. **Gramen capitatum** s. *Tabaluma* l. e. inquisitum s. *T. femina* s. *Tala tapolo* l. e. detruncare caput s. *Papa matta* l. e. gramen plorae oculo s. *Gramen parangchiale* — *Schoenus coloratus* L. (368); Brm. Ind. 18; Lour. Coch. 52. 1; — *Kyllingia monocephala* L. f. Lam. Enc. III. 366. 1; Wild. Sp. I. 256. 1; Prs. Syn. I. 57. 1; Vhl. En. II. 379. 1; R. & S. S. V. II. 234. 1; Hssch. Clav.; Kstl. mdph. 116; Dtr. Spec. II. 349. 1; Prits. Indx.; — *K. gracilis* Knth. Miq. Flor. III. 292. 6.

9. 4.1. „ **vaccinum femina** s. *Rumput carbou* s. *R. cra* l. e. gr. tenax s. *Halute amon* s. *Fariaga* s. *Fetiago* s. *Pedangh bilalangh* s. *Belalangh* — *Gramen cruciatum zeylanicum* Brm. Zeyl. 106 & Obsrv. ad Rmph. p. 10; — *Cynosurus aegyptius* L. Syst. X. (610); Lam. Enc. II. 187. 8; Lour. Coch. 75. 1; — *Dactyloctenium aegyptiacum* Wild. R. & S. S. V. II. 583 (ubi fig. 2 cit.); Knth. En. I. 261. 1; Hsskl. plnt. Jav. 27. 12; — *Eleusine aegyptiaca* Rxb. Hssch. Clav.; Prits. Indx.; — *E. indica* Grtn. Kstl. mdph. 98; — Apud L. fig. 3, sed dubiose, hoc citatur.

10. 4.2. „ **vaccinum mas** s. nom. indig. eadem ac praeced. addito epitheto: *lacki lacki* l. e. mas — *Cynosurus indicus* L. (611, ubi haec figura sed, „femina" cit.); Brm. Ind. 28; Lam. Enc. II. 187. 9; Lour. Coch. 75. 2; Wild. Sp. I. 417. 19: — *Eleusine indica* Grtn. Hssch. Clav.; Hsskl. Cat. 18. 92. 3; Prits. Indx.; Miq. Flor. III. 385. 1 (qui pag. 9 & „Gramen vaccinum" tantum citat.)

10. **Goddum** — *Dactyloctenium aegyptiacum* Wild. Miq. Flor. III. 384. 1 (qui fig. 1 tab. 4 dubiose citat).

11. **Gramen supinum minus** s. *Agrostis minor* s. *Rumput majora* s. *Hatta ayan* l. e. gramen capum s. *Saba saba* — *Eleusine aegyptiaca* Rxb. ? Hssch. Clav.; — („Spicae majores quam in praecedentibus" Rmph.); — *Cynodon Dactylon* Prs. (Miq. Flor. III. 382. 1) ? Hsskl.

pag. tab.

11. **Gramen caninum** s. *Rumput andjing* — *Digitariae* sp. ? ? (an *D. ciliaris* Willd. aut *D. sanguinalis* Scop. ? cf. Miq. Flor. III. 436. 3 & 437. 4.)

11. 4. 3. „ **fumi** s. *Rumput asap* s. *Ucon manjaffu* — *Gramen paniculatum lanatis tenuissimis subrotundis* Brm. Zeyl. 110 (ubi „*fuius*") & Observ. ad Rmph.; — *Poa tenella* L. (591); Brm. Ind. 28; ? Lour. Coch. 87. Observ.; Willd. Sp. I. 385. 88; Poir. Enc. V. 85. 45; Prs. Syn. I. 91. 59; — *P. amboinensis* L. Prs. Syn. I. 91. 64 ? — *P. plumosa* Rtz. R. S. S. V. Mnt. II. 307. 46; Kuth. En. I. 338. 86; Hssch. Clav.; Dtr. Syn. I. 353. 86; Hsskl. plnt. Jav. 39. Obs.; Prits. Indx.; — *Eragrostis plumosa* Lnk. Miq. Flor. III. 394. 16.

11. **Campera** s. *Campes* i. e. Polygonum aquaticum — *Panicum* sp. (an *P. limosum* Std. ? aut aff. ? (cf. Miq. Flor. III. 455. 34) Hsskl.

12. **Gramen supplex** s. *Rumput subat* s. *Duun subat* s. *Gaffa subo* s. *Sala subo* — *Digitariae* ? sp. ? Hsskl.

12. „ **roris** s. *Rumput embun* s. *Polypodium amboinicum* s. *Hulu tomar* — *Thuarea lanceolata* Trin. Hssch. Clav.

13. „ „ **litoreum** — ? ? (foliis majoribus hirsutis; culmi articulis longioribus.)

13. „ **aemium** s. *Rumput bekech* s. *Padang buri buri* i. e. limacum — *Panicum prostratum* Lam. ? (Miq. Flor. III. 448. 5) ? Hsskl. (Caulibus procumbentibus radicantibus, apice (½ pedali) adscendenti-erecto, spicis racemosis brevibus; seminibus dein albescentibus in capsulis (glumis) viridibus dein fuscis).

13. 5. 1. **Gramen aciculatum** s. *Cusu cusu* s. *Djintan utan* s. *Butjang bedjang* cf. Poir. Enc. Sppl. IV. 654. — *Raphis trivialis* Lour. Coch. 676. 1; — *Panicum calamum* L. (481), ubi fig. 3 cit., uti apud Willd.); Willd. Sp. I. 338. 13; — *Andropogon acicularis* Rtz. Obs. V. 22. 51; Willd. Sp. IV. 906. 9; Poir. Enc. Sppl. I. 580. 9; Sprng. Gesch.; R. S. S. V. II. 812. 7; Hssch. Clav.; Kuth. En. I. 505. 132; Hsskl. plnt. Jav. 57. 26; — *Chrysopogon aciculatus* Trin. Miq. Flor. III. 490. 1.

14. 6. 2. **Hippagrostis amboinica** s. *Gramen equinum* s. *Rumput cuda* s. *Djula djula* s. *Ruru* s. *Padang jerak* i. e. gramen agrorum.

I. *major* — *Panicum Colonum* L. Brm. Ind. 25; — *Oplismenus bromoides* R. S. S. V. II. 483. 6; Hssch. Clav.; Prits. Indx.; — *Echinochloa Colonum* Bsk ?? Miq. Flor. III. 463. 1 (sec. cit. figurae, nam *Hip.* alteram concepit & p. 13 cit.)

14. 6. 3. „ II. *minor* — *Panicum patens* L. Mnt. II. (506); Brm. Ind. 26; Murr. Syst. 107. 32; Murr. Prs. Syst. 110. 33; R. S. S. V. II. 454. 97, oppos. Willd. (cf. Mntss. II. 249. 97); Steud. Gram. 98. 618; — *P. bromoides* Lam. Enc. IV. 742. 22; — *Oplismenus Burmanni* Pal. R. S. S. V. Mnt. II. 272. 5; Kuth. Enum. I. 139. 5; Prits. Indx.; — *Orthopogon Burmanni* RBr. Miq. Flor. III. 412. 1.

15. 6. 1. **Gramen arguens** s. *Tapul gaane* i. e. respecto tuo — *Gramen aethiopicum, panicula molli villosa* Pluckn. Brm. Observ. ad Rmph.; — *Stipa arguens* L. (662); Brm. Ind. 29; Sprng. Gesch.; Poir. Enc. VII. 454. 21; Prits. Indx. (absq. fig. indic.); —

pag. tab.

Anthistiria arguens Willd. Sp. IV. 901. 4; R. S. S. V. II. 813. 5; Kunth. En. I. 482. 7; Hassk. Clav.; Dtr. Syn. I. 401. 7; Hassk. Cat. 296. 112 ?.

16. 6.2. **Calamagrostis** s. *Wevrikussa* s. *Welikussa* s. *Rumput tirus* l. c. Sirlo (*Andropogon Schoenanthus* L.; similis s. *Tatapat (-pat)* s. *Tatapeis femina* s. *Tapaiguana utan* s. *Loulan tomma wange* — *Scirpus lithospermus* L. Spec. I. (7095. Obs.); — *Schoenus lithospermus* L. Syst. X. (7095. Obs.); Brm. Ind. 19; — *Scleria lithosperma* Willd. Hassk. Clav.; Pritz. Index (absq. fig. indic.); — *S. tenellata* Willd. Sp. IV. 315. 11; Prs. Syn. II. 548. 11; Poir. Enc. Suppl. V. 108. 24 ?; Spreng. Gesch.; — oppositionibus Retz. Obs. IV. 13. 20, qui hanc „a Scleriis diversissimam" dicit & Nees in Wght. Contrib. 117. 4; (cf. Kunth. En. II. 343. 12), qui *Saccharinam* quandam esse censet. Mihi descriptio Rumphii iconem suam haud quadrare videtur; prior esse videtur *Anthistiria arundinacea* Rxb. (Kunth. En. I. 489. cf. praeprimis R. S. S. V. Mant. II. 457. 1* descript. Roxburghii); icon autem *Andropogon giganteus* Brngn. (Kunth. En. I. 484. 1).

17. 7.1. **Gramen polytrichum amboinense** s. *Rumput bulu babi* l. c. Gramen setae suillae s. *R. djintan* s. *Bulu gindam* l. c. Gramen cuminii — *Eriocaulon setaceum* L. Diss. amb. & Syst. X. (733); Lour. Coch. 77. 2; — *Saccharum spicatum* L. Syst. X. (455), quod Lour. ad sequens gramen citat; — *Scirpus polytrichoides* Rtz. Observ. IV. 11. 21; Poir. Enc. IV. 757. 28; Vhl. En. II. 249. 15; Willd. Sp. I. 295. 16; Prs. Syn. I. 66. 20; Spreng. Gesch.; Pritz. Index; — *Fimbristylis polytrichoides* R. S. S. V. II. 101. 37; Dtr. Syn. II. 136. 11; Hassk. Clav.

17. 7.2. **Gramen caricosum** s. *Lalan* s. *Wevri* s. *Caam* — *Andropogon caricosus* L. (7543, ubi tam. V. cit.); Brm. Ind. 219; Lam. Enc. I. 373. 1; Willd. Sp. IV. 902. 1; Prs. Syn. I. 103. 3 (absq. tabl. indic.); Spreng. Gesch.; R. S. S. V. II. 811. 1; Kunth. Enum. I. 507. 148; — *Saccharum spicatum* L. Lour. Coch. 67. 3 (cf. *Gram. polytrichum* antecod.); — *Pennisetum holcoides* R. S. S. V. Mant. II. 148. 1b; Hassk. Clav. ?; Kstl. medph. 1022; Dtr. Syn. I. 297. 21 ?; Miq. Flor. III. 470. 3 ?; — *Imperata Thunbergii* R. S. S. V. Mant. II. 166. 2 Obs.; Hassk. Clav.; — *I. Koenigii* Palis. R. S. S. V. Mant. II. 165. 2. Obs. ?; Hassk. Cat. 236. 119; Hassk. plant. Jav. 51. 24 (ubi tab. haud indic.); — *Sacch. cylindricum* Lam. Hassk. Clav.; Pritz. Index.

18. 7.2.B. „ „ **alterum** s. *vulpinum* s. *Rumput bulu musang* l. c. gramen ciliare — *Panicum polystachyon* L. Syst. II. (474); Lour. Coch. 68. 1; Willd. Sp. I. 383. 1; — *ejusd. β.* Brm. Ind. 24; — *Pennisetum setosum* Rich. R. S. S. V. II. 258. 1; Hassk. Clav.; — *P. polystachyon* R. S. S. V. Mant. II. 146. 1; — *Imperata arundinacea* Cyrill. Kunth. En. I. 447. 1 (absq. fig. indic.); Miq. Flor. III. 514. 1 (ubi nec pag. nec tab. indicatur & perperam *Lalan* (gramen antecedens) citatur).

19. 7.3. **Phoenix amboinica montana** s. *Tapaiguana utan* s. *Sirru utan* s. *Hulong* s. *Horong* — *Poa amboinica* L. (584), oppos. Retz. Obs. IV. 20. 57 „maxime aliena"; — *P.*

pag. tab.

amboinensis L. Syst. XIII; R. & S. V. II. 556. 66 ? ?; Hassk. Clav.; Prits. Index.

20. 8. 1. **Carex amboinica** s. *Lale* s. *Tajacre magoli* l. e. gladius magi s. *Pedang panjiris* l. e. gramen scindens s. *Crissan* l. e. pugionarum.

20. 8. 1. I. *major* s. *Lale besaar* — *Schoenus paniculatus* Brm. Ind. 19; — *Scleria* Hss. Observ. IV. 13. 28; — *S. Flabellum* (loco: *Flagellum*) Sw. Poir. Enc. VII. 1. 1 (ubi nec tab. nec fig. indic.); Hassk. Clav.; Prits. Index.; — *S. tessellata* Brngn. (nec Willd.) ex Kuth. En. II. 342. 11 ad fin. — *S. approximata* Hsskl. Cat. 22. 4 (ubi fig. 2 indic.); — *S. sumatrensis* Rtz. *β. pubescens* Miq. Flor. III. 343. 7. *β.* (ubi pag. 23 & fig. 2 cit.).

20. II. *minor* s. *Lale kitjil* — *Scleria tristata* Poir. (Kuth. En. II. 345. 22) Hsskl.

20. III. *Tallen tallen* — *Rhynchospora aurea* Vhl. (Kuth. En. II. 293. 17) ? Hsskl.

21. „ **laevis major** — *Pandanophyllum palustre* Hsskl. (Cat. p. 297. 136^b. 1) ? Hsskl.

21. „ „ **minor** — *Cyperus polystachyus* Rttb. aut aff. ? Hsskl.

21. 8. 2. „ **arborea** — *Pandanus* Hassk. Clav.; — *Freycinetia graminea* Bl. Rmph. I. 159. 5. Hsskl.; Miq. Anal. II. 29; Dtr. Syn. V. 413. 12; Miq. Flor. III. 171. 11.

21. „ **calamaria** s. *Hulis dama* — *Gahnia javanica* Zoll. Mor. (Miq. Flor. III. 340. 2) Hsskl.

22. 9. 1. **Lithospermum amboinicum** s. *Milium solis amb.* s. *Salee ulan* s. *Rumput manari manai* l. e. rosaria herba s. *Aybeit* — *Lachryma Jobi palustris* Brm. Zeyl. 138; — *L. J. silvestris* s. *Coix* L. Clf. Brm. Observ. ad Rmph. p. 23; — *Coix Lacryma Jobi* L. am. ac. (7052, ubi fig. 2 cit.); — *C. agrestis* Lour. Coch. 874. 1; Willd. Sp. IV. 203. 2; Prs. Syn. II. 533. 2; Spreng. Gesch. (ubi tab. 91 cit.); Kuth. En. I. 21. 3; Hassk. Clav.; Dtr. Syn. I. 234. 3; Prits. Index.; Miq. Flor. III. 477. 2.

23. 9. 2. **Arundinella** I. **minor** s. *Alsine indica* s. *Sajor bulu kitjil* l. e. olus arundinaceum minus s. *Gelatengo* s. (ard ostonto) *Concung utan* s. *Nalus ... s. Uili* s. *Gobbe* s. *Lauo bulu bulu* — *Commelina repens folio subrotundo* Brm. Zeyl. 70. & Observ. ad Rmph. 26; — *C. benghalensis* L. Brm. Ind. 16; Hassk. Clav.; Prits. Index. (cf. Hsskl. plant. Jav. 90. 38. descript.); — *C. communis* Lour. Coch. 50. Not.; — *C. Rumphii* Koll. Hdpb. 128; Hassk. Clav.

24. „ II. *major* s. *Sajor bulu besaar* — *Commelina communis* L. (cf. Miq. Flor. III. 532. 1) ? Hsskl.

24. „ III. *aquatica* s. *Sajor bulu ajer* — *Commelina obtusifolia* Vhl. (En. II. 168. 11) ? quam Miq. (Fl. III. 535. 10) potius *Fragrinarias* speciem censet; descriptio Vhlii l. c. sed quadrat descriptionem Rumphii, quae certissime *Commelinam* repraesentat.

25. „ IV. (**adhaerens**) — *Graminum* quoddam (?; videtur: foliis lineari-lanceo-

pag. tab.

latis acuminatis tenuibus, spicis ample extensis (paniculis ?); spiculis ac pedicellis hirsutis caducis, vestibus adhaerentibus.

25. **Arundinaria V. (albiflora)** — *Flos-aquae glomeratus* Hsskl. (Plnt. Jng. 151. 1) ? Hsskl.

25. **Crataegonum amboinicum** s. *Rumput ambon* (Linn. (7405) *Crataegonum* Rmph. t. 10. 1 cit. ad *Parietariam indicam*, lapsu calami cf. infr. p. 29 t. 12. 2).

25. I. *minus* s. *verum* — *Spermacoce stricta* L. f. Willd. Sp. I. 573. 17; R. & S. V. III. 280. 24; Poir. Enc. VII. 318. 28; Hnsch. Clav.; — *Hedyotis angustifolia* Miq. Flor. III. 182. 16 ?

25. 10. II. *majus* — *Oldenlandia verticillata* L. (978); Poir. Enc. IV. 532 (ubi „tom. B“); Willd. Sp. I. 674. 1; Prs. Syn. I. 146. 1; Spreng. Gesch.; Pritz. Indx.; — cf. R. & S. V. III. 464. 1; — *Spermacoce tenuior* L., Brm. Ind. 33; Pritz. Indx.; — *Parietaria indica* L. Poir. Enc. V. 17. 12. not.; — *Hedyotis Crataegonum* Poir. Enc. Suppl. II. 387; Spreng. R. & S. V. III. 199. 36; DC. Prdr. IV. 420. 11; Kstl. mdph. 573; Don Dichl. IV. 515. 11; Hnsch. Clav.; Dtr. Syn. I. 490. 16; Miq. Flor. II. 182. 16.

26. **Rosmarinus verus sinensis** s. *Pun* — *Rosmarinus officinalis* L. ? nam „circa urbem *Tjeritjel* sponte in litore vel non procul ab eo in solo sterili sabulo ac lapillis permixto“ habitare dicitur; Loureiro (Coch. 34. 1) cultam tantum in China laudat & Bentham (DC. Prdr. XII. 360) patriae asiaticae haud meminit.

26. **Auris canina** s. *Njurang* s. *Daun mata passus* l. e. folium oculorum ardentium (fascinantium Rumph.) s. *Roy ruy* s. *Assu telinga* l. e. canis auricula s. *A. ekor* l. e. canis cauda s. *Ulu omen* s. *Rumput negri* l. e. Herba pagorum s. *Isalipoman* s. *Undor undor* l. e. recede s. *Lagula* s. *Tiapittan*.

26. 11. I. *femina* s. (nom. indig. jam dicta) & *Goffo kaka* — *Achyranthes lappacea* L. am. acad. (1655); — *A. prostrata* L. Sp. II. (1660); Brm. Ind. 64; Lam. Enc. I. 546. 6; Willd. Sp. I. 1194. 7 (ubi p. 6 t. 21 cit.); Spreng. Gesch.; Rxb. Flor. II. 501. 7; Pritz. Indx.; — *Cyathula geniculata* Lour. Coch. 124. 1; Miq. Fl. I. i. 1046. 1; — *Desmochaeta prostrata* R. & S. V. V. 551. 4; Hnsch. Clav.; Dtr. Syn. I. 865. 1; — *Pupalia prostrata* Mrt. Kstl. mdph. 1445; — *Cyathula prostrata* Bl. Hsskl. in plnt. Jungh. 153. 1; DC. Prdr. XIII. ii. 326. 1 (ubi patria tantum ex Rmph. cit.).

27. 12. 1. II. *mas* s. (nom. indig. supr. cit.) & *Sanca lamp* s. *Hanna tayla* l. e. nasi lumen — *Achyranthes aspera* L. Mat. II. (1651); Murr. Syst. 246. 1; Murr. Prs. Syst. 258. 1; Willd. Sp. I. 1191. 2; Pritz. Indx. (absq. figur. indic.); — *A. fruticosa* Lam. Enc. I. 545. 3 ?; Prs. Syn. I. 258. 2* ?; R. & S. V. V. 545. 4 ? ex Lam.; Kstl. mdph. 1446; Dtr. Syn. I. 865. 4 ? — *A. bidentata* Bl. *β. elongata* Bl. Hsskl. Flor. (B. Z.) 1842. Beibl. II. 20. 78; Hsskl. Cat. 83. 380. 1; — *A. javanica* Moq. Tand. Hsskl. plnt. Jungh. 155. 3; Miq. Flor. I. i. 1041. 3.

29. 12. 2. **Herba memoriae** s. *Parietaria amboinica* s. *Daun ingat* s. *Bahe* s. *Daun baru* l. c. re-

pag. tab.

thracum herba s. *Gofo sonjinga (roninga)* i. e. herba memoriae — *Parietaria indica* L. (7065); Brm. Ind. 23. 1. — (apud L. l. c. *Crataegonum* Rmph. t. 10. 1 citatur, cf. M. S. S. V. III. 464. 1); — *Pouzolzia indica* Gaud. Prel. Sprt. I. 167 (ubi errore *Achyranthes aspera* Rmph. 10 t. 12. 2 citatur); Hrsk. plant. Jav. 68; Bl. Mus. II. 233. 555 (cf. ibid. 236. 556: quoad icon. tantum (uti Miq.); Wight. Icon. 1980. & VI. p. 43. 42; — Miq. Flor. I, II. 257. 3.

30. **Prunella malabarica hortensis** s. *domestica* s. *Ayle ahe* i. e. herba florum s. *Ubat surangi* i. e. pharmacum magicum s. *Liv.*

30. 13.1. I. *latifolia* — *Acanthacea, Strobilanthes* aut *Lepidagathis* sp. ? ? Hsskl.

30. 13.2.A.B. II. *angustifolia* — *Ruellia repanda* L. (4616); Brm. Ind. 134 (ubi uti apud Wild. litt. B tantum indic.); Wild. Sp. III. 370. 27; Poir. Enc. VI. 345. 29; Prs. Syn. II. 177. 43; Sprng. Gesch.; Hasch. Clav.; Kstl. mdph. 925; Hsskl. Cat. 148. 6; DC. Prdr. XI. 141. 4; Pritz. Indx.; Miq. Flor. II. 166. 5.

31. III. *a Ternate* s. *Liro petele* „foliis subrotundis subtus punctatis" } — ? ? *Acanthaceae* ? Hsskl.
b. „ *papua* „foliis angustis crispatis" }
c. „ *hitojili* „foliis angustissimis, grosse dentatis" }

31. „ „ **silvestris** s. *Ubat surangi* s. *Ayle aha utan* s. *Aylcun uyu* i. e. Ophyocolla s. *Liro hiro* s. *Garanti dodo* i. e. valens contra lemures et sagas s. *Aylaun masculia* s. *Mrbu masculin* s. *Diadingkal* i. e. defende solum.

31. I. *alba* s. *femina* s. *prorepens* s. *Ta-anin* i. e. averruncus spectrorum — *Ruellia Blumeana* DC. Prdr. XI. 149. 25; Miq. Flor. II. 788. 14.

31. 13.2. b. *erecta* — *Ruellia alternata* Brm. Ind. 135; Hasch. Clav.; Kstl. mdph. 925; Pritz. Indx.; — *R. discolor* Nees DC. Prdr. XI. 149. 22 (cf. 25); Miq. Flor. II. 789. 7 (cf. not. ad 14).

32. 13.3. II. *rubra* s. *mas* — *Ruellia alternata* Brm. Ind. 135; Kstl. mdph. 925; Pritz. Indx.; — *R. colorata* Bl. DC. Prdr. XI. 145. 6; Miq. Flor. II. 787. 7.

32. III. *rotunda* — *Rueltiae* sp. ? ? Hsskl.

34. **Ophiocolla altera** s. *Aylaunya puhon* s. *Ayilis utan* s. *Daun prada utan* — *Justicia Ecbolium* L. (DC. Prdr. XI. 426. 2) ? Hsskl.

34. **Ayllis silvestre lanceaefolium** — ? ? (foliis lanceae forma glabris flaccidis, intense viridibus, farina coerulea conspersis.

34. **Olus scrofinum** s. *scrofarum* s. *Sajor babi* s. *Daja baja* s. *Bidac bancong* s. *Aylcun ahuru* i. e. taxularia s. *A. pru pru* i. e. herba papillonum s. *A. sike* i. e. folium flaccidum s. *A. ua masserii* i. e. folium contra faciem dolentem s. *Langa langa* s. *Daun bisari* i. e. folium anthracum s. *Lida andjing* i. e. lingua canina.

34. 14.1. I. *album* s. *subgutturinum* — *Conyza cinerea* L. (6232); Brm. Ind. 179; Wild. Sp. III. 1926. 21; Hasch. Clav.; Pritz. Indx. (absq. fig. indic.); Poir. Enc. Sppl. IV. 140; — *Vernonia cinerea* Lcss. Kstl. mdph. 641; DC. Prdr. V. 24. 52; Miq. Flor. II. 11. 4; Miq. in de Vries. plnt. Ind. 129. 256; — *V. c. ζ. parviflora* Rewdt. Hsskl.

pag. tab.

pl. Jav. 527. 392. ζ 2. Definitionem hanc certe falsam, nam Rumphius describit: „folia opposita et semina tenuia oblonga nigricantia albicantia, illis Cumini similia, sed graciliora, superius in 3 cubitos apices distincta, inter quos viscosus quasi liquor est, unde facile vestibus et manibus adhaeret." — Ex hac descriptione plantam Rumphianam ad *Adenostemma viscosum* Prs. (Miq. Flor. II. 23. 1) pertinere, valde probabile mihi videtur.

35. II. rubrum — *Conyzae parvifolius* Wll. (Miq. Fl. II. 43. 6) aff. aut *Vernoniae* (§. 2. aut 3) sp.? — „caulibus tenuioribus (quam antecedentis) strictioribus, foliis tenuioribus angustioribus sparsis floribus purpureis, seminibus haud viscosis sed papposis."

35. III. a. *luteum* s. *mas* = *Conyza* (*Blumea*) sp. videtur „humilior, foliis latioribus obtusis crenato-dentatis, subtus rugosis, supra laevibus, floribus luteis, seminibus pappiferis."

35. b. *album* = *Vernonia* aut *Erigeron* sp.? „foliis longioribus, floribus albis."

36. 14. 2. **Senecio amboinicus** s. *Ayana abusera minor* i. e. tussiaria minor s. *Sirbal gune* s. *Daun manca mnais* i. e. folium valtae bilaris (amoris herba Rmph.) s. *Suffo matiera* i. e. porlarum caput — *Conyza chinensis* L. (6231); Brm. Ind. 179; Lour. Coch. 606. 4; Sprng. Gesch.; Pritz. Inds. (absq. fig. indic.); — *C. cinerea* L. Lam. Enc. II. 83. 3; — *Vernonia linifolia* Bl. Bijdr. 893; Hassk. Clav.; Katl. mdph. 641; — *V. leptophylla* DC. Prdr. V. 25. 55; Span. Tim. 321. 459; Miq. Flor. II. 12. 8.

37. **Olus aquatilarum** s. *Sajor udang* s. *S. bengala minor* s. *Daun rusa* i. e. folium cervi.

15. 1. I. *majus* — *Illecebrum sessile* L. (1664); Murr. Syst. 249. 17; Lour. Coch. 202. 1; Murr. Prs. Syst. 251. 17; Willd. Sp. I. 1209. 10; Poir. Enc. Sppl. I. 365; Ausgab; 697; IV. 140; Pritz. Inds.; — *Achyranthes ficoides* Lam. α. Lam. Enc. I. 548. 14. α; — β.? *sessilis* Prs. Syn. I. 259. 20. β; — *Alternanthera sessilis* R. B. S. V. V. 554. 1; Hassk. Clav.; Katl. mdph. 1446; — Mihi potius ob „folia oblonga angusta utrinque acuminata, 1½—2'' longa" ad *A. nodiflorum* R.Br. (Miq. Fl. I. i. 1047. 1) pertinere videtur; Hskl.

37. II. *minus* — *Alternanthera nodiflora* R.Br. β. *linearifolia* Moq. (DC. Prdr. XIII. ii. 356. 15. β.) Hskl.

38. 15. 2. **Agrimonia moluccana** s. *Daun damar nagus* i. e. folium ... damara s. *Rumputjagu gofe* s. *Warana rasea* s. *Ayana abusera tenui* i. e. herba tussaria vera s. *Hutta lauea* i. e. herba acerum s. *Daun djarong* = *Bidens latifolia hirsutior* &c. Dill. Brm. Obsrv. ad Rmph. 37; — *B. pilosa* L. β. (Syst. XII. 6033); Lam. Enc. I. 413. 2. β; Murr. Syst. 739. 7. β; Murr. Prs. Syst. 772. 7. β; — *B. bipinnata* L. Dissert. amb. (6024); — *B. pilosa* L. Lour. Coch. 596. 1; Prts. Inds. (absq. fig. indic.); — *B. chinensis* Willd. Sp. IV. 1719. 10; Prs. Syn. II. 394. 10; Sprng. Gesch.; Katl. mdph. 678; Hassk. Clav.; — *B. Wallichii* DC. Prdr. V. 598. 28; — *B. pretuscularis* Gaud. Miq. Flor. II. 78. 4 ?; — *B. Wallichii* DC. β. *biternata* Miq. l. c. 78. 3 (4) ? ?

pag. tab.

39. 16.1. **Herba admirationis** s. *Daun heran* i. e. folium miraculi s. *Bati hati* s. *Goffo hayran* — *Leonurus indicus* L. Brm. Ind. 127; — *Phlomis zeylanica* L. (4276); Murr. Syst. 539. 9; Murr. Prs. Syst. 576. 9; Willd. Sp. III. 123. 15; Prs. Syn. II. 127. 16; Poir. Enc. V. 277. 18; Hassk. Clav.; Prits. Indx.; — *Leucas zeylanica* RBr. Kstl. mdph. 783; Don Dichl. IV. 849. 36; Dtr. Syn. III. 458. 36; — *L. linifolia* Spreng. Wlp. Rprt. III. 877. 45 (ubi tab. 15 cit.); Don Dichl. IV. 849. 44; DC. Prdr. XII. 533. 47; Miq. Flor. II. 898. 17; Rosenth. Diaph. 1128.

41. 16.2. **Majana foetida** s. *M. utan* s. *M. busuk* i. e. foetida s. *Sulangkang* — *Mentha Auricularia* L. (4198), (ubi *Majorana* scribitur & fig. haud indicatur); Brm. Ind. 126; Lam. Enc. IV. 102. 1; Willd. Sp. III. 74. 1; Prs. Syn. II. 118. 1; Spreng. Gesch.; — *Dysophylla Auricularia* Bl. Bijdr. 826; Hassk. Clav.; Don Dichl. IV. 712. 3; Dtr. Syn. III. 402. 3; Wlp. Rprt. III. 579. 3; DC. Prdr. XII. 156. 2; — *Cyclostegia strobilifera* Bnth. Hassk. Clav.; Kstl. mdph. 761; Prits. Indx.; opponente ipso Bnth. in DC. Prdr. XII. 162. 16; — *Pogostemon Auricularia* Hsskl. Cat. 131. 6; Miq. Flor. II. 964. 12.

41. **Herba moeroris** s. *Daun tujinta* i. e. folium moestum s. *Ygo ygo femina* s. *Ajimau mahay* i. e. herba viva s. *Goffo mahin* i. e. herba paupera s. *Daun kitsjil* i. e. folium parvum s. *Padang kean* (p. 43).

41. 17.1. I. *alba* — *Urinaria indica erecta vulgaris* Brm. (Zeyl. 230) Observ. ad Rmph. 43; — *Phyllanthus Niruri* L. (7110); Brm. Ind. 196; Poir. Enc. V. 300. 17; Willd. Sp. IV. 583. 27; Hassk. Clav.; Kstl. mdph. 1771; Hsskl. Cat. 241. 3; Prits. Indx. (absq. fig. indic.); Miq. Flor. I. ii. 369. 2; — *Nymphanthus Niruri* Lour. Coch. 665. 5.

42. 17.2. II. *rubra* — *Urinaria indica repens* &c. Brm. (Zeyl. 231) Observ. ad Rmph. 43; — *Phyllanthus Urinaria* L. (7111); Brm. Ind. 196; Lour. Coch. 677. 2; Poir. Enc. V. 300. 18; Willd. Sp. IV. 583. 28; Prs. Syn. II. 590. 29; Hassk. Clav.; Prits. Indx. (absq. fig. indic.); Kstl. mdph. 1771; Miq. Flor. I. ii. 369. 3.

43. 18.1. **Ecliptica** s. *Daun sipat* i. e. folium dimensionis s. *Markan* s. *Wangi matapi maiho* i. e. stercus solis s. *Daun tinta* i. e. folium atramenti — *Verbesina biflora* L. Sp. II. (6623); Brm. Ind. 184; Murr. Syst. 779. 6; Murr. Prs. Syst. 820. 6; — *Eclipta erecta* L. Syst. XII. XIII. (6513); Murr. Syst. 778. 1; Lour. Coch. 617. 1; Murr. Prs. Syst. 820. 1; Willd. Sp. IV. 2217. 1; Hassk. Clav.; DC. Prdr. V. 490. 1; Prits. Indx.; Kstl. mdph. 672; — *E. prostrata* L. β. Lam. Enc. II. 342. 3. β; — *E. alba* Hsskl. α. *erecta* Hsskl. Miq. Flor. II. 65. 1. α.

44. **Silaguriam** s. *Silaguri* s. *Silaguhi* s. *Bathyrisa* s. *Tubi pocrol* i. e. capitulum flavum s. *Tiga*.

44. 19. I°. *rotundum* s. *vulgare* s. *Thro amb—n* i. e. Thea amboinensium — *Sida alnifolia* L. Syst. X. (5011); — *S. retusa* L. Sp. II. (5019); Brm. Ind. 146; Murr. Prs. Syst. 660. 7; Lam. Enc. I. 4; Willd. Sp. III. 740. 20; Prs. Syn. II. 242. 26; Don Di I. 492. 51; Poir. Enc. Sppl. I. 13. 42; V. 148; Hassk. Clav.; W. A. Prdr. I. 56.

pag. tab.

215 (ubi uti apud Span. tom. V. cit.; Kutl. mdph. 1868; Span. Tim. 172. 73; Prits. Indx.; Miq. Flor. I. n. 142. 14.

46. I*. *rotundum silvestre* (altius, (4—5'), foliis angustis, oblongis, obscure virentibus, subtus griseis) = *S. carpinoides* DC. ? ?

45. 18. 2. II. *longifolium s. angustifolium* (p. 46) s. *Daun sassoppo* s. *Sruparia* — *Sida spinosa* L. Dss. amb. & Syst. X. XII. (5008. Obs.); Murr. Syst. 621. 1; Murr. Prs. Syst. 659. 1 (absq. fig. indic.); Lam. ? Poir. Enc. Sppl. I. 10. 24; Hassk. Clav.; — *S. acuta* Brm. Ind. 147; Willd. Sp. III. 735. 3; Prs. Syn. II. 242. 4; Don Dichl. I. 490. 8 (ubi fig. haud indic.); W. A. Prdr. I. 57. 210 (ubi tom. V. cit.); Hassk. Clav.; Kutl. mdph. 1869; Span. Tim. 171. 71; Prits. Indx.; Miq. Flor. I. n. 143. 17; — *S. angustifolia* Lam. Enc. I. 4 ?; Hassk. Clav.; — *S. scoparia* Lour. Coch. 504. 5.

45. III. *album* — *Sida alba* L. ? ? (opponunt folia haud cordata & carpella mutica ? („carpelli pluriores“) &c.)

47. 20. 1. **Urtica decumana** s. *Daun gattal besaar* i. e. folium pruritus magnum s. *Samara* s. *Sala* s. *Camadu* — *Urtica interrupta* L. (7143, ubi uti apud de Vriese, Prits. & Miq. fig. haud cit.); Murr. Syst. 850. 20; Murr. Prs. Syst. 895. 20; Prits. Indx.; — *Boehmeria interrupta* Willd. Sp. IV. 342. 9 (qui *Urt. montana* Rmph. cit.); ? Hassk. Clav.; — *Urtica decumana* Rmph. Rxb. Wght. Ic. 689; Prits. Indx. (qui loc. haud cit.); — *Fleurya interrupta* Gaud. Wedd. Miq. Fl. I. n. 218. 5 (ubi Urt. interrupta Rmph. cit., uti apud de Vriese, quae haud existit & p. 20); Rosenth. Diaph. 200. & 1151; — α. de Vriese pl. Ind. 143. 296. α; — *Laportea decumana* Wdd. Miq. Flor. I. n. 230. 2; de Vriese l. c. 144. 298; — *Urtica Rumphii* Kutl. mdph. 490; Rosenth. ll. cc. — Species duae diversae confunduntur; planta Rumphiana certissime *Laportea decumana* Wdd. est; an forsan I. ad *L. decumanam* & II. ad *Fleuryam interruptam* pertineat ?

47. I. *alba* — omnia citata superiora huc pertinent.

47. II. *rubra* — var. praecedentis ? (foliis paulo angustioribus, utrinque & magis stimulantibus, nervis subtus et caule capitulisque rubentibus).

48. III. *vulgaris* = *Daun gattal babi* l. e. Urtica porcina — vix *Urtica urens* L. nec *U. dioica* L. ! ? forsan huc pertinet *Fleuryae* spec. quaedam stimulans ? an *F. interrupta* Gaud. aut *F. aestuans* Gaud. ? ? cf. Miq. Fl. I. n. 228. 2 & 5.

49. 20. 2. „ **mortua malaccensis** s. *Daun gattal mati* s. *Saarru babale* l. e. Urt. alba — *Ricinocarpos indica hirsuta, foliis Urticae vulgaris* &c. Brm. Zeyl. 204. & Obsrv. ad Rmph. p. 48. Expl. tab.. — *Tragia Mercurialis* L. Am. ac. (7104); Hassk. Clav.; Prits. Indx.; — *Micrococca* Bth. (*M. Mercurialis* Bth. Wlp. Ann. III. 364. 1); Baill. Euph. 437.

49. 21. 1. **Herba vitiliginum** s. *Daun pane* — *Lysimachiae species fructu caryophylloide* Brm. Zeyl. 147; — *L. indica corniculata* &c. Brm. Obsrv. ad Rmph. p. 50; — *Jussieua*

pag. tab.

ervis L. Sp. I. (3063); Brm. Ind. 103; Willd. Sp. II. 578. 12; oppos. DC. Prdr. III. 55. 23; Don Diehl. II. 693. 25; — *J. suffruticosa* L. am. ac. Syst. X. (3062, Obs., ubi fig. haud indic.); Murr. Syst. 403. 4; Murr. Pr. Syst. 430. 4; Willd. Sp. II. 577. 9 (ubi tab. 41 cit.); — *J. angustifolia* Lam. Poir. Enc. III. 331. 5 ?; Prs. Syn. I. 470. 10 ?; DC. Prdr. III. 55. 29; Don Diehl. II. 693. 33; Hassk. Clav.; Dtr. Syn. II. 1293. 15; Prits. Indx.; Miq. Flor. l. c. 837. 3.

51. **Folium tinctorum** s. *Daun bemaga* l. e. folium fili s. *Mebesal* l. e. pharmacum rubrum s. *Agian aha* s. *Aaruda* — *Justicia purpurea* L. Sp. I. (126); Brm. Ind. 10; Lam. Enc. I. 631. 38; Lour. Coch. 31. 6; Poir. Enc. Sppl. II. 94. 3; — *J. bivalvis* L. Diss. hrb. amb. (127. Obs., ubi fig. haud cit.); Vhl. Symb. I. 3. oppos.; Murr. Syst. 63. 27; Murr. Pr. Syst. 64. 27; Willd. Sp. I. 82. 11; Vhl. Enum. I. 149. 93; Poir. Enc. Sppl. II. 107. 92; Spreng. Gesch.; R. & S. V. I. 168. 3, opp. Rxb. R. S. l. c. Mnt. I. 147. 3; — *J. Roxburghiana* R. & S. V. Mnt. I. 140. 60°; — *Peristrophe tinctoria* Nees. Hassk. Clav.; DC. Prdr. XI. 493. 1 (ubi fig. 2 cit.); Prits. Indx.; Miq. Flor. II. 845. 1; — *Sautiera tinctorum* Spon. Tim. 328. 649, oppos. Nees in DC. Prdr. XI. 98. xxii. *S. Decaisnei* Nees.

51. 22.1. I. *album* — *Peristrophe tinctoria* Nees *β. roseolor* Hsskl. foliis acuminatis, nervis concoloribus; an *P. pallida* Nees Miq. Fl. II. 846. 2 ? (DC. Prdr. XIII. 494, 4)

II. *rubrum* — *Peristrophe tinctoria* Nees *α. rubrinervis* Hsskl. foliorum nervis & nodis ramorum floribusque rubentibus.

52. 22.2. **Bungum mana** s. *Bunga-bunga lacki lacki* s. *Aglauha puti* — *Justicia bivalvis* L. Diss. amb. (127. Obs., ubi pag. 55 & tab. 22. 1 cit.); Brm. Ind. 8; — *J. purpurea* Vhl. Symb. I. 3; Willd. Sp. I. 80. 3; Vhl. Enum. I. 109. 3 ?; Prs. Syn. I. 19. 3; — *J. sp.* Poir. Enc. Sppl. I. 746; — *Hypoestes purpurea* RBr. R. & S. V. I. 140. 3 ?; Dtr. Spec. I. 437. 3; Hassk. Clav.; — *Rostellularia purpurea* RBr. Dtr. Syn. I. 80. 2; — *R. diffusa* Nees Miq. Flor. II. 836. 2; — *Hypoestes* Solad. Mss. Gen. II. 205. 80.

53. 21.2. „ *Gramina* s. *Bunga-bunga parampuan* — *Ruellia* ? *Dipteracantho fruticoso* Nees aut *patulo* Nees (DC. Prdr. XI. 126. 34 & 36) adfinis.

53. 23.1. **Moretiana** s. *Daun merrie* s. *Tachili ulea* l. e. Capalonem silvestre — *Justicia Moretiana* Brm. Ind. 10; Prits. Indx.; oppos. Vhl. En. I. 162. 121; R. & S. V. I. 164. 97; — *Adhatoda Moretiana* Miq. Fl. II. 830. 7 (absq. fig. indic.)

54. **Olus caprinum** s. *Sajor cambing* — *Acanthacea*.

54. 23.2. **Herba coralenta** s. *Daun bidji caijang* l. e. herba semine fabaceo s. *Huta olras* l. e. herba fabacea — *Euphorbia hirta* L. (3510); Brm. Ind. 112; Willd. Sp. II. 897. 47; Prs. Syn. II. 13. 61; Spreng. Gesch.; Hassk. Clav.; Kell. mdph. 1722; Dtr. Syn. V. 321. 121 (quae = *E. pilulifera* L. DC. Prdr. XV. ii. 43, ubi haec haud citatur); *E. capitata* Lam. Enc. II. 422. 31; — nostra differre videtur foliis crassiusculis distichis usque cruciatis (2 poll. long.), cymis breviter pedunculatis brevibus densis

pag. tab.

(nec globoso-capituliformibus), alternatim axillaribus; (folia iis Menthae similia dicuntur, sunt autem ex icone breviter petiolata, oblonga, basi breviter obliqueque acuta, apice acutissima.

55. 24.1. **Conyza odorata** s. *Halimum indicum salviae odore* s. *Sembung* s. *Sembung verum* s. *vulgatum* s. *Aploen tahinaa* l. e. folium odoratum s. *Madisapo* — *Conyza balsamifera* L. (6931); Brm. Ind. 178; Lam. Enc. II. 472. 31; Willd. Sp. III. 1924. 18; Prs. Syn. II. 426. 15; Sprag. Gesch.; Hassk. Clav.; Kall. medph. 669; Prits. Indx.; Miq. Flor. II. 65. 39; — *Baccharis Salvia* Lour. Coch. 603. 2; — *Blumea balsamifera* DC. Prdr. V. 447. 81; — *Pluchea balsamifera* Less.; Span. Tim. 332. 473.

56. „ **(indica) mas** s. *Sembung lacki lacki* — *Conyza hirsuta* Brm. var. Brm. Ind. 180; — *C. balsamifera* L. Hassk. Clav.; — *C. spec. dubia* Miq. Flor. II. 57. post 2; — *C. macrophylla* Bl. (Miq. Flor. II. 53. 35) Hsskl.

56. „ **cadaverum** s. *Sembung bonkey* (ob folia ad cadavera abluta detergenda sumta — *Conyza hirsuta* Brm. var. Brm. Ind. 180; — *C. balsamifera* L. Hassk. Clav.; — *C. sp. dubia* Miq. Flor. II. 57. post. 2; — *C. appendiculata* Bl. ? (Miq. Fl. II. 56. 40) Hsskl.

56. „ **indica minor** s. *Tabaco utan* l. e. Nicotiana silvestris — *Conyza hirsuta* Brm. var. Brm. Ind. 180; — *L. balsamifera* L. Hassk. Clav.; — *Vernonia indica* DC. γ. *attenuata* DC. (Prdr. V. 474. 2. γ.) ? Hsskl.

58. 25.1. **Adulterina** s. *Folium scelopetas* s. *Remedium contra magam adulterii* s. *Daun oulanar* s. *Aploen puti* s. *Tabaco utan* l. e. Nicotiana silvestris — *Muntingia Bartramia* L. Dm. amb., Amoen. acad. (3451 Obs.); — *Lawsonia falcata* Lour. Coch. 289. 2; DC. Prdr. III. 91. 9 (ubi pag. 25 cit.); Hassk. Clav.; Kall. medph. 1506; Dtr. Syn. II. 1268. 2; Prits. Indx.; — *Triumfetta Bartramia* Willd. in not. ad Lour. l. c.; — *Solanum verbascifolium* L. sec. Holt. W. A. Prdr. I. 307. Observ.; — *S. verb. β. adulterinum* Hmlt. (Wlp. Rprt. III. 53. 118. β; Don Dichl. IV. 415. 103. β); verosimiliter idem ac *S. verb. β. viridi-arabrum* Dun. DC. Prdr. XIII. 1. 114. 252.) Hsskl.

59. **Lappago amboinica** s. *Ampalat pulai* s. *Pulai* s. *Hutta urutta* l. e. herba viscosa s. *Puloitan* l. e. pilosa.

59. 25.2. I. *laciniata* s. *ramaderiensis* s. *Wotal* s. *Wetsis* — *Ditto indica floribus roseis* Brm. Zeyl. 9 & Observ. ad Rmph. 60; — *Triumfetta Bartramia* L. (3451); Brm. Ind. 109; Willd. Sp. II. 854. 3; Prs. Syn. II. 5. 8; — *Urena sinuata* L. Dm. amb. & Syst. X. (5071) (le. mal. dic.); Schl. Cod. Linn. (3451, Observ.); Dtr. Syn. IV. 826. 19; *Tr. angulata* Lam. β. Lam. Enc. III. 41. 6. β; — *Ur. lobata* L. Lour. Coch. 507. 1 ?; Willd. Sp. III. 800. 1 (nbi uti apud Prs., DC., Don. & Dtr. fig. haud indic.); Prs. Syn. II. 253. 1; Poir. Enc. VIII. 262. 1; Hassk. Clav.; Dtr. Syn. IV. 826. 2; — *U. Lappago* Sm. Don Dichl. I. 471. 5 (oppos. DC. Prdr. I. 441. 4); (?) Hassk. Clav.; — *U. sinuata* L. α. W. A. Prdr. I. 46. 168. α; — *U. heterophylla* Lam. Miq.

pag. tab.

Flor. I. u. 149. 5; W. & A. (l. s. a.) jure Urenam: *Lappago* L., *sinuatam* L. & *heterophyllam* in unam *U. sinuatam* L. W. A. conjunxerunt.

59. 25. 2. A. II. *latifolia* s. *serrata* = *Urena lobata* L. W. A. Prdr. I. 46. 165; Pritz. Indx.; Miq. Flor. I. u. 148. 2.

60. III. *subrotunda* = *Triumfetta rotundifolia* Lam. (W. A. Prdr. I. 75. 274; Miq. Fl. I. u. 195. 1) Hsskl.

60. **Halicacabus indicus** s. *Daun rapo rapo* s. *Lato lato* s. *Daun lada* l. e. folium variolarum s. *Dotega*.

60. I. *major* s. *albus* = *Physalis Alkekengi* Lour. Coch. 164. 4; — *Ph. angulata* L. Nees Linn. VI. 474. 14; Hasch. Clav.; Wlp. Rprt. III. 25. 14; Hsskl. plnt. Jav. 510. 382; DC. Prdr. XIII. i. 448. 41; Miq. Fl. II. 664. 8.

61. 26. 1. II. *minor* s. *niger* — *Alkekengi zeylanicum* Brm. Zeyl. 11 & Observ. ad Rmph.; — *Physalis pubescens* L. Am. acad. & Syst. X. (1453, ubi fig. haud indic.); — *Ph. indica* Lam. Enc. II. 102. 14; Poir. Enc. Sppl. III. 760; R. & S. S. V. IV. 682. 2; Nees Linnaea VI. 476. 15. α; Hasch. Clav.; Kstl. mdph. 969; Don Dichl. IV. 450. 19 (ubi tom. IV. tab. 25 cit.); Wlp. Rprt. III. 26. 15. α; DC. Prdr. XIII. i. 413. 27 (ubi fig. haud indic.); Pritz. Indx.; Miq. Flor. II. 662. 2 (ubi pag. 60 s. 21 cit.)

61. 21. 2. „ **peregrinus** s. *Utta wahu* l. e. olus javanicum — *Cor. indum* s. *Halicacabum peregrinum minus* Brm. Zeyl. 75 (ubi — male scribitur) & Observ. (NB.) ad Rmph. l. c.; — *Cardiospermum Halicacabum* L. (2900); Brm. Ind. 90; Lam. Enc. II. 107. 1; Lour. Coch. 294. 1; Willd. Sp. II. 467. 1; Prs. Syn. I. 444. 1; Poir. Enc. Sppl. III. 2; DC. Prdr. I. 601. 1; Don Dichl. I. 656. 1; Hasch. Clav.; W. A. Prdr. I. 109. 376; Kstl. mdph. 1619; Bl. Rmph. III. 183. 1; Dtr. Syn. II. 1313. 1; Span. Tim. 180. 137; Pritz. Indx. (absq. tabul. signif.); Miq. Flor. I. u. 578. 1.

62. 26. 2. „ **baccifer** s. *Anig* s. *Boeti* — (*) *Solanum triangulare* Lam. Poir. Enc. IV. 290. 37; — *S. quadrangulare* Prs. *β. triangulare* Prs. Syn. I. 225. 58; — *S. rubrum* *Mill.* α. Hasch. Clav.; Don Dichl. IV. 412. 66. α; Wlp. Rprt. III. 48. 79. α *; — *S. Rumphii* R. & S. S. V. IV. 591. 65 (cf. Rxb. Flor. II. 247. 5. Obs. Wallichii); DC. Prdr. XIII. i. 57. 89; Pritz. Indx.; — *S. nigrum* L. α. *Rumphii* Miq. Flor. II. 636. 1. α.

63. 27. **Palmifilix** s. *Filix arborescens* s. *Paku atsa* s. *P. pohon* s. *Pakis* atsa l. e. Clavus silvestris s. arborum s. *Mysi* s. *Hahuru* l. e. pileus. (Omnes filices nomine *Paku* (clavus) s. *Pakis* salutantur ob „foliorum formam clavi figura“.

---

*) Notandum est, plurimos auctores [illegible] „*Halicacabum* [illegible]“ [illegible]

pag. tab.

I. *nigra* s. *Paku itam* s. *Hakaru metten* — *Cyathea arborea* Willd. Hassk. Clav.; Pritz. Index; — *Cyathea* s. gen. aff. Bl. Fl. Jav. Fil. 9.

II. *alba* s. *Hakaru puti* s. *Mau kahiri* i. e. Filix conniveus s. *Sasalen* s. *Tabernali* s. *Paku dibatan* — *Filix arborea* quaedam.

III. *spinosum* s. *Paku tiang* s. *Hakaru ruri alen* i. e. postis lacrativus — *Polypodium arboreum* L. Lour. Coch. 831. 11; Poir. Enc. V. 549. 139 (ubi „tb. 27").

64. **Filix cannarina** s. *Hakaru per lari* s. *Paku patis* i. e. filix avium — *Filix frondibus* 7—8' longis, trunco haud arboreo.

65. 28. „ **aquatica** s. *Osmunda amboinica* s. *Paku ayer* i. e. aquatica s. *P. besaar* i. e. magna s. *Halauila* s. *Haimula* s. *Tehuile* s. *Halau ruruila* i. e. Mammaria s. *Pola pola kalouha* i. e. [illegible] [illegible] s. *Oha laum* s. *Gagafuru* s. *Pakis* ...

65. 28. I. *femina* — *Marattia* sp. Bl. Fl. Jav. Fil. 9; Hassk. Clav.; — *M. indica* Bl. Pritz. Index; — *Angiopteris* sp. Hassk.

66. II. *mas* — (frondibus longioribus latioribusque, subtus rugosis venis seu striis obsitis et aliquando ora ejus tantum rugosa est et nigricans sed hoc plerumque tantum in vetustis foliis conspicitur) — *Pteris longipes* Don (Bl. En. 212. 15). Hassk.

67. 29. „ **caerulescens** s. *femina* s. *Sajor paku* i. e. olus filicinum s. *Paku* s. *Pakis* s. *Uttawaela* s. *Uttawela* s. *Baso* s. *Kuan tuoya* — *Diplazium* sp. Bl. Flor. Jav. Filic. 9; — *D. malabaricum* Spreng. Hassk. Clav.; Pritz. Index.

69. „ **amboinica mas** s. *agrestis* s. *Paku lecki lecki* — *Aspidium* Hassk. Clav.

69. „ **ursina** s. *Paku api* — ? ?

70. **Lonchitis amboinica recta** I. **major** s. *Paku udang besaar* s. *Poppo* s. *Soppo* s. *Utta waha lauila* s. *Bitbit besaar* s. *Lage lage* —

70. 30.1. 1. *rubra* — *Polypodium simplex* Brn. Ind. 236; — *Pteris vittata* L. Lour. Coch. 824. 3; — *Angiopteris* Bl. Fl. Jav. Fil. 9; Hassk. Clav.

70. 30.2? 2. *alba* s. *Paku udang puti* — *Aspidium* ex Bl. Fl. Jav. Fil. 9.

70. „ II. **minor** s. *Monoxiaana minor* s. *Paku (-in) tiches* i. e. filix murinum s. *Pakis bitbit* s. *Bitbit* s. *Soppo* s. *Poppo* —

1. *nigra* — ? ?

71. 30.2? 2. *alba* — *Aspidium amboinense* Willd. Sp. V. 228. 32 (ubi pag. 72 cit.) ?; Poir. Enc. Sppl. IV. 509. 254; — vix huc pertinet.

71. 31. „ III. **volubilis** s. *Paku wera* i. e. rubra s. *P. udang* i. e. squillarum s. *Laleen* s. *Lage lage* s. *Kelan kebu* — *Lomaria* (Bl. Fl. Jav. Fil. 9) *scandens* Willd. Sp. V. 193. 9; Bl. En. 203. 7; Hassk. Clav.; Pritz. Index; — *Onoclea scandens* Sw. Poir. Enc. Sppl. IV. 149. 11.

72. „ **sanguinea** s. *Utta wae lapia lari* — *Aspidium* ? Bl. Fl. Jav. Fil. 9; — frondibus dorso parum spinulosis.

72. „ **amara** s. *Uta papeyde* — *Diplazium* ? Bl. Fl. Jav. Fil. 9.

pag. tab.

72. **Lonchitis pilosa** s. *Perpaya alba* — *Asplenium longissimum* Bl. (En. 178. 17)? Hsskl.

72. „ **marcosa** s. *Matta kakiri* i. e. filix lippum — ? ?

73. 32.1. **Dryopteris arborea** s. *Paku alus* i. e. filix tenuis s. *Ayir* s. *Ayile* s. *Makakiri* s. *Mae-kakiri* — *Davallia* Bl. Fl. Jav. Fil. 9; Hassk. Clav.

73. „ **silvestris** I. **terrestris** s. *Paku alus tana* — *Aspidium* Bl. Fl. Jav. Fil. 9; — *Davallia pallens* Sw. B. (*moluccana* Bl. En. 236. 22)? Hsskl.

74. „ „ II. **arborea** — *Davalliae* sp.? Hsskl.

74. „ „ III. **petraea** s. *Mica meran utan* i. e. Apium silvestre — *Adiantum pulchellum* Blm. (En. 216. 4) (frons sterilis)? Hsskl.

74. 34.2. „ **campestris** s. *Paku alus* s. *P. kitsjil* i. e. parva filix — *Trichomanes tenuifolia* Brm. β. Brm. Ind. 237; — *Acrostichum tenue* Rtz. Obs. VI. 39. 89; — *Cheilanthes* (Bl. Fl. Jav. Fil. 9) *tenuifolia* Sw. Willd. Sp. V. 460. 16 (ubi pag. 77 cit.); Bl. En. 137. 7; Hsskl. Cat. 6. 9; — *Adiantum varians* Poir. Enc. Sppl. I. 122. 63.

75. 33. **Adiantum volubile** I. **polypoides** s. I. *majus* s. *Capery parria* s. *Rabry* s. *Ribry* — *Ophioglossum flexuosum* L. (7746, (ubi tab. 32 cit.)); Brm. Ind. 227 (ubi tb. 32. 2 cit); Lam. Enc. IV. 563. 7; — *O. circinatum* Brm. Ind. 228; Bl. En. 253. 2; Pritz. Indx.; — *Hydroglossum circinatum* Willd. Sp. V. 83. 12 (ubi pag. 76 cit.); Poir. Enc. Sppl. III. 77. 12; — *Lygodium* (Bl. Fl. Jav. Fil. 9) *circinatum* RBr. Klf. Fil. 46; Hassk. Clav.; Hsskl. Cat. 11. 2; Pritz. Indx.

75. „ „ II^a. **medium** s. *Capery besaar* s. *Rabry* s. *Ribry sia* s. *Gamaka* s. *Gamaka* — status juvenilis aut var. antecedentis? (laciniis pinnae 5-lobae lateralibus brevioribus).

75. „ „ II^b. **scriptum** s. *Capery rallis* s. *Gamaka pagila* s. *Maita* — an varietas *Lygodii circinati* RBr.? — pinnis 7—8-lobis, laciniis subtus eleganter lineolis nigricantibus notatis.

76. 32.2.3. „ „ III. **minus** s. *Capery papua* l. s. crispa s. *C. alus* l. e. elegans s. *Gamaka papua* s. *Sickey* s. *Paku rambut* — *Ophioglossum scandens* L. (7745, ubi cit. apud Lour. fig. 2, dum apud Brm. fig. 3 tantum cit.); Brm. Ind. 227; Lour. Coch. 826. 2; — *Hydroglossum scandens* Willd. Sp. V. 77. 1 (ubi pag. 75 cit.); — *Lygodium microphyllum* RBr. Bl. En. 253. 1; Mtl. mdph. 61; Hassk. Clav.; Hsskl. Cat. 10. 1; Pritz. Indx.; — *Lygodium* Bl. Fl. Jav. Fil. 9.

77. 34.1. **Capillus Veneris amboinicus** s. *Mica meran utan* i. e. Apium silvestre — *Adiantum Capillus Veneris* L., Lour. Coch. 836. 3 (absq. fig. indic.); — *Adiantum* Bl. Fl. Jav. Fil. 9; Hassk. Clav.; — *A. aethiopicum* Thnb. Pritz. Indx. (absq. fig. indic.); — an *Ad. pulchellum* Bl. (En. 216. 4) fr. fertil.? Hsskl.

78. 35.1. **Filix florida** s. *Sairung* — *Acrostichum aureum* Willd. Sp. V. 112. 31; Sprng. Gesch.; — *A. floridum* Poir. Enc. Sppl. I. 122. 30; — *Polybotrya aurita* Bl. En. 99. 1; Fl. Jav. Fil. (p. 9) 15. 1; Hassk. Clav.

pag. tab.

78. 36. **Polypodium indicum** I. majus s. pilosum s. *Simber layangan* s. *Daun layang layang* i. e. draconis chartacei folium s. *Tauwas* s. *Carang carang* s. *Arcur caam* s. *Aitiho aria* s. *Terbang* *aoara* s. *Bahara gar* i. e. filix *aquarius* s. *Diaga daga* s. *Caiffa marua* s. *Barang barang* s. *Simber* — *Polypodium exoticum folio Quercus* Brm. Zeyl. 195; — *P. quercifolium* L. (7876); Brm. Ind. 237; Poir. Enc. V. 517. 34; Willd. Sp. V. 171. 67; Klf. Fil. 97; Bl. Enum. 135. 48; Bl. Fl. Jav. Fil. 9; Katl. mdph. 58; Hassk. Clav.; Prtz. Indx.

80. 35. 3. „ „ II. minus s. *glabrum* s. *Aila* s. *Puku dake* i. e. filix Salamandrae s. *Simber* s. *S. batul* — *Polypodium dissimile* L. Brm. Ind. 233; Prtz. Indx.; — *Polypodium* Bl. Fl. Jav. Fil. 9, Hassk. Clav.; — *P. Phymatodes* L. ? aut aff. spec. (Bl. En. 126. 16) Hsskl.

81. 37. 1. **Phyllitis amboinica** s. *Sajor radjo* i. e. olus regium s. *Nala* s. *Hange hange* s. *Simber*.

I. *arborea* — *Asplenium* Bl. Fl. Jav. Fil. 9; Hassk. Clav.; | Figurae descriptiones

82. 37. 2. II. *terrestris* — „ „ „ | utriusque speciei haud quadrant. — Mihi utraque specie nil nisi formae diversae *Asplenii Nidus* L. videntur; frondes 3—4 usac 6—8' longae, 6—7" aut spithamam aut binas transversales palmas latae dicuntur et pendentes, in prima solitariae, in altera in orbem dispositae laudantur, sed dein additur „in quibusdam arboribus similes observatae cum collectiones" nil in secunda. Forsan figurae ad alteras species quam descriptiones delineatae sunt & potius *Vittariae* species repraesentare videntur ex aff. *V. zosteraefoliae* et *elongatae* Willd. (Sp. V. 406. 4. 5). Dein in fig. 2 „coalectiones" frondium laudatae haud observantur.

82. „ „ III. frondibus multo angustioribus & minoribus — ? ?

83. **Simber majangan** s. *Fauda rusa* i. e. cornu cervi — *Platycerium biforme* Bl. Fl. Jav. Fil. (9) 44. 1; Hassk. Clav.

84. **Scolopendria** s. *Daun rambu* i. e. folium capillaceum s. *Rumut* s. *Simber*.

84. 37. 3. I. *major* — *Ophioglossum pendulum* L. (7742); Brm. Ind. 237; Lam. Enc. IV. 562. 4; Willd. Sp. V. 60. 8; Sprng. Gearb.; Bl. En. 260. 4; Bl. Fl. Jav. Fil. 9) Hassk. Clav.; Prtz. Indx.; — *Ophioderma* Bl. (Enum. 259. Sect. 2); Msn. Gen. Pl. 337. 85. —

II. *minor* s. *terterum* — *Polypodium* ? Bl. Fl. Jav. Fil. 9; — *P. rhombuideum* Bl. (En. 124. 12) ? Hsskl.

85. 38. **Filix calamaria** s. *F. repens* s. *Trichomanes indicum* s. *Calam* s. *Cas* s. *Kau* s. *Hatta arula* s. *Bangarran* — *Polypodium dichotomum* Thnb. Poir. Enc. V. 543. 124; — *Mertensia dichotoma* Willd. Sp. V. 71. 2: Klf. Fil. 40; — *Gleichenia Hermanni* RBr. Bl. En. 249. 1; Hassk. Clav.; Katl. mdph. 60; — *G. dichotoma* Hook. *β. alternans* Mett. Am. I. 51. 10. 4.

86. 39. **Muscus frutescens** s. *Batu rallo* s. *Kai* s. *Yar isi* *ajpusa* — *Lycopodium*

pag. tab.

plumosum L. Syst. X. & Am. acad. cum ? (7982); — *Lycopodium* L. Hassk. Clav.

86. 39.1. I. *femina* — *Lycopodium dichotomum* Sw. ? (Bl. En. 271. 24) ? Hskl.

86. 39.2. II. *mas* — *Lycopodium laevigatum* aff. Lam. Enc. III. 652. 28; — *L. caudatum* Desv. Poir. Enc. Sppl. III. 558*; — *Lycopodium fruticulosum* Bl. ? ? (En. 269. 19) nec Bory Willd. Sp. V. 41. 59! Hskl.

87. III. *mucaginea*? — *Fungus mucorinus* quidam ? Hskl.

87. 40.1. **Cingulum terrae** s. *Rutu rutu papuwa* s. *R. r. parampuan* i. e. femina s. *Uri warin* s. *Rambut papuwa* s. *Kroehoe* s. *Rampot tanah* i. e. herba pulvinaris — *Lycopodium canaliculatum* L. (7984. Obs.); Brm. Ind. 238; — *L. cernuum* L. (7971, ubi autem fig. 2 & *Barba saturni* citatur cf. seq.); Spring Lycop. 79, 65 (ubi tab. 90, 1 cit.); Prits. Indx.; — *L. sp.* Hassk. Clav.

88. **Barba Saturni** s. *Lasut* (errore typographico „*Lulaut*", et in titulo „*Lusuit*" — *Lycopodium sp.* Hassk. Clav.; — *Usneae aut gen. aff. Lichenum* spec. quaedam Hskl.

89. 40.2. **Muscus capillaris** s. *circinalis* s. *Tay angin* s. *Gari watha* i. e. venti fimus — *Tillandsia usneoides* L. am. acad. & Syst. X. (7281, absq. fig. indic.); — *Lichen capillaris* Brm. Ind. 239; — *L. Usnea* L. Lour. Coch. 843. 9 (cf. ibid. 212. 1, ubi *Grammica aphylla* Lour. huic plantae habitu affinis dicitur) Indo; — *Grammica aphylla* Lour. Hassk. Clav.; addito synonymo novo: *Cassyta carinata* RBr., quod etiam Richter in Codice Linnaeano (7281. Obs.) transcripsit.

90. 40.3. „ **gelatinosus Japonensis** s. *Tschintschau* s. *Hay tsjay* i. e. olus marinum s. *Tchoo-hoay* i. e. arbor lapidea — *Sphaerococcus gelatinus* Ag. ? Hassk. — *Eucheuma gelatinum* Esp. Ag. Sp. & Gen. Alg. II. 628. 7, quod autem fronde primaria plana differt, an potius *Eu. spinosum* Ag. l. c. 626. 4 ?

90. **Capillus nympharum** s. *Tsjenthi* cf. infr. p. 179.

90. **Alga coralloides Sinensium** s. *Hay tsjay eltoa* s. *Lo-cao-tsay* i. e. herba cornu cervi — *Iridaea edulis* Bory ? ? (Ktzg. Spec. Alg. 724. 1) ? ? sed nomen sinense opposit!

90. **Tschinsuchau Javanensis** s. *Sikuthau* i. e. herba angelorum s. *Rampai dingin* — *Herba* — e familia *Labiatarum* videtur — 4' alta erecta, simplex aut parce ramosa, foliis parvis oppositis raris, grosse serratis, subtus hirtis, spica (aut racemo) terminali 6" alta, floribus *Ocymoideis*. — cf. Auctuarium tab. 21, 2 & explic. tabulae p. 60, ubi *Tjaitjau jawanicum* scribitur.

91. 41.1. **Equisetum amboinicum** s. *E. arboreum squamatum* s. Lt. *foliatum* s. *Rutu rutu raja* — *Selago Indiae orientalis granulis trigonis* Brm. Zeyl. 211; — *Lycopodium Phlegmaria* L. amoen. acad. (7963); Hassk. Clav.; Prits. Indx.

92. 2. *minor* — *Lycopodium Phlegmarioides* Spring Lycop. 66, 49 ? Hskl.

92. „ **secundum** (II.) — *Psilotum complanatum* Sw. (Bl. En. 272. 1).

pag. tab.

92. **Equisetum silvestre** III. s. *Pr. bernatas* — *Schizaea* Bl. Fl. Jav. Fil. 9 (absq. cit. nomin.); — *Sch. dichotoma* Sw. (Bl. En. 255. 2). Hsskl.

93. **Folium petolatum** s. *Daun petola* i. e. folium vestis sericeae pictae

92. I. mas (in explicatione tabulae sed descriptionem frustra quaesivi) — *Spiranthides* quaedam ? Hsskl.

93. 41. 3. II. *femina* s. vera (in explicatione tabulae — *Epidendrum tessellatum* König Rtz. Observ. VI. 44. 2 ? (ubi „*petolatum*" cit.); — *Neottia Petola* Bl. Bijdr. 407 (qui etl Endl. Miq. tab. 51 cit.); Hssch. Clav.; — *Chrysobaphus* Wll. (Hssch. Clav.; — *Spiranthes Petola* Lindl. Hsskl. Cat. 301. (47.) 1; — *Macodes Petola* Bl. Dtr. Syn. V. 164; Miq. Flor. III. 731. 1 ? (ubi pag. 934 cit.); — *Anoectochilus Reinwardtii* Bl. Miq. l. c. 732. 2 ? — *Anoectochilus* Bl. Endl. Gen. 1569; — *Macodes* Bl. Endl. Gen. Sppl. II. 1574 1.

Lib. XI.
Reliquae herbae silvestres.

95. 42. **Angraecum scriptum** s. *Helleborine moluccana* s. *Angrek* s. *Bunga tachi* s. *B. putri* s. *Saja bahi* i. e. flos principissae s. *S. ngara* s. *Ngaraa* s. *Angrek krimping* i. e. vestimenti picti — *Epidendrum scriptum* L. (6896); Brm. Ind. 189; Lam. Enc. I. 185. 28; Prits. Index; — *Cymbidium scriptum* Willd. Sp. IV. 100. 25; Sprng. Gesch.; — *Vanda scripta* Sprng. Kstl. mdph. 252; Hssch. Clav.; — *Grammatophyllum speciosum* Bl. Lndl. Orch. 173. 1; Dtr. Syn. V. 90. 1; Prits. Index; — *G. scriptum* Bl. Rmph. IV. 48. 2; Wlp. Ann. III. 550. 1; Miq. Flor. III. 708. 2; Rosenth. Diaph. 1084; — *Grammatophyllum* Bl. Endl. Gen. 1431; Men. Gen. II. 282. 170.

96. „ II. *Mangarum* — *Cymbidium Wallichii* Lndl. (Miq. Flor. III. 707. 4) ? ? Hsskl.

98. „ III. Cerarum s. *Angrek calappa* s. *A. lida* i. e. linguae — *Arachnis moschifera* Bl. Rmph. IV. 55. 1 (ubi nomen portugallorum *Fulha alacra* s. *F. lacre* citatur hisce tribus Angraecis commune).

99. 43. „ **album majus** s. *Angrek puti besaar* s. *Kombo terbang* i. e. columba volans s. *A. colan* i. e. s. *Wanikra* — *Epidendrum amabile* L. (6898); Brm. Ind. 190; Lam. Enc. I. 185. 30; Willd. Sp. IV. 116. 8; Prs. Syn. II. 519. 9; Sprng. Gesch.; — *Phalaenopsis amabilis* Bl. Rmph. IV. 52. 1; Lndl. Orch. 213. 1; Hsskl. plant. Jav. 28; Dtr. Syn. V. 111. 1; Miq. Flor. III. 690. 2 (ubi tab. 33 cit.); C. Koch. Wchschr. 1864. 377; — *Phalaenopsis* Bl. Endl. Gen. 1409 (ubi tab. 13 cit.); Men. Gen. II. 284. 206.

99. „ **album majus flore purpureo** — *Phalaenopsis violacea* Teysm. Binnd. (Natuurk. Tijdschr. Neerl. Ind. XXIV. 320. 38) ? Hsskl.

99. „ **album majus var. altera** — ? ?

pag. tab.

99. 44.1. **Angraecum album minus** s. *Angrek puti kitjil* s. *A. rastera* l. e. misericordiae s. *A. borealis* — *Epidendrum spathulatum* L. (6880); Brm. Ind. 188; Lam. Enc. I. 180. 6; — *Cymbidium ovatum* Willd. Sp. IV. 101. 31 (qui nil Prs. tab. 43. 1 cit.); Prs. Syn. II. 516. 30; Hassk. Clav.; — *Dendrobium* (Sect. III. *Ceratobium* Lindl.) spec. ? Lindl. Orch. 89; — *D. burrigerum* Lindl. (Miq. Fl. III. 642. 79) ? ?

100. „ „ „ **β. odoratum** — ? ? an *Hysteria veratrifolia* Hassk. (Hsskl. plnt. Jav. 131. 75) ? Hsskl.

101. 44.2. „ **rubrum** s. *Angrec merah* — *Renanthera moluccana* Bl. Rmph. IV. 54. 1; Bl. Mus. I. 60. 153; Wlp. Ann. III. 566. 1; Miq. Flor. III. 699. 8.

101. „ „ **immaculatum** — ? ?

102. „ **quintum** s. *scriptum minus* s. *Angrec bringsing kitjil* — *Vanda lissochiloides* Lindl. Bl. Rmph. IV. 49. 5; Bl. Mus. I. 63. 163; Wlp. Ann. III. 565. 10 (ubi tom. haud indic.); Miq. Flor. III. 690. 11.

102. „ **flavum sextum moschatum** s. *odoratum* s. *Angrec castori* s. *Saja bahi* s. *S. aparo aparon* — *Dendrobium Rumphianum* Tsm. Binnd. Nat. Tijdsch. Neerl. Ind. XXIV. 317. 32.

103. 45. „ „ **septimum** s. *Angrec tajampaca* — *Dendrobium* (Sect. III. *Ceratobium* Lindl.) spec. ? Lindl. Orch. 89; — *D. Rosenbergii* Tsm. Binnd. Nat. Tijdsch. Neerl. Ind. XXIV. 317. 31.

104. 46.1. „ „ **octavum** s. *furvum* s. *Angrec kitsjil gilap* — *Epidendrum furvum* L. (6881); Brm. Ind. 189; Hassk. Clav.; Lam. Enc. I. 180. 7; — *Cymbidium furvum* Willd. Sp. IV. 103. 38; Prs. Syn. II. 516. 34; Pritz. Indx.; — *Vanda furva* Lindl. Orch. 216. 2; Bl. Rmph. IV. 48. 1; Bl. Mus. I. 61. 156; Wlp. Rprt. III. 564. 1; Dtr. Syn. V. 111. 2; Pritz. Indx.; Miq. Flor. III. 678. 1; — *Vanda* RBr. Mus. Gen. II. 380. 120.

105. 46.2. „ „ **nonum** s. *Angrec lemon kitsjil* — *Dendrobium* (Sect. III. *Ceratobium* Lindl.) sp. ? Lindl. Orch. 89.

105. „ „ **decimum** s. *angustifolium* — *Luisia teretifolia* Gaud. Bl. Rmph. IV. 50. 1; Bl. Mus. I. 63. 164; Wlp. Ann. III. 549. 1 (ubi tom. haud indic.); Miq. Flor. III. 686. 1.

106. 47.1. „ „ **undecimum** s. *caninum* s. *Angrec andjing* — *Epidendrum caninum* Brm. Ind. 189; Hassk. Clav.; — *Dendrobium* (Sect. II.) sp. ? Lindl. Orch. 88.

106. 48. „ **nervosum** — *Epidendrum nervosum* Lam. Enc. I. 180. 7; — *Chelonanthera speciosa* Bl. Bijdr. 384; Hassk. Clav.; — *Coelogyne speciosa* Lindl. Orch. 39. 3; Dtr. Syn. V. 36. 3; Pritz. Indx.; — *C. Rumphii* Lindl. Miq. Flor. III. 668. 13; — *Coelogyne* Lindl. Mus. Gen. II. 379. 76.

106. „ **pungens** — *Schoenorchis juncifolia* Bl. ? ? Hsskl.

107. 49.1. „ **aquatile** — *Epidendrum tenuifolium* L. Lam. Enc. I. 179. 3; — *Cybidium*

pag. tab.

tenuifolium Willd. ex cit. hrt. mal. Burm. Hasch. Clav. sed false! cf. Willd. Sp. IV. 105. 39; — *C. bicolor* Lndl. (Miq. Flor. III. 707. 1) ? ? Hsskl.

107. 47, 2. **Angraecum angustis crumenis** (crumenatum in explic. fig.) — *Dendrobium crumenatum* Sw. Willd. Sp. IV. 137. 90; Prs. Syn. II. 523. 21; Spreng. Gesch.; Lndl. Orch. 86. 63; Bl. Rmph. II. 23. 20; Hasch. Clav.; Hsskl. Cat. 41. 20; Pritz. Inda.; Miq. Flor. III. 638. 54.

107. „ **sediforme** — *Orchidea* ? ? Hsskl.

107. „ **uniflorum** — *Bolbophyllo ovalifolio* Lndl. (Miq. Flor. III. 647. 10) aff. ? ? Hsskl.

108. „ **gajang** — *Coelogyne longifolia* Lndl. (Miq. Flor. III. 668. 11) ? ? Hsskl.

108. „ **jambu** — *Orchidea*.

108. „ **taeniosum** — *Orchidea*.

108. „ **lanuginosum** — *Eria* sp. ? Hsskl.

109. „ **purpureum** s. *Angrec jambu* s. *A. caxumba* s. *Bungre*.

109. 49, 2. I. *litoreum* s. *nudum* — *Dendrobium biflorum* Lndl. Orch. 81. 32; Miq. Flor. III. 642. 77.

109. 50. II. *silvestre* — *Dendrobium* (Sect. II.) sp. ? Lndl. Orch. 88; — *D. purpureum* Rxb. Miq. Fl. III. 640. 68 (ubi tom. IV. cit.) & 739.

110. **Herba supplex** s. *Daun subat*.

110. 50, 2. I. *minor* s. *mas* s. *D. s. laki-laki* — *Epidendrum herba supplex minima* Kön. Rtz. Obs. VI. 47. 6? — *Oxystophyllum carnosum* Bl. Lndl. Orch. 72. 1; Hsskl. Cat. 40. 1; Dtr. Syn. V. 46. 1; — *Epidendrum distichum* β. Lam. Enc. I. 189. 46. β ? (?) Hasch. Clav.; — *Dendrobium macrianum* Miq. Flor. III. 644. 89; — *Oxystophyllum* Bl. Mus. Gen. II. 278. 61 (ubi tom. haud indic.)

111. II. *major* s. *femina* s. *Daun subat parampuan*.

111. 51. 1. ? a. *prima* s. *Sibaar* — *Dendrobium Calceolum* Rxb. Miq. Flor. III. 630. 6 (ubi pag. 110 cit.), sed fl. aurantiaci rubro-venosi hujus speciei opponunt; Hsskl.

111. 51. 1. ? b. *secunda* — *Epidendrum ovatum* L. (6687, ubi fig. 2 cit.); Brm. Ind. 189, sed hujus folia ovata opponunt; — *Dendrobium* (Sect. II.) spec. II. ? Lndl. Orch. 88; — (foliis graminis angustis, (5" long.) bifariis, basi oppositum amplectentibus, medio geniculatis (?), apice emarcidis, exesis, oblique retusis; caulibus apice radicantibus proliferis)

111. c. *tertia* — *Oxystophyllum atro-purpureum* Bl. Rmph. IV. 41 ? (una harum specierum I. & II. a—d).

111. 51. 2. d. *quarta* — *Epidendrum articulatum* Brm. Ind. 189; Lam. Enc. I. 187. 4; Hasch. Clav.; — *Cornias simplicissimae* Lour. similis sec. Lour. Coch. 633. 1; — *Aporum Serra* Lndl. Orch. 71. 5; — *Dendrobium Serra* Miq. Flor. III. 629. 2 ? — *D. subteres* Lndl. Miq. l. c. 630. 6 ?

112. **Angraecum terrestre primum** s. *Angrec tana* s. *Daun corro corro* s. *Abaca*.

p. e. tab.

112. 52.1. I. *purpureum s. mas* — *Epidendrum tuberosum* L. (69(n)); Brm. Ind. 190; Lour. Coch. 639. 1; Hssk. Clav.; — β. Lam. Enc. I. 186. 31. β; — *E. terrestre* Orta. ? Poir. Enc. Sppl. I. 378* ?; Hssk. Clav.; — *Phajus Rumphii* Bl. Mus. II. 179. 422; — *Ph. callosus* Lndl. Miq. Flor. III. 671. 3.

113. II. *alterum s. femina* — *Phajus gratus* Bl. Mus. II. 181. 431; — *Limatodis grata* Miq. Flor. III. 672. 2.

113. 50.3. **Angraecum terrestre alterum** s. *Angrec tana* — *Malaxis rerone* Wild. ex Burmanni cit. Rheed. Hssk. Clav.; — *Plocoglottis moluccana* Bl. Mus. I. 47. 116; Wlp. Ann. III. 540. 5; Miq. Flor. III. 676. 5; — *Phajus amboinensis* Bl. Mus. II. 180. 427; Miq. Flor. III. 672. 7.

114 53. „ „ **tertium** s. *Involucrum* s. *Daun bobon* i. e. folium involutionis s. *Cattori* s. *Daun corro corro* s. *Abaoin* — *Phyllodes placentaria* Lour. Coch. 17. 1; — *Curculigo latifolia* Dryand. Poir. Enc. Sppl. V. 646; Flor. (B. Z.) 1823. 542; Bl. Enum. 16. 1; Schlt. VII. 757. 4; Hssk. Clav.; Hsskl. Cat. 56. 1; Miq. Flor. III. 585. 1; — *C. recurvata* Dryand. Hssk. Clav.; Pritz. Indx.; — *C. sumatrana* Rxb. Jck. Miq. Comment. 109; Wght. Ic. 2042; (oppos. Schelt Flor. (B. Z.) l. c.); — *Forbesia* Eckl. ex Schlt. S. V. VII. xlvi. 1124. ad fin.; — *Hypoxis latifolia* Wght. Ic. 2044.

115. II. *spec. s. mas s. Abaoin malona* — *Panicum nepalense* Sprng. (Miq. Fl. III. 448. 13); aut *P. palmaefolium* Koen. (l. c. 449. 14) Hsskl.

115. I. *planta umbrosa* (ad fin. expl.) — *Curculigo recurvata* Dryand. Hsskl.

115. 52.2. **Flos triplicatus** s. *Helleborus amboinicus* s. *Bunga tiga lapis* s. *Ähada albai* s. *A. melana* i. e. Involucrum silvestre s. mas — *Limodorum veratrifolium* Wild. Sp. IV. 122. 2 (qui ubi Prs., Sprng. et Bl. p. 113 tab. 52 cit.); Prs. Syn. II. 520. 3; Poir. Enc. Sppl. III. 436. 6 (ubi „tom. VII."); Sprng. Gesch.; — *Ambyglottis veratrifolia* Bl. Bijdr. 370 (qui autem hanc ad variet. floribus purpureis cit., dum Rumphii fl. tripl. fl. albis gaudet); Hssk. Clav.; — *Calanthe veratrifolia* RBr. Lndl. Orch. 249. 1; Kstl. mdph. 255; Dtr. Syn. V. 123. 1; Miq. Flor. III. 711. 8; — *C. furcata* Batem. (Miq. l. c. 7.) — *C. veratrifolia* Hsskl. Cat. 46. 1; Hsskl.

116. „ „ var. — *Calanthe abbreviata* Lndl. (Miq. Fl. III. 710. 6.) ? ? Hsskl.

116. **Orchis amboinensis major** s. *Angrec tana* s. *Pumanu mamiri-tana* l. e. pharmacum aposthematis.

I. *radice digitata* s. *A. tan. alea* l. e. singiberacea — *Cyrtopera* sp. (Miq. Flor. III. 688. xli.) ? an *C. ensiformis* Lndl. ? Hsskl.

117. 54.1. II. *radice raphanoidea* s. *A. tan. item* l. e. *nigra* — *Curculigo orchioides* Wild. Sp. II. 106. 1; Prs. Syn. I. 362. 1; Poir. Enc. Sppl. II. 420 ?; Sprng. Gesch.; Rxb. Schlt. S. V. VII. 756. 2 ?; Kstl. mdph. 139; Miq. Flor. III. 585. 3; — *C. Rumphiana* Schlt. S. V. VII. 757. 2. Observ.; Hssk. Clav.; Pritz. Indx.

pag. tab.

118. 54.2. **Orchis amboinica minor** s. *Angrek kitjil* — *Malaxis Rheedii* Willd. Hassk. Clav.; — *Hetaeria Rumphii* Lindl. Orch. 320. 69; Dtr. Syn. V. 143. 62 (ubi tom. I. cit.); Miq. Flor. III. 715. 3; Rosenth. Diaph. 1081; — *Habenaria* Willd. Msn. Gen. II. 281. 234.

118. 54.3. „ „ „ **altera** — *Orchis strateumatica* L. amoen. & Syst. X. (6828); Hassk. Clav.; — *Peristylus grandis* Bl. (Miq. Fl. III. 712. 1) ? Hasskl.

119. **Nidus germinans formicarum** s. *Rumah semut* s. *Ukuia* s. *Sarang* (Lam. Enc. I. 370.)

119. 55.1. I. *nigrorum* = *Hydnophytum formicarum* Jck. B. S. S. V. Mat. III. 124. 1; DC. Prdr. IV. 451. 1; Hassk. Clav.; Don Dichl. III. 547. 1; Dtr. Syn. I. 459. 1; Hassk. Cat. 110. 1; Pritz. Indx.; — *H. montanum* Bl. Miq. Flor. II. 309. 1 (ubi tab. 46. cit.), qui recte secundum Rumphii descriptionem speciem determinavit, sed pariter esse ejus opinionis, speciem utramque Blumeanam & Jackianam miscendam esse. — *Hydnophytum* Jck. Endl. Gen. 3185 (ubi pag. 199 cit.)

119. 55.2. II. *rubrorum* — *Myrmecodia tuberosa* Jck. B. S. S. V. III. 148. 1; Hassk. Clav.; Pritz. Indx.; Miq. Flor. II. 310. 1; — *M.* sp. a *tuberosa* Jck. toto diversa sec. Bl. Bijdr. 1001 (qui tom. VII. t. 2 cit.); — *M. inermis* Gaudich. DC. Prdr. IV. 450. 1; Don Dichl. III. 547. 1; Dtr. Syn. I. 495. 1.

120. 57.4. **Tuber regium** s. *Ubi radja* s. *Culat bata* s. *Ulat hatu* s. *Ulat* A. s. *U. puti* s. *Tabalale* i. e. sine corde s. *Ure perkai* s. *Cohemeisse* i. e. terrae receptaculum s. *Djamur bang-bang* i. e. fungus serpentum fimus — *Pachyma tuber regium* Fries Syst., atque huic deest: *Lentinus* (*Agaricus* Fr. Syst. I. 174. 1a; Kall. mdph. 16; Rosenth. Diaphor. 34) tuber regium Fr. Syst. Comment. I. 45; Hassk. Clav.; Streinz Nomencl. 5950 & 5227.

122. **Hoelen** (Sinensium) — *Pachyma Hoelen* Fries Syst. II. 245. 3 (α — ε); — *P. Cocos* Fries Rosenth. Diaph. 24 & 1069.

123. **Tuber sampadarium** s. *Culat tajampadaha* s. *Ulat saahen* — *Lycoperdon glomeratum* Lmr. Comb. 866. 2; — *Polygaster Sampadarius* Fries Syst. II. 295. 1; Hassk. Clav.; Streinz Nomencl. 7003.

124. **Boletus moschocaryanus** s. *Culat pala* i. e. fungus nucium moscatarum — *Boletus moschocaryanus* Rmph. Rosenth. Diaphor. 31; — *Agaricus moschocaryanus* Streinz Nomencl. 1034.

124. „ **saguarius** s. *Culat sagu* i. e. fungus sagorum s. *C. ela* s. *Ulat ela* = *Boletus saguarius* Rmph. Rosenth. Diaphor. 31; — *Agarici spec. edulis* Hasskl.

125. 66.1. „ **infundibuli figura** (forma) s. *Sajur caju* i. e. olus lignorum s. *S. puti* i. e. album s. *Ulat* — *Agaricus sajor caju* Fries Syst. I. 175. 1b; Hassk. Clav.; Rosenth. Diaphor. 34; — *Lentinus sajor caju* Fries Syst. Comment. I. 45; Streinz Nomencl. 6204.

125. „ „ **forma altera varietas** — *Lentini* sp. ? Hasskl.

pag. tab.

125. 56.2.3. **Boletus** II. **arboreus** s. *Djamor* i. e. fungus aculeatus s. *Sawerral* s. *Ugr giatti* l. e. olus truncorum — *Agaricus Djamor* Fries Syst. I. 185. 16; Hasch. Clav.; Rosenth. Diaphor. 34; — *Lentinus Djamor* Fries Syst. Comment. I. 45. 47; Streinz Nomencl. 5157.

126. „ III. **umbraculi forma** (figura) s. *Culat payong* l. e. fungus umbraculum s. *Payong* s. *Mathe* = *Agaricus* ? (pileo unius patinae vulgaris magnitudine, 2" crasso, stipite pedali) Hsskl.

126. „ IV. **terrestris** s. *Culat tana* s. *Sajor tana* s. *Mathe* s. *Sawared* s. *Ulat kitrib kitrib* l. e. fungus crepitans.

126. *. *albus* — *Agaricus* ? Hsskl.

126. *. *atro-griseus* — *Agaricus* ? (pileo cinereo aut fumaceo excentrico, subtus purpureo-cinereo, stipite medio incrassato).

126. 56.4. „ V. **auris murina** s. *Telinga tikus* s. *Tiri macho* l. e. auris kuskus = *Peziza auricula* L. Lour. Coch. 855. 1; — *Agaricus* (Leucosporus, Pleurotus, Conchaira) sp. inquirenda Fries Syst. I. 185. 2.

127. **Fungus arboreus** s. *Culat batu* l. e. fungus lapideus s. *C. raja* s. *Kabu* s. *Ulat*.

127. I. — *Polyporus lucidus* Fries (Syst. I. 353. 2) ? an *P. amboinensis* Fr. (l. c. 354. 3) forma ? Hsskl.

128. II*. *albus* — *Polyporus* (*Apus*) sp. ? Hsskl., (auriculaeformis, laciniatus, durae substantiae, foraminulis albis intus griseis.

128. *. *ruber* — *Polyporus* (*Apus*) sp.? Hsskl. (auriculaeformis, tenuior, magis aequalis, subtus utrinque ruber.)

128. III. — *Polyporus* (*Fomitus*) sp.? Hsskl. (superne tuberculosus & punctulosus, sordide albus et durus, subtus favosus.)

129. „ **cinctus petasoides** s. *Culat payong* — *Polyporus amboinensis* Fries (Syst. I. 354. 3) juvenilis nondum rite evolutus.

129. 57.1. „ „ **cochlearis** s. *Culat sendok* — *Agaricus amboinensis* Lam. Enc. I. 51. 8; — *Polyporus amboinensis* Fries Syst. I. 354. 3; Hasch. Clav.; Streinz Nomencl. 7026; — (*P. cochlear* Nees).

129. 57.2.3. „ „ **digitatus** s. *Culat djari* l. e. fungus manus — *Agaricus amboinensis* Lam. β. Lam. Enc. I. 51. 3. β; — *Helvella mitra* L. Lour. Coch. 853. 1; — *Polyporus amboinensis* Fries Syst. I. 354. 3; Streinz Nomencl. 7026); — (*P. Pin-chapeus* Nees.)

130. 56.5. „ **igneus** s. *Culat api* s. *Tejanderan* — *Agaricus ramosus* L. Lour. Coch. 850. 9 (cf. Fries Syst. I. 178. 4) (= *Lentinus baracinus* Fries Streinz Nomcl. 5174), cui opponit Rumphii descriptio; — *A.* (*Pratella*, *Psilocybe*) sp. Fries Syst. I. 295. 3; — (pileus parvus pallide cinereus, lamellis cinereo-nigricantibus, viscositate repletus, nocte phosphoream lucem reddens.)

pag. tab.

130. **Fungus arborum tuberosus** s. *Bia boa* s. *Boristum ambonense* — *Lycoperdon* ? Hassk. Clav.

131. **Crepitus lupi verus** s. *Boristum verum* s. *Pate gomo* i. e. pruinae globus — *Lycoperdon* ? Hsskl.

131. 56.7. **Phallus daemonum** s. *Bois argiou* — *Phallus impudicus* L. Lour. Coch. 653. 1; — *Ph. daemonum* Rmph. Fries Syst. II. 283. 2; Hassk. Clav.; Kstl. mdph. 9; Presl. Sprt. 31; Streinz Nomecl. p. 442; — *Hymenophallus daemonum* Spreng. S. V. IV. 498. 4; Rosenth. Diaphor. 24; — *Dictyophora speciosa* Klotzsch. Streinz Nomcl. 3520; — *D. phalloidea* Leveill. Streinz Nomcl. p. 216.

132. 58.1. **Marutrus femina** s. *Daun laur* s. *D. uraso* s. *Marutru* — *Urtica* Hassk. Clav.; — *Cyrtandra urnaracea* Bl. (Miq. Fl. II. 743. 21) ? Hsskl.

133. 58.2. „ **mas** s. *Maruri lyki lacki* s. *Assui* s. *Gabrho mafalia* s, *Rama radar* l. c. domus ranarum — *Elatostema macrophyllum* Brgn. (Miq. Fl. I.ii. 241. 4) ? Hsskl.

134. 59.1. **Lombu** s. *Sojar tombo* s. *Ag ieua tahar* s. *Au oteleng puti* — *Piper peltatum* L. (211); Brm. Ind. 15; — *P. subpeltatum* Wlld. Sp. I. 166. 41; Vhl. En. I. 337. 73; Spreng. Gesch.; R. S. S. V. I. 315. 11 (ubi tom. haud indic.); Bl. Enum. 74. 31; Dtr. Syn. I. 107. 6; — *Peperidia subpeltata* Kstl. mdph. 456; — *Peperomia subpeltata* Dtr. Spec. I. 144. 7; Hassk. Clav.; Prtz. Index; — *Pothomorphe subpeltata* Miq. Comment. 37 (ubi tab. 39 cit.) & 46; Miq. Piper. 213; Miq. Fl. I.ii. 437. 1.

135. 60.1.A. **Globba longa** s. *vulgaris* s. *Globba* s. *G. tussi* s. *Isipun* s. *Caipu* s. *Uma arpu* — *Elettaria muricata* Horsfld. Scit. 31. 6.

136. „ „ **minor** e Java — *Elettaria* sp. ? Hsskl.

137. 61.1. „ **crispa** s. *G. durion* s. *G. papua* s. *G. tuppulalo* l. c. G. rotunda s. *Isipun durega* —

I. *viridis* s. *idju* — *Amomum* sp. ? Kön. Rtz. Obs. III. 50. 2; — *A. echinatum* Wlld. Sp. I. 8 (qui ad Rtz. Syn. „tom. V." cit.); Spreng. Gesch.; Poir. Enc. Sppl. V. 648; R. S. S. V. I. 29. 6 & 571. 6 & Mnt. I. 37. 7; Dtr. Spec. I. 72. 23; Hassk. Clav.; Dtr. Syn. I. 18. 22; Horanin. Scit. 30. 25; — *Costus echinatus* Prs. Syn. I. 3. 4; — *Amomum* L. Endl. Gen. Sppl. II. 1626 (ubi fig. haud indic.)

137. 60.1.B.D. & 61.2. II. *rubra* s. *mera* — *Amomum villosum* Lour. Coch. 4. 4; Wlld. Sp. I. 8. 6; Prs. Syn. I. 2. 10; Spreng. Gesch.; Poir. Enc. Sppl. V. 648; R. S. S. V. I. 28. 4 & 570. 4; (— confertum Rxb. R. S. S. V. I. 571. 8; ejusd. Mnt. I. 37. 7; —) Bl. En. 49. 3; Dtr. Spec. I. 67. 10; Hassk. Clav.; Kstl. mdph. 275; Dtr. Syn. I. 17. 10; Miq. Flor. III. 598. 3; Horaninow Scit. 30. 22 ?, qui quaerit, an sit *Elettaria* ? — mea opinione est *A. aculeatum* Rxb. (Horanin. Scit. 30. 23).

139. 59.2. „ **uviformis** s. *Malai orrum* s. *minus* s. *Cattimbun* s. *Ladja tabbe* l. s. lasequae globba — *Globba uviformis* Rmph. L. (726, qui ad Prs. „tab. 69" cit.); Murr. Syst. 73. 2; Lam. Enc. III. 730. 3; Murr. Prs. Syst. 73. 3 (ubi tab. 96 cit.); Wlld. Sp. I. 154. 4; R. S. S. V. I. 33. 6 (qui addunt: „quid est ?"); Hassk. Clav.; Pritz.

pag. tab.

Indz.; — *Alpinia aculeata* Horsn. Scit. 33. 28 (inter spec. recognoscenda); — an *Diracodes* Bl. ? (ob inflorescentiam lateralem e caule infra folia prorumpentem ab affinibus omnibus recedens)!

139. **Globba uviformis** II. s. *Lawassi malacca* — *Helmiae* sp. ? Hsskl. (fructus tantum describuntur).

140. „ **acris** s. *Pannas* L. c. calidum, acre, mordens — *Amomum aliginosum* König (Rtz. Obs. III. 567; Horsn. Scit. 30. 21) ? Hsskl.

140. 62. „ **silvestris major** s. *Galanga mera*, *Globba utan besaar* s. *Lauquas lachi lachi* s. *Aneipa warran* s. *Pecolang* s. *Catimbba* — *Globba nutans* L. (225, qui ubi Murr. tab. 12 cit.); Murr. Syst. 73. 3; Lam. Enc. II. 730. 2; Murr. Prs. Syst. 73. 2; Willd. Sp. 1. 153. 2; Prs. Syn. I. 3. 2; — *Amomum* sp. Lour. Coch. 0. 9 Obs.; — *Alpinia nutans* Rosc. H. S. S. V. I. 20. 6 & 562. 7; Drapiez. Herb. IV. 271; Dtr. Spec. I. 43. 11 (ubi pag. (loc. tab.) 62. cit.); Horsn. Scit. 34. 16 (qui „major" haud cit.); — *A. gigantea* Bl. En. 50. 5; Hasch. Clav.; Dtr. Syn. I. 13. 40; Pritz. Indz.; Miq. Flor. III. 605. 4; Horsnin. Scit. 34. 19.

141. 63. „ „ **minor** s. *florida* — *Globba nutans* L. (225, qui ubi Murr. tab. 13 cit.); Murr. Syst. 73. 2; Lam. Enc. II. 730. 2; Murr. Prs. Syst. 73. 2; Willd. Sp. 1. 153. 2; Prs. Syn. I. 3. 2; — *Alpinia nutans* Rosc. H. S. S. V. I. 20. 6; ? Hasch. Clav.; Pritz. Indz.

141. „ „ **setosa** — *Elettaria minutor* Bl. (Miq. Flor. III. 601. 8; Horsn. Scit. 31. 9) aff. ? Hsskl.

141. „ „ **angulosa** — *Nicolaiae speciosae* Horsnin. (Scit. 32. 3)! aut affin. Hsskl. (*Elettaria* Bl. Miq. Fl. III. 600).

142. „ „ **pada kauhu** s. *G. repens* s. *G. maraja* — *Alpinia pyramidata* Bl. ? (Horsn. Scit. 33. 4; Miq. Fl. III. 605. 2).

142. „ „ **subterranea** — *Amomo gracili* Bl. (Miq. Flor. III. 598. 2) accedens ? Hsskl.

143. **Herba spiralis** s. *Spiralis* s. *Caju tawar* s. *Tabu tabu* s. *Teha lopu* L. c. arundo saccharifera s. *Muri muri* s. *Tebe pusen* s. *Upa upa* s. *Paisjing*.

143. 64. 1. I. **hirsuta** — *Costus speciosus* Kor. sec. Hub. & Wll. Willd. Sp. 1. 11. 3 ? R. & S. V. Mnt. 1. 30 (ubi tom. V. cit.); — *C. spec. β. hirsutus* Bl. En. 61. 1 β; Hasch. Clav.; Miq. Flor. III. 610. 1 β; Horsn. Scit. 37. 6 β.

143. 64. 2. II. **laevis** — *Banksea speciosa* Koen. in Rtz. Obs. III. 75. 21 (*Hellenia grandiflora* Rtz. Obs. VI. 18. 7); — *Costus speciosus* Rsc. Bl. En. 61. 1; Dtr. Spec. I. 59. 1; Hasch. Clav.; Kstl. mdph. 279; Hsskl. Cat. 61. 1; Pritz. Indz. (absq. fig. indic.); Miq. Flor. III. 610. 1; Horsn. Scit. 37. 6.

145. 65. **Abecedaria** s. *Piperitis indica* s. *Daun lada* s. *Sabe goratoji* l. c. caput flavum — *Acmella zeylanensium* ? s. aff. Brm. (Obsrv. ad Rmph.; — *Verbesina Acmella* L. Sp. I (6013); Brm. Ind. 183; — *Spilanthes Acmella* L. Syst. XIII. (6013); Kstl. mdph.

pag. tab.

678; Hassk. Clav.; Pritz. Indx.; — *Bidens Acmella* Lam. Enc. I. 415. 11; — *S. Pseudo-Acmella* L. Willd. Sp. III. 1713. 3; Prs. Syn. II. 393. 3; DC. Prdr. V. 625. 35; Dtr. Syn. IV. 1577. 39 (ubi tom. IV. cit.); Miq. Flor. II. 80. 2; de Vries, plan. Ind. 137. 279; — *S. tinctoria* Lour. Coch. 590. 1?

146. **Phaseolus montanus** s. *Katjang gunung* — *Tephrosiae sp.?* — *T. timoriensi* DC. (Miq. Fl. I. t. 298. 11) affinis videtur; — (fruticulus humilis, 4' alt., parce ramosus; folia pinnata, 3—4-juga cum impari, foliolis oblongo-lanceolatis, impari duplo majori, omnibus utrinque lanuginosis, subtus sericeis; flores albido-purpurei; siliquae perparvae copiosissimae angustae, ad apices ramorum, nigricantes, hirsutae; semina ∞ reniformia nigra nitida.)

146. „ **montanus alter** — ? ? (fruticulus altior, foliis abrupte pinnatis 5-jugis, foliolis ovali-subrotundis, dein nigro-maculatis, leguminibus longis, angustis, transverse striatis (septatis ?); seminibus angulosis.)

146. „ „ III. — ? ? (herba simplex erecta 3 ped. alta, ramis paucis brevibus, foliis sparsis simplicibus, Rosmarini folia aequantibus, siccando nigris, floribus minutis flavescentibus, fructibus nigricantibus oryzaeformibus, bialatis, apice mucronatis.)

146. „ „ IV. — ? ? (herba antecedenti similis, sed minor, foliis minoribus & angustioribus, fructibus in pedicellis lateralibus compartis pusillis.)

146. 68?(*) **Crotalaria montana**, V. — *Hedysarum gangeticum* L. (5500, qui fig. 1 cit., quae haud existit); Brm. Ind. 164; Lour. Coch. 547. 3 (ubi *Phaseolus montanus* cit.); Willd. Sp. III. 1175. 11; Hassk. Clav.; Pritz. Indx.; — *Arachyomene gangetica* L. Poir. Enc. IV. 453. 16; — *Desmodium gangeticum* DC. Span. Tim. 193. 254; Hassk. Flor. (B. Z.) 1842. Beil. II. 64. 14; Hskl. plant. Jav. 368. 262 (icon. ?); — (herba erecta subsimplex, 5' alta, foliis simplicibus, (1" long., 3"' lat.) pubescentibus sericeis; leguminibus parvis, in articulos secedentibus.)

146. „ „ VI. — *Hedysarum triquetrum* L. Lour. Coch. 547. 4; Poir. Enc. VI. 401. 15; — *Desmodium triquetrum* Hskl. Flor. (B. Z.) 1842. Beil. II. 64. 13; Hskl. Cat. 274. 8; — *D. triq. α. alatum* Hskl. plant. Jav. 368. 258.

146. „ „ VII. — *Hedysarum triquetrum* L. (5504, ubi fig. 2 cit., quae haud existit); Brm. Ind. 165; Willd. Sp. III. 1176. 15; (opponente Hskl. Flor. (B. Z.) 1842. Beil. II. 64. 13); — *Desmodium triquetrum* DC. Hassk. Clav.; — (fruticulus ramis 3—5 tenuibus, foliolis pusillis leguminibus strictis, (1" vix long.), seminibus minutis fuscis.)

146. **Tajeme tajeme** VIII. e Macassar — ? ? an *Sophorae sp.* ex affinitate *S. glabrae* Hskl.? — (fruticulus (4' alt.), foliis pinnatis cum impari, 5—8-jugis, foliolis alternis obovatis, supra glaucis, subtus cinereis, cotuletis; fructus sunt granula simplicia instar

*) [illegible] Phaseolus montanus [illegible], quem Rumphius hoc loco [illegible]

pag. tab.

florum Sagus (*Adenanthera pavonina*), parum striata, superius plana, primo fusca dein nigricantia & dura, brevibus pedicellis dependentia).

147 67. 1. **Amaena mimosa** s. *Sara duca* — *Cassia nictitans* L. (2986, quae planta virginiana); Brm. Ind. 98; Lam. Enc. I. 650. 46; Willd. Sp. II. 529. 58; Prs. Syn. I. 459. 69 (ubi uti apud Willd. tab. 61 cit.) (cf. Wlp. Rprt. I. 837. 270); — *C. angustissima* Lam. DC. Prdr. II. 505. 180; Don Dichl. II. 449. 176; W. A. Prdr. I. 292. 903; Hassk. Clav.; Pritz. Indx.; — *C. mimosoides* L. *β. angustissima* Wlp. Rprt. I. 837. 838. 270. *β.* 1; Miq. Flor. I. i. 102. 24. *β.*

148. **Pilosella amboinica a. coerulea** — *Vernoniae spec.* ? ? Hsskl. (herba pulchra (½—1' alt.) simplex pilosa, foliis sparsis erectis parvis (½" vix long., 1''' lat.) cinereo-hirtis, pedunculis axillaribus ad apicem caulis, monocephalis, ligulis 5 externis coeruleis.)

149. „ „ **β. alba** — ? ? (herba altior, foliis majoribus, hirtis, ligulis albis.)

149. **Rhabarbarum simense** — *Rheum undulatum* Brm. Ind. 93; Hassk. Clav.; (Planta ipsa a Rumphio haud describitur.)

150. **Phaseolus adhaerens** s. *Katjang utan* s. *Ampalat* i. e. adhaerens herba — *Desmodium stipulaceum* DC. *β. Aparines* Miq. (cf. Desmp. *D. Aparines* DC. in Hsskl. Flor. (B. Z.) 1842. Beil. II. 65. 10); (Miq. Fl. I. i. 252. 29. *β.*) Hsskl.

150. 67. 2. **Terebinthina** s. *Daun Cardamom* s. *Basilicum* s. *Saiasi ayer kitjil* i. e. B. aquatile minus — *Ambulia aromatica* Lam. Hassk. Clav.; Pritz. Indx. (absq. fig. indic.) — *Limnophila punctata* Bl. ? DC. Prdr. X. 388. 13, mihi autem potius ad *L. conferta* Bnth. (l. c. 387. 4) pertinere videtur.

151. 68. 1. **Menthastrum amboinicum** s. *Saiasi ayer* i. e. basilicum aquaticum — *Nepeta malabarica* (ex cit. Rheed.) Hassk. Clav.; sed ob capsulas seminis obscure fusca continentes haud huc pertinet; — *Limnophila Balsamea* Bnth. DC. Prdr. X. 386. 8 (ob calyces barbatos hoc relata planta, quae caeterum *L. Menthastro* Bnth. (l. c. 388. 1) aut accedit.)

152. 68. 2. **Ophioglossum simplex indicum** s. *Lancea Christi* s. *Daun salah* i. e. folium unicum s. *Sajor pangaya* i. e. folium remiforme s. *Tjoma tuffa* s. *Tandju langit* s. *Tunkat l.* i. e. coeli stipes s. indicator — *Ophioglossum* (Bl. Fl. Jav. Fil. 9) *vulgatum* L. Am. ac. (7740. Ols.); Brm. Ind. 228; — *O. acutum* Sw. Willd. Sp. V. 58. 2; Poir. Enc. Sppl. IV. 164. 11; Bl. Enum. 259. 1; Hassk. Clav. (oppos. Prsl. Pterid. Sppl. 53. 17); Pritz. Indx. (absq. fig. indic.); — *O. moluccanum* Schlcht. Adumbr. 9. not.; Prsl. l. c.

153. 68. 3. „ **laciniatum** s. *Ribo ribu* s. *Sajor manis* i. e. olus dulce s. *Utta siwel* i. e. olus caeci s. *Sajor raluppa* i. e. idem s. *Terra minor* (sed erronée) — *Osmunda zeylanica* L. (7747); Brm. Ind. 226; Lam. Enc. IV. 649. 1; Pritz. Indx.; — *Botrychium zeylanicum* Willd. Sp. V. 65. 10; Sprng. Gesch.; — *Helminthostachys* (Kfl.

pag. tab.

Bl. Fl. Jav. Fil. 9; Endl. Gen. 673; Mett. Gen. II. 837. 83) *dulcis* Klf. Fil. 29; Hassk. Clav.; Hsskl. Cat. 11. 40. 1; — *H. zeylanica* Prsl. Pterid. Sppl. 59. 1; Hook. Il. Conn. 94.

155. **Radix toxicaria** s. *Daun barang* s. *Barang* s. *Daun sumpitan* s. *Bamena* s. *Teprusan* s. *Terausa* l. e. vestis semipatrida s. *Napu* s. *Terabbai* s. *Ribua* s. *Morai* s. *Arbui* s. *Fella fuda* s. *Tarrou* s. *Casse ailan.*

156. 69. I. *major* s. *litorea* — *Crinum asiaticum* L. (2326); Brm. Ind. 81; Lour. Coch. 244. 1; Willd. Sp. II. 45. 1; Poir. Enc. Sppl. IV. 649; Bl. En. 25. 1; Schlt. S. V. VII. 876. 40 (cf. 878. Observ.); Dtr. Syn. I. 1182. 80 (ubi tb. 169 cit.); Span. Tim. 478. 868 (ubi tab. 71. 2 cit.); Roem. Amaryll. 69. 9; Miq. Flor. III. 580. 2; — *C. toxicarium* Rxb. Hrbrt. Schlt. VII. 878. 40 Obs.; Hassk. Clav.; Roem. Amar. 71. 17 ? — *C. asiaticum* L. α. *toxicarium* Hrb. Knth. En. V. 546. 1. α ?

158. II. *major* s. *terrestris* — *Crinum asiaticum* L. Hassk. Clav.; — an *C. procerum* Carey (Knth. En. V. 550. 3) ? Hsskl.

159. III. *montana* s. *ceramensis* — *Crinum asiaticum* L. forma minima ? ? Hsskl.

160. 70.1. **Cepa silvestris** s. *Bawang utan* s. *Bawan foto* s. *B. appur* — *Narcissus amboinensis folio latissimo rotundo* ? Commel. hrt. Amst. I. 77 ? — *Pancratium amboinense* L. (2324); Dtr. Syn. II. 1173. 33; Prits. Indx.; — *β.* Brm. Ind. 80; Lam. Enc. IV. 734. 10. *β*; — *Crinum nervosum* Herit. Willd. Sp. II. 47. 6; Prs. Syn. I. 352. 7 ?; Sprng. Gesch. II. 76; cf. Schlt. S. V. VII. 909. 1. Obs. oppos. Redout.; — *Amaryllis rotundifolia* Lam. Enc. I. 124. 16; Poir. Enc. Sppl. IV. 867. Obs. 4; Schlt. S. V. VII. 909. 1 Obs.; Hassk. Clav.; Roem. Amar. 156. 4 ? ex Lam.; Prits. Indx. (absq. fig. indic.); — *Eurycles coronata* Slsb. Drap. Herb. I. 64; — *Eu. nervosa* Röm. ? oppos. Röm. Amar. 156. 3; — *Eu. amboinensis* Slsb. Schlt. S. V. VII. 909. 1; Hassk. Clav.; Röm. Amar. 156. 1; Miq. Flor. III. 582. 1; — *Eu. silvestris* Slsb. Knth. En. V. 689. 1.

161. 70.2. **Lilium indicum** s. *Tasicaria minor* s. *Bramburg utan* l. e. cepa silvestris s. *Came selam* s. *Bataforg kiang* l. e. unius diei conspectus — *Lilionarcissus indicus* Brm. Zeyl. 142 & Explic. tab. Rmph. p. 161; — *Pancratium zeylanicum* L. (2318); Brm. Ind. 80; Lam. Enc. IV. 731. 2 (ubi „tb." haud cit.); Willd. Sp. II. 41. 1; Bl. En. 21. 1; Schlt. S. V. VII. 928. 25; Hassk. Clav.; Dtr. Syn. II. 1173. 25 (ubi tom. II. cit.); Hsskl. Cat. 37. 1; Röm. Amar. 181. 17; Knth. En. V. 662. 8; Pritz. Indx.; Miq. Flor. III. 582. 1; — *C. maritimum* Slsb. Willd. Sp. II. 43. 5 (ubi *Lilium javanicum* cit.)

162. „ „ **Javanicum** s. **Savo** — ? ? an *Calostemma luteum* Slsb. (Knth. En. V. 688. 3) ? ?, sed patria hujus est Nova Hollandia, unde forsan introducta, nam in Archipelago indico *Amaryllidea flore luteo* nondum nota est.

163. 71. **Aquifolium indicum** s. *Erygnum indicum* s. *Djerudju* s. *Galli galli* — *Acanthus ilicifolius* L. (4649); Brm. Ind. 138

pag. tab.

163. 71. 1. I. *mas* — *Acanthus ilicifolius* L. Lour. Coch. 456. 1; — *A. ebracteatus* Vhl. Symb. 85; Wlld. Sp. III. 899. 7; Spreng. Gesch.; — *Dilivaria ebracteata* Jss. Prs. Syn. II. 179. 1; Poir. Enc. Sppl. I. 88. 6; Hassk. Clav.; Katl. mdph. 928; Dtr. Syn. III. 594. 1; DC. Prdr. XI. 269. 2; Pritz. Indx.; Miq. Flor. II. 820. 2.

163. 71. 2. II. *femina* — *Dilivaria scandens* Nees DC. Prdr. XI. 269. 3; Miq. Flor. II. 821. 3 (ubi tab. 72 cit.), — *D. volubilis* Nees Hassk. Clav.; Katl. mdph. 928; Pritz. Indx.

165. **Crithmum indicum** s. *Gelang laut* I. s. Portulaca marina s. *Aster* s. *Djalie djalie*.

165. 72. 1. I. *ruber* s. *vulgaris* — *Sesuvium Portulacastrum* L. (3652); Brm. Ind. 117; Wlld. Sp. II. 1009. 1 (ubi uti apud DC. & Dtr. tom. V. cit.); Poir. Enc. VII. 141 (ubi „Halimus indicus" cit.); Hassk. Clav.; Pritz. Indx.; — *S. repens* Rxb. (Wlld.) Poir. Enc. Sppl. V. 141. *; DC. Prdr. III. 453. 4; Don Diebl. III. 153. 4; W. A. Prdr. I. 361. 1123; Katl. mdph. 1451; Dtr. Syn. III. 128. 4; Miq. Flor. I. I. 1060. 1.

166. II. *albus* — *varietas formae praecedentis „major"* videtur.

166. III. *Kaly articulatum* — *Salicornia herbacea* L.

166. IV. *Portulaca arvensis* s. *Gelang pasir* — *Portulaca quadrifida* L. (cf. Tom. V. 268. IV.)

166. 72. 2. „ *verum* s. *Crithmus* s. *Crithmum* v. s. *Petroselinum marinum* s. *Salsola marina* — *Crithmum maritimum* L. (Don Diebl. III. 821. 1); Hassk. Clav. Pritz. Indx.

168. 73. **Nymphaea indica major** s. *Tulipa aquatica* s. *Bonga terrati* s. *Terrate* s. *Tonjo* s. *Lien* — *Nymphaea alba indica maxima flore albo fabifera* Brm. Zeyl. 173 & Observ. ad Rmph. 171; — *N. Nelumbo* L. (3858); Brm. Ind. 119; Lour. Coch. 416. 1; Poir. Enc. Sppl. V. 284; Pritz. Indx.; — *Nelumbium speciosum* Wlld. Sp. II. 1258. 1; DC. S. V. II. 44. 1; Don Diebl. I. 123. 1 (exc. *Habitat* non adest cit. libr. Rmph.); W. A. Prdr. I. 416. 54; Katl. mdph. 84; Hassk. Clav.; Hsskl. Cat. 184. 1; Pritz. Indx.; — *Nelumbo paraeira* Poir. Enc. IV. 454. 2; Hassk. Clav.; Pritz. Indx.

169. I. *flore lacte rubenti* s. *incarnato*; — II. *albo*; — III. *luteo* — an *Nelumbium luteum* Wlld. (Sp. II. 1259. 2) ?, sed patria opponit. — IV. *coeruleo* — an *Nymphaea stellata* Wlld. *α. coerulea* Hook. Thms. (Miq. Fl. I. II. 90. 2. *α.*) ? ? — V. *variegato* ex albo & rubro colore — ? ? *N. stell. γ. versicolor* Hook. & Thms. (Miq. l. c. *γ.*) ? ? Hsskl., sed opponit tota plantae hujus apud Rumphium descriptio! et potius ad sequentem nostrae ducendae erint.

172. „ „ **minor** s. *Terratti major* s. *T. kitjil* I. s. Nelumbium olus s. minus s. *Tondjo* s. *Tondjong* s. *Talipa*

I. *vulgaris* — *Nymphaea Lotus* L. Brm. Ind. 119; — *N. pubescens* DC. Syst. II. 52. 8; Hassk. Clav.; — *N. rubra* Rxb. & *N. stellata* L. Hassk. Clav.; — *Limnanthemi spec.* Miq. Flor. II. 563. 1. Adnot.; — ad *L. cristatum* Griseb. seu species affines plurimae sp. Rumphianae spectant ex sententia Miquelii; mea opinione contra omnes ad *Nymphaeas* species ducendae. — Colore petalorum differunt:

1. *alba*; — 2. *rosacea* s. *rubra*; — 3. *rubens*; — 4. *flavescens*; — 5. *coerulea* seu *Tondjo* 1. *puti*; 2. *bung*; 3. *bado*; 4. *taralle*; 5. *biru*.

pag. tab.

173. 72. 3. II. *cerulea* = *Menyanthes indica* L. (1163); Brm. Ind. 42; Murr. Syst. 194. 2; Lam. Enc. IV. 91. 2; Murr. Pra. Syst. 202. 1; Wlld. Sp. I. 811. 3; — *Villarsia indica* Vent. R. & S. V. IV. 178. 4; Hasch. Clav.; Don Dichl. IV. 168. 4; Ksd. mdpb. 1031; Dtr. Syn. I. 640. 6 (ubi tom. IV. cit.); Hsskl. Cat. 128. 1; — *Limnanthemum indicum* Grieb. DC. Prdr. IX. 139. 3 (ubi tom. haud indic.); Miq. Flor. II. 563. 1.

175. III. *bearnica* = *Nymphaea Lotus* Hasch. Clav.; — *N. Lot.* L. *γ. pubescens* Hook. Thms. (Miq. Fl. I. u. 90. 1. *γ.*) albo-rosea Hsskl.

176. 74. 1. **Millefolium aquaticum** s. *Olus ranarum* s. *Sajor codock* s. *S. binar* = *Acrostichum siliquosum* L. (7781); Brm. Ind. 229; Lam. Enc. I. 37. 23; Pritz. Indx. (absq. fig. indic.); — *Pteris thalictroides* Wlld. Sp. V. 378. 52 (ubi p. 17 & fig. 3 cit.); Sprng. Gesch.; — *Ellobocarpus oleraceus* Klf. Fil. 148; Hasch. Clav., — *Ellobocarpus* Klf. Bl. Fl. Jav. Fil. 9; — *Ceratopteris thalictroides* Brogn. Bl. En. 240. 1.

177. 74. 2. **Plantago aquatica** s. *Lactuca aquatica* s. *Kiam bem* s. *Capo rapo* s. *Cofo apus* = *Pistia Stratiotes* L. (6967, ubi uti apud Murr., Wlld., Pritz. fig. haud indic.); Murr. Syst. 825. 1; Murr. Pra. Syst. 869. 1; Wlld. Sp. III. 690. 1; Poir. Enc. V. 353. 1; Bl. En. 91. 1; Hasch. Clav.; Ksd. mdph. 69; Bl. Rmph. I. 78. 1; Kuth. Enum. III. 6. 1; Hsskl. Cat. 53. 1; Dtr. Syn. V. 348. 1; Miq. Flor. III. 216. 1. *γ* (ubi pag. 74. cit.) (cf. Klotzsch. Pist. 4.); de Vriese pl. Ind. 152. 339; — *Zala asiatica* Lour. Coch. 492. 1; — *Stratiotes crassoides* Sprng. Gesch. (ubi tab. 75 cit.)

177. II. *minor* s. *Kiam bem kitsjil* = *Pistia minor* Bl. Rmph. I. 78. 2; Kuth. En. III. 6. 4; Klotzsch. Pist. 25. 3; Dtr. Syn. V. 349. 4 (ubi tab. 177 cit.); — *P. Stratiotes* L. *β. minor* Miq. Flor. III. 216. 1. *γ.*

178. **Lens palustris** s. *Aurium palustre* = *Lemna minor* L. Miq. Flor. III. 291. 1 (ubi p. 76 cit.)

178. 75. 1. **Olus palustre** s. *Balla balla* s. *Tajappo tajappo* s. *Bia bia* s. *Wewren* = *Pontederia hastata* L. Syst. XII. XIII. (2291); — *P. vaginalis* L. Mnt. II. (2292); Murr. Syst. 315. 3; Murr. Pra. Syst. 334. 3; Wlld. Sp. II. 23. 3; Prs. Syn. I. 340. 3; Poir. Enc. V. 567. 6; Bl. En. 32. 1; Schlt. S. V. VII. 1145. 15 (qui uti Miq. *Olus Palus* cit.); Hasch. Clav.; Ksd. mdph. 168; Dtr. Syn. II. 1092. 15; Hsskl. Cat. 20. 1; Pritz. Indx.; — *Monochoria vaginalis* Prsl. ? Kuth. En. IV. 134. 4 (= *M. pauciflora* Kth. (l. c. 135. 5 ? Miq. l. c.); Hsskl. plnt. Jav. 106. 49 (ubi icon pessima dicitur); Miq. Flor. III. 548. 2 (ubi tom. IV. cit.).

178. „ „ **femina** (foliis quam in antecedente minoribus longius acuminatis (subulatis), auriculis basalibus minoribus angustis) — *Monochoria sagittata* Kth. ? Hsskl. (*M. hastaefolia* Prsl. Kuth. En. IV. 133. 1. *Pontederia* Schlt. S. V. VII. 1146. 16 folia quam in antecedente haud minora auriculasque posticas plerumque obtusas praebet; cf. Miq. Flor. III. 548. 1.)

pag. tab.

179. **Capillus nympharum** s. *Sericum marinum* s. *Lumut laut* i. e. muscus marinus s. *Sajor lampan* s. *Hanty* s. *Rambut kebar* i. e. muscus capillaris — *Sphaerococcus* Hssch. Clav. (qui tab. 40. 3. cit.); — constat e simplicibus longis & tenuibus filamentis (4–5" long.) inarticulatis tacto articulatis, fragilibus, laete virentibus) — cf. p. 90.

181. **Alga coralloides** s. *Agarum coralloides* s. *Sajor carang* i. e. olus saxorum s. *Agar agar carang* s. *Agaaa* s. *Ag tana* i. e. arbuscula ramosa s. *Rame per warwar* s. *Latu latu* s. *Calbocana* s. *Bulung* s. *Dongi dongi*.

181. 74.3 & 76.3. fig. A. B. C. I. *Latu latu puti* — *Lichen fucoides* L. Lour. Coch. 843. 6; — *Fucus edulis* Gmel. Sprag. Gesch.; — *Sphaerococcus lichenoides* Ag. β. *tenuis* Ag. Ktzg. Spec. Algar. 776. 90. β; Hssch. Clav.; qui ex J. G. Agardh Spec. Alg. II. 589. 3 nil nisi var. decolorata *Gracilariae confervoides* J. Agardh.

181. II. — (aliter obscure viridis, aut alba, purpurea s. virescens, ramis crassioribus, apicibus obtusis, tota minus viscosa) — *Gracilaria lichenoides* J. Ag. (Spec. Alg. II. 588. 3) ? Hsskl.

181. III. — ? ? (haud mucosa, obscure viridis, ramis complanatis, cristam galli referentibus).

181. IV. — (1^m similis sed longius ramosa, ramis foliolis tenuioribus praeditis, instar Millefolii, non mucosa, obscure viridis) — *Gracilaria dura* Ag. β. *Lyra* J. Ag. (Spec. Alg. II. 589. 4. β); Hsskl. — Hae tres ultimae: *Latu latu mirra* s. *Hariankam* sua vocantur.

183. **Nidusi caerulescens** — cf. *Hirundo esculenta* L.

185. 76. 1. **Acetabulum marinum** s. *Agarum* I^mum s. *Agar agar capan* s. *Arien malono* i. e. mas s. *A. kerale* s. *Sargassum amboinense* (in explic. tab.) — *Fucus natans* L. Brm. Ind. 239; — *Sargassum amboinense* Rmph. Hssch. Clav. (qui Ag. loco Rmph. cit.); — *S. myriocystum* J. Ag. (Spec. Alg. I. 314. 58; Ktzg. Spec. Alg. 619. 94) Hsskl.

185. „ „ **infundibuliforme** s. *Arien mahina* i. e. femina s. *A. sasong* s. *A. huur* s. *Agar agar lesso* s. *Sajor lampan* — *Sargassum turbinatum* Ag. Hssch. Clav.; — *Turbinaria ornata* Turn. (J. Ag. Spec. Alg. I. 268. 1).

186. „ „ **c Maramar** s. *Labi labi* — *Turbinaria vulgaris* J. Ag. α. *conoides* J. Ag. (Spec. I. 267. 2. α.) ? Hsskl.

186. **Agarum** II. s. *bracteatum* — *Fucus bracteatus* Ag. Hssch. Clav. (— *Myriocarpus* Ktzg. Spec. 733. 5); — vix huc pertinet.

186. „ III. s. *funiculare* s. *foliatum* s. *Latah* s. *Arien mari* — *Sargassum* (X. *Arinaria* J. Ag. Spec. I. 326) ? ? Hsskl. — Spec. 3 diversae laudantur.

186. „ IV. s. *lacturarum* s. *Lactuca marina* s. *Agar agar* s. *Arien* — ? ?

187. „ V. s. *corticosum* s. *Culeola* s. *Arien mbo uaa* s. *Agar agar culit combili* i. e. pelliculae umbilicorum — ? ?

188. 76. 2. **Sargassum pelagicum** s. *lunarum* — *Fucus natans* L. (6276); Lour. Coch. 845. 2; Poir. Enc. VIII. 351. 19; — *F. granulatus* L. Brm. Ind. 239; — *Sargassum bacci-

pag. tab.

ferum Ag. Kütz. mdph. 351; Hassk. Clav.; J. Agardh. Spec. Alg. I. 341. 104; Ktzg. Spec. Alg. 609. 24; — *Sargassum* Rumph. Endl. Gen. Suppl. III. 122 7 (absq. indic. loci.)

191. 76.2. **Acorus marinus** s. *Boryngo laut* s. *Lalamai* s. *Lalawak* s. *Gosaragi* s. *Bama* — *Sargassum* Poir. Enc. VI. 643; — *Stratiotes acoroides* L. fil. Willd. Sp. IV. 840. 2; Poir. Enc. VII. 465. 2; Pers. Syn. II. 697. 2; Hassk. Clav.; Dtr. Syn. III. 33. 2 (ubi fig. * cit.); Pritz. Index; — *Enhalus* C. L. Rich. Endl. Gen. 1212; Meisn. Gen. II. 273. 8 (qui utarque pag. 91 cit.); — *E. Koenigii* C. L. Rich. Miq. Flor. III. 237. 1.

Lib. 12.

De arbusculis marinis & plantis saxeis s. de Lithodendris & Lithophytis.

195. **Arbusculae marinae** s. *Lithodendra* s. *Corallium spurium* s. *Accarbaar* s. *Kalbahaar* s. *Karang* i. e. Corallium.

196. 77. **Corallium nigrum** s. *Accarbarium nigrum* s. *ramosum* s. *fruticans* s. *Accarbaar* s. *Kalbahaar parampuan* s. *femina* — *Antipathes* Lamour. Hassk. Clav.; — cf. p. 219, ubi ejus fructus praesumtivus describitur.

198. „ „ II. s. *Chartoblepharon* — ? ?

202. 78.A. **Accarbarium unicaule** s. *Palmijuncus marinus* s. *Tali arus* i. e. funis fluviatilis s. *Rottang laut* s. *Bau maula* — *Antipathes spiralis* Pall. Hassk. Clav.

203. 78.B. **Palmijuncus striatus** s. *Accarbaar lacki-lacki* s. *mas* s. *Bau maula* — antecedentis variet. Hassk. Clav.

203. 78.C. „ **angulosus** s. *Accarbaar ular* i. e. anguis s. *Bau maula* — uti antecedens varietas prioris Hassk. Clav.

205. **Flabellum marinum** s. *Accarbaar kipas* i. e. flabellum s. *Pohagtefa* s. *Uahaytefa*.

205. 79. I. *planum* — *Antipathes flabelliformis* Lamour. Hassk. Clav.; — a. *rufum*; — b. *nigrum*; — c. *majus*.

205. 79. II. *multiplex* — *Gorgonia reticulum* L. Hassk. Clav.

206. 80.1. III. *ex insulis Arus* — *Spongia flabelliformis* L. Hassk. Clav.

207. **Cupressus marina nigra** — *Antipathes ericoides* L. Hassk. Clav.

207. 80.2. „ „ **clavata** — „ *cupressina* L. var. Lamour. Hassk. Clav.

208. 80.3. **Foenum marinum** s. *Equisetum marinum* s. *Accarbaar rumput* i. e. gramineum s. *Daun rumari laut* i. e. folium casuarinae marinum — *Antipathes fruticulosa* Pall. Hassk. Clav.

209. **Erica marina** s. *Accarbaar rutte rutte* s. *Rutte rutte laut* —

209. I. *tenuis* — *Antipathes myriophylla* Pall. Hassk. Clav.

209. II. *crassa* — „ *pennacea* Pall. Hassk. Clav.

209. III. *flabelliformis* — *Antipathes Flabellum* L. Hassk. Clav.

pag. tab.

210. 81. **Cocus maldivicus** s. *Calappa laut* s. *Bua pauwegi* s. *B. sangi* s. *Kantjanga* s. *Tavarcarre* s. *Tavarcarre* s. *Maja* (Blacc.) i. e. Cocus marinus — *Lodoicea Sechellarum* Labill. Mrt. Plm. III. 221; Hassk. Clav.; Kunth. En. III. 225. 1; Miq. Flor. III. 46. 1; — cf. Hadem. Beschr. plnt. Jav. p. 18. 24.

216. 82.1. **Compar mangae** s. *Sabot manga* s. *Danny lapia* — *Palma* ? Hassk. Clav.

218. 82.2,3. **Cocus maldivicus minor** s. *C. malindanus* (p. 210.) s. *Corcilus* — *Palma* ? Hassk. Clav.

219. 82.4 „ **malindanus verus** — *Palma* ? Hassk. Clav.

219. **Calappus laut** — *Palma* ? Hasskl.

220. **Accarbarium montanum** s. *Calbahaar gunung* — *Corallium* haud definiendum Hassk. Clav.

221. „ **cinereum** s. *Accarbahaar* s. *Calbahaar puti* i. e. album s. *A. caju* i. e. lignosum.

221. I. *ramosum* — *Alcyonium arboreum* Pall. Hassk. Clav.

222. II. *spurium* s. *Accarbaar pabba pabba* s. *A. batu sagu* s. *Batu lapis* — ??

223. 83. III. *virga sanguinea* s. *Juncus marinus ruber* s. *Accarbaar sasappu* — *Gorgonia Sasappo* Pall. Hassk. Clav.

223. IV^a. *ericae forma* s. *Accarbaar caju alar* i. e. lignosum tenue — *Antipathes ericoides* Lamour. Hassk. Clav.

224. ^b. *ericae forma minus* — ??

224. V. *flabellum marinum* s. *Accarbaar abu abu* s. *A. caju*.

224. ^a. *majus* — *Gorgonia ventalina* L. Hassk. Clav.; — *G. candelabrum* Pall. Hassk. Clav.

224. ^b. *minus* — „ *Flabellum* L. Hassk. Clav.

226. VI. *unicaulis* s. *Palmijuncus marinus albus* s. *Kalbahaar puti lacki lacki* i. e. mas — *Gorgonia juncea* Pall. Hassk. Clav.

228. „ **album** s. *Kalbahaar puti parampuan* i. e. femina s. *Hatubu pute* s. *Sparu puti*.

228. 84. I. *litoreum* s. *vulgare* — *Isis Hippuris* Pall. Hassk. Clav.

229. II. *pelagium* s. *Corallium album indicum* s. *Batu puti* i. e. os saxeum — ??
^a. flavum; — ^b. eburneum; — ^c. longe-articulatum.

233. III. *verrucosum* s. *Kalbahaar batu* — *Madrepora ocellata* Pall. Hassk. Clav.

234. „ **rubrum** s. *Pseudocorallium rubrum fistulosum* s. *Accarbaar merra* s. *Carang mera* s. *Hatuihu rau*.

234. 85.1. I. *sanguineum* — *Melitaea ocracea* Lamour. Hassk. Clav. (ubi Acc. rubr. „indicum" cit.)

II. *rubro-flavescens* s. *Carang* s. *Accarbaar ufiahu* i. e. aurantio-rubrum — ??

III. *articulatum* — ??

236. 85.2. **Halcyonium** (s. *Alcyon.*) **rubrum indicum** s. *Batu tranga* i. e. lapis magorum — *Tubipora purpurea* Pall. Hassk. Clav.

pag. tab.

237. **Mutiarabatu** (-tu) i. e. perlae lapideae s. *Ubos* s. *Tudi* — *Animans e Corallio incognito* Hasch. Clav.; — Rumphius ortum hujus dicit „probabilissimum in montibus ac proinde marinum".

239. **Lithodendron calcarium** s. *Carang bonga* i. e. saxum floribundum.

239. 86.1. I. *erectum* — *Madrepora muricata* Pall. Hasch. Clav.

240. 86.2. II. *sessile* — „ *corymbosa* Lamour. Hasch. Clav.

240. III. *digitatum* s. *Carang akar* i. e. zingiberinum — *Madrepora digitata* Pall. Hasch. Clav.

240. 86.3. IV. *literrum* s. *Carang puthey* — *Pocillopora damicornis* Lamour. Hasch. Clav.

243. „ **saccharaceum** s. *Carang gula* i. e. saxum sacchari.

243. I[a]. *album elegantius* — *Millepora alcicornis* Pall. Hasch. Clav.

[b]. „ *plenius* — ? ?

II. *rubrum* — *Distichopora violacea* Lamour. Hasch. Clav.

244. 87.1. **Amaranthus saxeus** — *Meandrina areolata* Lamour. Hasch. Clav. (qui „Bonga carang" hoc citat.)

244. **Flores saxei** s. *Anthophylli saxei* s. *Bonga carang* — ? ?

244. 87.2. **Auris elephantis** s. *Brassica saxea* — *Madrepora foliosa* Pall. Hasch. Clav.

245. **Favus saxeus** — ? ?

245. 87.3. **Caryophyllum saxeum** s. *Tjenke tani* — *Madrepora fascicularis* L. Hasch. Clav.; — *Anthophyllum caespitosum* Schweigg. Hasch. Clav.

245. 87.4. **Anthophyllum saxeum** s. *Paleng tani* = *Lithodendron* (*Madrepora* L.) *ramosum* Schweigg. Hasch. Clav.

[a]. *cinereum*; — [b]. *nigrum*; — [c]. *albissimum*.

247. 87.5. **Reticulum marinum** s. *saxeum* s. *Carang rede* i. e. *rete* — *Retepora cellulosa* Lamour. Hasch. Clav.

247. 88.1. **Fungus saxeus** s. *Mycetolithos* s. *Carang rulat* i. e. Saxum fungi — *Fungia patellaris* Lamour. Hasch. Clav.

248. 88.2. „ „ **oblongus** s. *Limax saxea* s. *Batu barudan* — *Fungia agariciformis* Lamour. Hasch. Clav.

248. 88.3. „ „ **mitra pileolus** s. *Campana saxea* s. *Carang carpusan* s. *Carpusse batu* — *Fungia pileus* Lamour. Hasch. Clav.; — *Agaricia explanata* Schweigg. Hasch. Clav.

249. 88.4. „ „ **minor** — *Fungia scutaria* Lamour. Hasch. Clav.

249. **Saxum calcarium marinum** s. *Carang* s. *C. ubi* s. *Batu ubi* i. e. Tuber (Dioscoreae saxeum — *Nullipora calcarea* Schweigg. Hasch. Clav.

252. „ **aqueum** s. *Halycronium album* s. *Carang ayer* — ? ?

252. „ **natans** — pumex montium ardentium

253. 89. **Basta marina** s. *B. tani* — *Spongia Basta* Pall. Hasch. Clav.

254. 90.1. **Spongia infundibuli forma** s. *Tefatjeran tani* i. e. infundibulum marinum — *Spongia infundibuliformis* Rmph. L. (*Scyphia amor.*) Hasch. Clav.

pag. tab.

255. **Chirotheca marina** s. *Sarong tangan laut.*

255. 90. 2. I. obtusa — *Spongia digitalis* Lamour. (*Scyphae aut.*) Hassk. Clav.

255. II. acuta " " " *tubulis elongatis* Lamour. Hassk. Clav.

255. **Barba marina** s. *Djangut laut* — *Penicillus marinus* Brm. Ind. alt.

256. **Sagitta marina** — *Virgularia australis* Lamour. Hassk. Clav.

256. **Nidus vesparum marinus** s. *Rumah airi* i. e. domus vesparum marinarum — *Alcyonium vesparum* Lamour. Hassk. Clav.

Tom. VII. Auctuarium.

1. 1. **Myrobalanus Emblica (-cus)** s. *Niliking* s. *Boa malacca* s. *Tuhkom* — *Acacia zeylanica floribus luteis &c.* Brm. Zeyl. 5; — *Phyllanthus foliis pinnatis floriferis &c.* L. Brm. Observ. ad Rmph. 2; — *Ph. Emblica* L. (7114); Brm. Ind. 196; Lour. Coch. 677. 1; Poir. Enc. V. 301. 19; Willd. Sp. IV. 587. 36; Prs. Syn. II. 591. 36; Prits. Indx.; Baill. Euphrb. 627; — *Emblica* Grtn. Endl. Gen. 5850; Mss. Gen. II. 251. 93; — *E. officinalis* Grtn. Hassk. Clav.; Kstl. mdph. 1772; Hsskl. Cat. 241. 1; Dtr. Syn. V. 387. 1; Miq. Flor. I. n. 372. 1.

3. 2. **Nagassarium** s. *Nagassari* — *Mesua ferrea* L. (5112); Murr. Prs. Syst. 670. 1; Lam. Enc. IV. 416; Willd. Sp. III. 843. 1; Prs. Syn. II. 69. 1; Poir. Enc. Sppl. IV. 58; DC. Prdr. I. 562. 1; Don Dichl. I. 621. 1; Hassk. Clav.; W. A. Prdr. I. 102. 357; Kstl. mdph. 1975; Hsskl. Cat. 213. 1 (ubi tom. IV. cit.); Dtr. Syn. IV. 864. 1; Prits. Indx.; Miq. Flor. I. n. 509. 1; — *Calophyllum Nagassarium* Brm. Ind. 121; Prits. Indx.; — *Mesua* L. Endl. Gen. 5447; Mss. Gen. II. 345. 8.

5. 3. **Boa Ruccy** s. *Amassy* i. e. fructus dulcis — *Cubilia Rumphii* Bl. Rmph. III. 101. 2; Wlp. Ann. II. 221. 2 (ubi tom. V. cit.); Miq. Fl. I. n. 553. 1.

6. 4. **Radix Ettor** s. *Accar mera* i. e. radix rubra (e Timorae parte orientali s. ex insulis Etter s. Wetter et Kisser); foliis pinnatis (facie *Diphacae cochinchinensis*), foliolis ovato-oblongis, apice obtusis s. retusis (in icone acutis) subtus albido-coriaceis, alternis, raris; radice crassa, cortice intus rubro sulcato, extus cinereo; frutices s. arbusculae; flos & fruct. ignoti — ? ?

7. var. foliis majoribus, rhachi foliorum aculeis minutis recurvis armata — ? ?

7. **Arbor Sebi** s. *Cadoje* — Arbor Javanensis altissima, trunco recto, foliis illo *Dammarae albae* similibus sed majoribus et crassioribus, fructibus instar *Lansii domestici* sed minoribus & magis globosis, nigro-virentibus dein rubentibus, putamine 1 (nunc 4—6) oleifero. — Oleum seu sebum ex seminibus destillatum *Minjac cacca* s. *Taccauwa* dicitur — ? an *Lauracea*? Hsskl.

8. 5. **Morus indica** s. *Babessaea* s. *Babessaen* s. *Caju besaar* i. e. arbor magna s. *Soug-Say* — *Morus indica* Rmph. L. (7150); Brm. Ind. 198; Lour. Coch. 679. 1; Lam. Enc.

pag. tab.

IV. 378, 5; Willd. Sp. IV. 370, 5; Prs. Syn. II. 558, 6; Hasch. Clav.; Kstl. mdph. 125; Dtr. Spec. I. 551. 4; Hskl. Cat. 74. 1 (ubi tom. III. cit.); Prits. Indx.

9. *a. japonensis* — fruticosa.

9. *b. maccassarensis* — arborescens.

9. **Cortex acris** s. *Sapeia* s. *Apperea* — arbor alta, foliis alternis, brevi petiolatis, ovali-oblongis, (3—5" long., 2—2½" lat.), acutis, integris, glabris supra laevibus, subtus albicantibus, venulosis; inferioribus petiolo tortis; floribus fructibusque ignotis.

10. 6. 1. „ **igneus** s. *piperinus* s. *Culit api* s. *Eyh* s. *Mochalbaato* l. e. suffimigium — *Pittosporum* sp.? Teysm. in litt.

12. 6. 2. **Caju paua** s. *Aylanafu* s. *Aylaaiwan* — *Rubiacea, Coffearum* Hskl.; — *Psychotria* Teysm. in litt.

12. 7. **Cortex foetidus** (*) s. *Caju cutana* s. *Anatur* s. *Ura wuru* — *Pittosporum ferrugineum* Ait. *β. flavum* DC. (*) Prdr. II. 347. 8. *β*; Don Dichl. I. 374. 8. *β*; Hasch. Clav. (qui fig. 2 tab. 7 cit. quae haud existit); — *P. ferrugineum* Ait. Dtr. Syn. I. 834. 8 (ubi tab. 13 cit.); — *P. Rumphii* Putterl. Wlp. Rprt. I. 250. 4 (ubi tom. haud indic.); Bl. Mus. I. 160. 364; Miq. Flor. I. ii. 123. 4.

13. **Cortex flavus** s. *Malamasi* — *Anamirta malaccana* Prs. Syn. I. 265. 2; Sprng. Gesch. II. 78; — *A. Rumphii* Span. Tim. 325. 524 (quae — *Pittosporum timorense* Bl. Mus. I. 160. 363; Miq. Fl. I. ii. 122. 2).

14. 8. 1. **Camena** l. e. Ebenum nigrum — *Crotoni affin.* Lam. Enc. I. 568; — *Reidia* sp. Teysm. in litt.

14. 8. 2. **Arbor nummularia** (Poir. Lam. Enc. IV. 508) s. *Caju wauslawr* s. *C. mmin* s. *Ay ssmin* — *Guarea* Hskl. Hasch. Clav.; — *Epicharis* sp. Teysm. in litt.

15. **Oleander sinicus** s. *Codiho tefias* s. *Bonga japan* l. e. flos japonicus s. *Asale* s. *Toeboeki-tsjapier* l. e. truncus instar arbusculae Too & folium instar arundinis.

16. 9. 1. I. *major* — *Nerium Oleander* L. Lour. Coch. 144. 1; Hasch. Clav.; Prits. Indx.; — *N. zeylanicum* Brm. Zeyl. 107; — an potius *N. mascatense* A. DC. (Prdr. VIII. 421. 3) *β. pleno*? Hskl. (fol. 5—6 poll. longis, digitum latis, floribus pallide incarnatis, corona e filamentis 3 subulatis ad petalum quodque.)

16. II. *minor* — (ab antecedente foliis multo minoribus luteo-maculatis tantum differre dicitur).

16. 9. 2. **Faveas muscarum** s. *Aplela* l. e. lignum muscarum — *Symplocos* sp.? Teysm. in litt. — Icon repraesentat turionem fruticis aut arbusculae cujusdam, cui insident insectorum larvae crusta verrucosa primo obtectae; e foliorum forma elliptica (7—8" long., 3" lat.) utrinque acuminatorum, integrorum, sparsorum rarius oppositorum, ramisque pendulis vix recognosci potest planta haecce; Hskl.

17. 10. **Arbor vespertilionum** (Lam. Enc. IV. 316 (ubi „tom. VI.") s. *Carang lamanam* l. e.

*) De Candolle (in Not. 1) errando „Corticem flavum" ad „Cort. foetidum" citat, et inde varietatis nomen falso conformavit.

pag. tab.

vespertilionum albus s. *Caju moreggo* — *Helicia serrata* RBr. Miq. Flor. I.I. 987. 16 (ubi tab. 20 cit.); — Bl. DC. Prdr. XIV. 441. 16.

17. II. *oppositifolia* — ? ? an antecedenti affinis ?

18. 11. **Pauw I. maxima** s. *P. carbau* — *Mangifera altissima* Blanco (Flor. Filip. ed. I. 181); Miq. Flor. I.II. 632. 9 (ubi tom. IV. cit.)

18. II. **media** — *Mangifera altissima* Blanco *Pabo boton* (Pabo utan, stirps sponte crescens cf. Bl. Mus. I. 199. 411, ubi tom. V. loco I. citatus & Auctuarium neglectum est.)

18. III. **minima** — *Mangifera altissima* Blanco.

19. 12. **Xylophyllos ceramica** s. *Lima tori* i. e. quinque Agali s. *Daun caju* i. e. folium ligneum — *Xylophylla latifolia* L. Syst. X. (2152); — *X. longifolia* L. Mnt. II. (2151); Murr. Prs. Syst. 314. 1; Wlld. Sp. I. 1500. 1; Poir. Enc. VIII. 813. 2; Pritz. Indx.; — *Phyllanthus epiphyllanthus* L. β. Brm. Ind. 195; — *Ph. ceramicus* Prs. Syn. II. 591. 38; Dtr. Syn. V. 384. 6; — *Exocarpus* Endl. Gen. 2068; Mey. Gen. II. 240. 2; — *E. ceramica* Bllr. Spreng. Gesch. II. 77; Hssk. Clav.; — *E. phyllanthoides* Endl. Bl. Mus. I. 182. 414; Miq. Flor. I.I. 782. 2; — *Phyllanthus* spec. Baill. Euphrb. 624.

20. **Ayawa** — *Tetracera Assa* DC. Syst. I. 402. 14 ? ? ex Houtt.; Hsskl. Cat. 179. 6; — quod *falsum* videtur, nam haud est frutex scandens, fructus capsulis 3—5, 1—2-spermis, sed arbor trunco ped. crasso, foliis iis Canarii similibus, 7" longis, 1½—2" latis, petiolatis sparsis; corymbis axillaribus (9—16" long.) parce ramosis; fructibus 2-locularibus dependentibus, loculis ad basin concretis (foliis serotum referentibus), sulco notatis ibique dehiscentibus, obscure luteis, pericarpio tenui; loculo altero inani, altero fertili; semine quam bacca Lauri majore, nigrescenti, pellicula alba obducto.

21. **Lignum vinosum** s. *Caju lerai* s. *C. lero* — frutex, cujus radix tantum nota erat Rumphio nostro.

22. **Panggel boaja** i. e. dens molaris crocodili — arbuscula, ultra pedem crassa (ad litus ripasque Bali insulae meridionalis crescens), foliis angulis spinosis armatis, dentes crocodilorum referentibus.

22. **Stercus aquilarum** s. *Tay udang* s. *Malei toya* — Arbuscula, magnitudine *Granati*, ramulis tenuibus, inferne nudis, superne foliatis, foliis decussatis (per binos ordines alternatis), longis angustis, longiter acuminatis (3" longior., 1" lat.), minute densaque serrulatis, breviter petiolatis; inflorescentia capituliformi axillari, floribus parvis 8-petalis (8-partit. ?); baccis parvis viridibus, maturis nigris, Piperis magnitudine, glabris succosis, intus seminibus parvis repletis.

22. 13. **Hystrix frutex** s. *Caju landak* s. *Wonga landac* i. e. flos hystricis — *Barleria Prionitis* L. Syst. X. & Sp. II. (4822 Obs.); Brm. Ind. 135; Hssk. Clav.; Pritz. Indx.; — *B. Hystrix* L. Mnt. I. (4621); Murr. Prs. Syst. 613. 3 (cf. 4.); Wlld. Sp. III. 376.

pag. tab.

3; Dtr. Syn. III. 591. 2; DC. Prdr. XI. 239. 51 (ubi tab. 15 cit.); Prits. Indx.; — *Premna ligustrina* Miq. Flor. II. 809. 1.

24. 14.1. **Maderius** s. *Madari* s. *Maduri* s. *Core* s. *Sidaguri* = *Asclepias gigantea* L. am. ac. (1772); — *Calotropis gigantea* RBr, R. S. S. V. VI. 91. 2; Bl. Bijdr. 1054; Hassk. Clav.; Kstl. mdph. 1090; Dtr. Syn. II. 903. 1; Span. Tim. 334. 502; Hasskl. Cat. 125. 1; DC. Prdr. VIII. 535. 1; Don Diebl. IV. 146. 2; Miq. Flor. II. 491. 1.

25. II. *albiflorus* — antecedentis forma (cf. Miq. l. c.)

25. **Catsjo pirè** - *Catsja piring*.

25. 14.2. I. *major* — *Hibiscus* sp. Brm. Obsrv. ad Rmph. 27; — *Gardenia florida* L. (1709); Brm. Ind. 67; Lour. Coch. 183. 2; Willd. Sp. I. 1225. 2; Prs. Syn. I. 198. 2; Rxb. Flor. II. 540. 1; R. S. S. V. V. 236. 2; Hassk. Clav.; Kstl. mdph. 577; Prits. Indx.; — *G. flor. β. β. plena* DC. Prdr. IV. 379. 1; Don Diebl. III. 496. 1. β.

26. II. *minor* = cf. Tom. IV. p. 87. tb. 39.

27. 16. **Lussa radja** s. potius: *Nusa radja* i. e. insula regia s. *Cotilang* (jav.)

I. *e Java* = *Cuneus amarissimus* Lour. Coch. 809. 1; Poir. Enc. Sppl. V. 291 (ubi „Lussa"); R. S. S. V. III. 495. 1; (cf. ibid. Mnt. III. 310. 1); — *Brucea* (? Poir. Enc. Sppl. V. 291.) *sumatrana* Rxb. DC. Prdr. II. 88. 3; Don Diebl. I. 801. 3; Hassk. Clav.; Kstl. mdph. 1216; Dtr. Syn. I. 553. 3; Hasskl. Cat. 248. 1; Hasskl. Flor. (R. Z.) 1841. 615; Bent. Horsf. plnt. Jav. 199; Prits. Indx.; Miq. Flor. I. II. 680. 1 (ubi pag. 23. cit.)

28. II. *ex Solwa* (racemo longiori (duplo), fructibus majoribus magis oblongis; tota planta amarior = ? ?

29. 16. **Radix mustelina** s. *Acar lacus* s. *Pale pandac* — *Lignum colubrinum* sp. II. s. *Ophioxylum* L. Brm. Obsrv. ad Rmph. 32; — *O. serpentinum* L. (7031); Brm. Ind. 218; Murr. Syst. 911. 1; Murr. Prs. Syst. 952. 1 (ubi uti apud Willd. & Hasskl. p. 26 cit.); Willd. Sp. IV. 979. 1; Prs. Syn. I. 266. 1; Rxb. Flor. II. 530. 1; Kstl. mdph. 1077; Don Diebl. IV. 100. 1; Hassk. Clav.; Hasskl. Cat. 121. 1; Dtr. Syn. V. 530. 1; Prits. Indx.; — *Ophiorrhiza Mungos* L. Brm. Ind. 42.

29. 16. I. *alba* — *Ophioxylon serpentinum* L. Poir. Enc. Sppl. IV. 649; DC. Prdr. VIII. 342. 1; Miq. Flor. II. 401. 1; — *O. album* Grtn. ex DC. l. c.; — *O. majus* Hasskl. Cat. 309. (559. 2) ?

30. II. *rubra* = *Ophioxylon serpentinum* L. Lam. Enc. IV. 685. 1; R. S. S. V. IV. 526. 1 (ubi pag. 26 cit.); Hasskl. Flor. (R. Z.) 1845. 295. (163)?; Wlp. Rprt. VI. 467. 1; — *O. trifoliatum* Grtn. ex DC. Prdr. VIII. 343. 1; Miq. Flor. II. 404. 2.

32. 17.1. **Fructus regis** s. *Bua radja* s. *Caju seran* s. *C. puttar* s. *Bua puttar* i. e. lignum contorsionis s. fructus contortus — *Helicteres foliis cordatis serratis, fructibus compositis contortis* L. Brm. Obsrv. ad Rmph. 33; — *H. Isora* L. (6970 Obs.); Brm. Ind. 192; Willd. Sp. III. 721. 3; Prs. Syn. II. 239. 3; DC. Prdr. I. 476. 1; Don Diebl.

pag. tab.

I. 506. 1; Hassk. Clav.; W. A. Prdr. I. 60. 224; Kstl. mdph. 1871; Span. Tim. 173. 80; Dtr. Syn. IV. 805. 1; Prits. Indx.; Miq. Flor. I. II. 169. 1; — *Helicteres ovata* Lam. γ. Lam. Enc. III. 887. γ; — *Isora corylifolia* Wght. Hsskl. Cat. 202. 1; Hsskl. plnt. Jav. 308. 219.

34. 17.2. **Cheramela** s. *Boa tsjeremey* s. *Tsjeremy* — *Malus indica fructu parvo rotundo acido striato* Brm. (Zeyl. 148) Explic. tab. Rmph. 33; — *Averrhoa acida* L. Spec. II. (3334, ubi tab. 38. cit.); Brm. Ind. 106; Lam. Enc. I. 620. 3; — *Cicca disticha* L. Wlld. Sp. IV. 332. 1 (ubi uti apud Prs., Kstl., Endl., Msn., Miq. tab. 33. cit.); Prs. Syn. II. 550. 1; Poir. Enc. Sppl. II. 259; Kstl. mdph. 1773; Richt. Obs. ad Cod. Linn. 7119; Hsskl. Cat. 241. 1; Baill. Euph. 618; — *Phyllanthus Cheramela* L. (qui haud existit); Hassk. Clav.; Prits. Indx. (qui fig. 1 cit.); — *Cicca nodiflora* Lam. Miq. Flor. I. II. 372. 1; — *Cicca* L. Endl. Gen. 5851; Msn. Gen. II. 261. 91; — *Phyllanthus Cicca* Müll. Arg. Linnaea 32. (1863). 50. 188.

35. 18. **Herpetica** s. *Daun curap* i. e. folium Herpetis milliaris s. *Centurbon* — *Cassia alata* L. (2976); Brm. Ind. 96; Wlld. Sp. II. 524. 37; Poir. Enc. Sppl. III. 46; W. A. Prdr. I. 287. 890; Span. Tim. 200. 319; Wlp. Rprt. I. 816. 31; Hsskl. plnt. Jav. 404. 298; — *C. al.* β. *Rumphiana* DC. Prdr. II. 492. 32. β; Don Dichl. II. 438. 1. β; Hassk. Clav.; Dtr. Syn. II. 1480. 43. β; Hsskl. Flor. (R. Z.) 1842. Beil. II. 91. 53. β; Hsskl. Cat. 286. 6; Prits. Indx.; Miq. Flor. I. I. 93. 8. β; — *C. Rumphiana* Kostel. mdph. 1331.

36. **Spina spinarum** s. *Baram* s. *Kam* s. *Kitarkitji*.

36. 19.1.2. I. *mas* — *Carissa spinarum* L. (1705); Murr. Prs. Syst. 263. 1; Lam. Enc. I. 554. 3; Murr. Syst. 251. 1; Murr. Prs. Syst. 263. 1; Wlld. Sp. I. 1220. 1 (ubi p. 76 cit.); R. S. S. V. IV. 510. 3; Dtr. Syn. I. 713. 2; Prits. Indx.; oppos. A. DC. Prdr. VIII. 332. 8; adnuente autem Teysm. in litt. solummodo quoad fig. 1; — *Stigmarota Jangomas* Lour. Coch. 779. 1; Poir. Enc. Sppl. V. 250; R. S. S. V. IV. 520. Obs.; DC. Prdr. I. 257. 1; IV. 473; Don Dichl. III. 562; I. 292. 1; Hassk. Clav.; — *Damnacanthus indicus* Grtn. ex Grtn. (DC. Prdr. IV. 473. Char. gen., uti Don Dichl. III. 562); — *Flacourtia Jangomas* Gmel. Kstl. mdph. 1625; Hsskl. Cat. 186. 6; Miq. Flor. I. II. 105. 6; — *Roumea* sp. Zucc. Flor. (B. Z.) 1846. 266; — *Flacourtia Cataphracta* L. ? Teysm. in litt. quoad fig. 2 solummodo.

37. II. *femina* — *Flacourtia inermis* Rxb. ? (cf. Don Dichl. I. 291. 3) ? oppone aculei! an *F. sapida* Rxb. ? ? Hsskl.; — (Truncus humilis inermis, rami longiores penduli aculeati, incurvati nonnulli in spinas mutati; folia quam in antecedente majora ovato-oblonga, minute dentata, ad apicem ramulorum minora; flores parvi virescenti-albidi, 5-petali; filamenta brevia flavescentia, pistillum viride; fructus 3—4ni simul penduli, baccati, globosi, mucronulati, dein intense purpurei, carne mucosa dulci eduli; semina 12 angulosa & plana.)

pag. tab.

38. **Tajinlang** (e China allata) — *Aglaia* sp., an eadem ac *A. odorata* Lam. ? an *A. odoratissima* Bl. ? (Miq. Fl. I. II. 544. 1 & 546. 6) Hsskl.

39. 19.3. **Oxyacanthus javanus** s. *Sangyan laki laki* — *Phoberos chinensis* Lour. Coch. 389. 2; Poir. Enc. Suppl. IV. 398. 2; Hassk. Clav.; — *Damnacanthus* L. fil. Endl. Gen. 3178; — *D. sp.* s. *Canthium* sp. DC. Prdr. IV. 473. cxxxii; Don Dichl. III. 562. cxli; Spreng. Gesch.; — *Canthium indicum* Dtr. Syn. I. 779. 26 ? (ubi tab. 8 cit.); — *Carissa Carandas* L. Bl. Bijdr. 1023; Span. Tim. 325. 516; oppos. Hsskl. Flor. (B. Z.) 1845. 294 (262).

39. **Spina pectinata** s. *Duri* (lapsu calami Dori) *sisir* — ?? Arbuscula javanica foliis oppositis, spinis oppositis (axillaribus ?), digitum longis, basi nigris, apice rubris, fructibus oblongis (½ digit. long.) luteis edulibus.)

40. 20. **Terminalia rubra silvestris** s. *Daun sepesi* i. e. folium mendax s. *Weilanang* s. *Werringen* l. e. luxurians — *Cordyline Jacquini* Kth. (Enum. V. 23. 2) α. rubra Hsskl. (Cat. 31. not. 3; Kuth. l. c. 21. † α.) ? Hsskl.

42. **Campana rubra** s. *Cha utan* — an *Bignoniacea* ? Hsskl. (Frutex scandens, ramis tenuis teretibus verrucosis, petiolis oppositis, foliis pinnatis cum impari maximo, foliolis 5 breviter petiolulatis, 3—4" longis, vix 2" latis, subtus lanuginosis, basi obtusatis, apice acuto; racemis 10—12-floris; calyx 5-phyllus (-partitus), foliolis corollae arcte adpressis; corolla 5-loba campanulata, 1½—2" longa, inferne purpurea incolora, rubenti; staminibus purpurascentibus, antheris albis, corollae accumbentibus; stylo purpureo, stamina excedenti.)

49. 21.1. **Radix sinica** s. *Ginseng* s. *Ninsin* s. *Jinsom* s. *Som* s. *Nisi* l. e. homo pedibus extensis — *Sium Ninsi* L. Hassk. Clav. (qui summo jure iconem malam dicit cf. ic. Kmpf. amoen. 819); — *S. Sisarum* L. β. *Ninsi* DC. (Prdr. IV. 124. 1. β; R. & S. V. VI. 536. 8. β.)

50. 21.2. **Tjintjau javanicum** cf. Tom. VI. 90. ubi descriptio, sed ibidem *Tsjautjan* scribitur.

51. 22.1. **Moschus celebica** s. *pilosa* s. *Bakolu bugis* l. e. mercatura bugensium s. *Balu matta kera* l. e. supercilia simiae s. *Takkan parrea* s. *Tankai padang* l. e. bacilli camporum s. *Balu latsjing* l. e. pili felium — *Acrocephalus capitatus* Bnth. (Miq. Fl. II. 961. 1) ? Hsskl.

52. **Cassytha cornea** s. *Cariani* — *Cassytha corniculata* L. (3095, qui ubi Lour. pag. 56 cit.); Brm. Ind. 93; Lour. Coch. 649. 9; Murr. Syst. 385. 2; Lam. Enc. I. 653. 2; Murr. Pers. Syst. 412. 2; Willd. Sp. II. 489. 2; — Miq. Fl. I. i. 977. 2. Obs. haec ex ordine *Laurinearum* excludenda esse censet. — „Planta in altis et incultis *Celebis* montibus crescens, multis tenuibus & intricatis flagellis seu chordis more *Cassythae* prorepit, supra et per fruticulos praesertim circa deciduas & putridas arbores „sine notabilibus foliolis aut flosculis; hujus vero chordulae longiores sunt, ex nigro „splendentes, glabrae lentae nec fragiles, crassitie fili nautici. An ortum ducat „planta haecce ex ramis fruticulorum arborumve putridarum, an ex ipsa terra inco-

pag. tab.

„las mihi declarare haud potuerunt." — Mihi *Rhizomorpha* aut *Mycelium* fungi cujusdam esse videtur; Hsskl.

52. 22.2. **Tubu tubu** s. *T. Lanoeni* s. *Herba spiralis* s. *Hamuli* s. *Hamuki* s. *Hamuri* s. *Huri mari* — *Costus* Hnsch. Clav.; — *C. globosus* Bl. Teysm. in litt. — Planta habitu *Costum* refert sed „ejus caules superius se dividunt in laterales ramos, irregulariter locatos," uti in *C. niveo* Meyer (Dtr. Spec. I. 62. 8) et si pro *Costo* plantam nostram sumas, haec ad paucas *Costi* species pertineret, spica radicali praeditas. Scapus 1½—2" altus, dum caules foliiferae binas orgyas alter alat; spicae dense imbricatae, iconem Ananassam referunt, bracteis firmis spinulosis rubris. Fructu biloculari poly-spermo, seminibus angulosis." — *Costus* ? *Ananassae* Hsskl.

54. 23.1. **Tingulong** s. *Tangulong* — *Amyris Protium* L. (2686); Lam. Enc. I. 561. 7; Willd. Sp. II. 337. 1; Poir. Enc. Sppl. V. 314; Hnsch. Clav.; Pritz. Indx.; — *Protium javanicum* Brm. Ind. 88; DC. Prdr. II. 78. 1; Don Diehl. II. 83. 1; Kstl. mdph. 1226; Bl. Mus. I. 219. 404; Miq. Flor. I. II. 654. 1; — *Protium* Brm. Endl. Gen. 5925.

55. 23.2. **Nanium Caloppurium** s. *Namiere* s. *Nani niere* L. s. cori — *Myrtaceo* ? Hsskl.

55. 24.1. **Malam arunnum** s. *Caim gatar* — Arbor vasta, folia foliis Sandoricl similia, alterna, (6—9" longa, 3 poll. lat.), utrinque hirsuta, sublanuginosa una cum ramis et petiolis, fructus globosi haud sulcati, Citri pomi magnitudine, virentes dein flavescentes, carnosi, exsiccati corrugati, carne acida repleti et seminibus 30—40—90, iis Limonum similibus sed rotundioribus. — An *Hydnocarpus* sp. ? Hsskl.

56. 24.2. **Caju gora arunnum** (ex quo odoratum prodeat gummi), — nomen tantum, descriptio deest — *Crotin* sp. Teysm. in litt.

56. 24.3. **Palala aroana** s. *Cabbita bila* s. *Caju fia fia* s. *Nux moschata aroana* — *Myristica* sp. Hnsch. Clav.; — *M. aroana* Bl. Rmph. I. 191. 7 (icon mediocris dicitur); DC. Prdr. XIV. 207. 77; Miq. Flor. I. II. 65. 32.

57. **Carandas** s. *Carandang* s. *Krandang*.

57. 25. I. *albiflora* — *Carissa Carandas* L. (1704); Lam. Enc. I. 554. 1; Lour. Coch. 153. 1; Willd. Sp. I. 1219. 1; Prs. Syn. I. 266. 1 (qui uti Willd. pag. 7 cit.); Poir. Enc. Sppl. II. 90; R. S. S. V. IV. 516. 1; Bl. Bijdr. 1023; Hnsch. Clav.; Kstl. mdph. 1069; Don Diehl. IV. 104. 4; Spau. Tim. 325. 516 (ubi „tab. 29"); DC. Prdr. VIII. 332. 1; Hsskl. Flor. (B. Z.) 1845. 294 (202); Pritz. Indx.; Miq. Flor. II. 399. 1; — *Echites spinosa* Brm. Ind. 69; — *Capparis Carandas* Brm. Ind. 118 et 119.

57. II. *rubriflora* — an antecedenti affinis? („flores gerens rubentes instar *Persicae*, et fructus proveniunt in crassis ramis lateralos!")

58. 26.1. **Flos siamicus** s. *Bonga siam* s. *Mapuri tankin* L. e. Jasminum ex Tankin delatum — *Convolvulus* sp. Brm. Explic. tab. p. 59; — *Cynanchum odoratissimum* Lour. Coch. 206. 1; Poir. Enc. Sppl. II. 430. 27; — *Pergularia odoratissima* L. R. S. S. V. VI. 54. 1 (qui uti Don „Tom. VI." cit.); Wght. Contrib. 43.2; Don Diehl. IV. 132. 1; Dtr.

pag. tab.

Syn. II. 894. 1; Spae. Tim. 373. 488; DC. Prdr. VIII 618. 1; Miq. Flor. II. 493. 1; — *Apargnum odoratissimum* Lour. Hasch. Clav.; Prits. Indx.

69. 26.2. **Sarotum cassi** s. *Poperieer cassi* s. *Boa malo* — *Aparyase* quaedam ? Haskl.

60. 27.1. **Machilus angustifolia** s. *Aylaua arvan* I. e. folium angustum s. *Machilus daun kitsjil* — *Tetranthera angustifolia* Bl. Hasch. Clav.; Prits. Indx.; — *Actinodaphne angustifolia* Nees Hasch. Clav. (cf. Nees Laur. 591. 39; Miq. Flor. I.1. 967. 9).

60. 27.2. **Verbena rubra** s. *Daun mata prnaos* I. e. folium oculorum calidorum s. *Goodong casse* — *Achyranthes sanguinolenta* L. Syst. XII. (1671); Brm. Ind. 63; Lam. Enc. I. 547. 9; Prs. Syn. I. 258. 9 (ubi tom. V. cit.); R. S. S. V. V. 546. 10; Hasch. Clav.; Dtr. Syn. I. 865. 11; — *Illecebrum sanguinolentum* L. Mnt. II. (1671); Willd. Sp. I. 1204. 2; Sprng. Gesch. II. 76 (qui „sanguineum“ scribit.); — *Aerva sanguinolenta* Bl. Haskl. Cat. 83. 1; DC. Prdr. XIII.n. 300. 3; Miq. Flor. I.i. 1038. 3.

61. 28.1. **Tajikin** s. *Tija-kra* (in titulo ermofe: „*Tejaskra*“) — *Lagerstroemia indica* L. (3881); Brm. Ind. 122; Hts. Obs. V. 25. 65 (ubi lapsu typographi ad speciem sequentem citatur cf. Obs. VI. 30. 31); Lour. Coch. 415. 1; Willd. Sp. II. 1178. 1; DC. Prdr. III. 93. 1; Drapiez. Herb. I. 20; Don Dichl. II. 723. 1; Hasch. Clav.; W. A. Prdr. I. 308. 951; Dtr. Syn. III. 969. 1; Haskl. Cat. 256. 1 (ubi tom. VI. cit.); Haskl. Flor. (B. Z.) 1844. 603; Prits. Indx.; Bl. Mus. II. 125. 298; Miq. Flor. I.i. 622. 1; — *L. indica* L. α. *minor chinensis* Hts. Obs. I. 20. 61. α; — *L. chinensis* Lam. Enc. III. 375. 1.

62. 29. **Ossifraga lactea** s. *Patta tulang* I. e. os fractum — *Tithymalus ramosissimus* Brm. Zeyl. 223 et Obsrv. ad Rmph. 63; — *Euphorbia Tirucalli* L. (3502); Brm. Ind. 111; Lam. Enc. II. 417. 15; Lour. Coch. 306. 4; Prs. Syn. II. 11. 22; Hasch. Clav.; Kstl. mdph. 1720; Haskl. Cat. 233. 3; Dtr. Syn. V. 317. 47; Prits. Indx.; Miq. Flor. I.ii. 420. 10; DC. Prdr. XV.ii. 96. 373.

63. **Laurus Japonica** s. *Cinnamomum japonicum* I. — *Laurus Soncaurium* Hmlt. Hasch. Clav. (quae est *Cinnamomum albiflorum* Nees Laur. 68. 19, Indiae nec Japoniae civis!)

64. **Cinnamomum Japonicum** II. — *Cinnamomum dulce* Nees (Laur. 62. 14) ? Haskl.

64. „ **zeylanicum** — „ *zeylanicum* Breyn. (Miq. Flor. I.i. 898. 17 & Ann. Mus. Lgd. Bat. I. 256. 5.)

65. **Culit Lawan** — *Cinnamomum Culilawan* Nees (Miq. Fl. I.i. 894. 7; & Annal. Mus. Lgd. Bat. I. 256. 5). Haskl.

65. & 68. **Arbor camphorifera** I. vera s. *japonensis* — *Laurus Camphora* Kmpf. Brm. Obs. ad Rmph. 69 (— *Camphora officinarum* Nees Laur. 88. 1).

65. & 68. II. *occidentalis* — *Dryobalanops aromatica* Grtn. Bl. Mus. II. 38. 109; — *D. Camphora* Colebr. de Vries. Camph. 20; Miq. Flor. I.ii. 499. 1).

72. 80. **Smilax sarmentosa spinosa** &c. s. *Gua quaers* — *Smilax indica spinosa folio Cinnamomi, Pseudo-China* &c. Brm. Zeyl. 217; — *S. China* L. (7441. Obs.); Brm. Ind. 213; Hasch. Clav.; Prits. Indx.; — *S. leucophylloides* Kuth. (En. V. 263. 104) ? Haskl.

Index alphabeticus I.

NOMINUM LATINORUM RUMPHII.

44

Index alphabeticus II.

NOMINUM INDIGENORUM [*]

[*] [illegible]

[illegible] — morem.
[illegible] — [illegible].
[illegible] — tempestivus.
[illegible] — pharmacum.
[illegible] — [illegible].
[illegible] — [illegible].
[illegible] — pinguem, [illegible].
[illegible] — [illegible]
[illegible] — [illegible].
[illegible]
[illegible] — hic, [illegible]
[illegible] in [illegible].
[illegible] — planta quidam.
[illegible] — [illegible].

[illegible] — sordes, [illegible], [illegible],
[illegible] — [illegible] [illegible].
[illegible] — [illegible].
[illegible] — [illegible].
[illegible] [illegible]
[illegible] — [illegible].

[illegible] — [illegible], [illegible].
[illegible] — [illegible].
[illegible] — [illegible].
[illegible] — corvus.
[illegible] — [illegible].
[illegible] — [illegible].
[illegible] — pes.
[illegible] — [illegible].
[illegible] — [illegible].
[illegible] — [illegible].
[illegible] — [illegible]
[illegible] — [illegible].
[illegible] — [illegible].
[illegible] — [illegible].
[illegible] — volare, [illegible].
[illegible] — [illegible], [illegible].
[illegible] — [illegible].
[illegible] — [illegible].
[illegible] — [illegible].
[illegible] — [illegible].

[illegible] — [illegible].
[illegible] — [illegible].
[illegible] — [illegible].
[illegible] — dispositio.
[illegible] — [illegible].
[illegible] — [illegible].
[illegible] — [illegible].
[illegible] — clarus.
[illegible] — [illegible] [illegible].
[illegible] — [illegible].
[illegible]
[illegible] — [illegible].
[illegible]
[illegible] — [illegible].
[illegible] — [illegible].
[illegible] — [illegible].
[illegible] — [illegible].
[illegible] ([illegible]) — [illegible].
[illegible] — [illegible].
[illegible] — [illegible].
[illegible] — [illegible].

[illegible] — tuber.
[illegible] — [illegible].
[illegible] — serpens, [illegible].
[illegible] — serpens, [illegible].
[illegible] — recede.
[illegible] — [illegible], [illegible].
[illegible] — [illegible].
[illegible] — [illegible].
[illegible] — [illegible].
[illegible] — [illegible], [illegible]

[illegible] — [illegible]

[illegible] — [illegible].
[illegible] — [illegible].
[illegible] — [illegible], [illegible].
[illegible] — [illegible].
[illegible] — [illegible].
[illegible] — [illegible].

(In indice hocce loco litera [illegible] semper litera C scripta reperitur).

Index alphabeticus nominum systematicorum.

Index.

Addenda et emendanda.

NB. Während des Druckes kamen dem Verf. noch nachträglich manche zur Aufklärung von Rumph's Herbarium wichtige Werke zu, welche mancherlei Zusätze nöthig machten; andererseits veranlassten der schwierige Satz und die Entfernung des Wohnorts des Verf. vom Druckorte eine grosse Zahl von Druckfehlern, um deren sorgfältige Verbesserung vor dem Gebrauche dieses Schlüssels ergebenst gebeten wird.

pag. 147 post Brg. Linn. insertu: Berg, O., u. Schmidt, C. F., Darstellung u. Beschreib. der officin. Gewächse I, 185. II, 59. III, 61. IV, 63.

pag. 148 post Griff. inserue: Hayn. Arzngfl. Hayne, F. G., Darstellung u. Beschreib. der Arzneipflanzen I, 1805. II, 9. III, 13. IV, 16. V, 17. VI, 19. VII, 20. VIII, 22. IX, 25. X, 27. XI, 30. XII, 33. XIII, 37. XIV, 43.

— — Hask. Ilim. lege: Memoirs in Wern. Soc. . . . . et Linn. Transact. 201.

— — Hask. Ljun. lege: in loco o.

— — post Hask. Lien inserue: Hask. [illegible] Henkel, J. B. et Hochstetter, W., Synopsis der Nadelhölzer. 1865.

— — post Hook. Ser. Cat. inserue: Hook. Thom. Fl. Ind. Hooker, J. D. et Thomson, Th., Flora Indica I, 1855.

— — Jun. Mel. lege: 1830 loco: 1817.

— — Kltz. Arist. lege: 1859 loco: 1857.

— — post Kop. Ktz. inserue { Krz. Ann. Kurz S., in Annal. Lugdbat. II, 1865. / Kstl. [illegible] Kosteletzky, V. F. medicinisch pharmac. Flora I. 1831. II. (p. 311) 31. III. (p. 751) 31. IV. (p. 1119) 35. V. (p. 1570) 36. VI. 36

— — Lour. Em. adde post: method.: [illegible]

— 149 lin. 4 lege: II 1865—8

— — lin. 3 ab inf. lege: [illegible] loco: [illegible]

— 150 ante lin. primam inserue: Schlchtd. Adumbr. Schlechtendal, D. F. L. de, Adumbrationes filicum C. II [illegible] 1825—32.

— post Spring. Lycop. inserue: Spreng. Gen. Sprengel, C., Genera plantarum I. 1830. II. 31.

— — post Vers. Good. inserue: Vers. plnt. Vriese, W. H. de, plantae Indiae bat. Reinw. 1856.

— 151 [illegible]: Tom. I. Lib. 1; arborum, quae fructus esculentos ferunt et cultorum [illegible] requirunt.

pag. 151. lin. 3 ante: Hasch. pone: Kal. mdph. 268,

— — l. 14 loco: marchnerrodes lege: marchnerrodes.

— — l. 16. loco: s. C. lege: var. l.

— — infim. ante: Hasch. pone: Hayn. Arznpfl. VII. 35. Kal. mdph. 296;

— 152. l. 9. lege: Prunus loco: Bo eng.

— — l. 11. lege: obscura loco: [illegible]

— — l. 14. lege: minor loco: major.

— — l. 16. lege: 241. 2. loco: 241. 3.

— — l. 19. lege: 621 loco: 671.

— — l. 20. lege: [illegible] loco: [illegible]

— — l. 21. lege: 21 [illegible]), loco: 20) [illegible];

— — l. 21. dele: l.

— 153. l. 3. dele: , post Sakeys

— — l. 7. lege: IV. loco: VI.

— — l. 11. lege: 1166 loco: 1106

pag. 153. l. 11 ante: Hasch. pone: Kal. mdph. 303;

— — l. 18 ante: Endl. pone: Hask. Hasch. Clav.

— — l. 24 ante: Licuala pone: Id. Amoi. I. 6. 31;

— — l. 26 lege: Lontarus loco: Lactarus.

— — l. 28 ante: Hasch. pone: Kal. mdph. 305;

post: qui pone: [illegible] Kal.

— — l. 29 ad finem pone: ;

— — l. 34 lege: arcuatae loco: [illegible]

— — l. 35 ante: [illegible] pone: Kal. mdph 303;

— 154. l. 1 lege: Lontarus loco: Lontarus.

— — l. 3 lege: clav.; loco: clav.;

— — l. 6 ante: Rumph dele: ,

— — l. 10 ante: Kunth. pone: Kal. mdph. 295;

— — l. 19 post: Baro loco: a.

— — l. 21 lege: [illegible] loco: tribuitur.

pag. 154. l. 22. ante: Hasch. pone: Kal. mdph. 300;

— — infim. ante: Wlld. pone: ;

— 155 l. 1. ante: Hasch. pone: Kal. mdph. 301;

— — l. 2 lege: 299 loco: 209.

— — l. 5. ad fin. adde: Kal. mdph. 291;

— — l. 11. ad fin. lege: 4; loco: 1

— — l. 22. ad fin. lege: Clav.; loco: Clav.;

— — l. 23. ad fin. lege: Co- loco: Coc-

— — l. 24. ab init. lege: cos loco: cos.

— — l. 32. pone: [illegible] ante [illegible] in lin. 33.

— — [illegible], lege: Sajor radja loco: Sayor radja

— 156. l. 2. ante: Hasch. pone: Kal. mdph. 64;

— — l. 8. lege: Carb. loco: carb.

— — l. 13. ante: Wlld. pone: ;

pag. 156 lin. 15. pone: Pers. etc. ante: Spun. etc.
— — l. 21. pone: Don etc. ante: Dr. etc.
— — l. 22. ante: Hochl. pone: Koch. mdph. 1212;
— l. 31. lege: Parvis loco: Parrig.
— 157. l. 1. lege: Aue loco: Wan. lege: etsa loco: Usw.
— — l. 9. ante: Dr. pone: Koch mdph. 1233;
— — l. 13. lege: Willd. Sp. III. loco: Willd. Sp. II.
— — l. 15. ante: Hochl. pone: Koch mdph. 1077;
— — l. 18. post Tolwel pone: a. Lam.
— — l. 19. lege: IV. n. loco: IV.
— — l. 20. post 382 pone: Koch mdph 1109,
— — l. 30. post: l. l. pone: Koch mdph. 410; ad fin. dele: Du
— — l. 34. lege: Champeda Dur. loco: Champedia.
— — l. 33. lege: dors ponunt aut loco: durae ponunt aut.
— — l. 35. lege: ancisus loco: inciusus.
— — l. 36. ante: Hoch. pone: Koch mdph. 118;
— 158. l. 2. lege: 60. loco 60
— — l. 3. lege: 265. 2. loco: 265.
— — l. 4. lege: bidy. c. S. nine loco: bidys.
— — l. 6. ante: Hoch. pone: Koch. mdph. 418;
— — l. 21. ante: Dr. pone: Koch mdph 1910;
— — l. 23. lege: Roy loco: Roy.
— — l. 27. lege: 142 loco: 141. ante Dr pone: Koch. mdph. 1910;
— l. 30. lege: Rusm loco: Rusmp.
— — l. 32. dele: Pers. Tur. etc.
— — l. 35. ante: Wlp. pone: Koch mdph. 1530;
— — l. 38. lege: 221. loco: 22.
— 159. l. 5. lege: Jambos L. loco: Jambosa L.
— — l. 10. ante: DC. pone: Jambosa [illegible]
— — l. 11. ante: Eng. pone: Koch mdph. 1530;
— — l. 12. lege: Jambosa loco: Jambosa.
— — l. 13. lege: 412. l. e. loco: 412 e.
— — l. 17. lege: 300 loco: 310

pag. 159. l. 2. ab inf. ante: Pritz. pone: Koch mdph. 1023,
— 160. l. 1. ante: Jambosa pone: —
— — l. 8. lege: 130 loco: 131.
— — l. 11. ante: Hochl. pone: Koch mdph. 1532.
— — l. 13 ante: Pritz. pone: (ubi „tab. 24" etc.)
— — l. 20. ante: Pritz. pone: S. ab- [illegible] Koch mdph. 1532.
— — l. 25. ante: Endl. etc. pone: Pers. etc.
— — l. 24. ante: Ner } pone: Koch mdph.
— — l. 28. ante: Meq } 1671;
— — l. 4. ab inf. ante: Dr. pone: Koch mdph. 1715;
— 161. l. 1. post Hoch. pone: Clar.
— — l. 5. post Clar. pone: Koch mdph. 1714;
— — l. 6. ante: Meq. pone: Hook Thom Fl. I. 115. 1;
— — l. 12. ante: Dr pone: Koch mdph. 1522;
— — l. 20. ante: Spun pone: Koch mdph. 1522;
— — l. 26. ante: Wlp pone. ; loco, lege: 836. l. β. loco: 831 l. β.
— — l. 29. dele: Roch. Clar. lege: pomulum loco, pomulum.
— — l. 31. ante: Dr. pone: Koch mdph. 1523 (ubi „tab. 15" etc.);
— — l. 32. ante: Cal. pone: Hochl.
— — l. 34. ante. Pritz. pone: Roch. Clar.
— — l. 38. lege: cavela loco: Castela.
— — l. 34. dele: Pers. Eng. etc. ante W. A. pone: Koch mdph. 740,
— 162. l. 1. lege: Lam. Enc. V. 2. 1; loco: Lam.
— — l. 5. lege: Ohs.; DC. loco: Ohs. DC.
— — l. 8. dele: W. A.
— — l. 10. post: Gen. pone: l. c.
— — l. 11. lege: Papaya loco: Papaya.
— — l. 19. lege: l. c. 334. loco: 311.
— — l. 20. ante: Wlp pone: Koch mdph. 1084;
— — l. 21. ante: Dr. pone: Koch mdph. 1087;
— — l. 29. ante: Lamarck pone: —
— — l. 31. ad fin. pone: Koch mdph. 1237;
— — l. 33. lege: sn sp. loco: sp. an. post: 395 pone: S. arenata Koch mdph. 1029;
— — l. 38. lege: 404 loco: 405.

pag. 163. l. 9. post: Ferns. pone: ?
— — l. 18. lege: cit.); Ham. loco: cit.) Ham.
— — l. 22. ante: Dr. pone Koch mdph. 1341,
— — l. 29 dele: ? ante: DC. et pone: ? ante: Hoch. ante: Dr. pone: Koch mdph. 1341;
— — l. 30. lege: 507 loco: 917. lege: 1079 loco: 1079:
— — l. 34. ante: Hochl. pone: Koch mdph. 1091;
— — l. 35. lege: 5537 loco: 5. 537
— — l. 38. lege: lege: [illegible] ? loco, [illegible]
— 164. l. 2. ante. Hoch. pone: ?: Koch. mdph. 441 (ubi loco [illegible]);
— — l. 5. lege. 320 loco: 349
— — l. 18. ante: Dr. pone: ? Koch mdph. 1495;
— — l. 22. lege: 175 loco: 173
— — l. 24. pone: Lind. etc. ante: Flor. etc.
— — l. 27. lege: 610 y. loco: 610 y.
— — l. 29. lege: Frangi loco: Frangi.
— — l. 11. ante: Pritz. pone: Koch mdph. 1211;
165. l. 1. ad fin. pone: Koch mdph. 1230;
— — l. 9. ante: Hochl pone: Koch mdph. 426;
— — l. 12. lege. 1618. loco: 1648.
— — l. 16 ante. Hochl. pone: Koch mdph. 426;
— — l. 22. ante: Hoch pone: Koch mdph. 426.
— — l. 27. ante: Brm. dele: ?
— — l. 29. lege 47 ")) loco: 47.")
— — l. 30. lege: Amoma loco: Amom. lege: 309 loco: 342.
— — l. 32 ante: Dr. lege: Koch mdph. 1309,
— — l. 16. lege: Indr.; — Ser. loco: Indr.; Ser.
— — l. 38 lege: 391. loco 342.;
— 166. l. 2. ante: Dr pone: Koch mdph. 1,109;
— — l. 8. lege: Acrochysanthes loco: Acrochysanthes.
— — l. 9. ante: Dr. pone: Koch mdph. 1276;
— — l. 14. ad fin. lege: Koch mdph. 1277;
— — l. 22. lege: 722 loco: 122.
— — l. 27. post: Plectranthus pone: (Bot. Arg. Linn. 34, 150 Sect. B.)

pag. 166. l. 29. lege: 51. 5 loco: 575
posta: Poir. ex ante: Hoech
ante: Miq. pone: Kotl. mdph. 1710;
— — l. 35. lege: 480, 481 loco: 480 481
— 167. l. 1. lege: [illegible] loco: [illegible]
— — l. 3. 81, Miq. loco: 81, — Miq.
— — l. 3. post: 169 1. pone: — [illegible] Kotl. mdph. 1073;
— — l. 5. post: [illegible] pone: a. Tonghala,
— — l. 6. dele: a. Tonghala
— — l. 9. ante: Roxb. pone: Kotl. mdph. 1070.
— — l. 16. lege: T. M. 46. 2. [illegible] aliquid [illegible]
— — l. 21. ante: DC. pone: Hoya. Arrapll. X. 38.
— — l. 22. post: [illegible] pone: [illegible], ante: Haskl. pone: Kotl. mdph. 1541;
— — l. 24. ad [illegible] pone: Brg. Schm. II. 111. d.
— — l. 25. ante: DC. pone: Hoya Arrapll. X. 38.
— — l. 26. ante: Brg. pone: Kotl. mdph. 1501.
— — l. 27. ante: Brg. [illegible] pone: Brg. Schm. II. 111. d.
— — l. 30. ante: DC. pone: Hoya. Arrapll. X. 38.
— — l. 32. ante: Brg. pone: Kotl. mdph. 1501.
— — l. 33. ante: C. sp. pone: Brg. Schm. II. 111. d.
— — l. 35. lege: 893. 1. loco: 493.
— — l. 36. ante: Pritz. pone: Kotl. mdph. 473;
ult. post: 168 1. pone: Brg. Schm. II. 109. c.
— 168. l. 1. 2. lege: p. 15.
— — l. 3. 5. 6. lege: p. 16
— — l. 10. post: 834. 5; pone: Kotl. mdph. 473;
— — l. 15. lege: Nux loco: Nux
— — l. 19. ante: Sprng. Gesch. pone: Pritz. etc.
— — l. 22. lege: purpurea loco: purpura
— 169. l. 7. ante: Oar. pone: Kotl. mdph. 384;

pag. 169. l. 22. ante: Roxb. pone: Hoya. Arrapll. X. 1. Kotl. mdph. 325.
— — l. 24. lege: [illegible] loco: [illegible]
— — l. 32. lege: [illegible] loco: [illegible]
— — l. 34. ante: Dun pone: Kotl. mdph. 1191.
170. l. 4. ad fin. adde: DC. Prdr. XVI. [illegible] Hoya. Arrapll. XI. 20.
— — l. 8. lege: XIV. [illegible] loco: XIV. [illegible]
— — l. 10. lege: Ay loco: Aye
— — l. 22. ante: [illegible] pone: [illegible] Hoya. Arrapll. XII. 25. [illegible] Kotl. mdph. 401.
— — l. 24. 27. lege: 11 loco: 1i
— — l. 32. ante: Roxb. pone: Hoya. Arrapll. XII. 21. [illegible]
— — l. 34. lege: Aye loco: Myr.
— 171. l. 3. ante: [illegible] pone: Hoya. Arrapll. X. 9.
— — l. 4. lege: qui est loco: quiest
— — l. 5. ante: Spm. pone: Kotl. mdph. 1519;
— — l. 13. post: 1257. 2. pone: Brg. Schm. II. 112. c.
— — l. 15. lege: [illegible] loco: [illegible]
— — l. 17. lege: Narr. loco: Narr
— — l. 18. post: Indi. pone: cf. Hoya. Arrapll. X. 9. [illegible];
— — l. 22. ante: Vrms pone: Kotl. mdph. 1518.
— — l. 31. lege: [illegible] loco: [illegible] lege: Ear. loco: Ear
— — l. 32. ante: Pritz. pone: Kotl. mdph. 1617.
— — ult. lege: [illegible] loco: [illegible]
— 172. l. 4. lege: 421. 14 loco: 420. 4 ante: Pritz. pone: Kotl. mdph. 1229;
— — l. 9. ante: Wlp. pone: Haskl. Hassk. Clav.;
— — l. 14. ante: Clav. pone: Hassk.
— — l. 15. lege: [illegible] loco: [illegible] lege: [illegible] loco: [illegible]
— — l. 18. lege: [illegible] loco: [illegible]
— — l. 33. ante: Dun pone: Hoya. Arrapll. XI. 41.

pag. 172. l. 30. ante: [illegible] pone: Kotl. mdph. 1167;
— — l. 32. ante: — pone: Brg. Schm. II. 13. c.
— 173. l. 7. ante: Bur. pone: Kotl. mdph. 380;
— — l. 8. lege: C. [illegible] loco: [illegible]
— — l. 11. post: [illegible] et [illegible] pone: ,
— — l. 13. lege: [illegible] loco: [illegible]
— — l. 14. lege: [illegible] loco: [illegible]
— — l. 21. lege: [illegible] loco: [illegible]
— — l. 25. ad fin. adde: C. vulgaris L. J. [illegible] W. A. Prdr. I. 100. 344. 3.
— — l. 29. lege: 344. loco: 34.
— — l. 31. loco:); Miq. loco:) Miq.
— 174. l. 9. ante: Dur. pone: Kotl. mdph. 2011;
— — l. 17. ante: Pres. pone: Kotl. mdph. 2001;
— — l. 28. lege: 124 loco: 121
— 175. l. 1. ante: Dur. pone: Kotl. mdph. 2000;
— — l. 21. lege: 7 ?(loco: 7 (
— — l. 22. lege: Lour. Hassk. loco: Lour. — Hassk.
— — l. 25. lege: l. at. 526 loco: l. 526.
— — l. 34. ante: Haskl. pone: Kotl. mdph. 1218.
— 176. l. 1. ante: Pritz. pone: Kotl. mdph. 1267,
— — l. 6. lege: 231. 4. loco: 135. 1,
— — l. 10. lege: ?; [illegible] loco: ? [illegible]
— — l. 12. lege: Kotl. mdph. 1072; loco: [illegible]
— — l. 15. ante: Roxb. pone: Kotl. mdph. 833;
— — l. 17. lege: Warren loco: Warm
— — l. 19. lege: Spec. III. loco: Spec. IV.
— — l. 24. lege: [illegible] loco: [illegible]
— — l. 28. ante: Ber. pone: Kotl. mdph. 1298.
— — l. 33. lege: tab. 40. loco: pag. 40.
— — l. 34. lege: [illegible] loco: [illegible]
— — l. 36. lege: Rumph. 141. loco: Rmph.; ante: Dun pone: Kotl. mdph. 1187;
— 177. l. 1. lege: [illegible] loco: [illegible]
— — l. 5. ante: Miq. pone: Kotl. mdph. 1007;
— — l. 7. lege: [illegible] loco: [illegible]

pag. 177 l. 24, ante: Pritz. pone: Kell. mdph. 1695;
— — l. 30. ante: Pr. pone: Kell. mdph. 1695,
— — l. 32. lege: specierum loco: specierum
— — ult. ante: Boeckl. pone: Kell. mdph. 1228;
— 178 l. 15. post: Clos. pone: Kell. mdph. 1227;
lege: aut potius loco: [illegible], potius
— — l. 28. post: [illegible]. pone: (Kell. mdph. 1227),
— — l. 34. post: Clos., pone: — B glabra Kell. mdph. 1220;
— 179. l. 4 post: Clos., pone: Kell. mdph. 1220,
— — l. 8 post: Clos. pone: Kell. mdph. 1226,
— — l. 20. ante: Hassk. pone: Kell. mdph. 1227;
— — l. 27. ante: Pritz. pone: Kell. mdph. 1227,
— — l. 33. post: Clos., pone: Kell. mdph. 1215;
— 180 l. 12. transponatur: Post etc. ante: Fl. etc.
ante: Hassk. pone: Kell. mdph. 341.
— — l. 15. lege: 250 loco: 80
— — l. 18. lege: 170, Boeckl. loco: 170
— — l. 26. lege: 170; Boeckl. loco: 170
— — l. 33. ante: Wig. pone: Kell. mdph. 1747;
— — l. 37. ante: Boeckl. pone: Kell. mdph. 9[illegible];
— 181. l. 5. lege: [illegible] loco: [illegible]
— — l. 9. ad fin. pone: S. [illegible] Kell. mdph. 1783;
— — l. 18 ad fin. adde: Kell. mdph. 1763. —
— — l. 29 ante: [illegible] pone: Kell. mdph. 1104
— — l. 35. post: Inds. pone: [illegible] Kell. mdph. 1304;
— — l. 36. lege: 6-partitus loco: 6: partitus.
— — l. 37. lege: — loco: [illegible]
— 182. l. 6. ante: Span. pone: Kell. mdph. 1756;
— — l. 7 pone [illegible] 12 [illegible] ( )
— — l. 8. ad finem adde: Fl. l. 129
— — l. 11. lege: [illegible] loco: [illegible]
— — l. 13 ante: Hr. pone: Kell. mdph. 1768;

pag. 182. l. 16. lege: Anon. loco: Anon.
— — l. 17. post: Clos. pone: Kell. mdph. 1707,
lege:) Don. loco: l; Don.
— — l. 22. ad fin. adde: Fl. Ind. l. 117.
— — l. 26. ante: Span. pone: Kell. mdph. 1099
ante: Pritz. pone: Hook. Thom. Fl. Ind. I. 70. 2
— 183. l. 9 ante: Span. pone: Kell. mdph. 1709;
— — l. 13 ante: Pr. pone: Kell. mdph. 1704;
— — l. 21 ante: Hassk. pone: Kell. mdph. 1300;
— — l. 30. lege: [illegible] loco: [illegible]
— — l. 32 lege: Jamparang loco: Jamplong
— 184 l. 3. ad fin. adde: — C. Bingaeger Rsh. Kell. mdph. 1977;
— — l. 13. lege: [illegible] loco: [illegible]
— — l. 18. lege: [illegible] loco: [illegible]
— — l. 23 ante: Span. pone: Kell. mdph. 1[illegible] (ubi tam. [illegible] cit.);
— — l. 29. lege: arboris, quam loco: arboris quam
— — l. 37. lege: Rumph., qui loco: Rumph. qui
— 185. l. 5. ad fin. pone: Kell. mdph. 1961;
— — l. 7. ante: Salmonia pone: Salmonia.
— — l. 13. pone: Hassk. pone: Kell. mdph. 834 (absq. cit.).
— — l. 21. lege: 5175 β loco: 5175 B
— — l. 24. ante: Span. add.: Kell. mdph. 1305;
— — l. 34 ante: Dr. add.: Kell. mdph. 1308;
— 186 l. 5. ante: Dr. add.: Kell. mdph. 1306;
— — l. 11 ante: Pr. add.: Kell. mdph. 1735;
— — l. 17 lege: 151, — loco: 151;
— — l. 18. ante: Willd. pone: Lam. Enc. I. 61. 3
— — l. 19. lege: 437. 3, loco: 437 5.
— — l. 20 ante: Hassk. pone: Kell. mdph. 1078,
— — l. 22 dele: app. Lam. Enc. I. 61. 3.
— — l. 33. ante: DC. pone: Kell. mdph. 1061,
— 187 l. 1. lege:), qui loco:) qui

pag. 187. l. 6 lege: cf. V. 160 loco: cf. 160
— — l. 7. post: Clos. pone: Kell. mdph. 1078;
— — l. 14. lege: 495; loco: 498
— — l. 15 lege: Ubi; Willd. loco: Willd.
— — l. 16 ante: [illegible]. pone: Kell. mdph. 442;
— — l. 21 ante: Wappop. exc. Lam. pone: Ricino Wappop. l. c.; Lam. l. c., —
— — l. 22 lege: [illegible] loco: [illegible] adde: Capellenia moluccana Teijsm. Binnd. Cat. hort. (ab Kell. 1985); Euphorbiacea.
— — l. 29 ante: Endl. pone: Kell. mdph. 1218,
— — l. 33. ante: Hassk. pone: Pair. Enc. Suppl. III. 176; Kell. mdph. 417;
ante: [illegible]. pone: [illegible],
— — l. 34. lege: Jas loco: Jad
— — l. 37. lege: [illegible] loco: [illegible]
— 188. l. 8. ante: DC. pone: Kell. mdph. 1100,
Clos. pone: Kell. mdph. 1520; — Sparcarpia Vecthsvelti T. B. N. T. II. 307 (loco Abdr. p. 5.) Ned. Kruidk. Bl. 411.
ult. lege: [illegible] loco: [illegible]
— 189. l. 9. post Clos.; pone: Kell. mdph. 1105;
— — l. 17. lege: 418, — 77 loco: 419, 77
— — l. 21. ante: Wig. pone: Kell. mdph. 1340.
— 190. l. 11. lege: [illegible] loco: [illegible]
— — l. 18. ante: Dr. pone: Kell. mdph. 880;
— — l. 30. ante: Dr. pone: Kell. mdph. 907;
— 191. l. 4. lege: [illegible] loco: [illegible]
— — l. 24. lege: Kore loco: Khore
— — l. 29 lege: [illegible] loco: [illegible]
— — l. 30. lege: [illegible] loco: [illegible]
lege: Alfaroino loco: Alfaro
— 192 l. 14 pone: — loco: a. l.
— — l. 29 lege: Eplan [illegible] loco: Eplan[illegible]
— — l. 38. ante: Pritz. pone: Kell. mdph. 1074,

pag. 237. l. 11. lege: [illegible] loco: [illegible]
— — l. 21. ad fin. adde: Brz. Schm. IV. XXXIII. c.
— 238. l. 14. ab inf. lege: Brw. Poir. loco: Poir.
— 239. l. 10. ab inf. lege: [illegible] loco: [illegible]
— 240. l. 5. lege: [illegible] loco: [illegible]
— — l. 8. ab inf. lege: 1. 259 loco: 250
— — l. 12. lege: Wll. loco: Wild.
— — l. 12. ab inf. lege: Geongrong loco: Gentyrong
— 241. l. 1. lege: [illegible] a. [illegible] loco: [illegible]
— — l. 6. lege: 92 loco: 91
— — l. 10. lege: Obs. ad Rumph. loco: Obs.
— — l. 13. ab inf. lege: subconnata loco: subquanata
[illegible]. lege: Gen. II. loco: Gen.
— 242. l. 6. ab inf. lege: 235. 67 loco: 235. 6.
— 245. l. 1. ante: [illegible] pone: Poir. Enc. Suppl. IV. 264;
— — l. 10. lege: indica loco: indicae.
— 246. l. 5. lege: [illegible] loco: [illegible] ab inf. lege: [illegible] loco: [illegible]
— — l. 9. et 10. lege: i. e. [illegible] loco: [illegible]
— — l. 5. ab inf. lege: [illegible] loco: [illegible]
— 247. l. 17. lege: Rhr. plnt. 60 loco: Rhr. plnt.
— 248. l. 19. ab inf. lege: 51. 3 loco: 51. 3.
— — l. 2. ab inf. lege: Nov. Gen. II. loco: Nov. Gen.
— 249. l. 11. ad fin. adde: Brz. Schm. IV. XXXIV. b.
— — l. 13. lege: Hall loco: Hall.
— 251. l. 8. lege: Dacryopsis loco: Dacryops
— — l. 9. lege: Arnoldum loco: Arnoldum
— 252. l. 3. lege: Arrunt. loco: Arrunt. ab inf. lege: [illegible] loco: [illegible] [illegible]. lege: IV. [illegible] loco: IV.
— 253. l. 1. lege: Ovyrum loco: Oryza
— — l. 12. ab inf. lege: Brw. Obs. loco: Brw. A. Obs.
— — l. 5. ab inf. lege: [illegible] loco: [illegible] lege: [illegible] loco: [illegible]
— 254. l. 2. ab inf. lege: [illegible] loco: [illegible]
— — l. 10. ad fin. adde: Brz. Schm. III. XIX. b.
— 255. l. 3. post: Obs. adde: Brz. Schm. IV. XXX. c.
— — l. 13. lege: [illegible] loco: [illegible]

pag. 255. l. 12. ab inf. lege: [illegible] loco: [illegible]
— 256. l. 11. lege: [illegible] loco: [illegible]
— — l. 13. lege: [illegible] loco: [illegible]
— — l. 16. ab inf. lege: [illegible] loco: [illegible]
— — l. 8. ab inf. lege: [illegible] loco: [illegible]
— 258. l. 10. lege: [illegible] loco: [illegible]
— — l. 8. ab inf. lege: [illegible] loco: [illegible]
— — l. 6. ab inf. lege: [illegible] loco: [illegible]
— 260. l. 13. ab inf. lege: [illegible] loco: [illegible]
— 261. l. 4. lege: [illegible] loco: [illegible]
— 262. l. 7. lege: [illegible] loco: [illegible]
— — l. 10. lege: [illegible] loco: [illegible]
— — l. 16. lege: [illegible] loco: [illegible]
— — l. 14. ab inf. lege: [illegible] loco: [illegible]
— 263. l. 6. lege: 125. 12. loco: 125.;
— — l. 10. lege: 97. 1. loco: 90. 1.
— — l. 22. pone: [illegible] ante: — [illegible]
— — l. 13. ab inf. lege: 121 Prdr. loco: 131 Prdr.
— — l. 4. ab inf. lege: 257. [illegible] loco: 257
— — l. 3. ab inf. dele: [illegible]
— 264. l. 1. ad fin. lege: [illegible] loco: [illegible]
— 265. l. 15. lege: [illegible] loco: [illegible]
— — l. 18. lege: [illegible] (cf. p. 262) loco: [illegible]
— — l. 10. post: [illegible] pone: [illegible]
— — l. 6. ab inf. lege: [illegible] loco: [illegible]
— 266. l. 20. ab inf. lege: [illegible] loco: [illegible]
— — l. 7. ab inf. lege: [illegible] loco: [illegible]
— — l. 3. ab inf. lege: [illegible] loco: [illegible]
— 267. l. 8. ab inf. lege: [illegible] loco: [illegible]
— 268. l. 6. ab inf. lege: [illegible] loco: [illegible]
— — l. 5. ab inf. lege: [illegible] loco: [illegible]
— 269. l. 9. ab inf. lege: [illegible] loco: [illegible]
— 270. l. 3. lege: [illegible] loco: [illegible]
— — l. 6. ab inf. lege: [illegible] loco: [illegible]
— — l. 2. ab inf. lege: 167 loco: 162.

pag. 271. l. 5. ab inf. lege: [illegible] loco: [illegible]
— 272. l. 9. ab inf. lege: [illegible] loco: [illegible]
— 273. l. 3. lege: [illegible] loco: [illegible]
— — l. 16. ab inf. lege: 215. — p. loco: 215. p.
— — l. 11. ab inf. lege: [illegible] loco: [illegible]
— — l. 6. ab inf. lege: [illegible] loco: [illegible]
— 274. l. 13. lege: [illegible] loco: [illegible]
— — l. 21. lege: [illegible] loco: [illegible]
— 277. l. 12. lege: [illegible] loco: [illegible]
— — l. 4. ab inf. lege: [illegible] loco: [illegible]
— 278. l. 17. lege: Prits. [illegible] loco: Prits.
— 279. l. 5. lege: [illegible] loco: [illegible]
— — l. 24. lege: II. loco: III.
— 280. l. 15. ab inf. lege: [illegible] loco: [illegible]
— — l. 14. ab inf. lege: [illegible] loco: [illegible]
— 281. l. 12. lege: [illegible] loco: [illegible]
— 282. l. 11. ab inf. lege: [illegible] loco: [illegible]
— 283. l. 4. adde post: [illegible]
— 284. l. 4. lege: [illegible] loco: [illegible]
— — l. 17. ab inf. adde post: [illegible]
— 285. l. 4. lege: 64; — β. loco: 64; β.
— — l. 18. lege: [illegible] loco: [illegible]
— 286. l. 1. lege: [illegible] loco: [illegible]
— — l. 3. lege: [illegible] loco: [illegible]
— — l. 20. lege: B. [illegible] loco: B. [illegible]
— 287. [illegible] loco: 179.
— — l. 1. lege: [illegible] loco: [illegible]
— — l. 17. lege: 18, loco: 18
— — l. 18. lege: 19: loco: 19
— 288. l. 5. ante: [illegible] pone: [illegible]
— — l. 14. ante: [illegible] pone: [illegible]
— — l. 21. lege: [illegible] loco: [illegible]
— — l. 8. ab inf. lege: [illegible] loco: [illegible]
— 289. l. 17. lege: [illegible] loco: [illegible]
— 290. l. 10. lege: [illegible] loco: [illegible]

pag. 290. l. 7. ab inf. lege: II. 177. loco: 177.
— 291. l. 18. lege: Roxb.; [illegible] loco: Roxb. [illegible]
l. 10. ab inf. lege: [illegible] loco: [illegible]
— 292. l. 7. lege: [illegible] loco: [illegible]
— — l. 13. lege: 400 loco: 4[illegible]
— — l. 18. 20. pone: [illegible] ante:) [illegible]
— 293. l. 1. lege: Lour. Coch. loco: Lour.
— l. 2. lege: 283 loco: 282
— — l. 3. lege: [illegible] loco: [illegible]
— — l. 8. lege: [illegible] loco: [illegible]
— 294. l. 1. lege: Cyperus longus loco: Cyperuslongus
— — l. 5. lege: Typhae loco: Typha
— — l. 16. lege: [illegible] loco: [illegible]
— 295. l. 10. ab inf. lege: [illegible] loco: [illegible]
— 298. l. 20. ab inf. lege: VI loco: IV
— 299. l. 10. lege: 13. 1. A. B. loco: 13. 2. A. B.
— — l. 10. adde: v. [illegible]
— — l. 20. lege: [illegible] loco: [illegible]
— 301. l. 9. lege: sparsis, loco: sparsa
— — l. 8. ab inf. [illegible] loco: [illegible]
— — ult. lege: [illegible] loco: [illegible]
— 304. l. 2. lege: [illegible] loco: [illegible]
— — l. 11. lege: [illegible] loco: [illegible]
— l. 15. lege: [illegible] loco: [illegible]
— — l. 6. ab inf. lege: 19; — loco: 19;
— 305. l. 1. lege: [illegible] loco: [illegible]
— — l. 19. lege: Cor. loco: Cor.
— — l. 4. ab inf. lege: [illegible] loco: [illegible]

pag. 305. l. 6. ab inf. lege: 62 loco: 63
— 306. l. 1. 3. 5. lege: pag. 63.
— — l. 15. lege: [illegible] loco: [illegible]
— — l. 12. ab inf. lege: [illegible] loco: [illegible]
— 307. l. 1. lege: [illegible] loco: [illegible]
— — l. 18. lege: [illegible] loco: [illegible]
— 308. l. 15. ab inf. lege: [illegible] loco: [illegible]
— — l. 11. ab inf. lege: [illegible] loco: [illegible]
— — l. 2. ab inf. lege: [illegible] loco: [illegible]
— 309. l. 13. lege:) [illegible] loco: [illegible]
— — l. 15. lege: [illegible] loco: [illegible]
— — l. 22. lege: [illegible] loco: Telum
— l. 25. lege: [illegible] loco: [illegible]
— 310. l. 6. lege: [illegible] loco: [illegible]
— 311. ult. lege: [illegible] loco: [illegible]
— 312. l. 19. ab inf. lege: 7, 12) loco: 7 (2)
— 313. l. 14. lege: Schlt. s. V. VII. loco: Schlt. VII
— 315. l. 8. lege: [illegible] loco: [illegible]
— — l. 20. lege: [illegible] loco: [illegible]
— — l. 11. et 8. ab inf. lege: 51. 63 loco: 51. 3.
— — l. 7. ab inf. lege: [illegible] loco: [illegible]
— — l. 5. ab inf. lege: [illegible] loco: [illegible]
— 316. l. 12. lege: [illegible] loco: [illegible]
— — l. 13. lege: [illegible] loco: [illegible]
— 317. l. 1. lege: [illegible] loco: [illegible]

pag. 317. l. 7. lege: 50. 7. loco: 507
— — l. 18. ab inf. lege: [illegible] loco: [illegible]
— 320. l. 11. lege: Schlt. s. V. VII loco: Schlt. VII
— — l. 6. ab inf. lege: P. loco: C
— 321. l. 4. pone: [illegible] ante: [illegible]
— — l. 8. lege: [illegible] loco: [illegible]
— — l. 21. lege: [illegible] loco: [illegible]
— 321. l. 7. lege: [illegible] loco: [illegible]
— — l. 14. post [illegible] adde: [illegible]
— 325. l. 14. ab inf. ante [illegible] pone: [illegible] (p. 233) a.
— 326. l. 8. ab inf. pone: [illegible] pone: [illegible]
— — l. 7. ab inf. pone:) pone: [illegible]
— — ultim. lege: [illegible] loco: [illegible]
— 329. l. 5. lege: [illegible] loco: [illegible]
— — l. 5. ab inf. lege: [illegible] loco: [illegible]
— 332. l. 9. ab inf. lege: [illegible] loco: [illegible]
— 333. l. 8. lege: [illegible] loco: [illegible]
— — l. 8. lege: [illegible] loco: [illegible]
— — l. 8. lege: [illegible] loco: [illegible]
— — l. 14. ab inf. adde: [illegible]
— 334. l. 3. lege: [illegible] loco: [illegible]
— — l. 8. ab inf. lege: 265. [illegible] loco: [illegible]

ADDIDAMENTUM

ad

ADDENDA & CORRIGENDA.

pag. lin.

147 25b add.: Dcsn. Tim. *DeCaisne, J.*, Herb. Timoriensis descriptio. 1835.

149 9b add.: Miq. Linn. *Miquel* in Linnaea XVII. 1843/4; XXV. 1858.

17 loco: — 53 lege: — 55.

25b adde: Rtz. Obs.: *Retzius, A. J.*, Observationes botan. I. 1779; II. 81; III. 83; IV. 86; V. 89; VI. 91.

150 20b adde: Wdd. Urt. *Weddel, H. A.*, Monogr. des Urticées. 1856/7.

27b adde: Wll. Tent. *Wallich, N.*, Tentamen florae Nepalensis I. 1824.

Tom. I.

151 8 ante: Hasch. pone: Dcsn. Tim. 24.

6 ab inf. adde: Cocos spec., a *C. nucifera* L. distincta forma Hslt. Comment. 8.

infim. adde: Hslt. Comment. 3.

152 3 adde: ad fin. Hslt. Comment. 4.

5 „ post: 3.; „ „ 4.

8 „ „ 7.: „ „ 4.

11 post: *Areca* pone: *Caterbu L.* spr. Hslt. Comm. 4; — A. post: 2?; pone: —

9 ab inf. post: Hslt. pone: Comment. 5.

infim. ante: — *Sea*- pone: — *A. oryzaeformis* Orte. Hslt. Comment. 7;

153 14 ante: Hasch. pone: Kml. enlph. 803;

16 post: Rmph. pone: Hslt. Comment. 8?;

23 post: *) pone: (Hslt. Comment. 10)

24 post: 622. 1. pone: Dcsn. Tim. 84;

154 3 loco: Hslt. Wrn. Soc. lege: Hslt. Comment. 11.

3 ante: Hasch. pone: Hslt. Comment. 11;

4 dele: Hslt. Mem. Wrn.

6. 7 loco: „ „ „ lege: Hslt. Comment. 11.

9 dele: ; ante: Rmph.

14 pone: Hslt. Comment. 12; ante: Hasch.

16 pone: Hslt. Comment. 12; ante: Hasch.

22 pone: Dcsn. Tim. 84; ante: Hasch.

23 pone: Comment. 12; loco: Mem. Wrn. Soc.;

25 post: — pone: *Corypha* Brm. (Hslt. Comment. 12); — *Wrightia corypholdes* Rxb. (Hslt. l. c.); —

27 post: Hslt. pone: Comment. 13;

155 1 ante: Hasch. pone: Hslt. Comment. 14;

6 ante: *Metroxylon* pone: *Sagus*-*rus* Rxb. (Hslt. Comment.); —

18
27 { ante: Hasch. pone: Hslt. Comment 18;

22 ad fin. loco: : pone: ;

23 24 loco: *Corrix* pone: *Corvis*

28 post: Hslt. pone: Comment. 10;

33 pone: Miq. Fl. &c. post: (lin 33) 316. 8;

35 post: Hslt. pone: Comment. 16;

ult. lege: *Radji* loco: *Radja*

156 3 post: Hslt. lege: Comment. 19; id. ante: Hasch. pone: Dcsn. Tim. 64;

5 ante: Anal. pone: Linn. XVII. 691. 4; XXV. 563;

8 post: Hslt. pone: Comment. 18;

9 ante: Span. pone: Dcsn. Tim. 40;

10 „ Flor. „ Linn. XVII. 701. 10;

14 ante: Hasch. pone: Hslt. Comment. 20;

ante: Prdr. pone: Linn. XVII. 692. 1;

18 ante: Span. pone: Dcsn. Tim. 40;

20 „ DC. „ Hslt. Comment. 21;

3 ab inf. post: Obs.; pone: Hslt. Comment. 21;

157 3 ante: Hasch. pone: Hslt. Comment. 22. 2;

ad fin. adde: Hslt. Comment. 22. 3;

8 ad fin. adde: Hslt. Comment. 23;

18 ante: Dcsn pone: Hslt. Comment. 23;

23 ante: Hasch. pone: Hslt. Comment. 23; Dcsn. Tim. 169 (ubi „pag. 197" cit.);

31 post: 169. 2. 3. pone: Hslt. Comment. 24?;

34 post: Lam. pone: Hslt. Comment. 28;

35 post: Hslt. pone: Comment. 25;

158 8 ante: Hasch. pone: Hslt. Comment. 28; Dcsn. Tim. 169; (cf. add. p. 894)

13 ante: Hasch. pone: Hslt. Comment. 28 (ubi „ib. 88" cit.);

14 ante: Hasch. pone: Hslt. Comment. 29;

15 ante: ? pone: *Artocarpus* sp.

20 ante: Hasch. pone: Hslt. Comment. 30; Dcsn. Tim. 168;

23 ante: Dcsn pone: Hslt. Comment. 31; (ubi „ib. 35" cit.);

27 ante: Hasch. pone: Dcsn. Tim. 118;

33 ad finem adde: Comment. 31;

34 ante: de Vriese pone: Plant. Jungh. 405. 1.

pag. lin.

159 5 ante: Hasch. pone: Hask. Comment. 32;
11 ante: Hasch. pone: Hask. Comment. 32;
16 ante: Hasch. pone: Hask. Comment. 32;
20 ante: de Vriese pone: Pl. Jungh. 408. 5;
29 ante: Hasch. pone: Hask. Comment. 33;
31 post: 633. 5 pone: Pl. Jungh. 408. 2 (ubi „ib. 673" cit.);
34 post: Hask. pone: Comment. 33;
160 2 ad finem pone: Hask. Comment. 34.
8 post: Hask. pone: Comment. 34;
9 ante: Hasch. pone: Hask. Comment. 37;
11 post: 849. 9 pone: Denn. Tim. 128.
16 post: Hask. pone: Comment. 39;
18 „ 849. 7; „ Denn. Tim. 127 (ubi „ib. 2" cit.);
24 ante: Den pone: Hask. Comment. 39;
30 ante: Hasch. pone: Hask. Comment. 40;
33 ante: Hasch. pone: Hask. Comment. 43;
loco: — pone: —
3 ab inf. ante: Spm. pone: Hask. Comment. 46?;
161 1 ante: Hasch. pone: Hask. Comment. 48?;
4 ante: Den pone: Hask. Comment. 48;
11 & 19 ante: DC. pone: Hask. Comment. 49;
20 ante: Hasch. pone: Denn. Tim. 127;
27 ante: Hasch. pone: Hask. Comment. 49?;
34 post: Wld. pone: Hask. Comment. 50?;
35 post: 814. 1; pone: Hask. Comment. 50;
39 ante: Hasch. pone: Denn. Tim. 124;
162 1 ante: Lam. pone: DC. in
6 post: 557. 1: pone: cf. Dlw. Rev. hrt. Malab. 18. 33;
loco: W. A. pone: Hask. Comment. 50;
7 post: Miq. pone: Pl. Jungh. 423. 1 (ubi „p. 141 ib. 12" cit.);
8 ante: Hasch. pone: an Gardenia? Hask. Comment. 51;
12 ante: Hasch. pone: Hask. Comment. 50;
21 ad finem adde: — Cookias affin. Corr. Hask. Comment. 51;
24 ante: Hasch. pone: Denn. Tim. 112;
32 ante: Hasch. pone: Comment. 52. 1;
37 post: Hask. pone: Comment. 52. 3; 54;
163 1 post: Hask. pone: Comment. 54;
4 „ „ „ „ 54;
10 ante: Hasch. pone: Hask. Comment. 55;
13 ante: W. A. pone: Hask. Comment. 55;
21 ante: DC. pone: Hask. Comment. 56;
25 ante: W. A. pone: Hask. Comment. 56;
33 ante: DC. pone: Hask. Comment. 56;
36 ante: Hasch. pone: ? Hask. Comment. 56;
37 ante: Hasch. pone: Hask. Comment. 57;
164 4 ad fin. adde: — appon. quoad fruct. defin. Rmph. Hask. Comment. 58.
6 post: Chv. adde: — Nicotea spec.? Hask. Comment. 59;
10 13 & 25 post: Hask. adde: Comment. 59;
20 ante: Hasch. pone: Hask. Comment. 59;
32 post: 1. 23 pone: Hask. Comment. 61;
165 1 ante: Hasch. pone: Hask. Comment. 61;
8 post: Guarea L. pone: Hask. Comment. 63;
16 post: 577. 1; pone: Hask. Comment. 63;
24 post: 810. 2; pone: Hask. Comment. 63;
31 loco: Hask. pone: ? Hask. Comment. 67;
33 ante: W. A. pone: Denn. Tim. 131;
166 9 post: 241. 1. pone: Denn. Tim. 143;
13 post: Gaertn. pone: Hask. Comment. 70;
19 & 23 post: Hask. pone: Comment. 71;
27 post: Phyllanthus pone: Hask. Comment. 72;
167 4 post: Hask. pone: Comment. 73;
9 ante: Hasch. pone: Hask. Comment. 76;
11 15 & 16 post: Hask. pone: Comment. 78;
17 post: „picta" pone: ; & loco: rev. pone: rev.

Tom. II.

169 24 ante: Spm. pone: Denn. Tim. 41;
171 18 ante: Pritz. pone: Denn. Tim. 126 (ubi „fig. 1" cit.);
172 30 ante: W. A. pone: Denn. Tim. 135 (ubi „ib. 718" cit.);
174 35 ante: Spm. pone: Denn. Tim. 111 (ubi *Citrus aurantium* Rmph." cit.);
175 35 ante: Hasch. pone: Denn. Tim. 152;
176 31 post: 871; pone: Bryn. & Grin. Ibid. XII. 242;
177 5 ante: Miq. pone: Dlw. Rev. hrt. Malab. p. 15. 14;
181 10 ante: Wlp. pone: Schlcht. Linn. V. 58. 1. Obs.
18 ante: *triphyllum* pone: *Lamarckianum* Chm. Schlcht. Linn. V. 58. 1? an spec. nov.? — Z.
182 25 ante: Hasch. pone: Denn. Tim. 68;
33 ad fin. adde: — appon. Wt. Test. I. 2.
183 2 ante: Hasch. pone: Denn. Tim. 84;
18 loco: 1 β; pone: 1. β;
184 1 ante: Hasch. pone: Denn. Tim. 112;
185 13 post: 77; pone: Denn. Tim. 69;
16 post: 41? pone: Schlcht. Linn. IV. 474. 3 (ubi „mas." tantum cit.);
23 ante: Hasch. pone: Denn. Tim. 147;
186 11 ante: Hasch. pone: Denn. Tim. 160;
25 loco: *Lombaria* lege: *Lombaria*
29 ante: Dtr. } pone: Denn.
33 post: 415. 2; } Tim. 50;
187 16 ante: Hasch. pone: Denn. Tim. 41;

pag. lin.

Tom. III.

180 6 post: 454. 1 pone: cf. IV. 187°
7 ante: Dtr. pone: Höw. Rev. hrt. mal. p. 16 ad tab. 85;
190 17 loco: 1 *δ*. pone: 1. *δ*.
196 27 ante: Hasch. pone: Desn. Tim. 109;
198 16 ante: W. A. pone: Desn. Tim. 124;
199 10 ante: Span. pone: Desn. Tim. 79;
200 21 ante: Hasch. pone: Cham. Schlcht. Linn. II. 354 („ic. mal."); Desn. Tim. 125;
201 infim. ante: Hasch. pone: Desn. Tim. 163 (ubi „tb. 92" tant. cit.);
202 16 ante: *Sycomorus* pone: *a.*
21 post: 493; pone: Höw. Rev. hrt. malab. p. 13;
203 31 ante: Dsn pone: Desn. Tim. 90;
204 8 ante: Dtr. pone: Höw. Rev. hrt. mal. p. 16 ad tb. 94;
29 loco: Forgel pone: Fongel
32 ante: Knl. pone: Desn. Tim. 107;
205 16 ante: Hasch. pone: Desn. Tim. 122;
3 ab inf. ante: Kall. pone: Desn. Tim. 106;
206 6 post: Miq. pone: Plnt. Jungh. 413. 1; id.
207 7 ab inf. ante. Span. pone: Desn. Tim. 139 (ubi „Hisinum Tanarium Rumph." & „tb. 122" cit.);
209 22 ante: Hasch. pone: Enc. II. 96. 11 Observ.;
210 6 loco: 155. 1. *β* pone: 185. l. B.
7 ante: Hasch. pone: Desn. Tim. 74 (ubi „p. 28 & fol. bin" cit.);
211 7 ad fin. pone: *Parareya* sp. nov. Cham. Schlcht. Linn. IV. 180. 1. Obs.;

Tom. IV.

214 23 ante: Hasch. pone: Desn. Tim. 103;
216 27 loco: recurro: pone:, recurvu-
11 ab inf. ante: W. A. pone: Desn. Tim. 125;
3 ab inf. ante: Hasch. pone: Cham. Linn. VII. 107. 1; Desn. Tim. 73;
217 1 ante: Kall. pone: Desn. Tim. 72;
220 2 ante: Dtr. pone: Desn. Tim. 64;
16 post: Miq. pone: Plnt. Jngh. 425. 2; id.
infim. post: Miq. pone: Plnt. Jngh. 425. 1;
221 7 ante: Dtr. pone: Desn. Tim. 85 (qui „fig. 2." cit.);
20 (in rubr. tab.) loco: 23. pone: 31.
16 ab inf. ante: Span. pone: Desn. Tim. 35;
223 6 ab inf. ante: R. B. pone: Wdl. Spec. I. 1520. 87;
224 13 ante: *J.* pone: *J. Bandhuca* Hab. C. Koch. Weimch. 1860. 280. 15. 16.
225 17 ante: Fritz. pone: Linnaea IV. 108. 1;
228 10 ante: Dtr. pone: Desn. Tim. 66;

Tom. V.

233 13 ante: Span. pone: Desn. Tim. 45 (ubi „pag. 35" cit.);
240 25 ante: Kall. pone: Desn. Tim. 71 (ubi „tom. VI." cit.)
241 4 ad fin. } pone: Desn. Tim.
13 ante: W. A. } 131;
17 ante: Hasch. pone: Desn. Tim. 185;
243 9. 10 loco: *Phyl–lonophorae* pone: *Phyll–anophorae*
251 4 ante: Hasch. pone: Desn. Tim. 66;
252 15 ab inf. ante: Dtr. pone: Desn. Tim. 21;
254 21 ab inf. ante: Dtr. pone: Wdd. Urt. 341. 32.
256 15 ante: Dtr. pone: Desn. Tim. 49. (ubi „pag. 262. tb. 87 absq. fig." cit.);
258 13 ab inf. ante: Dtr. pone: Desn. Tim. 44;
263 6 loco: Hum p binasa pone: Humphiana
264 8 ante: Hasch. pone: Desn. Tim. 130;
ult. ante: Hasch. pone: Desn. Tim. 44;
266 6 „ Kall. „ „ „ 87;
18 „ Hasch. „ „ „ 80;
21 „ Span. „ „ „ 61;
„ „fig. 2" „ uti apud Desn.
267 4 ab inf. ante: 836. pone: 1.
280 17 „ „ in rubr. tab. pone: 110. 2;
13 ab inf. ante: Hasch. pone: Tim. 89 (ubi „tb. 100 f. 2" cit.);
270 15 ab inf. ante: Hasch. pone: opp. Desn. Tim. 89;
17 ab inf. post: 72; pone: opp. Desn. Tim. 34;
4 ab inf. loco: Syn. pone: Diaph. ante: Id. pone: Desn. Tim. 86;
271 6 ante: Hasch. Desn. Tim. 40;
10 ab inf. ante: — *P. plani.* pone: cf. K. Koch. Linn. XIII. 674. 11;
273 11 ante: Dtr. pone: Desn. Tim. 170;
31 „ — Chavica pone: cf. K. Koch. Linnaea XIII. 674. 9;
276 7 ante: W. A. pone: Desn. Tim. 147 (ubi „fig." haud indic.);
279 11 ante: Hasch. pone: Desn. Tim. 147;
281 11 ab inf. ante: Hasch. pone: Desn. Tim. 129;
282 1 ante: Span. pone: Desn. Tim. 125;
285 4 ab inf. ante: Hasch. pone: Desn. Tim. 91;
286 15 ab inf. in rubro tab. pone: 163.
13 „ „ „ „ „ „ 164. 1.
10 „ „ ante: Fritz. „ B. B. B. V. IV. 810. 12. Obs. (ubi „fig." haud indic.)
287 17 loco: (1648) pone: (1643); cf. 856. Obs.)
288 11 ante: Hasch. pone: Cham. Schlcht. Linnaea I. 589; Desn. Tim. 93;
3 ab inf. ante: Dtr. pone: Cham. Schlcht. Linnaea II. 568; Desn. Tim. 43 (ubi „p. 160" cit.);
289 7 ante: Kall. pone: Linn. II. 570. 1;
9 ante: tom. pone: uti apud Desn.
10 ante: Pulr. pone: Savign. Lam. Enc. IV. 632. 2;
13 ante: DC. pone: Cham. Schlcht. Linn. IV. 150. 1;
13 ante: Hasch. pone: Desn. Tim. 88;
10 ab inf. ante: Fritz. pone: Hall. Nacl. I. 777.
290 18 ante: Wlp. pone: Hall. Nacl. I. 777 (qui „fig. 3" cit.);
23 in rubr. tab. pone: 176. 2.
post: qui pone: uti Hall.,
ante: — pone: — *H.* alba Kall. adph. 1081; Hall. Nacl. I. 777;

pag. column. linea

363 1 Taipa bouro legendum loco: bouko
Tali bubur loco 3, 4. 77. lege: 8, 8. 4. 77.
3 Terrey — Teee legend. loco: Teere
4 Tiugi larca deleatur: 7.
post Tommuno inseras lineas 3 & 4 pag. seq. col. 1.
Toudjo bang deleatur; Tundjo
365 3 Veteri adde: 118.
366 1 weddar laa man legend. loco: maa
2 Wellanyt abbal legend. loco: abbale
Wiworio utan pandjang legend. loco: pandjang

Index nomin. syst.

2 Ar tocella lege: Acmella
4 Agaricia explabata lege: explanata
367 3 Andropogon dulcis Brm. 6. 1. inserte post: A. cymbarium
Antidesma sp. adde: 33 post: 8,
Antidrmora dele: 63
368 1 Artocarpus Blumei Tric. lege: Tree.
Arundo Bambos L. 4, 8. 11. loco. 4, 11.
2 Bambusa Gadua H. BP 4. 18 loco: H. 4. B. 18?
4 Bonnaya adde post grandiflora: spec. 6, 210.
369 1 Calamus Rotang lege: 107. loco: 10. 7,
2 Calpicarpum Lamarckii Dec? 2, 255 loco: Dec. 2, 226.
3 Carumbium populifolium lege: 180 loco: 189
Cassia sarculenta Rab. loco; Reb.
4 schoenoides loco: schoenoidea
370 3 Citrus Aurantium Risso & 9 seq. omnia varr. C. Aur. L.
Citrus Bergamia taurina loco: taurinas
Citrus Bigaradia loco: radia
Citrus Bign loco dele: Bigu
371 1 Costus echinatum lege: 13. loco: 133
3 Curcumaria legendum loco; Curcumaria
372 2 Dicerca aculeata lege: 837 loco: 403

372 2 alata lege: 348. 350. loco: 377.
5 lege: 350. 351. loco: 348. 350.
Dischidia Gaudichaudii loco: Gaudichaudii
3 Drymophloeus Zipp. loco Zippe
4 Embelia Königii loco: König
373 1 Erythrina Loureirii legend. nec: E. Sthoup. Loureiri
2 Fagraea javanica legend. nec: lavanica
Frodia legend. nec: Evodia
4 Gendarussa fusca, nigra & viridis sunt varr. G. vulgaris
Globba nutans lege: 141 loco: 41
Gnetum ovalifolium legend. loco: ovalifolia
374 1 Graptophyllum album & seq. varr. sunt G. hortensis
2 post Hamiltonia insere: Heckeria subpeltata K. Kath. 4, 123
Hedyotis barrissimum Rab. legend. loco: Reb.
3 Hoya diversifolia lege: 470 loco: 473
elegans lege: 471 loco: 470
4 Hydrocotyle asari folio legendum loco: asarifolio
Hymenophyllum Dusumum Spreng. legend. loco: Sprng.
Hypoestes Soland legend. loco: Sland.
375 1 Jambosa domest. calapp. 1. 122 loco: 131
3 Lachryma Jobi Brm. 6. 193. 8. 22.
palustris minor 6. 23. loco: 5. 193.
Leonurus indicus 6, 89 loco: 6, 29
4 Luffa Cata Pirisma loco; Pirisma
376 1 Lysimachiae & c. caryophylloides loco: . . . des
Markhamia lege: Krth. loco: Kath.
2 Nenugifera laxiflora Dusum loco: Durum.
Melaleuca Leucadendron loco: Leucadendron.
3 Melitara loco: Melitaca
Menispermum lacunosum adde: Lam

376 3 Metrosideros saligna loco: saligna
377 2 Nepenthes indica loco: adica
4 Ocimum zeylanicum loco: zeylan cum
378 1 Pandanus conoideus loco: conoideus
2 Pergularia loco: Pergalaria
379 4 Rhizoph. indica fol. lanceolatis loco: Indica
380 1 Sambucus indica javanicum loco: S. javanicum
Sandoricum spec. loco: S. indicum sp.
2 Sterculia pallens loco: pallens
4 Solanum adulterinum loco: adulterinum
381 1 Sponia amboinensis Dcne loco: Dcne
timorensis Dcne loco: Dcne
Stratiotes aroides loco: aoroides
2 Strychnos Tieute loco: Tiute, Tabernaemont. citrifolia loco: citrifolia
4 Uvaria tripetaloidea Dun. 2 197. addend.
Urtica aestuans loco: aestuari
382 4 Zizyphus timorensis DC. loco: etc.
Tom. V. lib. 7 adde: p. 230.

Addenda.

pag. lin.
383 9 VII. 21 loco: VII. 20
16 Köng. Hrn. loco: Kng. Rtz.
p. 153 l. 26 lege: ad Deum., Kal. loco: ad Kal.
384 p. 157 loco, l. 12. 15. 16. 19. 20. 22. 23. 25. 26 legas:
l. 15. 17. 20. 21. 23. 22. 25. 25. 27. 29.
p. 163 l. 26 pone: l. ante: 404.
164 l. 21 lege: 1230 loco: 1231
385 170 l. 4 „ A. arcuatus loco: a. arcuatus
386 185 l. 13 loco: pone: Hasch. pone: post: Hasch.
197 l. 22 ante: Euphorbiacea pone: Nat. Tydsch. N. Ind. 1866. (Rev. Abdr.)
387 224 l. 12 pone: 229. l. 12
388 232 ab inf. lege: l. 8 ab inf.
265 l. 13. lege: ibm loco: ism.

Ulviae, 17. Octb. 1868.

www.ingramcontent.com/pod-product-compliance
Lightning Source LLC
Chambersburg PA
CBHW021525210326
41599CB00012B/1388